Leitfäden und Monographien der Informatik

Theo Ungerer
Datenflußrechner

# Leitfäden und Monographien der Informatik



Die Leitfäden und Monographien behandeln Themen aus der Theoretischen, Praktischen und Technischen Informatik entsprechend dem aktuellen Stand der Wissenschaft. Besonderer Wert wird auf eine systematische und fundierte Darstellung des jeweiligen Gebietes gelegt. Die Bücher dieser Reihe sind einerseits als Grundlage und Ergänzung zu Vorlesungen der Informatik und andererseits als Standardwerke für die selbständige Einarbeitung in umfassende Themenbereiche der Informatik konzipiert. Sie sprechen vorwiegend Studierende und Lehrende in Informatik-Studiengängen an Hochschulen an, dienen aber auch in Wirtschaft, Industrie und Verwaltung tätigen Informatikern zur Fortbildung im Zuge der fortschreitenden Wissenschaft.

# Datenflußrechner

Von Prof. Dr. Theo Ungerer
Universität Karlsruhe

B. G. Teubner Stuttgart 1993

Prof. Dr. Theo Ungerer

Geboren 1954. Von 1973 bis 1981 Studium der Mathematik und Informatik an den Universitäten Heidelberg und Zürich und der Technischen Universität Berlin. Von 1982 bis 1989 zunächst wissenschaftlicher Mitarbeiter, danach akademischer Rat a.Z. am Lehrstuhl für Informatik I der Universität Augsburg. 1986 Promotion. Von 1989 bis 1990 Visiting Assistant Professor an der University of California, Irvine. Von 1990 bis 1992 wiederum akademischer Rat a.Z. an der Universität Augsburg. 1992 Habilitation. Von 1992 bis 1993 Vertretung des Lehrstuhls für Rechnerarchitektur an der Friedrich-Schiller-Universität Jena. Seit 1993 Professor für Entwurf von Systemen in Hardware/Organisation innovativer Rechnerarchitekturen an der Universität Karlsruhe.

Die Deutsche Bibliothek – CIP-Einheitsaufnahme

**Ungerer, Theo:**
Datenflußrechner / von Theo Ungerer. –
Stuttgart : Teubner, 1993
(Leitfäden und Monographien der Informatik)
ISBN 978-3-519-02128-5 ISBN 978-3-322-94688-1 (eBook)
DOI 10.1007/978-3-322-94688-1



Gesamtherstellung: Zechnersche Buchdruckerei GmbH, Speyer
Einband: Tabea und Martin Koch, Ostfildern/Stuttgart

# Vorwort

Multiprozessorsysteme, die aus vielen „billigen" Mikroprozessoren aufgebaut sind, erschließen aufgrund ihrer hohen Leistungsfähigkeit immer neue Anwendungsbereiche. Eine Voraussetzung für den Einsatz von Multiprozessorsystemen ist jedoch die Parallelisierbarkeit eines Problems, d. h. die Aufteilung in Teilprobleme, die verschiedene Prozessoren gleichzeitig bearbeiten können. Da ein Prozeßwechsel, also ein Wechsel von einem Teilproblem zu einem anderen, einen hohen Verwaltungsaufwand bedeutet, lassen sich heutige Multiprozessorsysteme nur dann effizient einsetzen, wenn jedes dieser Teilprobleme so umfangreich ist, daß es eine relativ lange Ausführungszeit benötigt. Um statt dieser grobkörnigen zusätzlich auch feinkörnige Parallelität nutzen zu können, werden neuartige Prozessorarchitekturen entwickelt, die einen schnellen Prozeßwechsel ermöglichen.

Als besonders geeignet erscheinen *Datenflußrechner*, die jedoch nach einem völlig anderen Architekturprinzip als heutige Mikroprozessoren arbeiten. Beim Datenflußprinzip wird die Befehlsausführung allein durch die Verfügbarkeit der Operanden des Maschinenbefehls ausgelöst, so daß ein Prozeßwechsel nach jeder Befehlsausführung eintreten kann. Weiterhin geeignet sind *Multithreaded-von-Neumann-Architekturen*, die das Architekturprinzip modernster Mikroprozessoren um die Fähigkeit zu schnellen Prozeßwechseln erweitern, sowie *Hybridarchitekturen*, die in dem Spektrum zwischen Datenfluß- und von-Neumann-Prinzip einzuordnen sind.

Nach einer Einführung in die Prinzipien von Datenflußrechnern und Datenflußsprachen werden im vorliegenden Buch Parallelarbeitstechniken in „konventionellen" Prozessorarchitekturen vorgestellt. Die frühen, statischen Datenflußrechner, die großen, dynamischen Datenflußrechnerprojekte, die neuesten Entwicklungen von Multithreaded-Datenflußarchitekturen, die Large-Grain-Datenflußarchitekturen und weitere Datenfluß-/von-Neumann-Hybridarchitekturen bilden den Kern des Buches. Ein letztes Kapitel behandelt die Multithreaded-von-Neumann-Architekturen und schließt damit die letzte Lücke im Architekturspektrum vom Datenfluß- bis zum von-Neumann-Prinzip.

Das Buch richtet sich an Studierende der Informatik höherer Semester und an Informatiker in der Praxis, die einen Überblick über den Stand der Forschung bei der Entwicklung von Prozessorarchitekturen bekommen wollen. Es soll dabei helfen, die

Leistungsfähigkeit und die Grenzen innovativer Rechnerarchitekturen beurteilen zu können.

Das Buch entstand als Überarbeitung einer Habilitationsschrift an der Universität Augsburg. Wertvolle Anregungen und Korrekturen verdanke ich den Herren Prof. Dr. Hans-Joachim Töpfer, Prof. Dr. Walter Dosch und Prof. Dr. Bernhard Möller. Herrn Dr. Eberhard Zehendner danke ich für viele anregende Diskussionen und ausführliche Gespräche. Den Herren Prof. Dr. Hans-Joachim Töpfer, Prof. Dr. Wolfgang K. Giloi, Prof. Dr. Erik Mähle und Prof. Dr. Werner Kluge danke ich für die Begutachtung der Habilitationsschrift und für viele anregende Kritikpunkte, die ich in das vorliegende Buch eingearbeitet habe. Weitere wichtige Anregungen erhielt ich von Herrn Prof. Dr. Klaus Waldschmidt, einem der Herausgeber der Reihe „Leitfäden und Monographien der Informatik" des B.G. Teubner-Verlags. Insbesondere habe ich die Anregungen aufgegriffen, Datenflußsprachen, Anwendungen von Datenflußrechnern und Multithreaded-von-Neumann-Architekturen in das Buch aufzunehmen. Des weiteren danke ich Herrn Dipl.-Math. Winfried Grünewald, Herrn Dipl.-Math. Gerhard Wilhelms und Herrn Dipl.-Math. Martin Beck für die kritische Durchsicht von Teilen des Manuskrips. Frau Gertraud Winkler M. A. danke ich besonders herzlich für ihre stilistischen Verbesserungen und für ihr promptes und genaues Korrekturlesen. Durch ihren unermüdlichen Einsatz hat sie nicht unwesentlich zum Gelingen des Buches beigetragen.

Augsburg, im März 1993 Theo Ungerer

# Inhaltsverzeichnis

# Einleitung

Mit dem Begriff „Datenfluß“ sind drei Aspekte verknüpft: das Einmalzuweisungsprinzip der Datenflußsprachen, die (Maschinen-)Programmdarstellung als Datenflußgraph mit einer datengesteuerten Auswertungsstrategie und die Verarbeitungspipeline eines Datenflußprozessors, die aus Einheiten für das „Token Matching“, für die Befehlsbereitstellung, die Befehlsausführung und das Erzeugen von neuen „Tokens“ besteht.

Datenflußrechner werden meist in einer Datenflußsprache programmiert. Diese Sprachen gehorchen dem Einmalzuweisungsprinzip, d. h., einer Variablen kann nur einmal ein Wert zugewiesen werden. Datenflußprogramme werden von einem Compiler in einen Datenflußgraphen übersetzt, wobei die Knoten Maschinenbefehle und die Kanten Datenabhängigkeiten repräsentieren. Konzeptuell werden die Operanden der Maschinenbefehle entlang der Kanten in Form von „Tokens“ genannten Datenpaketen übertragen. Beim Datenflußprinzip geschieht die Befehlsausführung datengesteuert, d. h., ein Maschinenbefehl ist ausführbar, sobald alle seine Operanden verfügbar sind. Im Datenflußgraphen bedeutet dies, daß ein Knoten schaltbereit ist, sobald auf allen benötigten Eingangskanten des Knotens Tokens vorhanden sind. Beim Schalten eines Knotens wird von den Eingangskanten je ein Token entfernt und auf den Ausgangskanten je ein Resultattoken plaziert. Die Befehlsausführung wird allein durch die Verfügbarkeit der Operanden ausgelöst und nicht explizit von einem Befehlszähler gesteuert.

Vom Datenflußprinzip werden die Ausnutzung von Parallelität auf Befehlsebene, eine dynamische Lastverteilung und ein geringer Aufwand für die Synchronisation paralleler Aktivitäten erwartet. Die ersten Entwürfe von Datenflußrechnern entstanden in den 70er Jahren und arbeiteten nach dem „statischen“ Datenflußprinzip. Dieses läßt jedoch keine Rekursivität zu und erlaubt nur eine begrenzte Ausnutzung der vorhandenen Parallelität, da Schleifeniterationen und Unterprogrammaufrufe nicht parallel ausgeführt werden können. Um mehr Parallelität zu nutzen, wurde das „dynamische“ Datenflußprinzip entwickelt, bei dem voneinander unabhängige Schleifeniterationen und Unterprogrammaufrufe auch wirklich parallel ausgeführt werden können. Dies geschieht durch eine Erweiterung der Tokens um sogenannte „Tags“, die den Kontext der Tokens identifizieren. Ein Knoten im Datenflußgraphen ist schaltbereit, wenn an jeder Eingangskante Tokens mit identischen Tags vorhanden sind.

Vor Ausführung einer jeden zweistelligen Operation muß eine Synchronisation durchgeführt werden, um festzustellen, ob beide Operanden verfügbar sind. Diese Synchronisation, „Token Matching“ genannt, wird von einer „Vergleichseinheit“ („Matching Unit“) durchgeführt und wurde bei den meisten Datenflußrechnern bis vor kurzem durch ein in Hardware implementiertes Hash-Verfahren realisiert, das sich in vieler Hinsicht als ineffizient erwies. Mit der Entwicklung des Verfahrens des „direkt adressierten Token-Speichers“ wurde dieser Engpaß in der Verarbeitungspipeline eines Datenflußprozessors gemildert.

Heutige Datenflußrechner sind überwiegend experimentelle Multiprozessoren vom Typ der MIMD-Rechner, bei denen Parallelarbeit auf zwei oder mehr Ebenen genutzt wird: Zum einen werden parallel ausführbare Funktionsaktivierungen oder Schleifeniterationen von verschiedenen Datenflußprozessoren gleichzeitig ausgeführt, zum anderen wird innerhalb eines Datenflußprozessors Parallelität auf der Befehlsebene durch die überlappende Befehlsausführung in der Verarbeitungspipeline genutzt.

Gegenüber den konventionellen Multiprozessorsystemen, d. h. solchen, deren Prozessoren nach dem von-Neumann-Prinzip arbeiten, tragen Datenflußrechner insbesondere zur Lösung der Probleme der Programmierbarkeit wie auch der Speicherlatenz und der Synchronisation bei. Eine leichte Programmierbarkeit wird durch Datenflußsprachen erreicht, da in diesen Sprachen Parallelität implizit vorhanden ist und nicht vom Programmierer ausgedrückt werden muß.

Da in jeder Pipelinestufe eines Datenflußprozessors Daten und Befehle durch den Tag an ihre Programmumgebung gebunden sind, können aufeinanderfolgend ausgeführte Befehle aus verschiedenen Kontexten stammen, d. h., nach jedem Taktzyklus kann ein Kontextwechsel vorkommen. Das erlaubt, beliebige Verzögerungen beim Zugriff auf entfernte Speicher (Memory Latencies) zu tolerieren und die Daten in beliebiger Reihenfolge von einem entfernten Speicher anzuliefern. Die Synchronisation verschiedener Kontrollfäden geschieht auf Maschinenebene durch das Token-Matching-Prinzip, wobei jeder Maschinenbefehl darauf wartet, daß alle seine Operanden produziert sind, bevor er ausgeführt wird.

Allerdings erweist sich das Token-Matching-Prinzip bei sequentiellen Befehlsfolgen gegenüber dem Befehlszählerprinzip der von-Neumann-Rechner als ineffizient. Da die zeitliche Reihenfolge, in der die Befehle eines Datenflußprogramms von der Pipeline eines Datenflußprozessors ausgeführt werden, nicht festlegbar ist, können Register als Zwischenspeicher für Operanden nicht genutzt werden. Ein Befehl kann erst dann ausgeführt werden, wenn sein Vorgängerbefehl die gesamte Datenflußpipeline durchlaufen hat. Prototypen und Simulationen dynamischer Datenflußrechner zeigen deshalb eine geringe Verarbeitungseffizienz für sequentielle Befehlsfolgen.

In neueren Datenflußrechnern werden deshalb als „Multithreaded Dataflow“ bezeichnete Verfahren angewendet, die es erlauben, die Befehle einer sequentiellen Befehlsfolge direkt aufeinanderfolgend unter Verwendung von Registern auszuführen. Weiterhin wurden sogenannte „Large-Grain-Datenflußarchitekturen“ entwickelt, bei denen sequentielle Codeblöcke nach dem Datenflußprinzip aktiviert, die internen Befehlsfolgen dann jedoch mittels eines Befehlszähler-Mechanismus ausgeführt werden. Damit ergibt sich ein weites Spektrum von Datenfluß-/von-Neumann-Hybridarchitekturen, die einen schnellen Kontextwechsel durch das Datenflußprinzip mit der hohen Effizienz des von-Neumann-Prinzips bei der Ausführung sequentieller Befehlsfolgen verbinden.

In der Kombination des Datenfluß- und von-Neumann-Prinzips stecken viele Möglichkeiten für Weiterentwicklungen von heutigen Prozessorarchitekturen im Hinblick auf deren Verwendung in Multiprozessorsystemen. Insbesondere der extrem schnelle Kontextwechsel, den das Token-Matching-Prinzip der Datenflußarchitekturen ermöglicht, wird zukünftige Generationen innovativer Prozessorarchitekturen beeinflussen.

Einen Schritt in diese Richtung von der Seite der von-Neumann-Prozessoren stellen die „Multithreaded-von-Neumann-Architekturen“ dar. Bei diesem Architekturprinzip sind statt eines einzigen gleich mehrere Kontrollfäden („Threads“) auf einem Prozessor geladen, wobei jedem Kontrollfaden int ein eigener Registersatz zugeordnet ist. Zur Überbrückung der Wartezeit beim Zugriff auf einen entfernten Speicher oder bei einem fehlgeschlagenen Synchronisationsversuch wird auf einen anderen Registersatz gewechselt und damit ein Kontextwechsel herbeigeführt. Dieser Kontextwechsel geht sehr schnell vor sich, da das Abspeichern der Registerinhalte, das bei konventionellen von-Neumann-Prozessoren notwendig ist, entfällt.

Mit dem vorliegenden Buch soll ein umfassender Überblick über Datenflußarchitekturen, Datenfluß-/von-Neumann-Hybridarchitekturen und Multithreaded-von-Neumann-Architekturen gegeben werden. Die Datenflußarchitekturen werden in ihrer evolutionären Entwicklung vom frühesten Architekturentwurf 1975 bis zum heutigen Stand der Technik bei Datenflußarchitekturen vorgestellt. Selbstverständlich können nicht alle Datenflußarchitekturen behandelt werden. Die Auswahl der vorgestellten Architekturen orientiert sich an dem Ziel, alle Entwicklungsphasen und Trends anhand repräsentativer Architekturbeispiele zu erfassen. Das Hauptgewicht liegt auf dynamischen Datenflußarchitekuren und auf Datenfluß-/von-Neumann-Hybridarchitekturen. Die Beschreibung von statischen Datenflußrechnern, die besonders für Spezialanwendungen wie der Signalverarbeitung und der Logik-Simulation verwendet werden, ist weitgehend auf die frühen Entwürfe als Universalrechner beschränkt.

Weiterhin werden die Prinzipien von Datenflußarchitekturen zum Stand der Technik bei konventionellen Rechnern in Beziehung gesetzt werden. Dies betrifft insbesondere die von-Neumann-Rechner, die durch ihre über vierzigjährige Entwicklung heute in sehr hohem Maße optimiert sind. Die Potenz der Datenflußarchitekturen liegt hier speziell in ihrer Fähigkeit, einen schnellen Kontextwechsel durchzuführen und in ihren neuesten Varianten, ähnlich wie die Multithreaded-von-Neumann-Architekturen, auch sequentielle Befehlsfolgen mit ca. zwanzig bis einigen hundert Befehlen (sogenannte „leichtgewichtige Prozesse") effizient auszuführen.

Außerdem wird untersucht, wie bei Datenflußrechnern die Parallelität im Programm in Parallelarbeit - im Sinne einer parallelen Ausführung durch mehrere Verarbeitungseinheiten - umgesetzt wird. Dafür werden in einem eigenen Kapitel den Datenflußarchitekturen die Techniken der Parallelarbeit gegenübergestellt, die bei konventionellen Multiprozessoren und Prozessorarchitekturen angewandt werden. Vor allem das Vorhandensein mehrerer Hierarchie-Ebenen durch verschiedene Techniken der Parallelarbeit in Datenfluß- und konventionellen Multiprozessoren ist ein wenig beachteter, jedoch wichtiger Architekturaspekt für eine effiziente parallele Programmausführung.

Die Arbeit ist folgendermaßen aufgebaut: In Kapitel 1 wird eine Einführung in die Prinzipien von Datenflußrechnern gegeben. Im besonderen wird auf folgende Aspekte eingegangen: Operationsprinzipien, Datenflußsprachen und Datenflußgraphen, Rechnerstrukturen und Klassifikation feinkörniger Datenflußarchitekturen, Erweiterungen des Datenflußprinzips und Anwendungen von Datenflußrechnern.

Kapitel 2 definiert fünf Ebenen der Parallelität in Programmen und stellt diesen Parallelitätsebenen Techniken der Parallelarbeit gegenüber, die bei Parallelrechnern und in modernen Prozessorarchitekturen angewendet werden. Diese Parallelarbeitstechniken werden danach im einzelnen beschrieben und, soweit notwendig, anhand konkreter Architekturbeispiele veranschaulicht. Dieses Kapitel soll den Vergleich der bei konventionellen Rechnern verwendeten Parallelarbeitstechniken mit denen, die speziell bei Datenflußarchitekturen angewendet werden, ermöglichen.

Kapitel 3 stellt frühe Datenflußarchitekturen vor. Es umfaßt die Phase von 1975 bis Anfang der 80er Jahre, in der statische Datenflußarchitekuren von besonderer Bedeutung waren.

Kapitel 4 behandelt die dynamischen Datenflußrechner der Universität Manchester, des Massachusetts Institute of Technology, des Electrotechnical Laboratory in Japan und der Sandia National Laboratories in New Mexico. Die vorgestellten Architekturen umfassen den Zeitraum vom Anfang der 80er Jahre bis heute. Sie demonstrieren die wichtigsten Entwicklungsstufen bei Datenflußarchitekturen von den Prinzipien der dynamischen Datenflußrechner über die Direct-Matching-Verfahren, die eine direkte Adressierung der Tokens im Token-Speicher ermöglichen, bis hin zu den Multithreaded-Datenflußarchitekturen.

Kapitel 5 beschäftigt sich mit dem Spektrum der Datenfluß-/von-Neumann-Hybridarchitekturen. Neben den am Massachusetts Institute of Technology entwickelten Hybridarchitekturen werden Large-Grain-Datenflußarchitekturen und Large-Grain-Datenflußarchitekturen mit zusätzlicher Verwendung von komplexen Maschinenoperationen vorgestellt.

Kapitel 6 stellt Multithreaded-von-Neumann-Architekturen vor - neueste, experimentelle Prozessorarchitekturen, welche die nächste Generation von Mikroprozessoren stark beeinflussen werden. Multithreaded-von-Neumann-Architekturen können als einen Schritt von Seiten der von-Neumann-Architekturen hin zum Datenflußarchitektur-Prinzip betrachtet werden.

Kapitel 7 faßt die wesentlichen Entwicklungen und Ergebnisse zusammen und gibt einen Ausblick auf zukünftig mögliche Entwicklungen und Anwendungen der Datenflußarchitektur-Prinzipien.

# 1 Grundlagen des Datenflußprinzips

## 1.1 Kontrollfluß-, Reduktions- und Datenflußprinzip

In diesem Abschnitt werden die drei grundlegenden Operationsprinzipien für Rechner vorgestellt. Diese sind das Kontrollfluß-, das Reduktions- und das Datenflußprinzip.

Beim *Kontrollflußprinzip* löst der explizite „Kontrollfluß" die Ausführung eines Maschinenbefehls aus. Der „Kontrollfluß" wird mittels eines Befehlszählers organisiert, der die Speicheradresse des in der sequentiellen Ausführungsreihenfolge nächsten Maschinenbefehls enthält. Abbildung 1.1-1 [Veen 86] demonstriert den Kontrollfluß für folgende Anweisungen:

```
a:=x+y;
b:=a*a;
c:=4-a;
```

Die durchgezogenen Pfeile in Abb. 1.1-1 zeigen auf Datenspeicherzellen, während die gestrichelten Pfeile den Kontrollfluß andeuten.

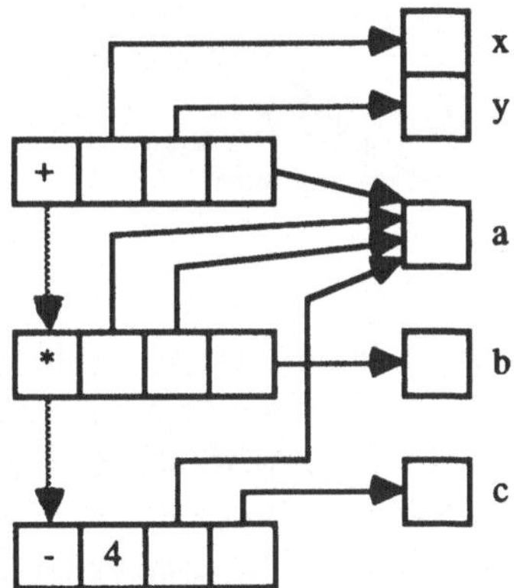


Abb. 1.1-1 Kontrollflußprinzip

Das Kontrollflußprinzip wird im folgenden mit dem von-Neumann-Prinzip gleichgesetzt, das in dieser Arbeit im wesentlichen durch die sequentielle Befehlsfortschaltung mittels eines Befehlszählers charakterisiert ist (weitere, mit dem Begriff „von-

Neumann-Architektur" verknüpfte Eigenschaften sind beispielsweise in [Ungerer 89] beschrieben). Bei parallelen Kontrollflußprinzipien können Befehlsfolgen, die nach dem von-Neumann-Prinzip ausgeführt werden, durch explizite parallele Kontrollkonstrukte (beispielsweise *fork...join*) verknüpft sein und parallel zueinander ausgeführt werden.

Beim *Datenflußprinzip* ist die Ablaufsteuerung gänzlich anders organisiert. Einzig die Verfügbarkeit der Operanden löst die Ausführung einer Maschinenoperation auf diesen Operanden aus. Die Resultate können dann wieder zur Ausführbarkeit anderer Operationen führen. Deshalb wird dieses Operationsprinzip auch als *datengesteuert* oder *datengetrieben* (Data-Driven) bezeichnet.

Abbildung 1.1-2 zeigt die datengesteuerte Auswertung nach dem Datenflußprinzip für die gleiche Anweisungsfolge wie in der vorherigen Abbildung. Hier entfallen die Kontrollflußpfeile, denn jeder Maschinenbefehl in einem Datenflußprogramm enthält Verweise auf die Operandenstellen der Maschinenbefehle, welche die Resultate benötigen.

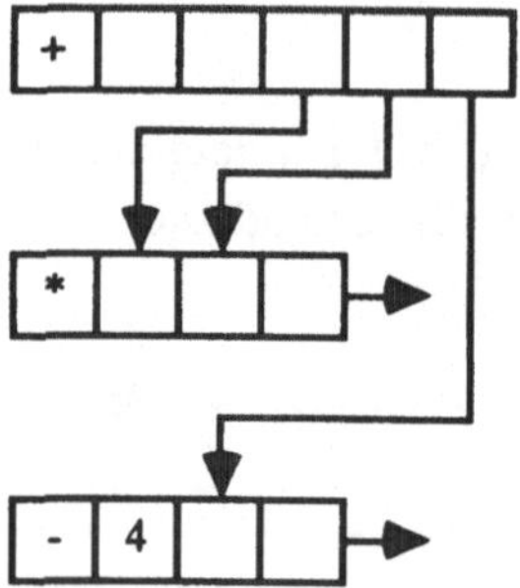


Abb. 1.1-2 Datenflußprinzip

Beim *Reduktionsprinzip* wird ein Maschinenbefehl ausgeführt, wenn einer seiner Ausgabeoperanden von einem anfordernden Maschinenbefehl benötigt wird. Somit löst die Anforderung eines Resultats die Ausführung einer Maschinenoperation aus, welche das Resultat generiert. Nach der Ausführung der Maschinenoperation wird die Kontrolle wieder an den anfordernden Maschinenbefehl zurückgegeben. Die Anforderung basiert auf dem Erkennen reduzierbarer Ausdrücke und der Reduktion dieser Ausdrücke. Bei der *Reduktion* (Reduction oder Rewrite genannt) wird ein Ausdruck durch sukzessive Anwendung von *Reduktionsregeln* (Ersetzungsregeln) umgeformt. Dabei werden reduzierbare Ausdrücke durch gleichwertige Ausdrücke ersetzt, bis das Resultat, d. h. der maximal vereinfachte Ausdruck, erreicht ist. Dies ist natürlich nur unter der Voraussetzung der Terminierung der Fall.

Als *Reduktionsebene* wird im folgenden derjenige Schnitt durch den Berechnungsbaum bezeichnet, der durch einmalige Reduktion aller Teilausdrücke eines anderen Schnitts entsteht. Das Ersetzen eines Teilausdrucks geschieht rekursiv, wobei von einer Reduktionsebene zur nächsten geschritten wird, bis die Elementaroperationen erreicht sind, die dann ausgeführt werden. Darauf werden die Ergebnisse der nächsthöheren Reduktionsebene zurückgemeldet. Dies wird so lange wiederholt, bis der gesamte Ausdruck vollständig ausgewertet ist und die Resultate des Ausdrucks zurückgegeben werden.

Man unterscheidet zwei Arten von *Reduktionsmechanismen* (vgl. [Treleaven et al. 82]): *Textersetzung* (String Reduction) und *Graphreduktion* (Graph Reduction). Die Unterschiede, die sich für die Auswertung ergeben, werden an einem Beispiel demonstriert. Man betrachte den Ausdruck auf der rechten Seite der Zuweisung A:=C*D+D*COS(L+H)/(E+G) mit C=4, D=5, L=1, H=-1, E=5, G=-4.

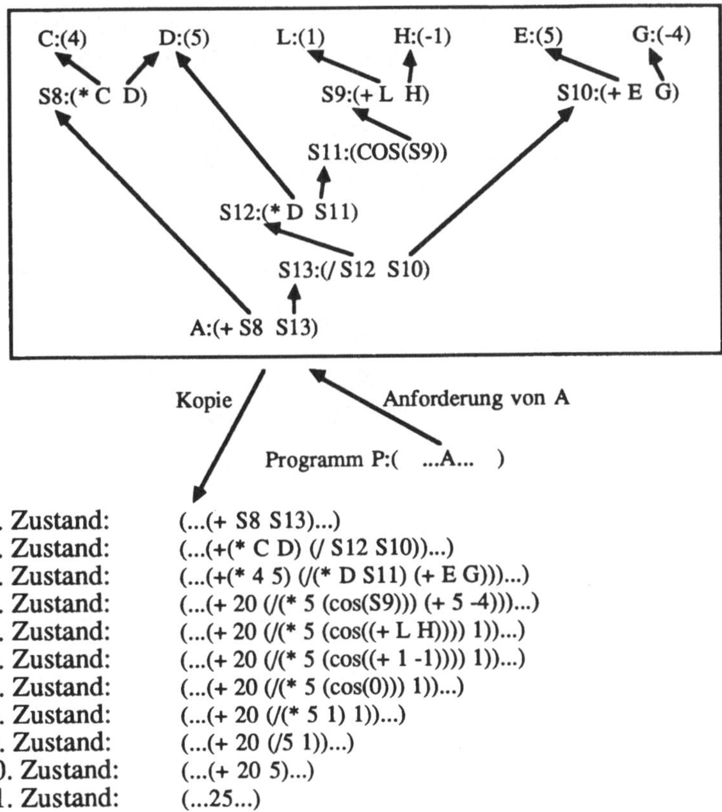


Abb. 1.1-3 Beispiel für die Durchführung der Textersetzung

Bei der *Textersetzung* wird bei jeder Anforderung eines Ausdrucks einer niedrigeren Reduktionsebene eine Kopie desselben in den anfordernden Ausdruck eingebaut, bis die Ebene der Elementarausdrücke erreicht ist. Im Beispiel (siehe Abb. 1.1-3) ist das für den Ausdruck S8 mit der 3. Reduktionsebene im 3. Zustand erreicht, für den Ausdruck S13 jedoch erst mit der 6. Reduktionsebene im 6. Zustand.

Die Elementarausdrücke werden berechnet und die Ergebnisse gehen in den Ausdruck auf der nächst höheren Reduktionsebene ein. Der eingerahmte Teil in Abb. 1.1-3 zeigt die Speicherstruktur des Programms.

Bei der *Graphreduktion* (siehe Abbildungen 1.1-4a bis 1.1-4e) wird bei jeder Anforderung eines Ausdrucks einer niedrigeren Reduktionsebene ein Zeiger auf den anfordernden Ausdruck in denjenigen der niedrigeren Reduktionsebene eingebaut, bis die Ebene der Elementarausdrücke erreicht ist. Von Ausdrücken einer niedrigeren Reduktionsebene müssen keine separaten Kopien erstellt werden, auch wenn der Ausdruck mehrfach von Ausdrücken höherer Reduktionsebenen angefordert wird. Somit wird bei der Graphreduktion im Gegensatz zur Textreduktion jeder Ausdruck nur einmal ausgewertet. Bei einer nachfolgenden Anforderung kann direkt auf den berechneten Wert zugegriffen werden. Falls keine weiteren Zeiger mehr auf einen Ausdruck oder einen Wert gerichtet sind, kann der Speicherplatz wieder freigegeben werden.

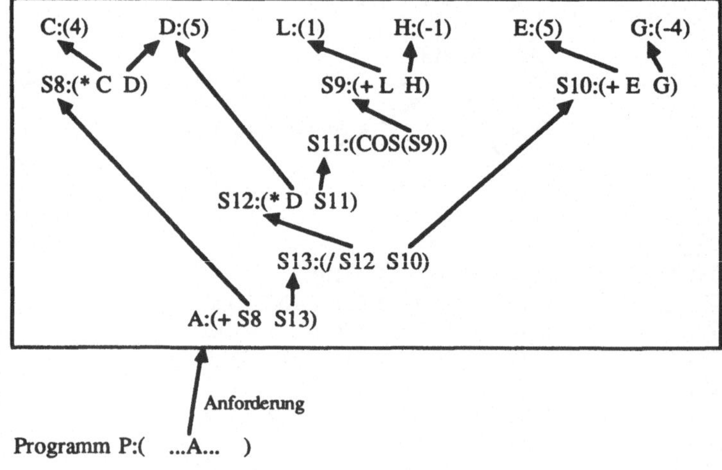


Abb. 1.1-4a Ausgangssituation

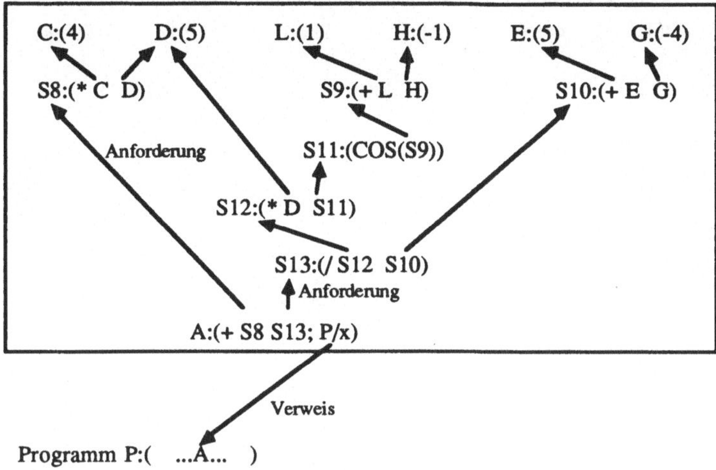


Abb. 1.1-4b 1. Berechnungszustand

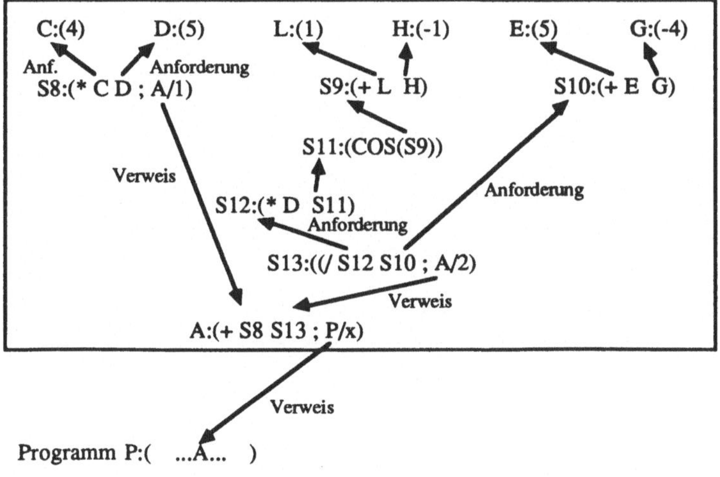


Abb. 1.1-4c 2. Berechnungszustand

Ähnlich verläuft auch der 3. bis 8. Berechnungszustand.

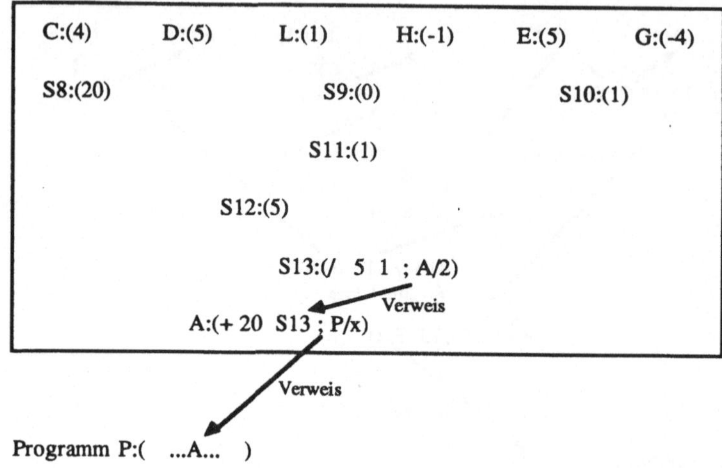


Abb. 1.1-4d 9. Berechnungszustand

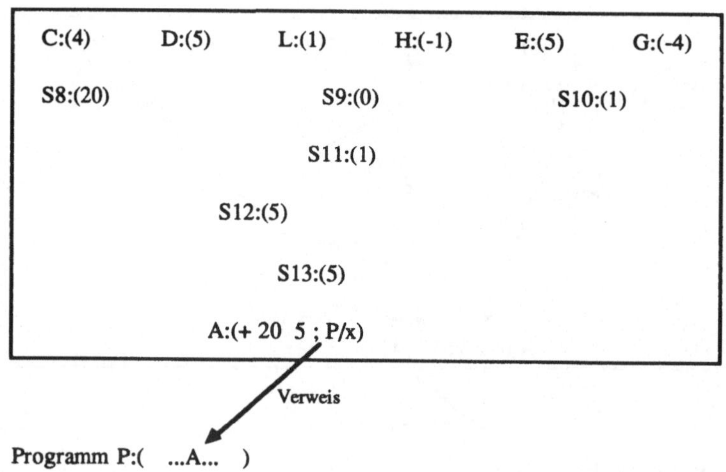


Abb. 1.1-4e 10. Berechnungszustand

Die Abbildungen 1.1-4d und 1.1-4e zeigen den vorletzten und den letzten Berechnungszustand vor Terminierung des Programms.

## 1.2 Datenflußsprachen

### 1.2.1 Einführung

Die Kritik von [Backus 78] an den imperativen Programmiersprachen, den sogenannten *von-Neumann-Sprachen*, betrifft folgende Eigenschaften: Imperative Programmiersprachen besitzen als Grundoperation die *Wertzuweisung* (Assignment Statement). Sie bewirkt die Zuweisung eines neuen Wertes an eine einzelne Speicherzelle des linear adressierbaren Speichers eines von-Neumann-Rechners. Darauf ist eine Kontrollstruktur aufgebaut, welche die einzelnen Wertzuweisungen in ihrer Ausführungsreihenfolge sequentiell ordnet und damit ein Programm bildet. Einer Programmvariablen (von-Neumann-Variablen) wird in imperativen Programmiersprachen kein fester Wert zugeordnet, sondern sie beschreibt eine Speicherzelle, der während der Laufzeit eines Programms wechselnde Werte zugewiesen werden können. Der Unterschied zwischen einer Programmvariablen und einer Variablen im Sinne der Mathematik liegt nicht in der Zuordnung von Werten zu Variablen, sondern in der Möglichkeit, den Wert einer Variablen während der Ausführung einer Berechnung zu ändern.

Programme in Datenflußsprachen unterscheiden sich wesentlich von Programmen imperativer Programmiersprachen. Die Reihenfolge der Anweisungen in einem Datenflußprogramm spielt innerhalb eines Anweisungsblocks (Funktion, Schleifenkörper, if-, then- oder else-Zweig) keine Rolle. Es gibt kein syntaktisches Konstrukt für die Sequentialisierung, wie es bei den imperativen Sprachen durch das Semikolon gegeben ist. Die Ausführbarkeit der Anweisungen ist allein durch ihre Datenabhängigkeiten bestimmt. Im Gegensatz zu imperativen, parallelen Sprachen, bei denen die Parallelität durch explizite Parallelkonstrukte ausgedrückt wird, sind Datenflußsprachen *implizit* parallel. Der Programmierer muß sich um die Organisation einer parallelen Ausführung nicht mehr kümmern, er hat aber auch keine Möglichkeit, die Ausführung zu beeinflussen, was aus Effizienzgründen oft vorteilhaft wäre.

Das Variablenkonzept der Datenflußsprachen ist dem mathematischen Verständnis von Variablen näher als dasjenige der imperativen Programmiersprachen. In Datenflußsprachen gilt für die Variablen das *Prinzip der Einmalzuweisung* (Single Assignment), d. h., jeder Variablen in einem Datenflußprogramm kann nur einmal ein Wert zugewiesen werden. Es gibt unterschiedlich strenge Auffassungen des Einmalzuweisungsprinzips. Die Zuweisung eines Wertes zu einer Variablen kann einmal pro Programmcode, einmal pro Programmlauf oder einmal pro Gültigkeitsbereich gestattet sein. Im letzten Fall kann die Variable bei wiederholter Ausführung des gleichen Gültigkeitsbereichs jedesmal einen anderen Wert annehmen.

Durch das Prinzip der Einmalzuweisung werden *scheinbare Datenabhängigkeiten* [Giloi 81] bzw. *Anti Dependences* und *Output Dependences* [Padua, Wolfe 86] vermieden. Diese entstehen, wenn einer Variablen während einer Programmausführung erneut ein Wert zugewiesen wird. Das Prinzip der Einmalzuweisung ist besonders im Hinblick auf Parallelverarbeitung vorteilhaft, kann jedoch zu einem exzessiven Verbrauch von Speicherplatz führen. Dem muß durch eine meist aufwendige Speicherbereinigung (Garbage Collection) vorgebeugt werden.

Datenflußsprachen haben viele Eigenschaften mit funktionalen Sprachen gemeinsam und werden deshalb mit ihnen zur Gruppe der *applikativen Sprachen* zusammengefaßt. Der Begriff „applikative Sprache“ kommt von dem grundlegenden Konzept der Anwendung (Application) von Funktionen auf Argumente.

In *funktionalen Programmiersprachen* sind Funktionsvereinbarungen ein wesentliches Element der Programmierung. Ein *funktionales Programm* besteht aus einem Ausdruck (eventuell aufgebaut auf einem System rekursiver Funktionsvereinbarungen), der die Ein-/Ausgabefunktion des Programms festlegt. Ein funktionales Programm liefert bei gleichen Eingabewerten immer die gleiche Ausgabe, es gibt keine Abhängigkeit von inneren Zuständen. Eine Eigenschaft funktionaler Sprachen ist die *referentielle Transparenz*, d. h., der Wert eines Ausdrucks wird innerhalb eines Gültigkeitsbereichs während einer Berechnung nie geändert. Funktionale Sprachen sind *determiniert*, d. h., das Resultat eines funktionalen Programms ist ausschließlich von den Eingabewerten und nicht von der Maschinenkonfiguration oder eventuellen Laufzeitbedingungen abhängig.

Im Gegensatz zu imperativen Programmiersprachen, bei denen das Semikolon die sequentielle Ausführung von Anweisungen beschreibt, gibt es in applikativen Sprachen kein vergleichbares Konzept, das den Kontrollfluß regelt. Weiterhin sind applikative Sprachen *seiteneffektfrei*, d. h., im Rumpf einer Funktion können keine Wertzuweisungen zu Variablen außerhalb des Funktionsrumpfes vorkommen. Die Ausdrücke applikativer Programmiersprachen können „von außen nach innen“ oder „von innen nach außen“ ausgewertet werden. Im ersten Fall werden Funktionsaufrufe ausgewertet, wenn ihre Resultate als Argumente von anderen Funktionen benötigt werden. Man spricht dann von einer *bedarfsgesteuerten Auswertung* (Demand-Driven Evaluation), welche dem Reduktionsprinzip entspricht. Die Auswertung „von innen nach außen“ entspricht der *datengesteuerten Auswertungsstrategie* (Data-Driven Evaluation) des Datenflußprinzips.

Eine Funktion heißt *strikt*, wenn beim Auftreten eines undefinierten Ausdrucks oder einer nicht terminierenden Rekursion an einer Argumentstelle die gesamte Funktionsauswertung den Wert 'undefiniert' erhält, andernfalls heißt die Funktion *nicht-strikt*. Funktionen, die als nicht-strikte Funktionen definiert sein können, sind beispielsweise das Konditional und die Projektionsfunktion. Eine Semantik, bei der alle Funktionen strikt definiert sind, heißt *strikte Semantik*[1], das Gegenteil dazu *nicht-strikte Semantik.* Eine nicht-strikte Semantik liefert bei einer nicht-strikten Funktion gegebenenfalls auch dann eine gültige Auswertung, wenn eines der Argumente der Funktion 'undefiniert' ist.

Wenn bei der Anwendung einer Funktion stets ihre sämtlichen Argumente vollständig ausgewertet werden, spricht man von einer *call-by-value-Semantik,* andernfalls von einer *call-by-name-* oder einer *call-by-need-Semantik.* Bei einer call-by-value-Semantik sind mit Ausnahme des Konditionals üblicherweise alle Funktionen strikt definiert.

[Ekanadham 91] unterscheidet bei der Auswertungstrategie zwischen *eager, lazy* und *lenient.* Bei einer strikten Semantik wird meist *eager* ausgewertet, d. h., so parallel wie möglich, auch wenn dies zur Erzielung des Resultats „unnötige" Auswertungen bewirkt (beispielsweise die Auswertung des nicht gewählten Zweigs eines Konditionals).[2]

Die Auswertungsstrategie bei einer nicht-strikten Semantik heißt *lazy,* falls nur die Ausdrücke ausgewertet werden, die zur Berechnung des Resultats notwendig sind. Bei einer lazy-Auswertung werden Funktionsargumente, Strukturkomponenten und Zweige eines Konditionals nur dann ausgewertet, wenn sie benötigt werden. Die Implementierung einer lazy-Auswertung führt zu einer bedarfsgesteuerten Auswertungsstrategie, die eine möglichst geringe Anzahl von Auswertungsschritten benötigt, jedoch in ihrer Parallelität eingeschränkt ist.

Bei einer nicht-strikten Semantik heißt die Auswertungsstrategie *lenient,* wenn bei einem Konditional erst das Prädikat und danach der ausgewählte Zweig ausgeführt wird. Alle anderen Fuktionen werden eager ausgewertet. Lenient wird deshalb auch als „nicht-strikt und nicht lazy" charakterisiert [Schauser et al. 91].

---

1 [Szymanski 91] definiert eine *Funktion* als *strikt,* wenn die Funktion, angewandt auf ein divergierendes Argument, ebenfalls divergiert. In ähnlicher Weise ist eine *Struktur strikt,* wenn sie divergiert, sobald eine ihrer Komponenten divergiert.

2 Die Auswertungen sind natürlich aus Sicht einer strikten Semantik notwendig, da *alle* Argumente ausgewertet werden müssen. Falls der nicht gewählte Zweig eines Konditionals bei der Auswertung nicht terminiert, so terminiert bei einer strikten Semantik auch das gesamte Konditional nicht.

Neben diesen Auswertungsstrategien gibt es noch weitere Unterscheidungskriterien. Man spricht von *strenger Typenprüfung*, falls nicht übereinstimmende Datentypen immer entdeckt werden, von *statisch getypt*, falls die Übereinstimmung von Datentypen zur Compilezeit geprüft werden kann, und von *dynamisch getypt*, falls die Typenprüfung erst zur Laufzeit möglich ist.

Man spricht von *Polymorphie*, wenn eine Funktion so definiert ist, daß sie einheitlich die gleiche Operation auf verschiedenen Datentypen ausführt, und von *Überladen*, wenn eine Funktion je nach Datentyp ihrer Argumente unterschiedliche Operationen bezeichnet [Szymanski 91].

Die wichtigsten Datenflußsprachen sind *Id*, *Sisal* und *Lucid*. *Id* kann als eine polymorphe, funktionale Sprache mit Funktionen höherer Ordnung, strenger Typisierung und nicht-strikten Datenstrukturen (I-Strukturen) charakterisiert werden. Id wird im nächsten Abschnitt kurz vorgestellt.

*Sisal* ist eine funktionale Sprache erster Ordnung, strenger Typisierung, nicht-strikten Datenstrukturen (Streams) und Pascal-artiger Syntax. Sisal wird in Abschnitt 1.2.3 in Grundzügen beschrieben.

*Lucid*[3] ist eine dynamisch getypte, nicht-strikte, funktionale Sprache erster Ordnung, deren Funktionen Operationen auf Streams definieren. Lucid kann als Datenflußsprache aufgefaßt werden, der für Lucid definierte Auswertungsmechanismus - Eduction genannt - ist jedoch bedarfsgesteuert.

Weitere Datenflußsprachen sind *Val* und *Cajole* [Hankin, Glaser 81]. Val ist ein Vorläufer von Sisal und wird ebenfalls in Abschnitt 1.2.3 vorgestellt.

Weitere Datenflußsprachen entstanden im Kontext von frühen, statischen Datenflußrechnern wie beispielsweise GPL für den DDM1 (Abschnitt 3.3), LAU (Langage à Assignation Unique) für das LAU-System (Abschnitt 3.4) und die Hughes Data Flow Language (ein Dialekt von Val) für den Hughes Data Flow Multiprocessor (Abschnitt 3.6). Teilweise werden auch Untermengen von imperativen Sprachen zur Programmierung von Datenflußrechnern benutzt wie beispielsweise FORTRAN für den DDP (Abschnitt 3.5) und die Epsilon-Rechner (Abschnitt 4.5) oder Data Flow C für den SIGMA-1-Rechner (Abschnitt 4.4.2).

---

3 Siehe [Ashcroft, Wadge 77], [Wadge, Ashcroft 85], [Skillicorn 89/91] oder [Ashcroft et al. 91].

Id wird als Zielsprache auf allen dynamischen Datenflußrechnern am MIT (Abschnitt 4.3) eingesetzt, Val entstand im Kontext der MIT Static Dataflow Architecture (Abschnitt 3.2) und Sisal wird auf dem Manchester Dataflow Computer (Abschnitt 4.2) eingesetzt.

### 1.2.2 Id

Die Datenflußsprache *Id* (*Irvine Dataflow*) wurde von Arvind und seiner Forschungsgruppe Ende der 70er Jahre zunächst an der University of California, Irvine, entwickelt und dann am MIT fortgeführt. Der erste Entwurf wurde 1978 vorgestellt [Arvind, Gostelow, Plouffe 78/79], eine neuere Version erschien als *Id Nouveau* 1987 [Nikhil 87], [Arvind, Nikhil, Pingali 87] und in revidierter Fassung 1988 [Nikhil 88], die zur Zeit neueste Überarbeitung - Id90 genannt - ist in [Nikhil 90] zu finden. Die nachfolgende Beschreibung entspricht dem Stand von [Nikhil 88].

Id[4] ist eine funktionale Sprache, die um *nicht-strikte Array-Strukturen*, sogenannten *I-Strukturen*, erweitert ist. Id ist eine Datenflußsprache mit einer besonders strengen Form des Einmalzuweisungsprinzips: Jede Variable darf nur einmal an einer Stelle im Programm auf der linken Seite einer Zuweisung stehen.

Es wird eine *parallele call-by-value-Semantik* [Arvind, Nikhil, Pingali 87] angewandt, d. h., bei der Auswertung einer Funktion werden der Funktionskörper und *alle* Argumente ausgewertet, und die Auswertung des Funktionskörpers und der Argumente geschieht parallel zueinander. Die einzige Ausnahme stellt das Konditional dar, bei dem zunächst die Bedingung und danach nur der ausgewählte Zweig ausgewertet wird. Die Auswertung von Id-Programmen geschieht, mit Ausnahme des Konditionals, *eager*. Sie wird deshalb auch als *lenient* bezeichnet [Ekanadham 91].

Id ist eine Sprache mit *polymorphem Typsystem* [Nikhil 87], d. h., bei der Vereinbarung ist die Angabe eines generischen Typs möglich, der beliebige Typen zuläßt.

Id ist eine *dynamisch getypte* Sprache, d. h., der Typ eines Bezeichners kann zur Laufzeit festgelegt werden. Durch die Bindung eines Wertes an einen Bezeichner wird dem Bezeichner indirekt ein Typ zugewiesen. Soweit möglich, wird eine strenge Typenprüfung durchgeführt.

---

4 *Id Nouveau* wird im folgenden kurz als *Id* bezeichnet.

Typen können in Id durch explizite Typzuweisungen festgelegt werden. Durch

```
typeof x = t
```

kann ein Bezeichner `x` als vom Typ `t` festgelegt werden.

Weiterhin können Standard-Operatoren, wie z. B. die Gleichheit, überladen werden. Das Überladen benutzerdefinierter Bezeichner war zunächst für zukünftige Spracherweiterungen geplant [Nikhil 88]. In der neuesten Version von Id ist dies nicht vorgesehen, außerdem ist nur noch explizites Überladen von Bezeichnern und Operatoren erlaubt.

Als elementare Datentypen gibt es alphanumerische Zeichen, Zeichenketten, Zahlen (Gleitpunkt- und Integer-Zahlen werden nicht unterschieden), Boolesche Werte und Symbole.

Als strukturierte Typen gibt es Arrays[5] (alle Komponenten müssen vom selben Typ sein), I-Strukturen (siehe Abschnitt 4.3.4), algebraische Typen (sogenannte „Disjoint Unions", die nichthomogene Array-Typen ähnlich dem RECORD-Typ in Pascal darstellen), Tupel (eine Art von algebraischen Typen, bei denen der Zugriff ausschließlich über Pattern Matching geschieht) und Listen (auch unendliche Listen sind möglich).

Als Kontrollstrukturen sind das Konditional, das `case`-Konstrukt, die `while`-Schleife, die `for`-Schleife und der Funktionsaufruf vorhanden.

Als Beispiel für die Syntax des Konditional betrachte man

```
x = if i == p then k else i;
```

wobei `x`, `i`, `p` und `k` Variablen sind und die Typen der Ausdrücke im `then`- und dem optionalen `else`-Zweig übereinstimmen müssen. Der Variablen `x` wird in Abhängigkeit von der Auswertung der Bedingung entweder der Wert von `k` oder derjenige von `i` zugewiesen.

Die allgemeine Form des `case`-Konstrukts ist

---

5 Je nach Id-Version werden Arrays strikt definiert und von I-Strukturen unterschieden [Nikhil 88], oder Arrays werden mit der Semantik von I-Strukturen versehen und nicht-strikt definiert. Strikte Arrays benötigen dann das Schlüsselwort strict-array [Ekanadham 91].

```
{ case e of
        pat1 = e1
      | ...
      | patN = eN }
```

wobei `e`, `e1`,...,`eN` Ausdrücke und `pat1`,...,`patN` Pattern (d. h. Variablen, Konstanten oder Terme) sind. Alle Pattern werden mit dem Wert des Ausdrucks `e` verglichen, wobei genau ein Pattern zutreffen darf.

Die allgemeine Form der `while`- und der `for`-Schleife ist durch

```
{ while condition do                { for x <- eIndex do
    statement;                          statement;
      ...                                 ...
    statement                           statement
  finally e }                         finally e }
```

gegeben. Die Schleifenvariable `x` durchläuft bei einer `for`-Schleife eine Anzahl von Zahlen, die durch `eIndex` definiert sind. In einem Schleifenkörper kann mittels `next x <- ...` eine neue Variable gleichen Namens definiert werden. Der neue Wert gilt dann erst in der nächsten Iteration.

Als Beispiel für die Verwendung von Schleifen betrachte man das folgende Programm zur Ermittlung der n-ten Fibonacci-Zahl:

```
{ x,y = 1,1
  In
    { for j <- 1 to n do
        next x = y
        next y = x + y
      finally x } }
```

Alle Iterationen einer `for`-Schleife können parallel zueinander ausgeführt werden. Die einzigen Einschränkungen sind Datenabhängigkeiten zwischen den Schleifeniterationen. Sogar Vorwärtsabhängigkeiten der Variablen sind möglich wie das folgende Beispiel zeigt:

```
{ A[10] = 0;
  { for j <- 1 to 9 do
    A[j] = f A[j+1] } }
```

Die Ausführung einer Schleifeniteration hängt von der Auswertung einer nachfolgenden Iteration ab. Derartige Abhängigkeiten sollten vermieden werden, da die Schleifenauswertung je nach Distanz der Vorwärtsabhängigkeiten zu einer Verklemmung[6] führen kann.

Als Programmstrukturen sind Blöcke und Funktionen möglich. Programme selbst sind eine Folge von Anweisungen, die einen äußeren Block bilden.

Blöcke werden durch geschweifte Klammern markiert. Für einen Ausdruck `e` bildet die Auswertung dieses Ausdrucks in der Umgebung, die durch die vorangegangenen Anweisungen definiert wurde, einen Block.

```
{ statement;
      ...
  statement;
In
  e }
```

Ein Name, der innerhalb eines Blocks vereinbart wurde, ist nach außen nicht sichtbar. Wird ein Name, der außerhalb definiert wurde, im Block nochmals vereinbart, so verdeckt der Innere den Äußeren (Static Scoping). Die Reihenfolge der `statements` ist unwichtig, da alle parallel - also auch in beliebiger Reihenfolge - ausgewertet werden können.

Eine Funktionsvereinbarung ist beispielsweise gegeben durch:

```
def newton n x = (x + n/x)/2;
```

Dabei bezeichnet `newton` den Namen der Funktion. Diese benötigt zwei Argumente `n` und `x` und liefert eine Approximation der Quadratwurzel gemäß der Newtonschen Formel.

`f e` beschreibt die Funktionsanwendung von `f` auf den Ausdruck `e`.

Id erlaubt auch die Vereinbarung von Funktionen höherer Ordnung, d. h., von Funktionen, die Funktionen als Argumente zulassen oder die eine Funktion als Resultat zurückliefern.

Weitere Funktionsabstraktionen sind benutzerdefinierte, abstrakte Datentypen und Akkumulatoren, beide Abstraktionen können auch als strukturierte Datentypen betrachtet werden.

---

6 Solche Verklemmungen können bei Anwendung des $k$-begrenzten Schleifenschemas (siehe Abschnitt 4.3.5) mit einem $k$ kleiner als die Distanz auftreten.

Ein Akkumulator ist ein Datentyp, der es erlaubt, Werte in situ zu akkumulieren, vorausgesetzt, daß die Reihenfolge der Zugriffe nicht relevant ist. Die Ausführung eines Akkumulators geschieht nicht-deterministisch. Es liegt in der Verantwortung des Programmierers, daß die Kommutativität und die Assoziativität der akkumulierten Operationen gewährleistet ist. Das Gesamtkonstrukt ist dann wieder determiniert. Durch Akkumulatoren vereinfacht sich unter anderem das Aufaddieren parallel erzeugter Werte, wie das folgende Beispiel zeigt.

```
{ array (1,1)
  |[1] = 0
  accumulate (+)
  | 1 gets (f i) || i <- 1 to n }
```

Zunächst wird im Beispielprogramm ein Array mit einem Element erzeugt und zu Null initialisiert. Das Schlüsselwort `accumulate` bedeutet, daß die Akkumulation mit `+` als Akkumulationsoperation durchgeführt wird. Die letzte Programmzeile bedeutet, daß der Wert `(f i)` für jedes `i` zwischen `1` und `n` berechnet und zum Wert des ersten Array-Elements addiert wird. Das Resultat ist ein Array, der den Wert der Gesamtsumme als einziges Element enthält.

Die wesentlichen Erweiterungen von Id zu Id90 sind sogenannte *M-Strukturen* und Anweisungen für die Ein-/Ausgabe. *M-Strukturen* (siehe Abschnitt 4.3.4) sind Datenstrukturen, ähnlich den I-Strukturen, jedoch mit änderbaren Komponenten. M-Strukturen ermöglichen die Programmierung von Betriebssystem-Routinen und anderen nicht-deterministischen Algorithmen.

Derzeit wird intensiv an Techniken zur Compilation von Id-Programmen gearbeitet. Der Id-Compiler übersetzt Id-Programme zunächst in Datenflußgraphen. Diese können zur Codeerzeugung für den Monsoon-Rechner (Abschnitt 4.3.7) und später für den Monsoon-Nachfolger *T (Abschnitt 5.2.5) verwendet werden. Sie können jedoch auch in parallele Kontrollflußgraphen auf der Grundlage eines P-RISC-Ausführungsmodells (siehe Abschnitt 5.2.4) übersetzt und dann zur Codeerzeugung für das TAM-Modell [Schauser et al. 91] oder für diverse von-Neumann-Rechner eingesetzt werden.

### 1.2.3 Val und Sisal

Die Datenflußsprache *Val* (Value Oriented Algorithmic Language) wurde Ende der 70er Jahre am MIT entwickelt [Ackerman, Dennis 79], [McGraw 82]. Val ist von der abstrakten Datentypsprache CLU [Liskov et al. 81] beeinflußt und unterliegt einer strengen Typenprüfung zur Compilezeit. In Gegensatz zu CLU ist Val jedoch eine *wertorientierte, funktionale* Datenflußsprache mit einer *call-by-value-Semantik*, d. h., abgesehen vom Konditional und dem `case`-Konstrukt werden alle Argumente einer Funktion ausgewertet.

Die bei Val angewandte Form des Einmalzuweisungsprinzips erlaubt es, daß jeder Variablen einmal pro Gültigkeitsbereich ein neuer Wert zugewiesen werden kann. Insbesondere kann bei jedem neuen Eintritt in den gleichen Gültigkeitsbereich der Variablen erneut ein Wert zugewiesen werden.

Val ist *determiniert*, somit ist die Programmierung nichtdeterministischer Algorithmen nicht möglich. Dies wird damit begründet, daß die Anwendungsgebiete von Val numerische Algorithmen sein sollen, bei denen Nichtdeterminismus von keiner großen Bedeutung ist.

Val läßt *keine Rekursion* zu - weder bei Datenstrukturen, noch bei Funktionen. Das hängt damit zusammen, daß die ursprünglichen Zielmaschinen für eine Compilierung von Val-Programmen statische Datenflußrechner waren.

Val ist ein Vorläufer von Sisal, dessen Datenstrukturen, Kontrollkonstrukte und Programmstrukturen mit denen von Val weitgehend identisch sind.

Die Datenflußsprache *Sisal*[7] (Streams and Iterations in a Single Assignment Language) entstand 1983 als Weiterentwicklung von Val. Sisal Version 1.2 erschien 1985 [McGraw et al. 85], die Version 2.0 war für 1990 geplant [Feo et al. 90]. Die vorliegende Beschreibung entspricht Sisal Version 1.2. Sisal wurde in einem gemeinsamen Projekt des Lawrence Livermore National Laboratory, der University of Manchester, der Colorado State University und der Digital Equipment Corporation als Sprache für numerische Anwendungen entwickelt.

*Sisal* ist eine *funktionale* Sprache erster Ordnung mit *strenger Typenprüfung* und Pascal-artiger Syntax und einem nicht-strikten Datentyp Stream. Die Sprache ist *determiniert* und *statisch getypt*. Die Funktionen in Sisal sind *nicht polymorph*; rekursive Funktionsvereinbarungen sind in Sisal im Gegensatz zu Val möglich, jedoch keine rekursiven Datenstrukturen.

Sisal besitzt die gleiche Form von Einmalzuweisungsprinzip wie Val: Ein Name kann in einem Gültigkeitsbereich nur einmal an einen Wert gebunden werden. Die Bin-

---

7 Beispiele für die umfangreiche Literatur zu Sisal sind [McGraw et al. 83, 85], [Feo et al. 90], [Grit 90], [Garsden, Wendelborn 90] und [Skedzielewski 91].

dung eines Namens an einen Wert kann explizit mittels des Schlüsselwortes `let` geschehen. Der Bindungsbereich des Namens reicht dann von der `let`-Anweisung bis zum zugehörigen `end let`.

Als elementare Datentypen sind bei Sisal Boolesche Werte, alphanumerische Zeichen, Zeichenketten, Integer-, Real- und Double-Real-Zahlen vorhanden.

An strukturierten Datentypen gibt es den Array-, den Record-, den Union- und den Stream-Typ. Der Array- und der Record-Typ sind ähnlich wie in Pascal und der Union-Typ wie in C (ähnlich einem varianten Record von Pascal) definiert.

Durch den Stream-Typ werden Folgen von Elementen gleichen Grundtyps definiert. Streams sind potentiell unendlich lang, sie besitzen jedoch einen Anfang und ein Ende. Auf einzelne Elemente eines Stream kann nur am Anfang in sequentieller Weise mittels `stream_first` zugegriffen werden, der Rest der Elemente wird mittels `stream_rest` bezeichnet. Eine Anweisung `stream stream-type []` erzeugt einen leeren Stream, der Elemente vom Typ `stream-type` aufnehmen kann. Mittels `append(S, w)` wird ein Element `w` am Ende des Stream `S` angehängt. Der Stream-Typ ist nicht-strikt, d. h., die Elemente sind verfügbar, sobald sie erzeugt sind. Damit wird Parallelität zwischen dem „Erzeuger“ und dem „Verbraucher“ der Stream-Elemente ermöglicht. Diese Form der Parallelität wird in der Literatur zu Sisal als „Pipeline Parallelism“ bezeichnet. Streams dienen vorwiegend der Ein-/Ausgabe.

Als Kontrollstrukturen sind das Konditional, die arithmetische if-Anweisung (eine `elseif`-Anweisung im `then`-Zweig eines Konditionals), das `tagcase`-Konstrukt (zur Feststellung des gewählten Zweigs eines Union), die `for-initial`-Schleife, die `for`-Schleife (eigentlich eine *forall*-Schleife) und der Funktionsaufruf vorhanden.

Die `for-initial`-Schleife (siehe Programmbeispiel in Abschnitt 4.2.2) entspricht einer sequentiellen Schleife imperativer Programmiersprachen. Sie besteht aus den folgenden vier Teilen: einem Initialisierungsteil, der die Schleifenkonstanten definiert und den Schleifenvariablen Initialwerte zuordnet, einem Schleifenkörper, der neue Werte für die nächste Iteration berechnet, einem Terminierungstest, der entweder vor (abweisende Schleife) oder nach dem Schleifenkörper (nicht abweisende Schleife) stehen kann, und einem Return-Teil, der das Resultat der Schleifenausführung festlegt. Das Einmalzuweisungsprinzip wird auch für Schleifenvariablen dadurch beibehalten, daß bei jeder Iteration ein neuer Satz gleichbenannter Variablen erzeugt wird und durch den Vorsatz `old` auf die Variablen der vorigen Iteration zugegriffen werden kann.

Die `for`-Schleife kann nur angewandt werden, wenn keine Datenabhängigkeiten zwischen den Iterationen der Schleife vorkommen. Anstelle des Initialisierungsteils steht ein sogenannter „Range Generator" (beispielsweise `for i in 1,n`), die einzige Interaktion zwischen den Schleifeniterationen ist im Return-Teil erlaubt. Alle Schleifeniterationen können parallel ausgeführt werden. Die `for`-Schleife dient vorwiegend der Initialisierung und der Manipulation von Arrays.

Ein Sisal-Programm besteht aus einer Anzahl getrennt übersetzbarer „Compilation Units", die außer den Funktionsvereinbarungen auch eine Liste der außerhalb sichtbaren Funktionsnamen umfassen. Als Programmstrukturen sind Funktionen und Blöcke möglich. Blöcke werden durch das `let`-Konstrukt definiert. Ein Programmbeispiel in Sisal findet sich in Abschnitt 4.2.2.

Sisal-Implementierungen gibt es derzeit auf einer Vielzahl von Rechnern [Feo et al. 90] - von einfachen Macintosh-Rechnern und Sun-Workstations über speichergekoppelte Multiprozessoren wie dem Sequent-System, Feldrechnern wie der Connection Machine, experimentellen Systemen wie dem Warp bis hin zu Vektor-Supercomputern wie dem Cray-X/MP-Rechner. Sisal ist auf den dynamischen Datenflußrechnern Manchester Prototype Dataflow Computer und RMIT/CSIRO [Abramson, Egan 89/91], [Egan et al. 89, 91] implementiert, für den Epsilon-2-Rechner ist eine Implementierung geplant. Der Sisal-Compiler *Osc* übersetzt Sisal-Programme zunächst in eine Zwischensprache *IF1*, führt maschinenunabhängige Optimierungen durch und erzeugt dann den Maschinencode für den jeweiligen Rechner.

Für Sisal Version 2.0 sind Erweiterungen um Funktionen höherer Ordnung, benutzerdefinierte Reduktionen, parametrisierte Datentypen und mehrdimensionale Arrays geplant.

## 1.3 Datenflußgraphen und Berechnungsschemata

Bei der Compilation von Datenflußprogrammen wird zunächst in eine Zwischensprache übersetzt und dann der jeweilige Maschinencode erzeugt. Die Programmdarstellung in der Zwischensprache läßt sich durch einen Datenflußgraphen veranschaulichen. Ein *Datenflußgraph* ist ein gerichteter Graph, dessen Knoten benannt sind und Befehle repräsentieren, während die Kanten Datenabhängigkeiten darstellen. Die Operanden der Befehle werden konzeptionell entlang der Kanten in Form von Datenpaketen, die *Tokens* genannt werden, übertragen. Diese geben die bereits zur Verfügung stehenden Datenwerte an. Die Ausführung eines Befehls wird *Schalten* eines Knotens genannt. Die für alle Datenflußrechner grundlegende Schaltregel lautet:

*Ein Knoten ist schaltbereit, sobald auf allen Eingangskanten Tokens vorhanden sind.*

Beim Schalten eines Knotens wird von jeder Eingangskante (auch Eingabekante oder Eingangskanal genannt) ein Token entfernt und auf jeder Ausgangskante ein Resultattoken plaziert. Das gleichzeitige Auftreten mehrerer ununterscheidbarer Tokens auf einer Eingabekante muß unterbunden werden.[8]

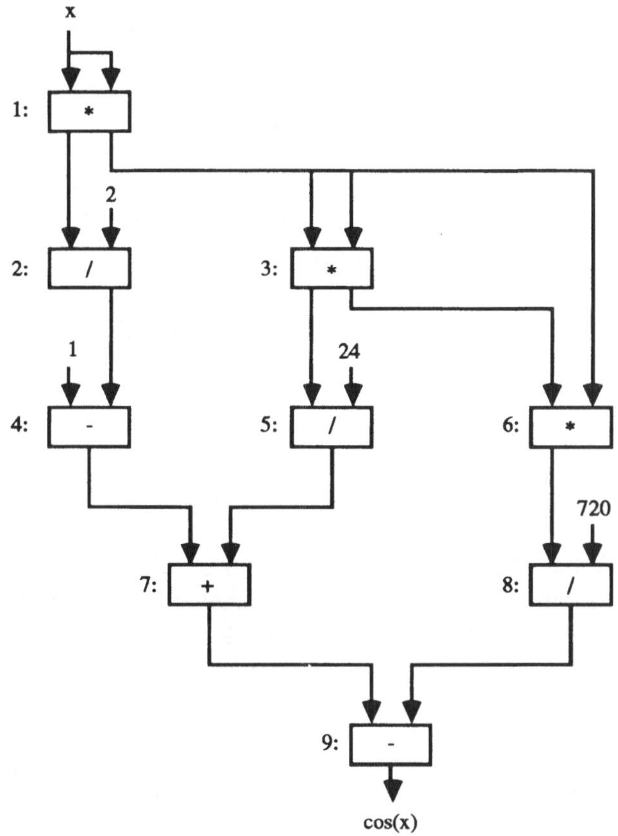


Abb. 1.3-1 Datenflußgraph zur Approximation von *cos* durch $cos(x) = 1 - x^2/2! + x^4/4! - x^6/6!$

8 Das gilt abgesehen von den *Queued Architectures*, die dafür sorgen, daß sich die Eingabekanten bei Ankunft mehrerer Token wie FIFO-Speicher verhalten (beispielsweise der DDM1 in Abschnitt 3.3).

Im Beispiel in Abb. 1.3-1 ist der Knoten 1 schaltbereit, sobald ein Token auf der mit *x* bezeichneten Kante zur Verfügung steht und für die zwei Eingänge von Knoten 1 dupliziert wurde. Das Schalten von Knoten 1 produziert zwei neue Tokens, die das nachfolgende Schalten der Knoten 2, 3 und 6 erlauben. Diese wiederum ermöglichen das Schalten der Knoten 4, 5, 8 etc. Die Befehlsausführung geht in dieser Weise datengesteuert weiter, bis der endgültige Wert für *cos*(*x*) produziert ist.

Ein Datenflußgraph heißt *sicher* [Veen 86], wenn beim Ablauf eines Programms keine Kante zu einem Zeitpunkt mehr als ein Token enthalten kann. Das gilt natürlich nicht für von außerhalb des Graphen hereinführende Eingabekanäle. Unsichere Datenflußgraphen können im Zusammenhang mit Alternativen und Schleifen leicht entstehen.

Für die Darstellung von Alternativen und Schleifen in einem Datenflußgraphen werden BRANCH- und MERGE-Knoten (siehe Abbildung 1.3-2) benötigt.

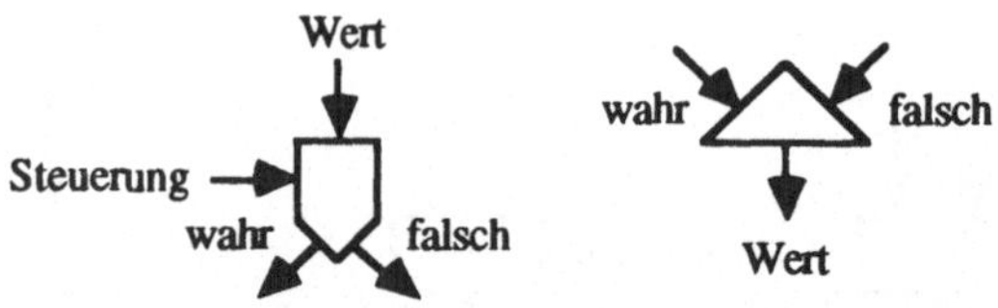


Abb. 1.3-2 BRANCH- (links) und MERGE-Knoten (rechts)

Der *BRANCH-Knoten* [Veen 86] entspricht einem bedingten Sprungbefehl in einem Kontrollflußprogramm. Ein Token wird beim Schalten aus dem mit 'Wert' bezeichneten Eingabekanal entfernt und, je nach Wert des Steuerungskanals, unverändert entweder an den mit 'wahr' oder an den mit 'falsch' bezeichneten Ausgabekanal ausgegeben.

Der *MERGE-Knoten* ist ein Beispiel für einen Knoten, der meist mit einer *nichtstrikten Schaltregel* [Veen 86] definiert ist. Das bedeutet, daß er bereits dann schalten kann, wenn nur ein Eingabekanal mit einem Token besetzt ist. Der in Abb. 1.3-2 dargestellte *nichtdeterministische MERGE-Knoten* ist schaltbereit, sobald einer seiner Eingabekanäle ein Token enthält. Beim Schalten wird das Token auf den Ausgabekanal kopiert.

Eine andere Variante ist der *deterministische MERGE-Knoten*, der einen zusätzlichen Steuerungskanal besitzt. Dieser gibt an, aus welchem Eingabekanal ein Token konsumiert wird.

Bei einem sogenannten *Verbund-BRANCH-* oder *Verbund-MERGE-Knoten* (Compound-) besitzen die Knoten mehr als zwei 'Wert'-, 'wahr'- oder 'falsch'-Kanäle. Der Knoten schaltet nur dann, wenn an allen vervielfachten Eingabekanälen Tokens anliegen. Diese Knoten werden für die Darstellung von Schleifen benötigt.

Abbildung 1.3-3 zeigt die Darstellung eines IF-THEN-ELSE-Konstrukts in einem Datenflußgraphen. Falls jeder der Eingabekanäle der BRANCH-Knoten ein Token enthält, schalten die beiden BRANCH-Knoten und senden jeweils ein Token entweder an den Datenflußteilgraphen, der mit '*f*', oder an denjenigen, der mit '*g*' bezeichnet ist. Nur der aktivierte Datenflußteilgraph sendet schließlich ein Token an den MERGE-Knoten, der dieses an seinen Ausgabekanal weiterleitet. Die in Abb. 1.3-3 gezeigte Alternative ist sicher, wenn die Datenflußteilgraphen *f* und *g* sicher sind.

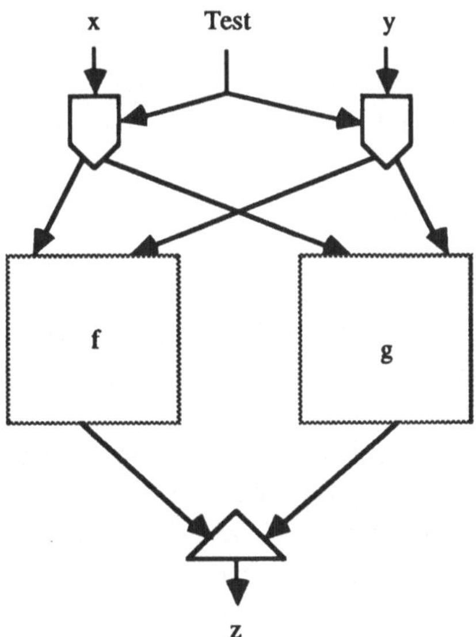


Abb. 1.3-3 Datenflußgraph des bedingten Ausdrucks `z:= IF test THEN f(x,y) ELSE g(x,y)`

Abbildung 1.3-4 zeigt eine Möglichkeit, eine Schleife in einem Datenflußgraphen zu realisieren. Der MERGE-Knoten aktiviert das Prädikat $P(x)$, das ein Token mit einem Booleschen Wert zur Aktivierung der nächsten Iteration oder Terminierung der Schleife an den Verbund-BRANCH-Knoten sendet. Dieser ist notwendig, damit in Abbildung 1.3-4 die beiden Tokens, welche die Werte von $x$ und $y$ tragen, gleichzeitig in die nächste Schleifeniteration gesandt werden und so garantiert ist, daß die vorherige Iteration vollständig abgeschlossen ist.

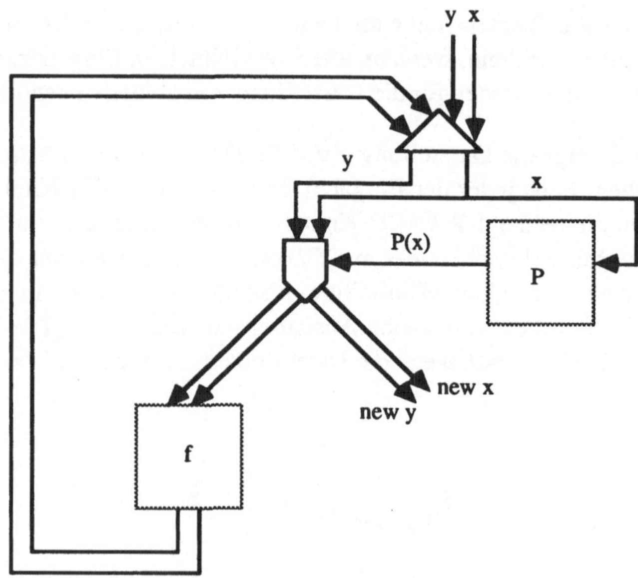


Abb. 1.3-4 Datenflußgraph der Iteration `WHILE P(x) DO (x,y):=f(x,y)` nach der Sperrmethode

Der Verbund-BRANCH-Knoten wirkt als Sperre, weshalb diese Methode, Schleifen zu implementieren, als *Sperrmethode* (Lock Method) [Veen 86] bezeichnet wird. Die Verwendung des Verbund-BRANCH-Knotens oder einer äquivalenten Graphrealisierung ist notwendig, weil die Verwendung zweier unabhängiger BRANCH-Knoten, deren Steuerkanäle nur von $P(x)$ abhängen, dazu führen kann, daß, falls der $x$-Wert schneller zirkuliert als der $y$-Wert, im Schleifenkörper $f$ mehrere $x$-Werte auf derselben Kante ununterscheidbar auftreten. Damit wäre die Sicherheit verletzt. Die Sperrmethode ist einfach und sicher, jedoch wegen der Sequentialisierung der Ausführung aufeinanderfolgender Schleifeniterationen für die Parallelverarbeitung unattraktiv.

Eine weitere Methode, Schleifen zu realisieren, ist die *Rückkopplungsmethode* (Acknowledge Method, Feedback Interpretation), bei der zusätzliche Bestätigungskanten eingefügt werden, um die Sicherheit des Datenflußgraphen zu gewährleisten. Bestätigungskanten führen jeweils von einem Knoten zurück zu den Knoten, die seine Eingangstokens produzieren. Sie drehen somit die Kantenrichtung um. Beim Schalten wird somit allen Knoten, die Eingangstokens für den betrachteten Knoten erzeugen, durch Tokens auf Bestätigungskanten mitgeteilt, daß die Eingangskanten wieder frei sind. Mittels der Rückkopplungsmethode kann eine teilweise überlappende Verarbeitung verschiedener Iterationen erzielt werden, wenn auch auf komplizierte Weise und unter Inkaufnahme einer Verdopplung des Tokenverkehrs. Die Rückkopplungsmethode wird ausführlich im Abschnitt 3.2.2 am Beispiel der MIT Static Dataflow Architecture beschrieben.

Eine weitere Methode ist die *Kopiermethode* (Code-Copying Method), bei der für jede Iteration der Schleife eine separate Kopie des betreffenden Datenflußteilgraphen angelegt wird. Parallelität läßt sich damit voll nutzen, allerdings auf Kosten eines hohen Speicherverbrauchs und zusätzlich anfallender Kopier- und Ladeoperationen.

Eine speichereffizientere Methode ist es jedoch, den Teilgraphen für mehrere, parallel auszuführende Iterationen gemeinsam zu halten und die einzelnen Iterationen zur Unterscheidung mit zusätzlichen Tags für jedes Token zu versehen. Somit kann jede Kante des Datenflußgraphen als eine Art Behälter betrachtet werden, der eine beliebige Anzahl von Tokens mit verschiedenen Tags enthalten kann. Diese Methode wird als *Tagged-Token-Methode* bezeichnet.

Üblicherweise besteht ein *Tag* aus eindeutigen Identifikationen des Unterprogrammaufrufs (Kontextnummer), der Schleifeniteration (Iterationsnummer) und des Befehls, dessen Operand das Token transportiert. Die Schaltregel für die Tagged-Token-Methode wird dahingehend modifiziert, daß ein Knoten nur dann schalten kann, wenn an allen Eingabekanten Tokens mit identischen Tags anliegen. Sicherheit bedeutet dann, daß an keiner Eingabekante zwei Tokens mit identischen Tags gleichzeitig anliegen dürfen.

Die Tagged-Token-Methode eliminiert die Notwendigkeit von Rückkopplungskanten und erlaubt die vollständige Nutzung der vorhandenen Parallelität zwischen Schleifeniterationen oder Unterprogrammaufrufen.

Die Anwendung der Tagged-Token-Methode erfordert zusätzliche Knoten, die Operationen zur Manipulation von Tags repräsentieren. Abb. 1.3-5 zeigt den Datenflußgraphen einer Schleife nach der Tagged-Token-Methode. Vor dem Start der Schleife wird jedem von außen kommenden Token ein neuer Tagbereich (New Tag Area) zugeordnet. Meist wird, wie bei einem Unterprogrammaufruf, eine neue Kontextnummer erzeugt. Die Iterationsnummer wird auf einen Initialisierungswert (Null oder Eins) gesetzt. Dann können die Tokens nach dem Passieren der vom Prädikat $P(x)$ gesteuerten BRANCH-Knoten in den Schleifenkörper eintreten, und die Ausführung der ersten Iteration beginnt. Da es passieren kann, daß die Tokens unterschiedlich schnell zirkulieren, müssen die Tokens der verschiedenen Schleifeniterationen unterscheidbar sein. Dies geschieht durch die Iterationsnummer im Tag, die durch die Next-Tag-Knoten inkrementiert wird. Diese Operation muß für jedes Token, das den

Schleifenkörper *f* verläßt, vor einem erneuten Eintritt in den Schleifenkörper ausgeführt werden. Nach Beendigung der Ausführung der Schleife werden alle Tokens, welche die Schleife verlassen, zu einem Restore-Tag-Knoten geführt, der den alten Tagbereich wiederherstellt.

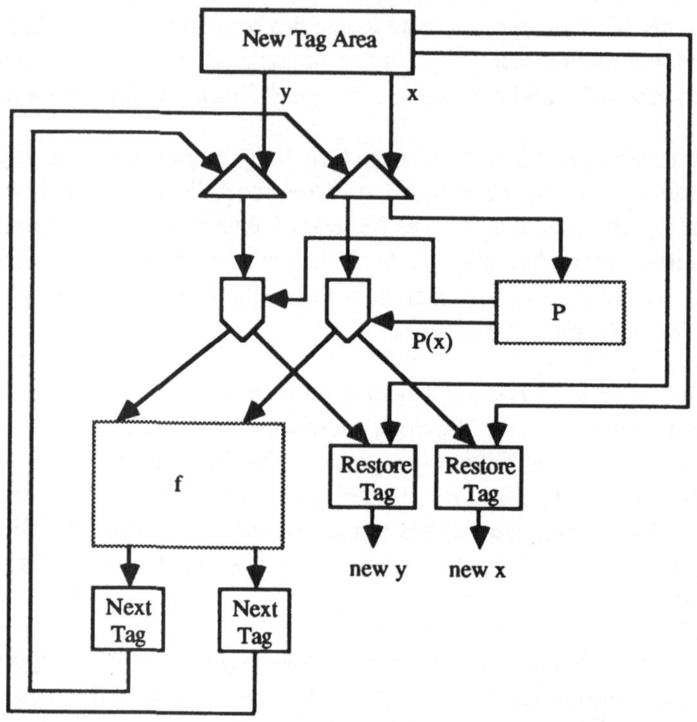


Abb. 1.3-5 Datenflußgraph einer Schleife nach der Tagged-Token-Methode

Auch Unterprogrammaufrufe benötigen bei mehrfacher, paralleler Aktivierung ähnliche Methoden wie die oben beschriebenen Schleifen. Bei der Kopiermethode wird jeweils der gesamte Code des Unterprogramms kopiert, während bei der Tagged-Token-Methode ein neuer Tagbereich mit einer neuen Kontextnummer eingerichtet wird. Weitere Operationen sind für die Parameterübergabe notwendig. Mit der Tagged-Token-Methode lassen sich rekursive Aufrufe realisieren und verschiedene Unterprogrammaufrufe parallel ausführen.

Für eine weitere Beschreibung der Tagged-Token-Methode sei auf den U-Interpreter (Abschnitt 4.3.2) verwiesen. Die Tagged-Token-Methode wird bei den verschiedenen Datenflußarchitekturen unterschiedlich implementiert, beruht aber immer auf dem Prinzip des U-Interpreters.

Datenflußrechner, die eine mehrfache Ausführung desselben Codes mittels der Sperrmethode oder der Rückkopplungsmethode realisieren, werden als *statische Datenflußrechner* bezeichnet. Architekturen, welche die Kopier- oder die Tagged-Token-Methode verwenden, nennt man *dynamische Datenflußrechner* [Veen 86]. Statische Datenflußrechner sind einfacher als dynamische, dafür ist die verrichtete Parallelarbeit für die meisten Algorithmen geringer.

## 1.4 Grundstrukturen der Datenflußrechner

„Datenfluß" wurde in den vorherigen Abschnitten zum einen als abstraktes Prinzip der Befehlsfortschaltung, charakterisiert durch eine Programmdarstellung als Datenflußgraph und eine datengesteuerte Auswertungsstrategie, und zum anderen durch das Einmalzuweisungsprinzip der Datenflußsprachen beschrieben. Im vorliegenden Abschnitt wird „Datenfluß" als Architekturprinzip anhand verschiedener Modelle von Datenflußrechnern vorgestellt.

Die Beschreibung der Grundstrukturen von Datenflußrechnern beschränkt sich im vorliegenden Abschnitt auf „feinkörnige" statische und dynamische Datenflußrechner (siehe auch die Kapitel 3 und 4). Die in Kapitel 5 beschriebenen Datenfluß-/von-Neumann-Hybridarchitekturen behalten die Vergleichseinheit (siehe weiter unten) der feinkörnigen Datenflußrechner bei, wenden die Vergleichsoperation jedoch auf ganze Befehlsfolgen oder auf komplexe Maschinenbefehle statt auf einzelne einfache Befehle an. Die Multithreaded-von-Neumann-Architekturen, die in Kapitel 6 vorgestellt werden, sind mit den Datenfluß-/von-Neumann-Hybridarchitekturen verwandt, sie besitzen jedoch keine Vergleichseinheit.

In einem statischen Datenflußrechner werden die Knoten eines Datenflußgraphen in ihrer Maschinenrepräsentation als Einträge in einer Aktivitätstabelle beschrieben. Jeder Aktivitätseintrag enthält den Opcode des repräsentierten Befehls, Speicherplätze für die Operandenwerte und Zielverweise. Die Speicherplätze für Operandenwerte sind mit Zustandsflags ('leer' oder 'besetzt') versehen. Die Zielverweise adressieren Aktivitätseinträge, welche das Resultat der Ausführung der betrachteten Aktivität benötigen. Die Reihenfolge der Aktivitätseinträge in der Tabelle ist ohne Bedeutung für die Ausführung. Die Datenabhängigkeiten zwischen den Aktivitätseinträgen werden über die Zielverweise hergestellt.

```
T1: ( * , x , x ; T2/l, T3/l, T3/r, T6/r )
T2: ( / ,   , 2 ; T4/r )
T3: ( * ,   ,   ; T5/l, T6/l )
T4: ( - , 1 ,   ; T7/l )
T5: ( / ,   ,   ; T7/r )
T6: ( * ,   ,   ; T8/l )
T7: ( + ,   ,   ; T9/l )
T8: ( / ,   , 720 ; T9/r )
T9: ( - ,   ,   ; cos(x) )
```

Abb. 1.4-1 Aktivitätstabelle

Abb. 1.4-1 zeigt die Realisierung des Datenflußgraphen aus Abb. 1.3-1 als Aktivitätstabelle. Die erste Spalte (`Ti`) bezeichnet die Knoten oder Aktivitätseinträge; danach folgen die Opcodes (`*`, `/`, `+`, `-`), dann die Speicherplätze für die Operandenwerte und nach dem Semikolon die Zielverweise. Die letzteren sind durch die Adresse `Ti` des Aktivitätseintrags und durch die Portspezifikation, ob das Resultat linker (`/l`) oder rechter (`/r`) Operand der Zielaktivität ist, gegeben.

Das Schalten eines Knotens im Datenflußgraphen wird ausgelöst, sobald, bezogen auf die Aktivitätstabelle, alle Operandenspeicherplätze eines Aktivitätseintrags besetzt sind. Nach Ausführen des repräsentierten Befehls werden die Operandenspeicherplätze abhängiger Aktivitätseinträge gemäß der Zielverweise des betrachteten Knotens mit dem Resultatwert beschrieben. Dabei wird gleich getestet, ob die entsprechende Aktivität dadurch schaltbereit wird.

Die Einheit, welche die Operationen auf den Aktivitätstabellen durchführt, wird *Schalteinheit* und diejenige, welche die Befehle ausführt, *Funktionseinheit* oder *Verarbeitungseinheit* genannt. Abb. 1.4-2 [Veen 86] zeigt ein Verarbeitungselement, das aus einer Schalteinheit (Enabling Unit) mit Zugriff auf einen Speicher für Aktivitätseinträge (Token and Instruction Memory) und einer Funktionseinheit (Functional Unit) besteht. Die Verbindungen zwischen den beiden Einheiten sind durch Pufferspeicher realisiert.

Die Schalteinheit entnimmt nacheinander jeweils ein Token aus ihrem Eingangspuffer, speichert den Wert am adressierten Operandenspeicherplatz, setzt das Zustandsflag auf 'besetzt' und prüft, ob die betroffene Aktivität dadurch ausführbar geworden ist. Ist dies der Fall, wird der Inhalt des gesamten Aktivitätseintrags als sogenanntes *Befehlspaket* an die Funktionseinheit geschickt und die Zustandsflags der Operandenspeicherplätze werden wieder auf 'leer' zurückgesetzt. Danach kann der Aktivitätseintrag bei einem erneuten Durchlaufen des Datenflußgraphen wieder Operandenwerte aufnehmen. Die Funktionseinheit führt den Befehl aus und erzeugt für jeden Zielverweis ein Resultattoken, das zur Schalteinheit gesandt wird. Schalteinheit und Funktionseinheit bilden somit eine zirkuläre Pipeline.

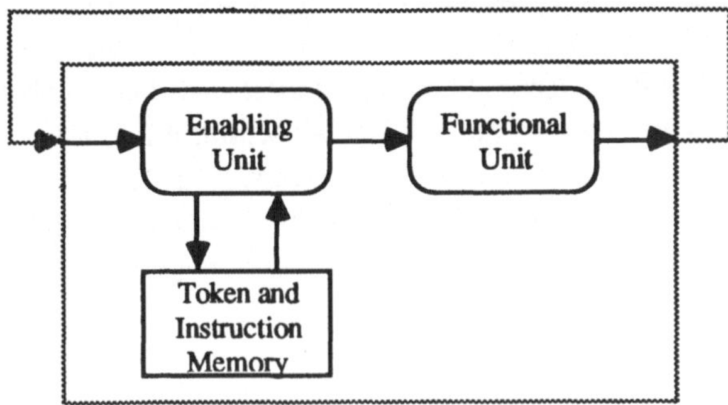


Abb. 1.4-2 Modell eines Verarbeitungselements eines statischen Datenflußrechners

Schalteinheit und Funktionseinheit können auch zu *einer* Einheit, welche die Aufgaben beider Einheiten wahrnimmt, zusammengefaßt werden. Üblicher ist es jedoch, die Schalteinheit selbst wiederum in zwei verschiedene Einheiten zu unterteilen. Das geschieht insbesondere bei dynamischen Datenflußrechnern, bei denen die Aktivitäten durch Tags unterschieden werden, aber auch bei statischen Datenflußrechnern wie der MIT Static Dataflow Architecture (siehe Abschnitt 3.2). Um den Code reentrant[9] zu halten, ist bei dynamischen Datenflußrechnern die Speicherung der Token(werte) gemeinsam mit dem Opcode und Zielverweisen in Aktivitätseinträgen nicht sinnvoll. Entweder müßten beliebig viele Operandenspeicherplätze pro Aktivitätseintrag vorhanden sein, oder Opcode und Zielverweise müßten unnötig oft redundant gespeichert werden.

Wartende Tokens werden deshalb von den Datenflußknoten, also den Befehlen mit Zielverweisen, getrennt gespeichert. Tokens werden im Token-Speicher abgelegt und von der *Vergleichseinheit*[10] (Matching Unit) manipuliert; der Code wird im Befehlsspeicher untergebracht, auf den die *Befehlsbereitstellungseinheit* (Instruction Fetch

9 „Reentrant" bedeutet, daß derselbe Programmcode mehrfach parallel ausgeführt werden kann, ohne daß er kopiert werden muß.

10 Mit der Übersetzung von „Matching Unit" durch „Vergleichseinheit" wird nur ein Teil der Bedeutung des englischen Begriffs „Matching" als „etwas Gleiches" oder „Passendes finden" erfaßt. Im folgenden werden trotzdem die Begriffe Vergleichseinheit und Matching-Einheit sowie Vergleichsoperation und (Token-)Matching-Operation gleichbedeutend verwendet.

Unit) zugreift. Die Unterteilung der Schalteinheit in zwei verschiedene Einheiten erlaubt eine überlappt parallele Arbeit beider Einheiten in einer Pipeline.

Abb. 1.4-3 zeigt das Modell eines Verarbeitungselements eines nach diesem Prinzip arbeitenden dynamischen Datenflußrechners. Die angegebene Konfiguration - Vergleichseinheit vor der Befehlsbereitstellungseinheit - wird beispielsweise beim Manchester Prototype Dataflow Computer (siehe Abschnitt 4.2.1) oder bei der MIT Tagged-Token Dataflow Architecture (siehe Abschnitt 4.3.3) angewandt. Vergleichs- und Befehlsbereitstellungseinheit können in der Pipeline aber auch vertauscht (siehe Monsoon-Architektur, Abschnitt 4.3.5) oder parallel geschaltet (siehe SIGMA-1-Rechner, Abschnitt 4.4.2) vorkommen.

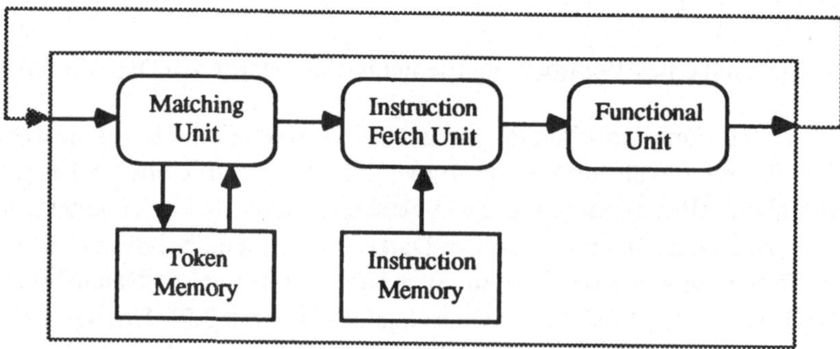


Abb. 1.4-3 Modell eines Verarbeitungselements eines dynamischen Datenflußrechners

Die Vergleichseinheit prüft bei Erhalt eines Token, ob die zugehörige Aktivität schaltbereit ist. Zur Vereinfachung wird bei den meisten Datenflußrechnern die Anzahl möglicher Eingangskanten pro Knoten (also Operanden pro Befehl) auf maximal zwei beschränkt. Die Prüfung der Schaltbereitschaft beschränkt sich somit auf dyadische Befehlsaktivitäten. Falls das Partnertoken bereits angekommen ist, wird es gemeinsam mit dem betrachteten Token zur Befehlsbereitstellungseinheit weitergeleitet. Falls das Partnertoken noch nicht vorhanden ist, wird das betrachtete Token im Token-Speicher abgelegt.

Die Suche nach einem Partnertoken erfordert beim dynamischen Datenflußprinzip einen assoziativen Speicherzugriff über den Tag. Um dies zu umgehen, errechnet sich die Speicheradresse des Token entweder über eine Hashfunktion, die auf den Tag angewandt wird, oder, bei neueren dynamischen Datenflußrechnern, durch ein Adressierungsverfahren über Offset- und Basisadressen von Aktivierungsrahmen. Im ersten Fall muß die Vergleichseinheit vor oder parallel zur Befehlsbereitstellungseinheit angeordnet sein, im anderen Fall ist die Befehlsbereitstellung Voraussetzung für die Operandenadressierung durch die Vergleichseinheit.

Unäre Befehlsaktivitäten werden ohne Vergleichsoperation an die Befehlsbereitstellungseinheit weitergegeben. Die Befehlsbereitstellungseinheit fügt den Opcode des Befehls und die Zielverweise hinzu und übergibt das ausführbare Befehlspaket an die Funktionseinheit, welche die Operation ausführt und neue Tokens erzeugt.

Vergleichseinheit, Befehlsbereitstellungseinheit und Funktionseinheit sind in dynamischen Datenflußrechnern meist zu einer synchronen *Verarbeitungspipeline* (auch *Token-Pipeline* oder *Datenflußpipeline* genannt) zusammengeschlossen, so daß nur ein einziger Token-Puffer zwischen der Verarbeitungseinheit und der Vergleichseinheit notwendig ist (in Abb. 1.4-3 nicht gezeigt). In diesem Token-Puffer legt die Funktionseinheit erzeugte Resultattokens ab, und die Vergleichseinheit entnimmt ihm nacheinander Tokens. Die Funktionseinheit kann wiederum in ein oder mehrere Verarbeitungswerke (ALUs) und eine Resultattoken-Erzeugungseinheit (Destination Unit) zerlegt werden. Vergleichseinheit und Befehlsbereitstellungseinheit bilden die *Schaltstufe* und die Funktionseinheit die *Ausführungsstufe* der Verarbeitungspipeline.

Je nach Körnigkeit der Aktivität, für die eine Vergleichsoperation von der Vergleichseinheit durchgeführt wird, kann man *feinkörnige Datenflußarchitekturen* (jede Aktivität betrifft nur einen einzigen Befehl geringer Komplexität), *Datenflußarchitekturen mit komplexen Maschinenoperationen* (die Aktivitäten können einzelne Befehle hoher Komplexität wie beispielsweise Vektorbefehle betreffen), *Multithreaded-Datenflußarchitekturen* (eine Befehlsfolge wird nach der Aktivierung des ersten Befehls ausgeführt, ohne daß weitere Vergleichsoperationen durchgeführt werden) und *Large-Grain-Datenflußarchitekturen* (eine Aktivität entspricht einer ganzen Befehlsfolge) unterscheiden. Die Gegenüberstellung dieser Techniken, welche Erweiterungen des „feinkörnigen" hin zu einem „grobkörnigen" Datenflußprinzips darstellen, erfolgt in Abschnitt 1.6.

Die Abbildungen 1.4-4 bis 1.4-6 geben die prinzipiell möglichen Strukturen feinkörniger Datenflußrechner wieder, bei denen Einheiten oder ganze Verarbeitungselemente parallel geschaltet sind [Veen 86].

Die heute weitgehend übliche Struktur ist die eines Datenflußmultiprozessors (siehe Abb. 1.4-4, von [Veen 86] als *One-Level Dataflow Machine* bezeichnet). Mehrere Verarbeitungselemente (Processing Elements, PEs) arbeiten parallel zueinander und kommunizieren durch Austausch von Tokens über ein Verbindungsnetz (Communication Network). Tokens können auch lokal innerhalb eines Verarbeitungselements zirkulieren. Jedes Verarbeitungselement besteht aus genau einer Schalteinheit (meist in Vergleichs- und Befehlsbereitstellungseinheit unterteilt) und genau einer Funktionseinheit. Innerhalb eines Verarbeitungselements kann Parallelität durch die Token-Pipeline genutzt werden; alle Verarbeitungselemente können parallel zueinander arbeiten. Um Schleifeniterationen oder Unterprogrammaufrufe parallel von verschiedenen Verarbeitungselementen ausführen zu lassen, werden Kopien des zugehörigen Codes im Befehlsspeicher eines jeden Verarbeitungselements abgelegt. Die Tagged-Token-Methode erlaubt es dynamischen Datenflußrechnern, die durch die Verarbeitungspipeline innerhalb eines Verarbeitungselements gegebene Parallelarbeit zu nutzen und die Parallelarbeit verschiedener Verarbeitungselemente zu synchronisieren. In vielen Datenflußrechnern kommen zusätzlich zu den Verarbeitungselementen sogenannte Strukturspeicherelemente hinzu, die globale Speicher realisieren.

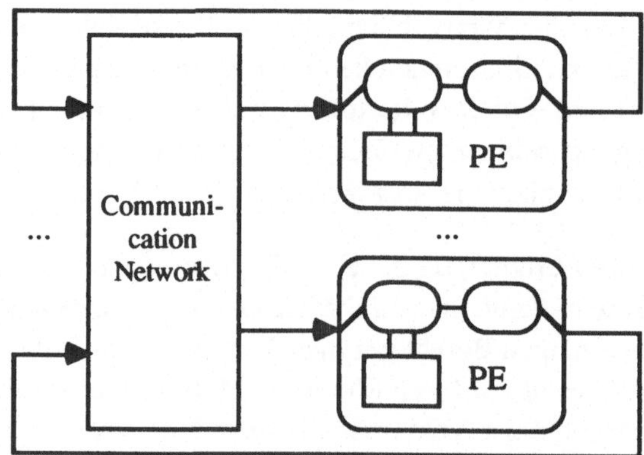


Abb. 1.4-4 One-Level Dataflow Machine

Da die Befehlspakete voneinander unabhängig ausführbar sind, können innerhalb eines Verarbeitungselements auch mehrere Funktionseinheiten parallel zueinander geschaltet werden. Dieses Prinzip zeichnet eine *Two-Level Dataflow Machine* [Veen 86] aus, bei der jede Verarbeitungspipeline mehrere Funktionseinheiten enthält, die alle von einer Schalteinheit gespeist werden (siehe Abb. 1.4-5).

Die Struktur einer Two-Level Dataflow Machine sollte ursprünglich beim Manchester Dataflow Computer (Abschnitt 4.2.1) angewandt werden. Es wurde aber dann nur ein einziges Verarbeitungselement mit 20 parallel arbeitenden Funktionseinheiten realisiert. Die Erfahrungen zeigten aber, daß in der Verarbeitungspipeline typischerweise die Vergleichseinheit und nicht die Funktionseinheit den Engpaß darstellt. Deshalb wird eine Vervielfachung der Funktionseinheit innerhalb eines Verarbeitungselements in der Regel nicht mehr angewandt.

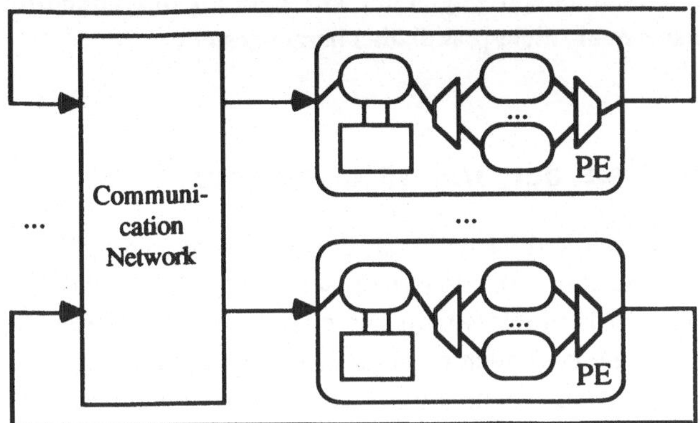


Abb. 1.4-5 Two-Level Dataflow Machine

Eine weitere Form von Rechnerstruktur, die sich für Datenflußrechner nicht durchgesetzt hat, ist diejenige der *Two-Stage Dataflow Machine* [Veen 86], bei der eine Anzahl von Schalteinheiten und eine Anzahl von Funktionseinheiten jeweils parallel zueinander geschaltet werden (siehe Abb. 1.4-6).

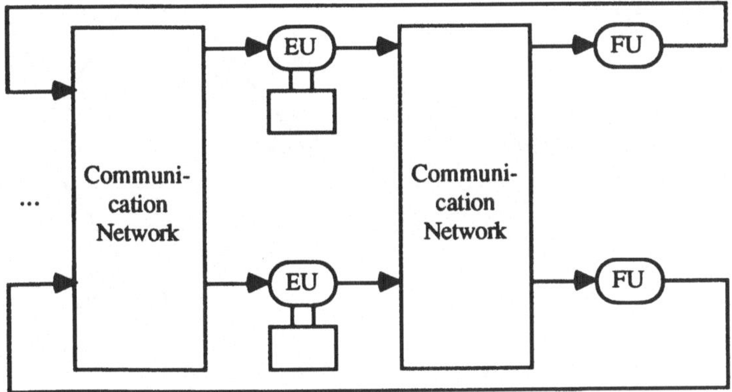


Abb. 1.4-6 Two-Stage Dataflow Machine

Schalteinheiten und Funktionseinheiten kommunizieren über zwei unidirektionale Verbindungsnetze, von denen eines für Befehlspakete zwischen den Schalt- und den Funktionseinheiten und das andere für Tokens zwischen den Funktions- und den Schalteinheiten zuständig ist. Diese Rechnerstruktur, die in sehr frühen Entwürfen von Dennis und Misunas erwogen wurde (siehe Abschnitt 3.2), hat sich wegen des hohen Hardwareaufwands und wegen der Verzögerung des Tokenflusses durch die Kommunikationsnetze als nicht praktikabel herausgestellt.

## 1.5 Klassifikation der Datenflußrechner

Als wesentliches Klassifikationsmerkmal für (feinkörnige) Datenflußrechner hat sich die Unterscheidung in statische und dynamische Datenflußrechner allgemein durchgesetzt. Von Veen wird ein Klassifikationsschema vorgelegt [Veen 86], das als Unterscheidungsmerkmale zusätzlich noch die Kommunikationsform („Direct Communication" oder „Packet Communication") und bei den dynamischen Datenflußrechnern die Unterscheidung von Kopier- und Tagged-Token-Methode verwendet (siehe Abb. 1.5-1).

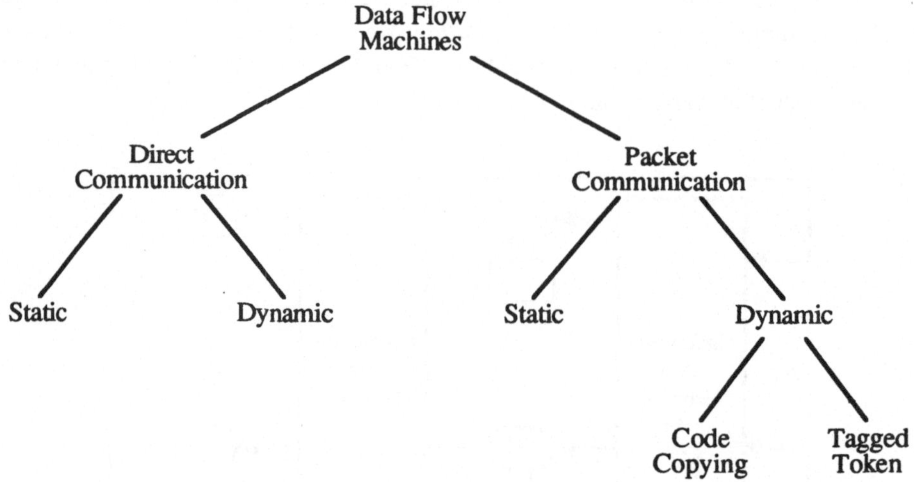


Abb. 1.5-1 Klassifikation der Datenflußrechner nach Veen

In einer *Direct-Communication-Maschine* werden benachbarte Knoten eines Datenflußgraphen auf dasselbe Verarbeitungselement oder auf benachbarte Verarbeitungselemente abgebildet. Im letzten Fall muß das Kommunikationsmedium die Reihenfolge der übermittelten Tokens beibehalten. Falls das Kommunikationsmedium eine FIFO-Pufferung der Tokens durchführt, können sogar Datenflußgraphen, die auf dem statischen Datenflußprinzip beruhen, auch ohne Anwendung der Rückkopplungsmethode überlappt parallel und determiniert ausgeführt werden. Derartige Maschinen sind wegen des hohen Hardwareaufwands für das Kommunikationsnetz und wegen der Schwierigkeit, eine geeignete Abbildung des Datenflußgraphen auf die Maschinenstruktur zu finden, selten. Zwei der wenigen Architekturbeispiele sind die Utah Data-Driven Machine DDM1 (Abschnitt 3.3) als Beispiel einer statischen und der Data-Driven Processor Array DDPA, auch EDDY genannt (siehe Abschnitt 4.4.1), als Beispiel einer dynamischen Direct-Communication-Maschine.

Üblicherweise wird bei Datenflußmultiprozessoren das *Packet-Communication-Verfahren* angewandt, bei dem Tokens gemäß ihrer Verarbeitungselementadresse vom Kommunikationsnetz zu den Verarbeitungselementen transportiert werden. Der Tag dynamischer Datenflußrechner wird dafür um die Verarbeitungselementadresse erweitert. Die prinzipiellen Verbindungsstrukturen eines Datenflußmultiprozessors unterscheiden sich nicht wesentlich von denjenigen üblicher Multiprozessoren. Allerdings werden statt von-Neumann-Prozessoren Datenflußprozessoren verwendet, die Kommunikation geschieht durch Austausch von Tokens.

Beispiele für statische Datenflußarchitekturen (alle mit Packet-Communication-Verfahren) sind die verschiedenen Varianten der MIT Static Dataflow Architecture (Abschnitt 3.2), das LAU-System (Abschnitt 3.4), der Distributed Data Processor DDP (Abschnitt 3.5) und der Hughes Data Flow Multiprocessor (Abschnitt 3.6). Der in Abschnitt 3.7 beschriebene Dataflow Multiprocessor von Rumbaugh wird von Veen als dynamische Packet-Communication-Maschine mit Kopiermethode klassifiziert. Alle diese Rechner sind sehr frühe Entwürfe.

Das heute fast ausschließlich weiterverfolgte Prinzip ist das eines dynamischen Datenflußrechners mit Tagged-Token-Methode, Packet-Communication-Verfahren und der Struktur eines Datenflußmultiprozessors. Insbesondere wird die Tagged-Token-Methode meist mit dem dynamischen Datenflußrechnerprinzip gleichgesetzt.[11] In Kapitel 4 wird eine Vielzahl derartiger dynamischer Datenflußrechner vorgestellt.

Das Datenflußprinzip geht auf [Dennis 69] zurück. Der erste realisierte Datenflußrechner war die im Juli 1976 betriebsbereite Utah Data-Driven Machine DDM1 (Abschnitt 3.3). Ein weiterer früher Datenflußrechner ist die Irvine Data Flow Maschine (Abschnitt 4.3.1). Der DDP von Texas Instruments (Abschnitt 3.5) war der erste Datenflußrechner mit Packet-Communication-Mechanismus [Veen 86].

Dynamische Datenflußrechner werden in Kapitel 4 und Hybridarchitekturen, die Datenfluß- und von-Neumann-Prinzip vereinen, in Kapitel 5 ausführlich vorgestellt. Als

---

11 So auch generell in den weiteren Kapiteln, falls nicht ausdrücklich anders vermerkt.

Hybridarchitekturen, die sowohl Datenfluß- als auch Reduktionsprinzip in sich vereinen, seien die Eduction Engine [Lee, Ashcroft, Jagannathan 85], die Eazyflow Engine [Ashcroft u. a. 85] und die aus den Erfahrungen mit dem Manchester Prototype Dataflow Computer entwickelte Flagship Parallel Machine [Watson et al. 86, 87 und 88], [Procter und Skelton 88]) erwähnt. Hybridarchitekturen können von der Veenschen Klassifikation nicht erfaßt werden, sie sind deshalb Thema des nächsten Abschnitts.

Als bisher umfassendste Darstellungen von Datenflußrechnern seien [Sharp 85], [Srini 86], [Veen 86], [Ungerer 90] und [Arvind, Bic, Ungerer 91] genannt. Fehlertoleranzaspekte bei Datenflußrechnern werden im besonderen von [Srini 85] und beim PATTSY-System der University of Queensland [Lakshmi Narasimhan 89] betrachtet. [Bergman, Tal 86] verknüpfen Systolische Arrays und Datenflußprinzip. Den Zusammenhang von Datenflußrechnern mit Reduktionsmaschinen vermitteln [Treleaven et al. 82] und [Vegdahl 84], den Zusammenhang mit KI-Rechnern [Treleaven et al. 86]. In [Ungerer 89] werden Datenflußrechner mit vielen weiteren Architekturtypen in Beziehung gesetzt. [Gaudiot, Bic 91] enthält die derzeit umfassendste Sammlung von Arbeiten über Datenflußrechner.

## 1.6 Erweiterungen feinkörniger Datenflußrechner

In *feinkörnigen Datenflußarchitekturen* bezeichnet jeder Befehl eine Maschinenoperation geringer Komplexität. Zur Ausführung eines unären Befehls genügt ein Token, zur Ausführung eines dyadischen Befehls werden jedoch zwei Tokens benötigt. Hier sind zwei Vergleichsoperationen in der Schaltstufe notwendig, um einen einzigen Befehl an die Ausführungsstufe weiterleiten zu können. Folgende Probleme können deshalb beim feinkörnigen Datenflußprinzip auftauchen:

- Bei dyadischen Befehlen führt die Ankunft des ersten Token bei der Vergleichseinheit noch nicht zur Ausführung des Befehls, sondern hinterläßt eine Blase im Befehlsstrom der Pipeline der nachfolgenden Ausführungsstufe.
- Falls ein Datenflußgraph zu einer sequentiellen Befehlsfolge degeneriert ist oder nur einen geringen Parallelitätsgrad enthält, bedeutet der Tokentransport durch die zirkuläre Pipeline eine Verzögerung für die Ausführung der Befehlsfolge, da der nachfolgende Befehl erst aktiviert werden kann, wenn ein Resultattoken eines zuvor ausgeführten Befehls die gesamte zirkuläre Pipeline durchlaufen hat. Entsprechend gering ist die Leistung feinkörniger Datenflußrechner bei wenig Last und sequentiellem Code.

- Da nach jeder Befehlsausführung ein Kontextwechsel geschieht, wird im allgemeinen auf Register als Zwischenspeicher verzichtet (eine Ausnahme ist der Monsoon-Rechner). Die Benutzung von Registern könnte jedoch die Zugriffszeit zu Daten optimieren, durch dyadische Befehle verursachte Pipelineblasen verhindern und die Gesamtzahl der während der Programmausführung produzierten Tokens verringern.

Um die beim feinkörnigen Datenflußprinzip auftretenden Probleme zu lösen, kann in einem Datenflußgraphen jeder Teilgraph, der nur wenig Parallelität aufzeigt, in eine sequentielle Befehlsfolge transformiert werden. Bei *Multithreaded-Datenflußarchitekturen* wird die Vergleichsoperation nur für den ersten Befehl einer Befehlsfolge durchgeführt. Danach werden die Befehle der Befehlsfolge von der Vergleichseinheit direkt aufeinanderfolgend an die Ausführungsstufe weitergereicht, ohne daß weitere Vergleichsoperationen notwendig sind. Multithreaded-Datenflußarchitekturen behalten das feinkörnige Datenflußprinzip ansonsten weitgehend bei. Beispiele für Multithreaded-Datenflußarchitekturen sind der Monsoon-Rechner (Abschnitt 4.3.5), der EM-4-Rechner (Abschnitt 4.4.3), der Epsilon-1- und der Epsilon-2-Prozessor (Abschnitte 4.5.2 und 4.5.3). Daten, die von Befehlen innerhalb desselben Kontrollfadens weiterverarbeitet werden, können in Register gespeichert werden und müssen nicht auf Tokens zu konsumierenden Befehlen transportiert werden. Auf diese Register kann von nachfolgenden Befehlen innerhalb der Befehlsfolge zugegriffen werden. Die Gesamtzahl der auftretenden Tokens wird verringert, wodurch Hardware-Ressourcen eingespart werden. Pipelineblasen werden bei Ausführung dyadischer Befehle innerhalb der Befehlsfolge vermieden, die Ausführung sequentieller Befehlsfolgen wird optimiert.

Bei Multithreaded-Datenflußarchitekturen können zwei Techniken unterschieden werden: Das direkte Wiedereinfüttern von Tokens und die direkt aufeinanderfolgende Ausführung der Befehle einer Befehlsfolge.

Die erste Technik, die *Cycle-by-Cycle-Interleaving-Technik* genannt und vom Monsoon-Rechner benutzt wird, gibt einen Befehl einer Befehlsfolge erst dann zur Ausführung frei, wenn der vorherige Befehl alle Stufen der Verarbeitungspipeline durchlaufen hat. Um die 8-stufige Pipeline des Monsoon-Rechners nach diesem Verfahren gefüllt zu halten, werden mindestens 8 parallel ausführbare Befehlsfolgen (oder einzelne Befehle) benötigt.

Bei der zweiten Technik, die als *Block-Multithreading-Technik* bezeichnet wird, werden die Befehle einer Befehlsfolge direkt aufeinanderfolgend ausgeführt. Diese bei den Epsilon-Prozessoren und dem EM-4-Rechner angewandte Technik optimiert die Leistung bei der Ausführung einzelner Kontrollfäden. Die Vergleichseinheit wird um einen Mechanismus erweitert, der nach dem Schalten des ersten Befehls der Befehlsfolge eine Hintereinanderausführung der Befehle der Befehlsfolge erzwingt und die Entnahme weiterer Tokens aus dem Token-Puffer verzögert. Dadurch wird das Zirkulieren der Tokens durch die Pipeline zur Aktivierung des nächsten Befehls in einer Befehlsfolge unterdrückt.

Eine andere Möglichkeit, den Aufwand der Synchronisation auf der Befehlsebene zu reduzieren, ist, komplexe Maschinenbefehle, wie zum Beispiel Vektorbefehle, einzuführen. Die Ausführung dieser Befehle kann durch Anwendung der von Vektorrechnern her bekannten Pipeliningtechniken in der Ausführungstufe optimiert werden. Strukturierte Daten werden einmalig und nicht elementweise angesprochen und können deshalb in einem Burst-Modus bereitgestellt werden. Dieses Verfahren läßt sich jedoch nur auf strikte Datenstrukturen anwenden und steht im Gegensatz zum I-Strukturschema (Abschnitt 4.3.4), bei dem Datenelemente innerhalb einer komplexen Datenstruktur einzeln aus dem Strukturspeicher geholt werden. Komplexe Maschinenbefehle können mehrere geschachtelte Schleifen ersetzen und vermindern das Tokenaufkommen bei der Programmausführung.

Ein Beispiel für die Anwendung dieser Technik stellt die Erweiterung des SIGMA-1-Rechners durch die *Structure-Flow-Technik* dar (Abschnitt 4.4.2). Dabei wird der Maschinenbefehlssatz eines feinkörnigen Datenflußrechners um Strukturlade- und Strukturspeicherbefehle erweitert, die den Transport ganzer Vektoren zwischen Verarbeitungselement und Strukturspeicher veranlassen. Die arithmetischen Operationen werden durch die zyklische Datenflußpipeline innerhalb eines einzelnen Verarbeitungselements ausgeführt.

Ein weiteres Beispiel ist die in Abschnitt 5.4.6 vorgestellte „Datenflußarchitektur mit komplexen Maschinenoperationen", bei der die Schalt- und die Ausführungsstufe durch Einführung von FIFO-Puffern entkoppelt und damit die verschieden langen Ausführungszeiten, die durch einen gemischten Befehlsstrom aus einfachen und komplexen Maschinenbefehlen entstehen, überbrückt werden. Ein wesentlicher Unterschied zu feinkörnigen Datenflußarchitekturen ist, daß Tokens, abgesehen von Wahrheitswerten, keine Daten tragen. Daten werden nur innerhalb der Ausführungsstufe transportiert und transformiert.

Diese Technik findet auch bei der Decoupled Graph/Computation Architecture (Abschnitt 5.4.2), der LGDG-Architektur (Abschnitt 5.4.3), der Stollmann Dataflow Machine (Abschnitt 5.4.4), und der ASTOR-Architektur (Abschnitt 5.4.5) Anwendung. Diese vier Architekturen kombinieren komplexe Maschinenbefehle mit der Large-Grain-Datenflußtechnik.

Wie bei den Multithreaded-Datenflußarchitekturen werden bei den Large-Grain-Datenflußarchitekturen Folgen von Befehlen zu sequentiellen Codeblöcken zusammengefaßt. Diese Codeblöcke werden dann aber von *einem* Knoten (einem „Makrodatenflußknoten") im Datenflußgraphen repräsentiert. *Large-Grain-Datenflußarchitekturen* aktivieren Makrodatenflußknoten nach dem Datenflußprinzip und führen dann die repräsentierte Befehlsfolge nach dem von-Neumann-Prinzip aus. Zur Implementierung der Ausführungsstufe können Standard-Mikroprozessoren eingesetzt werden.

Beispiele für Large-Grain-Datenflußarchitekturen sind der Loral Dataflo LDF 100 (Abschnitt 5.3.2), die PODS-Architektur (Abschnitt 5.3.3), die Argument Flow Architecture (Abschnitt 5.3.4) und die Argument Fetch Dataflow Hybrid Architecture (Abschnitt 5.3.5).

Als Konsequenz der hier vorgestellten Hybridtechniken können Datenfluß- und Datenfluß-/von-Neumann-Hybridarchitekturen wie in Abbildung 1.6-1 klassifiziert werden.

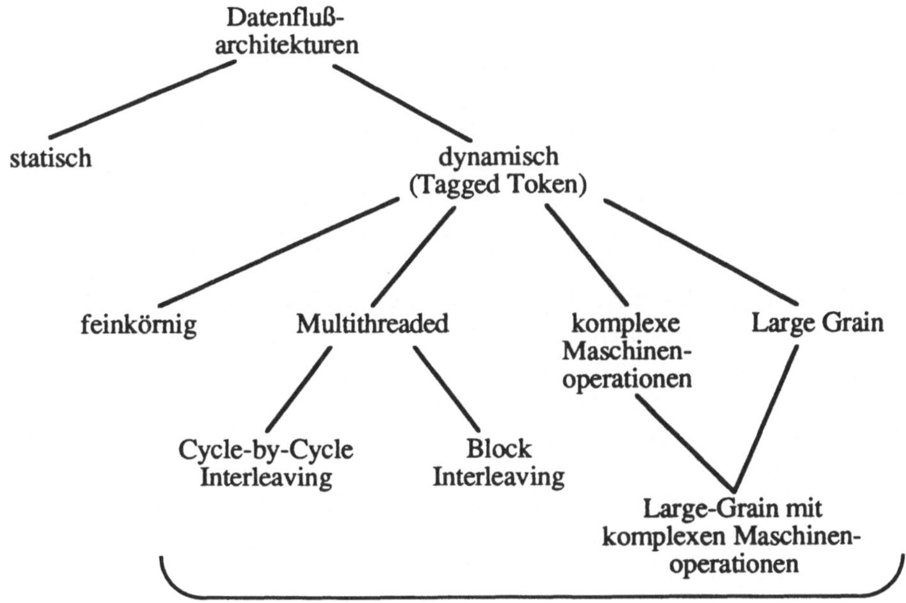


Abb. 1.6-1 Klassifikation von Datenfluß- und Datenfluß-/von-Neumann-Hybridarchitekturen

## 1.7 Anwendungen der Datenflußrechner

Die frühe Entwicklungsphase der Datenflußrechner - Mitte der 70er bis Anfang der 80er Jahre - war geprägt von hohen Erwartungen im Hinblick auf die durch Parallelarbeit erreichbare potentielle Leistungsfähigkeit des Datenflußprinzips, auf die Nutzung zukünftiger LSI- und VLSI-Technologie, die es erlauben würde, viele Schalt- und Funktionselemente auf einem Chip zu integrieren, und auf die bessere Programmierbarkeit durch Verwendung von Datenfluß- anstelle der von-Neumann-Sprachen [Dennis 80]. Datenflußrechner versprechen eine effiziente, parallele Ausführung, die in ihrer Leistung nur durch die Datenabhängigkeiten begrenzt ist, heißt es in [Dennis, Gao, Todd 84]. In der gleichen Arbeit wurde das Konzept eines statischen Datenflußrechners vorgestellt, der für eine Wettermodellierung gegenüber einem damaligen Supercomputer, einem CDC-7600-Rechner, eine 20fache Leistungssteigerung erzielen sollte. Ähnliche Leistungsdaten wurden für aerodynamische Simulationen und für die Bildverarbeitung erwartet.

Von Ince wurde vermutet, daß bei konventionellen Multiprozessorsystemen nur mit den ersten paar Prozessoren noch eine signifikante Leistungssteigerung gegenüber einem Ein-Prozessorsystem möglich ist, da die Prozeßkommunikation und -synchronisation sich disproportional mit der Zahl der Prozessoren erhöht [Ince 83]. Ince weist weiterhin auf die mühsame Programmierung von Multiprozessorsystemen und auf die Möglichkeiten hin, die sich durch die zukünftige VLSI-Technologie für Datenflußrechner ergeben würden. Man ging damals allgemein davon aus, daß die Fortschritte in der VLSI-Technologie und die Nutzung von Parallelität neue, vom von-Neumann-Prinzip abweichende, Architekturformen erfordern würde.

Diese Erwartungshaltung ist im Hinblick auf die inhärente Sequentialität des von-Neumann-Prinzips und durch die Tatsache, daß damals noch kaum Erfahrungen mit Multiprozessorsystemen vorhanden waren, verständlich. Pessimistische Einschätzungen über mögliche Ausnutzung von Parallelität, wie beispielsweise Minskys Vermutung[12] von 1971, und eine pessimistische Interpretation von Amdahls Gesetz[13] von 1967 führten zu der Einschätzung, daß bei Anwenderproblemen generell nicht genügend reguläre Parallelität vorhanden sei, um diese auf Multiprozessoren effizient nutzen zu können. Es zeigte sich jedoch im Verlauf des letzten Jahrzehnts, daß dem

---

12 Minskys Vermutung besagt, daß bei Multiprozessorsystemen die Rechenleistung nicht proportional zu der Zahl der Prozessoren, sondern nur proportional zum Logarithmus dieser Zahl steigt.

13 Amdahls Gesetz besagt, daß ein paralleles Programm unabhängig von der Anzahl der verwendeten Prozessoren nicht schneller als sein sequentieller Anteil ausgeführt werden kann.

nicht so ist: Bei numerischen und vielen anderen Problemen werden große reguläre Datenstrukturen - typischerweise Arrays - verwendet, auf die in regulärer Weise zugegriffen wird. Dieser Zugriff läßt sich durch Vektorrechner, Feldrechner und Multiprozessorsysteme für eine Parallelverarbeitung erfolgreich nutzen. Die Art der Parallelität ist meist grobkörnig, die Parallelität ist zur Compilezeit bereits bekannt. Sie kann durch Adreßfortschaltungen für Vektorrechner sowie durch Techniken wie Mikrotasking für speichergekoppelte Multiprozessorsysteme genutzt werden, so daß die Fähigkeit des Datenflußprinzips, Parallelität auf Befehlsebene zur Laufzeit erkennen und nutzen zu können, nicht vorteilhaft einsetzbar ist.

Die Fähigkeit von Datenflußrechnern, feinkörnige Parallelität zur Laufzeit zu erkennen und zu nutzen, legt deshalb nahe, daß die Vorteile von Datenflußmultiprozessoren gegenüber Vektorrechnern, Feldrechnern und konventionellen Multiprozessoren insbesondere bei irregulärer und feinkörniger Parallelität zum Tragen kommen. Um auch die Konkurrenz von superskalaren Prozessortechniken und VLIW-Rechnern auszuschalten, sollte die Parallelität möglichst erst zur Laufzeit erkennbar sein.

Ein Beispiel für Algorithmen, bei denen dynamische Datenflußrechner nach diesen Kriterien vorteilhaft einsetzbar wären, sind Wavefront-Algorithmen [Aiken, Nicolau 90], bei denen auf eine Matrix nicht regulär - zeilen- oder spaltenweise -, sondern diagonal zugegriffen wird.[14] Weitere Anwendungsfelder könnten bei Expertensystemen und bei parallelen, PROLOG-ähnlichen Sprachen liegen.

Das statische Datenflußprinzip zeigt sich für Spezialanwendungen wie die digitale Signal- und Bildverarbeitung durchaus geeignet. Probleme in der Signalverarbeitung unterscheiden sich sowohl in der Art der verwendeten Algorithmen als auch in der Zielhardware von allgemeinen Anwendungsprogrammen. Typischerweise benötigen die Algorithmen weniger Entscheidungsfindung und benutzen meist relativ einfache Datenstrukturen. Die Zielhardware ist eher eine Spezialhardware für eine einzige oder eine kleine Klasse von Anwendungen als ein Universalrechner. Anwendungen finden sich insbesondere dann, wenn ein fester Algorithmus (Datenflußgraph) direkt in Hardware gegossen werden kann.

Bei der digitalen Bildverarbeitung wird mit großen Datenmengen - den digitalen Bildern -, die als mehrdimensionale Felder von Grauwerten organisiert vorliegen, gerechnet. Wie [Siemers 92] und [Seebauer, Siemers 93] analysieren, gibt es innerhalb der Bildverarbeitung drei Klassen von Algorithmen: punktorientierte Operationen wie

14 Systolische Arrays sind hierfür wohl noch besser als Datenflußrechner geeignet.

beispielsweise Threshold und Invertierung, nachbarschaftsorientierte Operationen wie Filter sowie Bilddaten-globale Operationen wie FFT und Mustererkennung. Für die ersten beiden Klassen bietet sich relativ einfache Spezialhardware an, welche die entsprechenden Algorithmen sehr schnell ausführt. Insbesondere statische „Datenflußrechner" im Sinne von direkt in Hardware realisierten Datenflußgraphen finden bei solchen Algorithmen Anwendung.

Dynamische Datenflußrechner sind somit allenfalls für Algorithmen der dritten Klasse besonders geeignet. Die Überlegung, die zur Verwendung des Datenflußprinzips führt, gründet einerseits auf die relativ zum Programmieraufwand einfache Erzeugung von Parallelität, die von mehreren Prozessoren genutzt werden kann, und andererseits auf die Unempfindlichkeit gegen Speicherlatenzzeiten (vgl. Abschnitt 2.3.5). Speicherzugriffe sind wegen der großen Datenmengen oft der Flaschenhals eines Bildverarbeitungssystems.

Die interessanten Algorithmen der dritten Klasse lassen sich in zwei Subkategorien fassen: Die FFT etwa ist eine sehr regelmäßige Operation, deren Verlauf nicht von den Bilddaten abhängig ist. Der Ablauf von Algorithmen zur Objekt- und Kantenerkennung hingegen ist in hohem Maße - was die Daten, auf welche zugegriffen wird, und auch was die benötigte Rechenzeit betrifft - vom Bildinhalt abhängig.

Für die regelmäßigen Operationen bringt das Datenflußprinzip prinzipielle Nachteile mit sich. Jedes Pixel im Bild, d. h. jedes Datum im Feld, besitzt neben seinem Wert als weiteres Attribut seine Position in der Bildmatrix, also seine Adresse im Speicher. Wird das Pixel nun vom Datenflußrechner gelesen, ersetzt eine explizite Markierung - der Tag des Token - dieses implizite Ordnungsmerkmal. Während das Pixeldatum im Prozessor verarbeitet wird, müssen diese Zusatzinformationen durch die Prozessorpipeline und eventuell durch das Netzwerk zwischen Datenspeicher und Prozessor geschleust werden. Die natürliche Ordnung der Bilddaten im Speicher wird nicht genutzt. Um Adreßrechnungen zu sparen, wäre es sinnvoll, die Ordnung des Bildes auszunutzen wie es beispielsweise bei Spezial-Filterprozessoren geschieht, indem etwa zeilenweise aus dem Speicher gelesen werden kann, wobei die Ordnung durch die Reihenfolge der Speicherzugriffe erhalten bleibt [Siemers 92]. Eventuell liegt hier ein Anwendungsfeld für Datenflußrechner mit komplexen Maschinenoperationen vor (siehe Abschnitt 5.4), die darauf ausgerichtet sind, Zeilen oder Bilder insgesamt zu adressieren und zu manipulieren.

Über die zweite Subklasse, die datenabhängigen Algorithmen, lassen sich nur schwer konkrete Aussagen hinsichtlich ihrer Implementierbarkeit auf dynamischen Datenflußrechnern treffen. Die Algorithmen zeichnen sich durch hohe sequentielle Anteile aus, und es steht zu erwarten, daß die feinkörnige Parallelität innerhalb solcher Algorithmen nicht dauernd für eine Auslastung der Datenflußprozessoren sorgen kann. Es muß daher auf ähnliche Weise parallelisiert werden wie bei herkömmlichen Multiprozessorsystemen, d. h., beispielsweise muß ein Bild in Segmente geteilt werden, die jeweils von einem eigenen Prozeß und Prozessor bearbeitet werden - eine Methode, welche Schwierigkeiten an den Segmentgrenzen nach sich zieht. Die einfache Programmierbarkeit von Datenflußrechnern durch die Nutzung impliziter Parallelität würde damit aufgegeben [Siemers 92].

Systeme, die kommerziell verfügbar sind, sollen meist im Gebiet der Signal- und Bildverarbeitung Anwendung finden. Beispiele dafür sind der Hughes Data Flow Multiprocessor (Abschnitt 3.6), der LORAL Dataflo LDF 100 (Abschnitt 5.3.2), der als Mini-Supercomputer entworfene Cydra5-Rechner der Firma CYDROME [Rau 88], [Dehnert, Hsu, Bratt 89] und der DTN Data-Flow Computer [Veen, van den Born 90 und 91], der auf einem kommerziellen NEC-Datenfluß-Chipsatz beruht und als Graphik-Workstation Verwendung finden kann.

Viele experimentelle Systeme, die auf statischen [Grimm et al. 84], [Hartimo et al. 86], [Nitezki 89/91], [Rieken 90], statisch-synchronen [Gunzinger et al. 89], [Gunzinger 90], [Silc et al. 89, 90] oder dynamischen [Seebauer, Siemers 93] Datenflußprinzipien beruhen, sind für die Anwendungsgebiete der Signal- oder Bildverarbeitung entworfen. Auch zur Logik-Simulation wird das statische Datenflußprinzip mit einer „datenänderungsgetriebenen" Auswertungsstrategie angewendet [Hahn 86, 88, 89], [Hahn, Fischer 85].

Neben diesen Spezialanwendungen erwächst jedoch die potentiell größte Anwendungsmöglichkeit des Datenflußprinzips durch die Fähigkeit zum schnellen Kontextwechsel, der es erlaubt, Speicherlatenzzeiten und Wartezeiten auf eine Prozeßsynchronisation besser als durch konventionelle Multiprozessoren zu überbrücken (siehe Abschnitt 2.3.5). Diese Fähigkeit der Datenflußrechner wird zukünftige Prozessorarchitekturen stark beeinflussen. Wie die Kapitel 5 und 6 nahelegen, werden diese zukünftigen Prozessorarchitekturen Datenfluß-/von-Neumann-Hybridtechniken oder Multithreaded-von-Neumann-Prinzipien anwenden. Datenflußrechner und von-Neumann-Prozessoren entwickeln sich zur Zeit aufeinander zu. Die Datenfluß-/von-Neumann-Hybridarchitektur *T (Abschnitt 5.2.5) und die Multithreaded-von-Neumann-Architekturen Tera (Abschnitt 6.4) und APRIL (Abschnitt 6.6), die wohl innovativsten unter den im vorliegenden Buch beschriebenen Entwürfen, zeigen diese Tendenz.

# 2 Parallelitätsebenen und Parallelarbeitstechniken

In diesem Kapitel sollen die Zusammenhänge zwischen Ebenen der Parallelität, wie sie in einem Programmcode, also in Software, ausgedrückt sind, und Techniken der Parallelarbeit in der Hardware vermittelt werden. Im nächsten Abschnitt werden fünf Parallelitätsebenen definiert und Sprach- und Compiler-Aspekte angesprochen. Im Abschnitt 2.2 werden verschiedene Parallelarbeitstechniken einander gegenübergestellt und in den weiteren Abschnitten entsprechend der Einteilung in Abb. 2.2-1 im einzelnen behandelt.

## 2.1 Ebenen der Parallelität

Man unterscheidet bei parallelen Programmiersprachen zwischen solchen mit expliziter und solchen mit impliziter Parallelität. Bei *explizit parallelen Programmiersprachen* sind parallele Kontrollkonstrukte in einer sonst sequentiellen, meist imperativen Programmiersprache vorhanden und werden „explizit", d. h. vom Programmierer, dazu benutzt, die Parallelität in seinem Algorithmus darzustellen. Bei *implizit parallelen Programmiersprachen* ist die Parallelität für den Programmierer hinter abstrakteren Programmkonstrukten versteckt und wird erst nach der Codeerzeugung durch einen Compiler sichtbar. Beispiele für implizit parallele Programmiersprachen sind die funktionalen Sprachen und die Datenflußsprachen (Abschnitt 1.2).

Bei den nun folgenden Betrachtungen von *Ebenen der Parallelität* wird von einem parallelen Programm ausgegangen, bei dem die Parallelität explizit vorliegt. Ob diese Betrachtungen in der höheren Programmiersprache, der Zwischensprache oder der Maschinensprache durchgeführt werden, ist für die Unterscheidung der Parallelitätsebenen unerheblich. Bei der Übersetzung aus einer höheren Programmiersprache in eine Zwischen- oder Maschinensprache kann Parallelität von einer Ebene zu einer anderen transformiert werden.

Ein paralleles Programm läßt sich als halbgeordnete Menge von Befehlen darstellen, wobei die Ordnung durch die Abhängigkeiten der Befehle untereinander gegeben ist. Befehle, die nicht voneinander abhängig sind, können parallel ausgeführt werden.

Eine total geordnete Teilmenge von Befehlen eines parallelen Programms bildet eine sequentielle Befehlsfolge, wobei verschiedene sequentielle Befehlsfolgen voneinander unabhängig sein können. Die *Körnigkeit* (Grain) bemißt sich nach der Anzahl der Befehle in einer sequentiellen Befehlsfolge.

Hinsichtlich der Körnigkeit paralleler Programme (in Quell-, Zwischen- oder Maschinensprache) können fünf Ebenen der Parallelität unterschieden werden:

- *Programmebene* (oder *Jobebene*): Diese Ebene wird durch die parallele Verarbeitung verschiedener Programme charakterisiert, die vollständig voneinander unabhängige Einheiten ohne gemeinsame Daten und mit wenig oder keinerlei Kommunikations- und Synchronisationsbedarf sind. Parallelverarbeitung auf dieser Ebene wird von einem verteilten Betriebssystem organisiert.

- *Taskebene* (oder *Prozeßebene*): Parallelität auf dieser Ebene tritt auf, wenn ein Programm in eine Anzahl parallel zu bearbeitender Tasks (*Heavy-Weighted Processes* [Schröder 88], *Coarse-Grain Tasks* [Dally et al. 89]) zerlegt wird, wobei jede Task aus einigen tausend sequentiell ausgeführten Befehlen besteht. Dies ist die Größenordnung von UNIX-Prozessen, die sehr umfangreiche Kontexte besitzen. Unter einem Kontext versteht man die Programm- und Datenbereiche, die bei der Ausführung einer Task oder einem Prozeß zugeordnet werden. Da die einzelnen Tasks innerhalb eines Programms ablaufen, müssen sie synchronisiert werden, und in der Regel kommunizieren sie miteinander. Diese Parallelitätsebene ist in imperativen Programmiersprachen mit Taskkonzept wie zum Beispiel Ada [Department of Defense 81] vorhanden. Von Betriebssystemseite findet eine Unterstützung dieser Parallelitätsebene durch Betriebssystem-Primitive statt.

- *Blockebene*: Diese Ebene betrifft Anweisungsblöcke oder leichtgewichtige Prozesse, die auf einen gemeinsamen Adreßbereich zugreifen (*Threads*, *Light-Weighted Processes* [Schröder 88]). Dabei werden mehrere Einzelanweisungen bis hin zu einigen hundert Anweisungen so zu einem Anweisungsblock zusammengefaßt, daß verschiedene Anweisungsblöcke parallel ausgeführt werden können. Man kann nochmals zwischen feinkörnigen (ca. 20 Befehle) und grobkörnigen (einige hundert Befehle) Anweisungsblöcken unterscheiden. Die Kommunikation und Synchronisation geschieht über die gemeinsamen Daten. Da für die Ausführung eines solchen leichtgewichtigen Prozesses oder Anweisungsblocks kein eigener Laufzeitstack geschaffen werden muß, ist im Vergleich zu einem Heavy-Weighted-Prozeß der Taskebene der Synchronisationsaufwand bei Aufruf, Beendigung oder Kontextwechsel gering. Zu dieser Ebene von Parallelität gehören innere oder äußere parallele Schleifen in Fortran-Dialekten [Karp 87], Microtasking [Osterhaug 89] und Large-Grain-Datenfluß als Programmiertechnik [Babb 84]. Für viele, meist numerische Programme liegt auf der Blockebene durch parallel verarbeitbare Schleifeniterationen die potentiell größte Parallelität vor.

- *Anweisungsebene* (oder *Befehlsebene*): Auf dieser Ebene können elementare Anweisungen (in der Sprache nicht weiter zerlegbare Datenoperationen) parallel zueinander ausgeführt werden. Parallelität auf der Anweisungsebene wird durch Datenflußsprachen direkt ausgedrückt. Optimierende Compiler für RISC-, Superskalare-, VLIW- oder Superpipelining-Prozessoren [Jouppi, Wall 89] sind in der Lage, Parallelität auf der Befehlsebene durch die Analyse der sequentiellen Befehlsfolge, die durch Übersetzung eines imperativen, sequentiellen Programms entstanden ist, zu bestimmen.

- *Suboperationsebene*: Eine elementare Anweisung wird durch den Compiler oder in der Maschine in Suboperationen aufgebrochen, die parallel ausgeführt werden. Ein typisches Beispiel dafür sind Vektoroperationen, die mittels einer Pipeline von Verarbeitungseinheiten ausgeführt werden. Um Parallelität auf der Suboperationsebene auszudrücken, müssen komplexe Datenstrukturen und Datenoperationen entweder in der höheren Programmiersprache verfügbar sein oder von einem vektorisierenden oder parallelisierenden Compiler aus einer sequentiellen Programmiersprache für die Maschinensprache erzeugt werden. Beispiele für Programmiersprachen mit komplexen Datenstrukturen sind APL, PASCAL-SC [Bohlender 86], FORTRAN-90 [Metcalf, Reid 88], C* und Parallaxis [Bräunel 90].

  Suboperationsparallelität bietet in Verbindung mit komplexen Operationen wie beispielsweise Vektor- oder Matrixoperationen die Möglichkeit, einen hohen Parallelitätsgrad zu erreichen. Was bei konventionellen Sprachen auf der Blockebene durch mehrere geschachtelte Schleifen programmiert werden muß, kann dann oft durch eine einzige elementare Anweisung ausgedrückt und auf der Maschine parallel ausgeführt werden. Falls eine Architektur so entworfen ist, daß Parallelarbeit auf der Suboperationsebene für einen Satz komplexer Maschinenbefehle ausgeführt wird, entfällt ein Großteil der Schleifen und damit ein wesentlicher Anteil der sonst hohen Parallelarbeit auf der Blockebene.

Die wichtigsten derzeit verwendeten Ansätze zur Programmierung von Parallelrechnern sind parallelisierende oder vektorisierende Compiler für imperative Sprachen, imperative Sprachen erweitert um Betriebssystemprimitive, imperative Sprachen mit Konstrukten zur Spezifikation expliziter Parallelität, funktionale und logische Sprachen, Datenflußsprachen sowie objektorientierte parallele Sprachen.

Parallelisierende und vektorisierende Compiler [Zima, Chapman 90] werden eingesetzt, um die schon existierenden, umfangreichen Programmbibliotheken weiterverwenden zu können. Die Parallelisierung ist weitgehend auf for-Schleifen beschränkt, die Vektor- oder Matrixoperationen realisieren. Die genutzte Parallelitätsebene ist die Blockebene bei parallelisierenden Compilern und die Suboperationsebene bei vektorisierenden Compilern. Das Wissen des Programmierers über im Problem vorhandene Parallelität kann von einem parallelisierenden Compiler nicht ausgenutzt werden. Vektorisierende Compiler sind bislang bei Vektorrechnern und parallelisierende Compiler in eingeschränktem Maße bei speichergekoppelten Multiprozessoren Stand der Technik.

Durch Erweiterung imperativer Sprachen um Betriebssystemfunktionen spezifischer Parallelrechner [Karp, Babb 88] kann Parallelität auf niedriger Abstraktionsebene spezifiziert werden; dies kann zu hoher Effizienz führen und ermöglicht das Plazieren von Prozessen auf Prozessoren durch den Programmierer. Typischerweise liegt die Parallelität, für die diese Sprachen geeignet sind, auf Task- und Blockebene. Andererseits führt die niedrige Abstraktionsebene der Betriebssystemprimitive zu schwieriger, mühsamer Programmierung. Insbesondere bei der Programmierung der Kommunikation treten Fehler nichtdeterministisch in Erscheinung und lassen sich dadurch schwer erkennen und lokalisieren [Mcdowell, Helmbold 89]. Die Realisierung eines Algorithmus durch ein System kommunizierender, paralleler Programme überfordert ab einer gewissen Komplexität den Programmierer. Durch die Verwendung der Betriebssystemfunktionen geschieht die Programmentwicklung maschinenabhängig. Einmal entwickelte Programmsysteme sind deshalb nicht einfach auf andere Parallelrechner übertragbar.

Um diesem Problem zu entgehen, werden systemunabhängige parallele Sprachkonstrukte wie *parallel do* oder *fork...join* in bestehende Programmiersprachen eingefügt [Karp 87, Karp, Babb 88] bzw. neue imperative parallele Sprachen ähnlichen Typs entwickelt [Bal et al. 89]. Die Komplexität paralleler Programme stellt jedoch besonders hohe Anforderungen an Software-Entwicklung und -pflege. Die Programmiersprache sollte deshalb Techniken der Programmentwicklung unterstützen, die der Handhabbarkeit des Software-Entwurfs sowie der Programmiersicherheit dienen. Imperativen Sprachen wie PROTRAN, The Force oder VM/EPEX [Karp 87] mangelt es in dieser Hinsicht an modernen Softwaretechniken. Sprachen wie Ada, Modula-2 oder ParMod [Eichholz 87] unterstützen nur die Ebene der Task-Parallelität. Sprachen wie CSP [Hoare 85] und Occam2 [May 87] wiederum definieren Parallelität auf sehr niedriger Abstraktionsebene.

Objektorientierte parallele Programmiersprachen [Yonezawa, Tokoro 87] kombinieren die softwaretechnischen Eigenschaften objektorientierter Sprachen mit dem Konzept der aktiven, miteinander kommunizierenden Objekte. Dieses Konzept stellt eine abstrakte Form der Parallelprogrammierung dar, ist jedoch auf die Ebene der Task-Parallelität beschränkt. Nachteilig ist, daß diese Sprachen sich allesamt in einem Experimentierstadium befinden, nur auf wenigen speziellen Rechnern verfügbar sind und noch wenig Erfahrungen mit dieser Form des Programmierstils vorliegen.

Für funktionale [Hudak 89] und logische Programmiersprachen [Shapiro 89] ist die Umsetzung der implizit vorhandenen Parallelität durch Compiler noch nicht zufriedenstellend gelöst. Datenflußsprachen sind durch ihre Parallelität auf der Anweisungsebene auf Datenflußrechner zugeschnitten. Allerdings werden Datenflußsprachen mittlerweile auch erfolgreich auf konventionellen Multiprozessoren implementiert.

## 2.2 Techniken der Parallelarbeit

Den *Ebenen der Parallelität* in einem Programm stehen *Techniken der Parallelarbeit* in der Hardware, unterstützt durch das Betriebssystem, gegenüber. Diese Techniken korrespondieren grob mit Ebenen der Parallelität in der Programmier-, Zwischen- oder Maschinensprache. Die Korrespondenz ist eine Frage der effizienten Implementierbarkeit einer Ebene der Parallelität durch eine spezifische Technik der Parallelarbeit. Anweisungsparallelität läßt sich beispielsweise nicht effizient durch ein nachrichtengekoppeltes Multiprozessorsystem implementieren, wohl aber durch Techniken wie Befehlspipelining etc.

Einen Überblick gibt die Tabelle in Abb. 2.2-1, bei der in der linken Spalte Parallelarbeitstechniken eingetragen sind und ein $x$ in einer der Spalten eine effiziente Nutzung der Parallelität auf der im Kopf der Tabelle angetragenen Parallelitätsebene bedeutet. Techniken zur Implementierung von Parallelität auf Programm- und Taskebene können in der Praxis kaum unterschieden werden.

Die Techniken der Parallelarbeit sind in der Tabelle in Abb. 2.2-1 in vier Gruppen eingeteilt: Techniken der Parallelarbeit durch Prozessorkopplung (Abschnitt 2.3), Datenfluß- sowie Datenfluß-/von-Neumann-Hybridtechniken, Techniken der Parallelarbeit in der Prozessorarchitektur (Abschnitt 2.4) und SIMD-Techniken (Abschnitt 2.5). Im Abschnitt 2.6 wird anschließend die Kombination mehrerer Techniken der Parallelarbeit bei *Mehr-Ebenen-parallelen Rechnern* (auch *Multi-Level-Parallelism-Architekturen* genannt [Ungerer, Zehendner 91]) vorgestellt, d. h. Rechnern, die mehrere Ebenen der Parallelität unterstützen.

| Parallelarbeitstechnik | Programm-ebene | Task-ebene | Block-ebene | Anweis.-ebene | Suboperationsebene |
|---|---|---|---|---|---|
| <u>Techniken der Parallelarbeit durch Prozessorkopplung</u> | | | | | |
| Rechnernetze | x | x | | | |
| Nachrichtenkopplung | x | x | | | |
| Speicherkopplung | x | x | x | | |
| Virtual-Shared-Memory | x | x | x | | |
| <u>Datenfluß- sowie Datenfluß/von-Neumann-Hybridtechniken</u> | | | | | |
| Multithreaded-von-Neumann-Prinzip | x | x | x | | |
| Large-Grain-Datenflußprinzip | | x | x | | |
| Multithreaded-Datenflußprinzip | | x | x | | |
| Fine-Grain-Datenflußprinzip | | | | x | |
| <u>Techniken der Parallelarbeit in der Prozessorarchitektur</u> | | | | | |
| Befehlspipelining | | | | x | |
| Superpipelining | | | | x | |
| Superskalar | | | | x | |
| VLIW | | | | x | |
| Überlappung von E/A- mit CPU-Operationen | | | | x | |
| <u>SIMD-Techniken</u> | | | | | |
| Vektorrechnerprinzip | | | | | x |
| Datenstrukturarchitekturprinzip | | | | | x |
| Feldrechnerprinzip | | | | | x |

Abb. 2.2-1 Techniken der Parallelarbeit vs. Parallelitätsebenen

In dieser Aufstellung der Parallelarbeitstechniken wird mit absteigender Reihenfolge die Kopplung zwischen den parallel arbeitenden Verarbeitungselementen oder Verarbeitungseinheiten enger, d. h., die Kommunikationsgeschwindigkeit steigt und die Synchronisationskosten sinken. Weiterhin zeigt sich in der absteigenden Reihung ein Trend von asynchronen hin zu (takt)synchronen Techniken der Parallelarbeit.

## 2.3 Techniken der Parallelarbeit durch Prozessorkopplung

### 2.3.1 Rechnernetze

Unter einem Rechnernetz versteht man ein Kommunikationsnetz, das eine Anzahl unabhängig voneinander arbeitender Rechner verbindet. Bei heutigen Übertragungsgeschwindigkeiten sind für eine Parallelarbeit durch Rechnerkopplung insbesondere lokale Rechnernetze (LANs) interessant. In den letzten Jahren sind lokale Rechnernetze, die PCs oder Workstations über Ethernet oder Token-Ring verbinden, häufig anzutreffen.

Für homogene Rechnernetze wird von verschiedenen Herstellern die Möglichkeit gegeben, durch einen *Remote-Procedure-Call*-Mechanismus ([Levy, Tempero 91], siehe auch [Corbin 91] für Sun-Workstation-Netze) Tasks und Prozesse auf anderen Rechnern des Netzes aufzurufen. Der Programmierer schreibt dazu Programme, deren Prozeduren auf entfernten Rechnern des Netzes ausgeführt werden können. Die Unterstützung hierfür erfolgt meist durch einen Präprozessor, der den lokalen Prozeduraufruf durch eine sogenannte *stub-Routine* ersetzt. Diese führt die notwendigen Konvertierungen durch und sendet eine Nachricht an den entfernten Rechner. Unter der Verwaltung des Netz-Betriebssystems wird die Nachricht von einer weiteren stub-Routine empfangen, die die gewünschte Prozedur aufruft, und ihre Ergebnisse wieder als Nachricht zurückschickt. Während der Ausführung der entfernten Prozedur ist, nach heutiger Technik, das aufrufende Programm in der Regel blockiert, aber der Prozessor kann natürlich in der Zwischenzeit andere Prozesse bedienen.

Die Übertragungsgeschwindigkeit lokaler Netzwerke ist nach heutigem Stand der Technik mit ca. 10 MBit pro Sekunde relativ gering. Schnellere lokale Netze wie FDDI mit ca. 100 MBit pro Sekunde sind bereits verfügbar. Der durch das verteilte Betriebssystem und die stub-Routinen entstehende Synchronisationsaufwand ist jedoch erheblich. Parallelarbeit auf lokalen Rechnernetzen ist deshalb zur Zeit am ehesten auf Taskebene für sehr große Tasks effizient einsetzbar. Parallelarbeit auf Programmebene läuft natürlich durch die verschiedenen Rechner im Normalbetrieb ab. Für entfernte Netzwerke ist die Übertragungsgeschwindigkeit noch geringer. Sie liegt beim X.25-Paket-Vermittlungsnetz und beim ISDN-Netz bei maximal 64 KBit pro Sekunde. In Zukunft sind jedoch bei lokalen und entfernten Hochgeschwindigkeit-Netzwerken Übertragungsgeschwindigkeiten bis zu mehreren GigaBit pro Sekunde zu erwarten. Mit derart hohen Übertragungsgeschwindigkeiten kann die Umsetzung von Taskebenenparallelität lohnend werden. Die Rechner im Netzwerk könnten dann in ähnlicher Weise wie die Prozessoren eines nachrichtengekoppelten Multiprozessorsystems verwendet werden (siehe nächster Abschnitt).

Rechnernetzkopplungen von Datenflußrechnern kommen wegen der experimentellen Entwicklungsstadien, in denen sich die Datenflußrechner befinden, kaum in Frage. Allerdings können Datenflußrechner-Prototypen als Back-End-Rechner über ein lokales Netzwerk mit von-Neumann-Rechnern, die als Host-Rechner für Compilations- und Entwicklungsaufgaben dienen, betrieben werden.

### 2.3.2 Nachrichtengekoppelte Multiprozessoren

Als *Multiprozessorsysteme* oder kurz *Multiprozessoren* bezeichnet man Rechner, die in die MIMD-Klasse (Multiple Instruction Multiple Data) des Flynnschen Klassifikationsschemas fallen [Ungerer 89]. Im Unterschied zu den Feldrechnern, bei denen ein „Feld" von Prozessoren zu einem Zeitpunkt immer die gleiche Operation auf verschiedenen Datenobjekten ausführt, und die somit in die SIMD-Klasse (Single Instruction Single Data) fallen, können in Multiprozessorsystemen die einzelnen Prozessoren unabhängig voneinander programmiert werden. Je nach Art der Verbindungseinrichtung unterscheidet man nachrichtengekoppelte und speichergekoppelte Systeme.

Bei den *nachrichtengekoppelten Systemen* (siehe Abb. 2.3.2-1) gibt es keine gemeinsamen Speicher- oder Adreßbereiche. Die Kommunikation geschieht durch Austauschen von Nachrichten über ein Verbindungsnetz. Alle Prozessoren besitzen nur lokale Speicher.

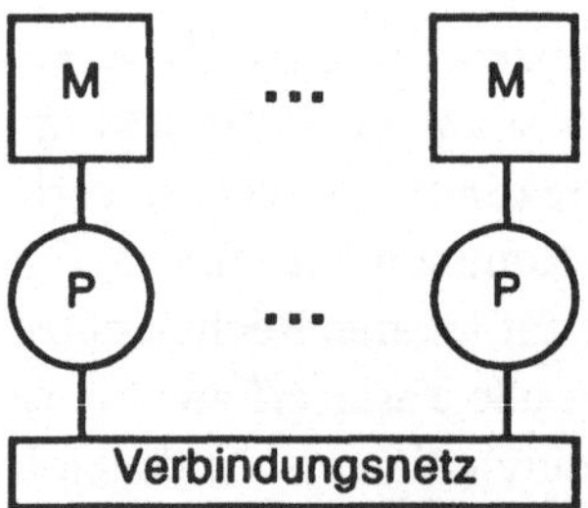


Abb. 2.3.2-1 Schema eines nachrichtengekoppelten Systems

In nachrichtengekoppelten Systemen sind die Prozessorknoten üblicherweise durch Punkt-zu-Punkt-Verbindungen gekoppelt. Die derzeit häufigste Verbindungsstruktur ist der Hyperkubus, d. h. die Verbindungsstruktur eines verallgemeinerten Würfels. In einem Hyperkubus der Dimension $n$ beträgt der zu durchlaufende Weg zwischen zwei nicht benachbarten Prozessorknoten maximal $\log_2 n$. Die Knotennummern können durch Binärzahlen so numeriert werden, daß sich benachbarte Knoten in genau einer Bitstelle unterscheiden. Dieses Knotenadressierungsschema kann zu einfachen, lokal entscheidbaren Strategien für die Nachrichten-Weitervermittlung in einem Hyperkubus-Netzwerk verwendet werden (beispielsweise *e-Cube Routing* beim Intel iPSC/2 [Close 88]).

Typische Kommunikationsgeschwindigkeiten liegen zur Zeit bei 20 - 50 MBit pro Sekunde, also höher als bei Rechnernetzen. Die Kommunikation geschieht über serielle Verbindungen, die einen relativ geringen Hardwareaufwand benötigen.

Die Skalierbarkeit ist bei nachrichtengekoppelten Multiprozessoren im Prinzip unbegrenzt. Für jede Erweiterung eines Hyperkubus-Netzwerks ist allerdings mindestens die Verdopplung der Prozessorzahl nötig. Parallelität läßt sich in effizienter Weise auf Programm- oder Taskebene nutzen. Block- oder Anweisungsebenenparallelität sind nach heutiger Übertragungstechnologie auf nachrichtengekoppelten Multiprozessoren nicht effizient nutzbar.

Nachrichtengekoppelte Multiprozessoren sind schwer zu programmieren, da man für jeden Prozessor ein oder mehrere eigene Programme schreiben muß. Außerdem muß die Synchronisation über send/receive-Befehle explizit programmiert werden. Bei einem Intel-iPSC/2-Rechner mit 128 Prozessoren und bis zu 20 Prozessen pro Prozessor können demnach bis zu 2560 Programme über Nachrichtenaustausch miteinander kommunizieren. Beim Intel iPSC/2 muß jedes Programm einzeln definiert und jede Nachricht unter Angabe der Prozessor-, Prozeß- und Nachrichtennummer mittels send- und receive-Primitiven in den sendenden und empfangenden Programmen vorgesehen sein.

Der erste größere, betriebsfähige (konventionelle) Hyperkubus-Rechner war der *Cosmic Cube* [Seitz 85] am California Institute of Technology (Caltech), der im Oktober 1983 mit 64 Prozessoren in Betrieb ging. Ab 1985 kamen mehrere kommerzielle Systeme auf den Markt, die heute als *nachrichtengekoppelte Multiprozessoren der ersten Generation* bezeichnet werden. Rechner dieser Generation sind beispielsweise der Intel iPSC/1, die typischen Transputersysteme auf der Basis des T800-Prozessors, das Ametek System/14, der Ncube/10 und der Caltech/JPL Mark II und Mark III. Die Kommunikation zweier nicht benachbarter Knoten wird bei diesen Rechnern mittels einer von einem Betriebssystemkern gesteuerten *Store-and-Forward-Strategie* organisiert, d. h., eine Nachricht wird von den auf einem Pfad liegenden Prozessoren zunächst empfangen, gespeichert und dann weitergesandt.

Bei den *nachrichtengekoppelten Multiprozessoren der zweiten Generation* wird die Kommunikation nichtbenachbarter Knoten nicht mehr durch Software, sondern durch spezielle Kommunikations-Hardware organisiert. Von einem auf einem Kommunikationsweg liegenden Prozessorknoten wird nur dessen Kommunikations-Hardware belastet, und der Prozessor selbst kann ohne Beeinträchtigung und parallel dazu weiterarbeiten. Dadurch wird eine um mehrere Zehnerpotenzen schnellere Netzwerkkommunikation erreicht. Beispiele für nachrichtengekoppelte Multiprozessoren der zweiten Generation sind der Ametek Serie 2010-, der nCube2-Rechner und die im folgenden vorgestellten Intel-Rechner iPSC/2 und iPSC/860 (siehe auch [Ungerer 89]). Auch neue Transputersysteme wie das experimentelle DAMP-System [Bauch, Braam, Maehle 91] und das Parsytec GC-System auf der Basis des T9000-Prozessors gehören zu dieser Generation.

Das *Intel iPSC/2-System* ([Arlauskas 88], [Intel 89]) ist seit Dezember 1987 kommerziell verfügbar und damit eines der ersten nachrichtengekoppelten Multiprozessorsysteme der zweiten Generation. Ein iPSC/2-System (siehe Abbildung 2.3.2-2) besteht aus 8 bis 128 in Hyperkubus-Struktur verbundenen Knotenprozessoren, einem Host-Rechner, der *System Resource Manager* genannt wird, und optional einem *Concurrent File System*.

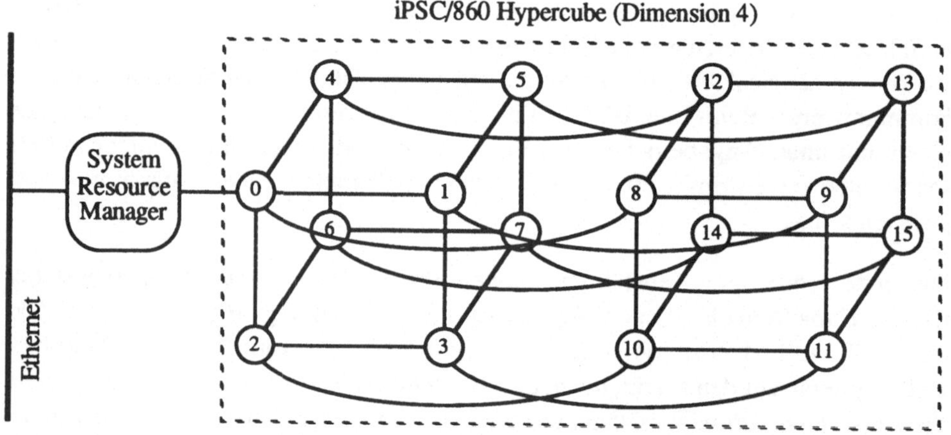


Abb. 2.3.2-2 Systemkonfiguration eines Intel iPSC/2 oder iPSC/860

Der *System Resource Manager* ist ein Intel-System-310-Mikrocomputer mit einem Intel-80286-Mikroprozessor, einem Intel 80287 numerischen Coprozessor, 2 MByte lokalem Speicher und Anschlüssen für Sekundärspeichereinheiten. Er kann selbst wieder über ein lokales Netz mit Workstations verbunden sein, die als sogenannte *Remote-Host-Rechner* eingesetzt werden können, um den System Resource Manager von Entwicklungsaufgaben zu entlasten. Der System Resource Manager ist mit dem Verbindungskanal 7 des Knotenprozessors 0 des Hyperkubus verbunden.

Ein Knoten des iPSC/2-Systems (siehe Abb. 2.3.2-3) besteht aus einem Intel 80386 Mikroprozessor mit 16 MHz Takt, einem Intel 80387 numerischen Coprozessor, einem 64 KByte Cache-Speicher, einem lokalen Speicher mit 1 bis 16 MByte und einem sogenannten *Direct Connect Routing Modul.*

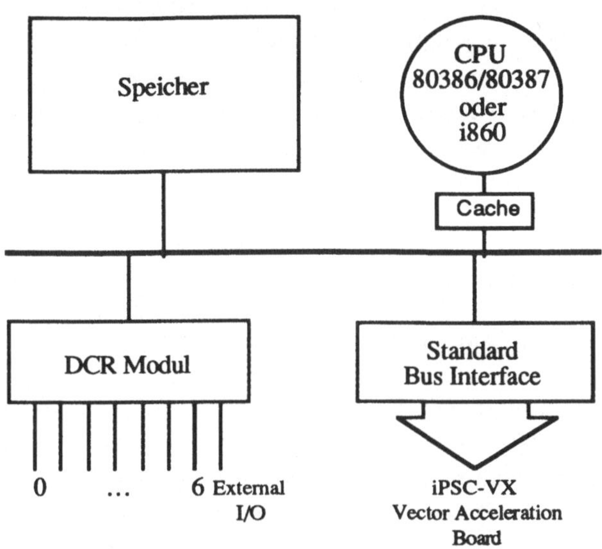


Abb. 2.3.2-3 Knotenstruktur des iPSC/2 oder iPSC/860

Das DCR-Modul stellt 8 serielle, bidirektionale Verbindungskanäle mit einer Übertragungsgeschwindigkeit von je 2.8 MByte pro Sekunde zur Verfügung. Kanäle 0 bis 6 können mit bis zu 7 weiteren Knotenprozessoren verbunden sein. Kanal 7 ist als I/O-Kanal für den Anschluß an ein optional vorhandenes Concurrent File System (ein System von Plattenspeichern, auf die die Knoten einen direkten Zugriff besitzen) oder für einen direkten Anschluß an den System Resource Manager reserviert. Ein 1 KByte großer FIFO-Speicher puffert Nachrichten zwischen dem DCR-Modul und dem Knotenprozessor. Das DCR-Modul erlaubt Nachrichten durch den Hyperkubus zu transportieren, ohne den Knotenprozessor selbst zu belasten.

Entsprechend der Anzahl der Kommunikationskanäle pro Knoten sind beim iPSC/2-System Ausbaustufen von 16, 32, 64 und 128 Knoten möglich, wobei jeweils bis zu 32 Knoten zu einem sogenannten *Cube Cabinet* zusammengeschlossen sind.

In einem iPSC/2 mit 128 Knoten ist der Transport einer Nachricht zwischen zwei der entferntesten Knoten nur um 10% langsamer als der Transport zwischen zwei direkt verbundenen Knoten. Als Übertragungsstrategie wird für längere Nachrichten eine

Variante des *Wormhole Routings* angewandt[1]. Eine zu übertragende Nachricht wird beim *Wormhole Routing* in eine Kette von kleinen Teilblöcken zerlegt; der erste Block enthält die Empfängeradresse und bestimmt damit den einzuschlagenden Weg. Alle anderen Teilblöcke der Nachricht folgen dem ersten Block, ähnlich wie bei einer Pipeline-Verarbeitung. Falls der führende Block auf einen Kanal trifft, der gerade belegt ist, wird er abgeblockt. Alle nachfolgenden Blöcke der Nachricht verharren dann ebenfalls an ihrer augenblicklichen Position, bis der führende Block weitertransportiert wird, bzw. ziehen sich wieder zurück, um Blockierungen zu vermeiden. Mit diesem per Hardware durchgeführten Verfahren dauert die Übertragungszeit einer Nachricht zwischen zwei nichtbenachbarten Knoten im Durchschnitt nicht viel länger als zwischen zwei benachbarten Knoten.

Optional kann ein Knoten des iPSC/2 um eine Weitek 1167 skalare Gleitpunkt-Einheit (iPSC/2 SX genannt) oder um eine Gleitpunkt-Vektoreinheit (iPSC/2 VX) erweitert werden. Ein iPSC/2-VX-System mit 64 Knoten kommt auf eine Verarbeitungsgeschwindigkeit von theoretisch 1280 MFLOPS.

Als Betriebssystem wird das verteilte Betriebssystem NX/2 [Pierce 88] eingesetzt. In jedem Knoten ist ein NX/2-Betriebssystemkern resident. Dieser Betriebssystemkern ist für das Prozeß-Scheduling und die Speicherverwaltung innerhalb des Knotens zuständig. Er kann auch Prozesse beenden, Prozesse mittels eines Debugging-Prozesses beobachten und in Fehlerfällen angemessen reagieren. Weiterhin hat der Betriebssystemkern die Aufgaben, die Nachrichtenpuffer innerhalb des Knotens zu verwalten und die Weiterleitung von Nachrichten, die den Knoten nur passieren, zu beaufsichtigen. Die Ordnung der einzelnen Nachrichten zwischen zwei Prozessen wird vom NX/2-Betriebssystem bewahrt.

Die Basiseinheit der Programmierung ist ein Prozeß, der Nachrichten senden und empfangen kann. Der Prozeßcode wird in einer höheren Programmiersprache wie beispielsweise C, Fortran, Pascal oder C++ geschrieben, wobei diese Sprachen um NX/2-Systemaufrufe für das Senden und Empfangen von Nachrichten erweitert werden. Prozesse können parallel verarbeitet werden, sofern sie auf verschiedene Knoten verteilt sind; bis zu 20 Prozesse können jedoch auch nebenläufig von einem Knoten verarbeitet werden. Dies muß explizit vom Programmierer spezifiziert werden. Jeder Prozeß wird durch seine Prozeßnummer und die Knotennummer identifiziert. Die Kombination aus Knoten- und Prozeßnummer dient bei der Programmie-

---

[1] Eine genauere Beschreibung der Übertragungsstrategie beim iPSC/2-Rechner gibt [Nugent 88]. Diese ist im allgemeinen Fall etwas komplizierter als hier dargestellt.

rung als Adresse für die Nachrichten. Das Prozeßmodell abstrahiert in eingeschränktem Maß von der Hardwarestruktur des iPSC/2-Rechners, da die Möglichkeit besteht, logische *Subcubes* zu definieren.

Die Programme werden auf dem System Resource Manager oder einem Remote Host-Rechner übersetzt und und vom System Resource Manager auf die einzelnen Knoten geladen. Wenn ein Prozeß einmal in einen Knoten geladen ist, wird er nicht mehr weiterverschoben.

Nachfolger des iPSC/2-Systems ist das *iPSC/860-System*, das im wesentlichen den gleichen Aufbau und die gleiche Knotenstruktur wie ein iPSC/2-System besitzt, jedoch statt eines 80386-Prozessors den wesentlich leistungsfähigeren i860-Prozessor mit 40 MHz Takt als Knotenprozessor verwendet. Auch gemischte Systeme mit 80386-Prozessoren als General Purpose Nodes und i860-Prozessoren als Numeric Processing Nodes sind möglich. An der Kommunikationshardware hat sich nichts geändert. Der Nachfolger des iPSC/860-System ist das *Paragon-XP/S-System* mit bis zu 1000 i860XP-Prozessoren, das mit 5 bis 300 GigaFlops Verarbeitungsleistung angegeben wird und im Prinzip zu einer Leistung von mehr als einem TeraFLOPS skalierbar wäre.

Datenflußrechner sind Multiprozessorsysteme, deren Knoten Datenflußprozessoren sind. Bei heutigen Systemen ist vorwiegend eine Speicherkopplung anzutreffen. Aber auch bei Datenfluß-Multiprozessoren ohne gemeinsamen Speicher geschieht die Kommunikation zwischen den Datenflußprozessoren nicht über Austausch von Nachrichten, sondern von Tokens.

### 2.3.3 Speichergekoppelte Multiprozessoren

Bei den *speichergekoppelten Systemen* (siehe Abb. 2.3.3-1) sind Prozessoren über gemeinsam zugreifbare Speicherbereiche gekoppelt. Die Kopplung geschieht üblicherweise per Bus, Kreuzschiene, mehrstufige Schalter oder Multiport-Speicher. Speichergekoppelte Systeme besitzen meist einen einzigen globalen Speicher (Ausnahmen sind die speichergekoppelten Multiprozessorsysteme mit begrenzter Nachbarschaft wie beispielsweise EGPA [Händler et al. 78], DIRMU [Händler, Mähle, Wirl 85] oder PARWELL [Klein 88]). Die Ausbaufähigkeit eines Multiprozessors mit globalem Speicher ist mit heutiger Technologie auf ca. 30 Prozessoren beschränkt.

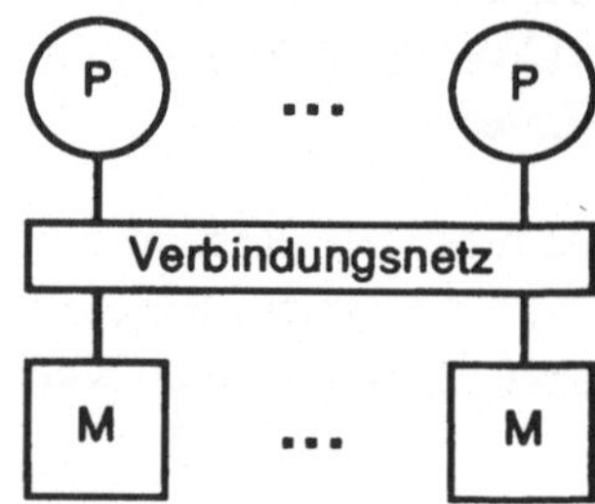


Abb. 2.3.3-1 Schema eines speichergekoppelten Systems

Die Kommunikation geschieht dadurch, daß der sendende Prozessor Daten in den gemeinsamen Speicher schreibt und der empfangende Prozessor die Daten liest; die Synchronisation basiert auf Semaphoren. Speichergekoppelte Systeme gelten als einfacher programmierbar als nachrichtengekoppelte Systeme. Die nutzbare Parallelität reicht von der Programmebene bis zur Blockebene. Parallelisierende Compiler sind ebenfalls einsetzbar, wobei die Parallelisierung in der Regel auf Schleifeniterationen beschränkt ist.

Die meisten Datenflußrechner besitzen die Struktur von speichergekoppelten Multiprozessoren, wobei der globale Speicher aus Strukturspeicher-Modulen zur Speicherung komplexer Datenstrukturen besteht. Die Datenstrukturen sind meist nicht-strikte Datenstrukturen mit Einmalzuweisungsprinzip. Ein Beispiel dafür ist das Konzept der I-Strukturen (Abschnitt 4.3.4), auf die mit Unterstützung der Hardware der Strukturspeicher-Module zugegriffen wird. Die Strukturspeicher-Module kommunizieren mit den Datenflußprozessoren durch Austausch von Tokens und sind daher eher aktive Funktionseinheiten, als der globale Speicher bei konventionellen speichergekoppelten Multiprozessoren.

Als Beispiele für konventionelle speichergekoppelte Multiprozessoren werden im folgenden die SEQUENT-Symmetry-Systeme S27 und S81 vorgestellt ([Sequent 88], [Osterhaug 89], siehe auch [Ungerer 89]). Aber auch Vektor-Supercomputer wie die Cray-Rechner, Großrechner wie die IBM-3090-Rechner und Workstations wie die Apollo-DN10000-Rechner können mit mehreren speichergekoppelten Zentraleinheiten ausgerüstet werden und sind somit als speichergekoppelte Multiprozessoren zu betrachten.

Die zwei Modelle des *SEQUENT-Symmetry-Systems*, *S27* mit 2 bis 10 CPUs und *S81* mit bis zu 30 CPUs, sind von der Architektur her weitgehend identisch. Alle Prozessoren sind über einen synchronen Bus mit einem globalen Speicher verbunden. Das SEQUENT-Symmetry-System ist seit 1987 auf dem Markt. Es erreicht je nach Ausbaustufe 8 bis 120 MIPS. In Abb. 2.3.3-2 sind jeweils die verschiedenen Ausbaustufen beider Modelle angegeben.

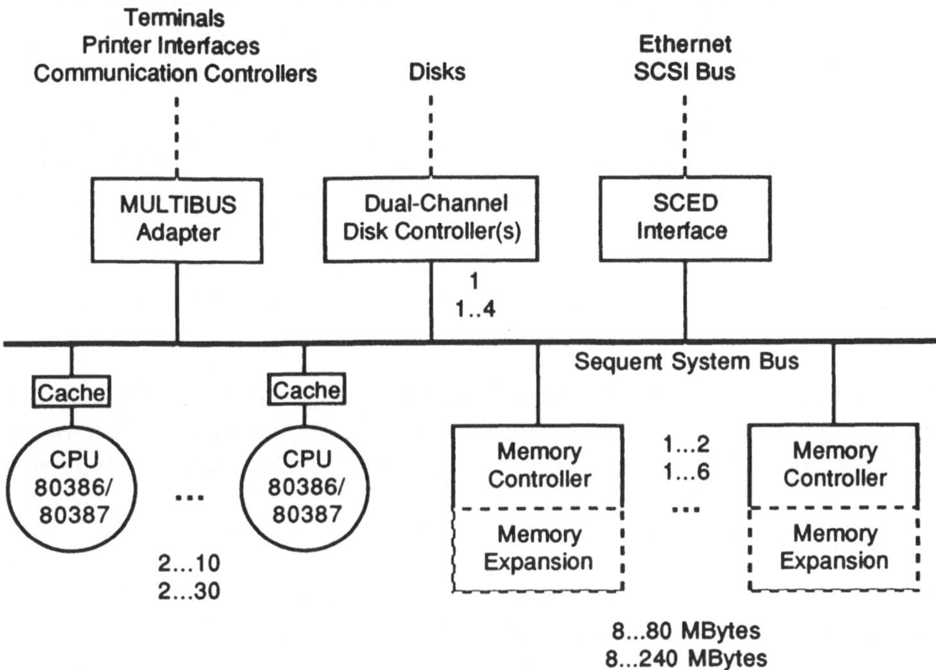


Abb. 2.3.3-2 SEQUENT-Symmetry-Systeme S27 und S81

Jede CPU besteht aus einem Intel-80386-Mikroprozessor mit einer CPU-Taktrate von 16 MHz, einem 80387 numerischen Coprozessor, einem optionalen Weitek-Gleitpunkt-Prozessor (Floating Point Accelerator), einem 64 KByte großen Cache-Speicher und einer SLIC (System Link and Interrupt Controller) genannten Baugruppe zur Steuerung von Unterbrechungen, Kommunikation, Diagnose und zur Konfiguration des Prozessors.

Der Cache-Speicher ist in 16 Byte große Datenblöcke eingeteilt, wobei ein neuer Datenblock jeweils den Datenblock verdrängt, auf den vom Prozessor am längsten nicht mehr zugegriffen wurde (LRU-Strategie). Zur Gewährleistung der Cache-Kohärenz wird eine Copy-Back-Cache-Strategie angewendet.

Unter *Cache-Kohärenz* (Cache Coherency) versteht man bei speichergekoppelten Multiprozessorsystemen mit lokalen Cache-Speichern die Eigenschaft, daß bei jedem Zugriff eines Prozessors auf ein Datenwort immer das zuletzt an diese Adresse geschriebene Wort gelesen wird. Kopien von einem Datenwort können gleichzeitig im globalen Speicher wie auch in den Cache-Speichern mehrerer Prozessoren sein. Falls sich Kopien eines Datenworts in mehreren Cache-Speichern befinden, muß dafür Sorge getragen werden, daß das Datenwort nach einem Schreibzugriff eines der Prozessoren entweder in den Cache-Speichern der anderen Prozessoren ebenfalls sofort geändert oder zumindest für ungültig erklärt wird.

Die vom Symmetry-System angewendete *Copy-Back-Cache-Strategie* weist jedem in einen Cache-Speicher übertragenen Datenwort das Attribut 'privat' zu. Dieses Attribut bleibt so lange bestehen, wie sich das Datenwort in keinem anderen Cache-Speicher befindet. Wird das Datenwort in einen weiteren Cache-Speicher geladen, so wird das Attribut in beiden Cache-Speichern auf 'gemeinsam' gesetzt. Die Mitteilung der Attributänderung an den ersten Cache-Speicher geschieht durch ein spezielles Bussignal während der Übertragung des Datenworts.

Falls einer der Prozessoren das Datenwort ändern will, sendet er vorher über den Bus ein Signal an alle Prozessoren, das veranlaßt, daß die Attribute des Datenworts in deren Cache-Speichern auf 'ungültig' gesetzt werden. Dann setzt der Prozessor das Attribut des Datenwortes in seinem eigenen Cache-Speicher auf 'besetzt' (owned) und kann es anschließend ändern.

Das Datenwort wird erst dann in den Hauptspeicher zurückgeschrieben, falls es gemäß der LRU-Strategie ersetzt wird oder einer der anderen Prozessoren darauf zugreifen will. Im letzten Fall legt der Prozessor eine Lese- oder Schreibanforderung auf den Bus, die von dem Prozessor, der das gültige Datenwort in seinem Cache-Speicher hat, erkannt wird. Dieser gibt das gewünschte Datenwort auf den Bus und markiert es in seinem Cache-Speicher als 'ungültig'. Der anfordernde Prozessor empfängt das Datenwort und markiert es als 'privat' im Falle eines Lesezugriffs und als 'besetzt' im Falle eines Schreibzugriffs.

Der globale Speicher eines Symmetry-Systems besteht aus ein oder mehreren Speichereinheiten (Memory Controller) mit je 8 oder 16 MByte Speicherausbau und optionalen Speichererweiterungen (Memory Expansion) mit je 24 MByte. Ein Multibus-Adapter und eine SCED-Schnittstelle zu einem SCSI-Bus stellen die Verbindungen zu den Ein-/Ausgabegeräten her. Über einen oder mehrere Dual-Channel Disk Controller können jeweils bis zu 8 Plattenspeicher als schnelle Sekundärspeicher angeschlossen werden. Alle diese Einheiten sind über den 10 MHz synchronen SEQUENT-Systembus verbunden, der bei 64 Bit Datenbreite und 32 Bit Adreßbreite eine Datenrate von 53.3 MByte pro Sekunde erreicht.

Ein bereits bestehendes System kann um zusätzliche CPUs, von denen jeweils zwei auf einer Platine untergebracht sind, bis zur maximalen Ausbaugrenze ohne weitere Hardware- oder Betriebssystem-Änderungen erweitert werden.

Das Betriebssystem der Symmetry-Systeme besteht aus einem DYNIX (Dynamic UNIX) genannten Betriebssystemkern, der eine Erweiterung des UNIX-Systemkerns für Multiprozessoren darstellt. Entweder werden einzelne Benutzerprozesse oder verschiedene Tasks eines Benutzerprozesses vom Betriebssystem dynamisch auf die verfügbaren Prozessoren verteilt.

Das DYNIX-Betriebssystem unterstützt die parallele Verarbeitung von Prozessen auf Programm- und Taskebene durch folgendes Verfahren: Üblicherweise hält das UNIX-Betriebssystem ausführbare (UNIX-)Prozesse in einer systemverwalteten Warteschlange bereit. Sobald der gerade in der Ausführung befindliche Prozeß beendet oder suspendiert ist, wird der Prozeß am Kopf der Warteschlange als nächster ausgeführt. Dieses für Ein-Prozessor-Rechner übliche Multiprogramming-Verfahren wird durch DYNIX für den Mehrprozessor-Rechner SEQUENT Symmetry so erweitert, daß statt eines einzigen alle zur Verfügung stehenden Prozessoren mit Prozessen aus einer Warteschlange versorgt werden. Solange genügend ausführbereite Prozesse zur Verfügung stehen, werden alle Prozessoren gleichmäßig mit Arbeit versorgt. Dieses Verfahren ist heute bei den meisten speichergekoppelten Multiprozessoren üblich und wird vom Betriebssystem automatisch durchgeführt. Die Prozesse können sowohl voneinander unabhängige Benutzerprogramme als auch miteinander kommunizierende Tasks eines einzigen Programms sein.

Wie auch in anderen auf UNIX basierenden Betriebssystemen wird in DYNIX ein neuer Prozeß durch den Systemaufruf *fork* geschaffen. Die Umgebung des neuen (Child)-Prozesses ist eine Kopie des aufrufenden (Parent)-Prozesses, d. h., der Child-Prozeß erhält die gleichen Daten, Registerinhalte und Zugriffsrechte zu gemeinsamen Daten und geöffneten Dateien wie der Parent-Prozeß. Unterschieden werden die Prozesse durch ihre Prozeßnummern. Bei Erzeugung des Child-Prozesses wird die Prozeßnummer des Child-Prozesses an den Parent-Prozeß zurückgegeben. Danach laufen beide Prozesse als voneinander unabhängige Einheiten weiter.

Da ein *fork*-Aufruf in UNIX eine sehr aufwendige Betriebssystemoperation ist, werden in einem parallelen Anwenderprogramm üblicherweise zu Programmanfang mittels *fork*-Aufrufen die benötigten parallelen Prozesse erzeugt und erst kurz vor Programmende wieder terminiert. Falls zwischendurch eine Befehlsfolge sequentiell durchlaufen werden muß, werden die parallelen Prozesse so lange suspendiert, jedoch nicht beendet. Semaphore und davon abgeleitete Operationen erlauben es, die Synchronisation sicherzustellen.

Multitasking wird von DYNIX durch die *DYNIX Parallel Programming Library* unterstützt, die Systemroutinen bereitstellt, um parallele Tasks aufzurufen, zu synchronisieren und zu beenden. Diese Systemroutinen können von den Benutzern aus ihren C-, Pascal- oder FORTRAN-Programmen heraus aufgerufen werden. Der von DYNIX unterstützte Betriebssystem-Mechanismus des *Mikrotaskings* erlaubt, die Iterationen einer Schleife parallel auf verschiedenen Prozessoren auszuführen. Alle Iterationen greifen auf denselben Adreßbereich zu. Das Betriebssystem verteilt die Iterationen auf die Prozessoren und überwacht ihre Ausführung.

### 2.3.4 Virtual-Shared-Memory-Architekturen

Eine Kombination aus speicher- und nachrichtengekoppelten Systemen stellen die *Virtual-Shared-Memory-Architekturen* (auch *Distributed Shared Memory* genannt) dar, bei denen in einer für die Software transparenten Weise die Sicht eines speichergekoppelten Multiprozessorsystems auf einem nachrichtengekoppelten Multiprozessorsystem implementiert wird. Mit dem Virtual-Shared-Memory-Konzept soll die praktisch unbegrenzte Skalierbarkeit eines nachrichtengekoppelten Multiprozessorsystems mit der einfacheren Programmierbarkeit eines speichergekoppelten Systems kombiniert werden.

Die Implementierung geschieht durch das Betriebssystem oder durch Hardwaretechniken, die auf einem nachrichtengekoppelten Multiprozessorsystem einen virtuell gemeinsamen Adreßraum vorspiegeln. Dafür werden Mechanismen verwendet, die den virtuellen Speicherverwaltungstechniken in herkömmlichen Betriebssystemen ähnlich sind. Der virtuell gemeinsame Speicher ist in Seiten (von 16 Byte bei Dash bis zu 8 KByte bei Mermaid [Nitzberg, Lo 91]) aufgeteilt, die von jedem Prozessor angesprochen werden können. Falls ein Prozessor auf eine Seite zugreift, die sich nicht in seinem lokalen Speicher befindet, wird eine Unterbrechung (Page Fault) ausgelöst, und die Seite über das Verbindungsnetz aus dem lokalen Speicher des Prozessors, der die Seite gerade besitzt, nachgeladen. Nachteilig ist die geringere Effizienz des Nachladens über das Verbindungsnetz gegenüber einem in der Regel schnelleren Zugriff auf den entfernten Speicher eines „echten" speichergekoppelten Multiprozessorsystems.

Derartige Systeme befinden sich noch in einem experimentellen Stadium. Es ist jedoch zu erwarten, daß Virtual-Shared-Memory-Architekturen in Zukunft große Bedeutung erlangen werden, da viele Hersteller von Multiprozessorsystemen an Virtual-Shared-Memory-Multiprozessoren arbeiten.

### 2.3.5 Typische Probleme von Multiprozessoren

Das Hauptproblem der Multiprozessorsysteme auf der Software-Ebene ist, für eine *leichte Programmierbarkeit* des Rechners zu sorgen: Ein Problem soll einfach, effizient und unabhängig von der vorliegenden Hardware-Konfiguration (der Anzahl an Prozessoren und der Verbindungstopologie) programmierbar sein. Als Stand der Technik beim Programmieren von MIMD-Rechnern gilt immer noch, daß der Programmierer die Parallelarbeit auf einer niedrigen Abstraktionsebene selbst organisieren muß, um ein effizientes, paralleles Programm zu erzielen.

Die Hauptprobleme auf der Architekturebene betreffen die Speicherlatenz (*Memory Latency*) und die Synchronisation paralleler Kontrollfäden [Arvind, Iannucci 83, 87].

Unter *Speicherlatenz* versteht man die Zeit, die vergeht, bis ein benötigtes Datum von einem (nicht-)lokalen Speicher geliefert wird. Für Zugriffe auf ein nicht-lokales Speichermodul wird die Zugriffszeit um die Übertragungszeit durch das Kommunikationsnetz erhöht. Diese Übertragungszeit dauert typischerweise einige Zehnerpotenzen länger als die Zeit für die Ausführung eines Maschinenbefehls.

Die Zeit, die der Prozessor auf einen nicht-lokalen Speicherzugriff warten muß, wird entweder durch Leerlauf des Prozesses („Busy Waiting") oder durch das Umschalten auf einen anderen Prozeß überbrückt. Leerlauf kann einfach implementiert werden, vergeudet jedoch bei längeren Wartezeiten wertvolle Ressourcen und kann zu Verklemmungen führen. Ein Prozeßwechsel führt durch den hohen Verwaltungsaufwand, den die meisten heute verfügbaren Prozessoren für einen Kontextwechsel benötigen, zu einem Effizienzverlust. Darüber hinaus können speichergekoppelte Multiprozessoren in der Regel Daten, die nicht in der richtigen Reihenfolge ankommen, nicht korrekt verarbeiten. Entsprechendes gilt für die Datenübertragung durch send/receive-Primitive bei nachrichtengekoppelten Multiprozessoren.

Das zweite fundamentale Problem beim Entwurf von Multiprozessoren ist das *Synchronisationsproblem*, d. h. die Notwendigkeit, die Ordnung der Befehlsausführung gemäß der Datenabhängigkeiten zwischen den Befehlen einzuhalten. In konventionellen Multiprozessoren wird dies durch Einfügen von Synchronisations-Primitiven in das parallele Programm entweder durch den Programmierer oder durch den Compiler erreicht. Die meisten Synchronisations-Primitive benötigen für ihre Ausführung jedoch Betriebssystemaufrufe und damit einen hohen Verwaltungsaufwand. Wenn eine Synchronisationsbedingung nicht erfüllt ist, muß der anfordernde Prozeß warten. Das Warten auf ein Synchronisationsereignis kann ebenfalls wieder durch Leerlauf des Prozesses oder durch Prozeßwechsel erreicht werden. Als Konsequenz wird Parallelität üblicherweise nur auf Programm- und Taskebene ausgenutzt, wodurch die potentiell in einem Algorithmus vorhandene Parallelität auf feineren Ebenen geopfert wird.

Das Datenflußprinzip nimmt für sich in Anspruch, die Probleme der Programmierbarkeit, der Speicherlatenz und der Synchronisation zu lösen [Arvind, Iannucci 87]. Datenflußsprachen erlauben durch ihre implizite Parallelität eine einfache Programmierbarkeit einer parallelen Maschine. Gesteuert durch die Matching-Operation der Vergleichseinheit, wird eine Befehlsausführung allein von der Verfügbarkeit der Operanden ausgelöst. Das erlaubt, beliebige Verzögerungen beim Zugriff auf entfernte Speicher zu tolerieren und die Daten in beliebiger Reihenfolge vom Speicher anzuliefern. Die Synchronisation paralleler Kontrollfäden wird ebenfalls durch die Matching-Operation auf Maschinenebene erzwungen, da jeder Maschinenbefehl darauf wartet, daß alle seine Operanden produziert sind, bevor er ausgeführt wird.

## 2.4 Techniken der Parallelarbeit in der Prozessorarchitektur

### 2.4.1 Befehlspipelining und Superpipelining

Unter dem Begriff *Pipelining* versteht man die Zerlegung einer Maschinenoperation in mehrere Phasen oder Suboperationen, die dann von hintereinander geschalteten Verarbeitungseinheiten taktsynchron bearbeitet werden, wobei jede Verarbeitungseinheit genau eine spezielle Teiloperation ausführt. Die Gesamtheit dieser Verarbeitungseinheiten nennt man eine *Pipeline*.

Bei einer *Befehlspipeline* (Instruction Pipeline) wird die Ausführung eines Maschinenbefehls in verschiedene Phasen unterteilt, aufeinanderfolgende Maschinenbefehle werden jeweils um einen Taktzyklus versetzt ausgeführt. Als Beispiel zeigt die Abb. 2.4.1-1 die fünfstufige Befehlspipeline eines MIPS-R3000-Prozessors (siehe [Kane 88], [Gänsheimer, Reisch 91]).

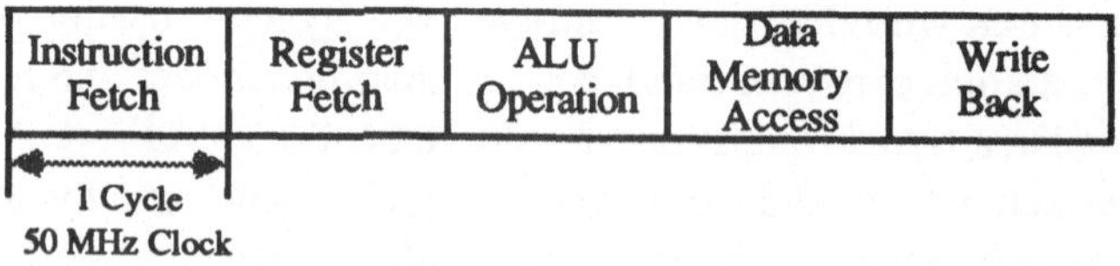

| Instruction Fetch | Register Fetch | ALU Operation | Data Memory Access | Write Back |
|---|---|---|---|---|

1 Cycle
50 MHz Clock

Abb. 2.4.1-1 Befehlspipeline des R3000-Prozessors

Beim R3000-Prozessor benötigt jede der 5 Phasen einen Taktzyklus. Die einzelnen Phasen der Pipeline lauten [Gänsheimer, Reisch 91]:

- Befehlsbereitstellungsphase (Instruction Fetch): In dieser Phase wird die virtuelle Befehlsadresse in eine physikalische Adresse übersetzt.

- Registerzugriff (Register Fetch): In dieser Phase wird der Befehl aus dem Befehlscache gelesen und dekodiert. Weiterhin werden eventuell benötigte Operanden aus den CPU-Registern bereitgestellt.

- Die ALU-Operation wird ausgeführt.

- Speicherzugriff (Memory Access): Bei Lade- und Speicheroperationen geschieht in dieser Phase ein Zugriff auf den Hauptspeicher oder den Daten-Cache-Speicher.

- Zurückschreiben (Write Back): Das Resultat wird in einem CPU-Register abgelegt.

Abbildung 2.4.1-2 zeigt die überlappende Verarbeitungsweise, durch die in der Befehlspipeline des R3000-Prozessors Parallelarbeit verrichtet wird. Die Ausführung eines Maschinenbefehls wird in fünf Phasen zerlegt. Jede Phase benötigt einen Taktzyklus. In Abb. 2.4.1-1 (wie auch in den Abbildungen 2.4.2-1 und 2.4.2-2) verläuft der Zeittakt von links nach rechts und die Befehlsfortschaltung von oben nach unten. Beim R3000-Prozessor können somit aufgrund der fünfstufigen Befehlspipeline zu einem Zeitpunkt fünf Befehle in unterschiedlichen Ausführungsphasen sein.

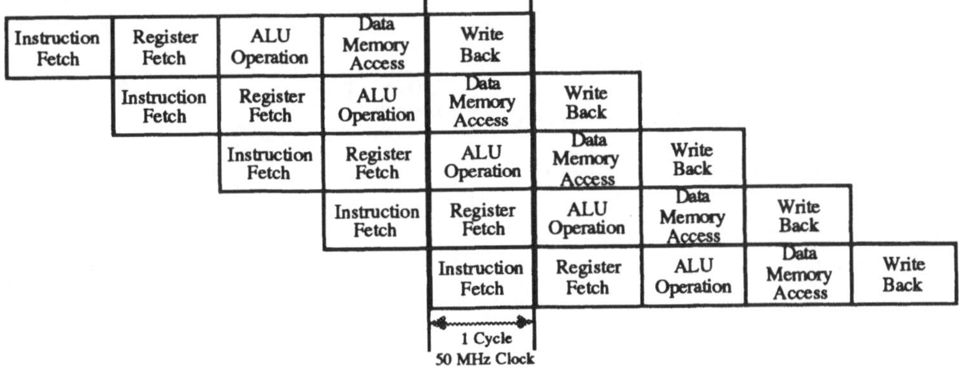


Abb. 2.4.1-2 Überlappende Verarbeitungsweise in einer Befehlspipeline

Die Ausführung eines Befehls kann jedoch auch länger als einen Taktzyklus dauern. Das ist beispielsweise bei Lade- und bei Gleitpunktbefehlen der Fall. Auf ein Register, das geladen wird, darf im nächsten Taktzyklus noch nicht zugegriffen werden. Weiterhin kann es vorkommen, daß ein Register gelesen werden soll, dessen aktueller Wert gerade berechnet wird. Bei der Ausführung eines Sprung-Befehls muß die Pipeline natürlich neu geladen werden. Dies sind einige der möglichen Pipeline-Konflikte, für die spezielle Hardwareverfahren (Verwendung einer *Stall-Leitung*, eines *Forwarding Buffers* oder eines *Internal Bypassing*) vorgesehen sein können [Gänsheimer, Reisch 91]. Je nach Prozessortyp geschieht die Überwachung dieser Restriktionen durch Hardwaretechniken oder, und dies ist insbesondere bei RISC-Prozessoren der Fall, wird dem Compiler übertragen.

Während noch zu Beginn der 80er Jahre Befehlspipelining praktisch ausschließlich Großrechnern und Supercomputern vorbehalten war, sind Befehlspipelines heute auch in allen Mikroprozessoren Stand der Technik.

Beim *Superpipelining* werden die Stufen einer Befehlspipeline in noch feinere Pipelinestufen unterteilt und diese mit einer hohen Taktfrequenz, beispielsweise einem schnelleren internen Takt, ausgeführt. Abbildung 2.4.1-3 zeigt die Pipeline des Superpipelining-Prozessors MIPS R4000. Beim Übergang vom R3000- zum R4000-Prozessor wurden die zeitkritischen Pipelinestufen wie die Befehlsbereitstellungs- und die Speicherzugriffsphase in je zwei Stufen unterteilt. Aufgrund der virtuellen Adressierung war eine zusätzliche Tag-Check-Phase notwendig. Somit besitzt der R4000-Prozessor eine achtstufige Befehlspipeline. Während einer externen Taktphase von 50 MHz werden zwei Stufen der Superpipeline gleichzeitig ausgeführt. Die Pipelinestufen selbst werden mit einem internen Takt von 100 MHz versorgt [Gänsheimer, Reisch 91].

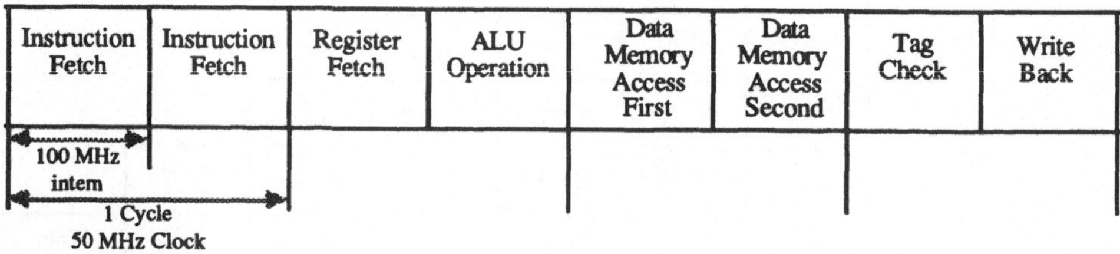


Abb. 2.4.1-3 Superpipeline

Ein dem Befehlspipelining verwandtes Verfahren wird in Form der Token-Pipeline bei allen dynamischen Datenflußprozessoren verwendet. Die Pipelinestufen der Datenflußprozessoren unterscheiden sich von denjenigen der von-Neumann-Prozessoren. Pipeline-Konflikte sind bei der Token-Pipeline eines Datenflußprozessors ausgeschlossen, da die in den Pipelinestufen aufeinanderfolgend ausgeführten Befehle aus verschiedenen Kontexten stammen. Die Verfeinerung einzelner Pipelinestufen in Unterstufen, ähnlich dem Superpipelining, findet auch bei Datenflußprozessoren statt und führt zu oft sehr langen Pipelines von acht und mehr Stufen. Jedoch sind wegen des experimentellen Entwicklungsstandes bei Datenflußrechner-Prototypen die Datenflußpipelines bei weitem nicht so stark optimiert wie die Befehlspipelines der von-Neumann-Prozessoren. Auch die Taktrate ist mit 10 MHz bei neuesten Datenflußrechnern im Vergleich zu Befehlspipelines niedriger.

### 2.4.2 Superskalare Prozessoren und VLIW-Maschinen

Im Gegensatz zu Superpipelining-Prozessoren, die nur einen Befehl pro Taktzyklus in die Befehlspipeline einspeisen, können *superskalare Prozessoren* mehrere Befehle pro Taktzyklus gleichzeitig laden, dekodieren und ausführen. Ein superskalarer Prozessor besitzt demnach mehrere (meist zwei bis vier) nebeneinander angeordnete Befehlspipelines und mehrere, meist heterogene, Funktionseinheiten für die Befehlsausführung, die sich eventuell wiederum über mehrere Taktphasen erstrecken können. Beispiele für superskalare Prozessorarchitekturen sind der Intel i860, i960 und das IBM RISC System/6000. Abbildung 2.4.2-1 zeigt eine vierstufige superskalare Pipeline mit drei Befehlspipelines.

Die Untersuchungen von [Jouppi, Wall 89] zeigen, daß der Umfang der verrichteten Parallelarbeit bei superskalaren und Superpipelining-Prozessoren ähnlich ist (siehe auch [Hennessy, Jouppi 91]). In beiden Fällen wird Parallelität auf der Anweisungsebene genutzt. Meist werden als Funktionseinheiten eines superskalaren Prozessors eine Gleitpunkt-, eine Festkomma-, eine Lade- und eine Branch-Einheit gewählt, die so zusammenarbeiten können, daß der Umfang der verrichteten Parallelarbeit demjenigen entspricht, der durch die Vektorpipeline eines Vektorrechners erreicht wird [Jouppi, Wall 89].

Gänsheimer und Reisch geben folgende Vorteile einer Superpipelining- gegenüber einer superskalaren Prozessorarchitektur an: Bei einer Superpipelining-Struktur wird weniger Chip-Logik benötigt, da die internen Funktionseinheiten nicht vervielfacht werden müssen; die interne Steuerlogik ist leichter aufzubauen, der Compiler kann einfacher und effizienter gestaltet werden [Gänsheimer, Reisch 91].

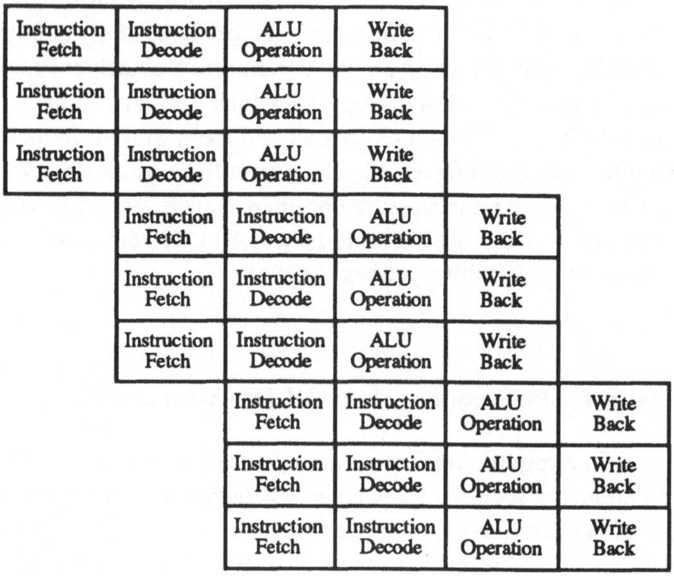

| Instruction Fetch | Instruction Decode | ALU Operation | Write Back | | |
|---|---|---|---|---|---|
| Instruction Fetch | Instruction Decode | ALU Operation | Write Back | | |
| Instruction Fetch | Instruction Decode | ALU Operation | Write Back | | |
| | Instruction Fetch | Instruction Decode | ALU Operation | Write Back | |
| | Instruction Fetch | Instruction Decode | ALU Operation | Write Back | |
| | Instruction Fetch | Instruction Decode | ALU Operation | Write Back | |
| | | Instruction Fetch | Instruction Decode | ALU Operation | Write Back |
| | | Instruction Fetch | Instruction Decode | ALU Operation | Write Back |
| | | Instruction Fetch | Instruction Decode | ALU Operation | Write Back |

Abb. 2.4.2-1 Vierstufige superskalare Pipeline

Ein *VLIW-Maschine* (Very Long Instruction Word) besteht aus einer Anzahl von Funktionseinheiten, die jeweils eine Maschinenoperation taktsynchron ausführen. Alle Funktionseinheiten werden zu einem Zeitpunkt von einem einzigen Maschinenbefehl gesteuert, der ein langes Befehlsformat mit meist mehreren hundert Bit besitzt (ähnlich einem horizontalen Mikroprogrammbefehlsformat bei mikroprogrammierten Rechnern, siehe [Ungerer 89]). Jeder Befehl bezeichnet mehrere Maschinenoperationen. Es gibt für eine VLIW-Maschine nur einen einzigen Befehlsstrom aus langen Maschinenbefehlsworten. Abbildung 2.4.2-2 demonstriert die Befehlsausführung bei einer VLIW-Maschine.

Damit wird Parallelarbeit auf der Ebene „einfacher" Maschinenbefehle (d. h. Maschinenbefehle, die jeweils nur eine Maschinenoperation bezeichnen) ermöglicht, da der Compiler mehrere parallel ausführbare, „einfache" Befehle in ein langes Maschinenbefehlswort komprimieren kann. Man könnte prinzipiell jedoch bei VLIW-Rechnern statt von Parallelität auf der Befehlsebene auch von Parallelität auf der Suboperationsebene sprechen. Die nötige Parallelität auf der Ebene „einfacher" Befehle wird oft aus Blockebenenparallelität durch Abrollen von Schleifen gewonnen. *Software Pipelining* [Lam 88] und *Trace Scheduling* [Colwell et al. 88] sind zwei Compilertechniken, die für die Codeerzeugung für VLIW-Maschinen verwendet werden.

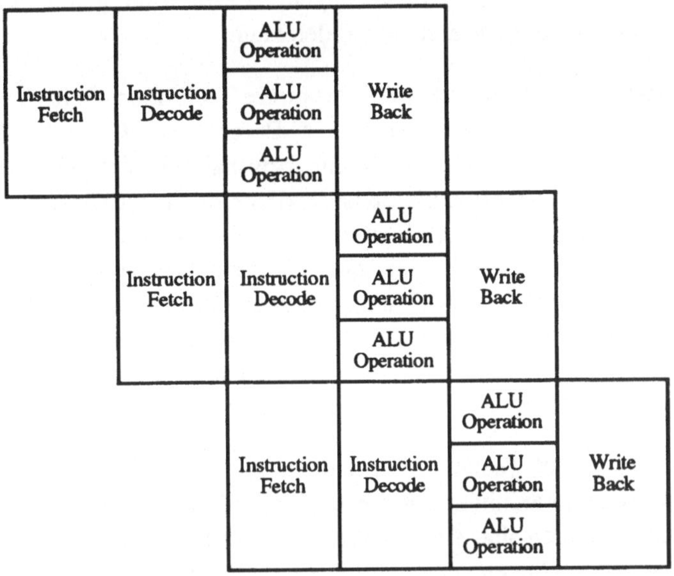

| | | | | | |
|---|---|---|---|---|---|
| Instruction Fetch | Instruction Decode | ALU Operation<br>ALU Operation<br>ALU Operation | Write Back | | |
| | Instruction Fetch | Instruction Decode | ALU Operation<br>ALU Operation<br>ALU Operation | Write Back | |
| | | Instruction Fetch | Instruction Decode | ALU Operation<br>ALU Operation<br>ALU Operation | Write Back |

Abb. 2.4.2-2 Prinzip der VLIW-Maschine

Nachteilig ist bei der VLIW-Technik die Einschränkung auf einen einzigen Befehlsstrom und die Tatsache, daß viele Laufzeitereignisse zur Compilezeit noch nicht bekannt sind (beispielsweise Cache-Misses, Zugriffe auf entfernte Speicher, Befehlsfortführung nach bedingten Verzweigungen etc.). Die Synchronität der Ausführung führt dazu, daß Verzögerungen einzelner Maschinenoperationen durch ein unvorhersehbares Laufzeitereignis auf die Ausführungszeit des gesamten langen Befehlswortes durchschlagen.

Das Dekodieren der Befehle ist beim VLIW-Befehlsformat einfacher möglich als bei superskalaren Maschinenbefehlen. Jedoch ist durch das feste VLIW-Befehlsformat die Codedichte immer dann geringer, wenn der Grad der zur Verfügung stehenden Parallelität auf „einfacher" Befehlsebene die Anzahl der von der VLIW-Maschine zur Verfügung gestellten Funktionseinheiten unterschreitet.

Im Prinzip wäre denkbar, Superpipelining mit superskalarer oder mit VLIW-Technik zu verknüpfen. Die Verknüpfung von Superpipelining mit der superskalaren Technik geschieht bei einigen der neuesten Mikroprozessoren, so beim ALPHA- und beim Super-SPARC-Prozessor, die beide ein tiefes Pipelining mit mehreren parallel arbeitenden Funktionseinheiten kombinieren. Dabei steigen die Anforderungen an Hardware und Compiler beträchtlich. Es bleibt zu untersuchen, ob per Compiler aus einem in höherer Programmiersprache vorliegenden Programm genügend Parallelität auf der Maschinenbefehlsebene erzeugt werden kann.

VLIW- und Datenflußprinzip sind äußerst konträre Techniken: Beim VLIW-Prinzip wird die Parallelität auf der Ebene „einfacher" Befehle vom Compiler in lange Maschinenbefehlsworte komprimiert, die Befehlsfortschaltung geschieht nach dem von-Neumann-Prinzip. Das Datenflußprinzip ist flexibler, da die parallele Ausführung der Befehle erst zur Laufzeit durch die Matching-Operation bestimmt wird. Jedoch ist der Aufwand für die Matching-Operation höher als derjenige, der beim Befehlszähler-Prinzip auftritt, so daß das VLIW-Prinzip wie auch das superskalare Prozessorprinzip bei der Nutzung von Parallelität auf Befehlsebene dem Datenflußprinzip immer dann überlegen sein wird, wenn die Befehlsebenenparallelität zur Compilezeit feststeht und keine störenden Laufzeitereignisse eintreten.

Superskalare und VLIW-Technik sind neueste Architekturprinzipien, die aus der von-Neumann-Prozessorarchitektur in Verbindung mit optimierenden Compilern entwickelt wurden. Natürlich sind Kombinationen dieser Prinzipien mit dem Datenflußprinzip denkbar, jedoch liegen noch keine Untersuchungen vor.

### 2.4.3 Parallelarbeit verschiedener Einheiten innerhalb eines Verarbeitungselements

Befehlspipelining, Superskalar und VLIW sind Techniken, bei denen verschiedene Hardwareeinheiten innerhalb eines Verarbeitungselements Befehle parallel ausführen. Es findet jedoch noch eine Vielzahl weiterer paralleler Aktivitäten in einem Verarbeitungselement statt, die üblicherweise nicht als Parallelarbeitstechniken gerechnet werden. Dazu zählt die Überlappung von Ein-/Ausgabe-Operationen mit CPU-Operationen innerhalb eines Verarbeitungselements beziehungsweise einer Zentraleinheit.

Als Beispiel dafür betrachte man das *Kanalsystem* eines IBM-3090-Großrechners, das aus einem Ein-/Ausgabe-Prozessor, bis zu 48 Kanälen, einem *Primär-Datenpuffer* (Primary Data Stager) und einem oder zwei *Sekundär-Datenpuffern* (Secondary Data Stagers) besteht. Der Ein-Ausgabe-Prozessor dient der Kommunikation mit der Zentraleinheit des IMB-3090-Rechners und führt nach Erhalt eines Ein-/Ausgabe-Befehls die Ein-/Ausgabe-Operation großen Teils selbständig durch. Die Zentraleinheit kann unabhängig davon weiterarbeiten.

Die Kanäle können verschiedenene Ein-/Ausgabegeräte oder -modi durch verschiedene Mikroprogramme bedienen. Sie führen die zeitkritischen Teile einer Ein-/Ausgabe-Operation aus und arbeiten parallel zueinander. Der Primär- und die Sekundär-Datenpuffer puffern die Datenübertragung zum Hauptspeicher. Sie wirken wie Trichter, welche die Datenübertragungen der bis zu 48 Kanäle auf einen Anschluß an die Systemsteuereinheit steuern (eine genauere Beschreibung findet sich in [Ungerer 89]).

In ähnlicher Weise, wenn auch meist nicht derart selbständig, kann eine überlappende Ausführung von Befehle auch zwischen einem Mikroprozessor und seinem Co-Prozessor oder einem Mikroprozessor und seinen Ein-/Ausgabe-Controllern geschehen. Derartige Techniken werden im folgenden nicht weiter betrachtet.

## 2.5 SIMD-Techniken

### 2.5.1 Vektorrechnerprinzip

*Vektorrechner* unterscheiden sich in ihrem Operationsprinzip dadurch vom von-Neumann-Prinzip, daß arithmetische Operationen auf Vektoren von Gleitpunktzahlen in einem Pipelining-Verfahren ausgeführt werden. Dabei werden je zwei Vektorelemente sukzessiv in die Pipeline eingespeist. Jede Pipelinestufe erledigt eine Teilaufgabe und reicht das Datenelementepaar taktsynchron an die nachfolgende Pipelinestufe weiter. Nach einer gewissen Anlaufzeit der Pipeline wird in jedem Takt ein Resultatwert erzeugt. Abbildung 2.5.1-1 zeigt die Ausführung einer Gleitpunktaddition in einer einfachen *arithmetischen Pipeline*. Man unterscheidet Vektor-Pipelines und skalare Pipelines. Letztere können als Ausführungsstufe in eine Befehlspipeline eingebunden sein.

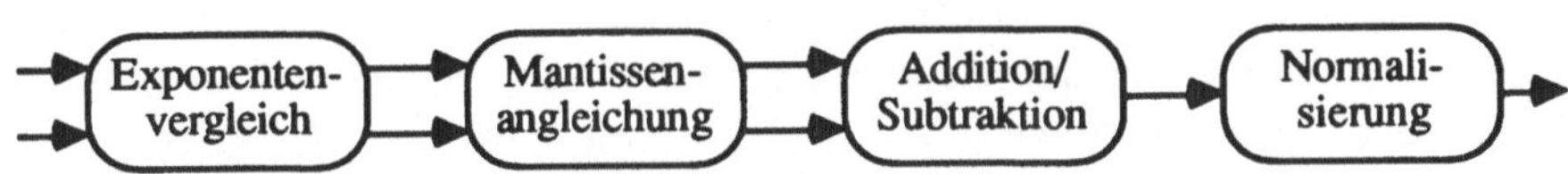


Abb. 2.5.1-1 Einfache arithmetische Pipeline

Bei einer Vektorpipeline sind Vektoren von Gleitpunktzahlen mit einer festen Länge von meist 128 oder 256 Elementen vorgesehen. Diese werden von Vektor-Maschinenbefehlen adressiert. Vektor-Supercomputer besitzen meist einen ganzen Satz von Vektor-Pipelines und skalaren Pipelines in jeder Zentraleinheit. Mehrere solcher Pipelines können hintereinander geschaltet werden, so daß die eine Pipeline Resultate produziert, die sofort von der nächsten weiterverarbeitet werden. Detaillierte Ausführungen über die Pipelining-Verfahren, die bei den Cray-Rechnern, dem NEC-SX-

System, dem ETA[10] und der IBM-3090-Vektoreinrichtung angewendet werden, finden sich in [Ungerer 89]. Bei den Vektor-Pipelines sei besonders auf die synchrone Verarbeitung hingewiesen, wobei die Synchronisation per Hardware bei jedem, oft sehr hohen Maschinentakt geschieht. Parallelarbeit wird somit bei den Vektor-Supercomputern in hocheffizienter Weise auf Suboperationsebene verrichtet. Allerdings ist Grad der nutzbaren Parallelität auf die Länge der Pipeline beschränkt.

Architekturansätze, die Vektor-Pipelining auch für Datenflußrechner verfügbar machen, finden sich noch selten (eine Ausnahme ist die Structure-Flow-Technik beim SIGMA-1-Rechner, Abschnitt 4.4.2). Voraussetzung dafür ist die Einführung von Vektoroperationen als komplexe Maschinenoperationen bei Datenflußrechnern. Einige Ansätze bei Datenfluß-/von-Neumann-Hybridarchitekturen werden in Abschnitt 5.4 vorgestellt.

### 2.5.2 Prinzip der Datenstrukturarchitektur

Beim Prinzip der *Datenstrukturarchitektur* [Giloi, Berg 77 und 78] werden Datenobjekte nicht mehr direkt über Speicheradressen sondern durch Anwendung von geeigneten Zugriffsfunktionen manipuliert. Auch ein komplexes Datenobjekt wird somit als Ganzes adressiert und nicht als eine Anzahl von Speicherplätzen betrachtet, wie es bei von-Neumann-Rechnern üblich ist. Vektorrechner mit einem Vektormaschinenbefehlssatz stellen einen ersten, wenn auch noch unvollständigen Schritt in diese Richtung dar, da als strukturierte Datenobjekte einzig numerische Vektoren unterstützt werden.

Das Prinzip der Datenstrukturarchitektur findet in der STARLET-Architektur [Giloi, Gueth 82], in der LGDG-Datenflußarchitektur (Abschnitt 5.4.3) und, nach Erweiterung zum Prinzip der Strukturorientierung, in der ASTOR-Architektur (Abschnitt 5.4.5) Anwendung. Es stellt eine Möglichkeit dar, die Probleme der Strukturspeicherung bei Datenflußrechnern zu lösen und ist insofern als Alternative zum Konzept der I-Strukturen (Abschnitt 4.3.4) zu sehen.

In der an der Technischen Universität Berlin als Prototyp realisierten STARLET-Architektur wird das Prinzip der Datenstrukturarchitektur durch Einführung sogenannter *Datenstruktur-Objekte* auf der Maschinenebene realisiert, wobei die Maschine ein Datenstruktur-Objekt als Ganzes den geforderten, zustandstransformierenden Operationen unterwirft. Bei einer von-Neumann-Architektur werden dagegen die Elemente eines Datenobjekts einzeln adressiert und manipuliert. Der Zugriff auf Teilstrukturen (bis zum einzelnen Element) geschieht bei der STARLET-Architektur durch Selektionsoperationen, welche, auf das Objekt angewandt, den Wert der selektierten Komponente liefern. Die Selektionsoperationen werden von sogenannten Strukturprozessoren ausgeführt, welche die Werte an den Datenprozessor liefern, der die Wertetransformationen durchführt.

Komplexe Datenstrukturen werden durch einen strukturierten Maschinendatentyp `VECTOR[Elementtyp, Dimension]` unterstützt. Ein Elementtyp `IDENTIFIER`, dessen Werte Bezeichner von Datenobjekten darstellen, verweist auf Datenobjekte in Datenstrukturen.

VECTOR-Maschinenbefehle sind für folgende Operationen vorgesehen:

- einfache Wertzuweisung,
- arithmetische und boolesche Operationen,
- elementweiser Vergleich von Datenobjekten,
- Selektion von Vektorelementen in beliebiger Reihenfolge,
- Suchen nach bestimmten Elementen in Vektoren,
- Umordnen von Elementen in Vektoren,
- Abfrage von Elementtyp, Dimension und Definitionsstatus von Datenobjekten,
- Zuweisung der Wertedarstellung eines Objekts beliebigen Elementtyps an ein boolesches Objekt angemessener Größe,
- Typenbindung von Datenobjekten (einmalig während der Lebensdauer des Objekts) und
- Erzeugung von Datenobjekten im Heap-Bereich von Anwenderprozessen.

Datenobjekte werden in der STARLET-Architektur mit Hilfe von Deskriptoren beschrieben. Der Zugriff auf Datenobjekte geschieht mittels Zugriffsfunktionen, die eine beliebige Restrukturierung und Umordnung der Elemente des VECTOR-Typs durch einen Strukturprozessor erlauben. Darin liegt auch der wesentliche Unterschied zu Vektorrechnern, die im wesentlichen nur solche Zugriffe auf Vektoren vorsehen, bei denen die Ordnung der Vektorelemente beibehalten wird.

### 2.5.3 Feldrechner- und verwandte Architekturprinzipien

*Feldrechner* sind Rechner mit einem Feld von regelmäßig verbundenen Verarbeitungselementen, die unter Aufsicht einer zentralen Steuereinheit immer gleichzeitig dieselbe Maschinenoperation auf verschiedenen Daten ausführen. Dieses Prinzip wird durch Abb. 2.5.3-1 verdeutlicht. Feldrechner sind somit immer SIMD-Rechner, teilweise mit außerordentlich vielen (zur Zeit bis zu 65 536) Verarbeitungselementen, weshalb derartige Rechner auch als *massiv parallele Rechner* (Massively Parallel Computers) bezeichnet werden. Die einzelnen Verarbeitungselemente besitzen lokale Speicher und sind entweder vollständige Prozessoren oder solche, die nur ein Bit verarbeiten können.

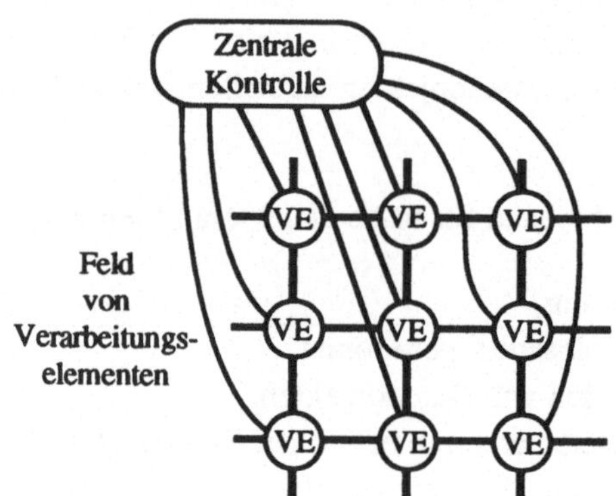


Abb. 2.5.3-1 Grundlegende Struktur eines Feldrechners

Beispiele für Feldrechner sind die historisch interessanten Rechner SOLOMON, ILLIAC IV und BSP (Burroughs Scientific Processor), der DAP (Distributed Array Processor) der englischen Firma ICL, der am IBM Forschungszentrum in Yorktown Heights entwickelte GF-11-Rechner (Giga Flow 11), der MPP (Massively Parallel Processor), die Connection Machine CM-1 und CM-2 und der Maspar-Rechner (weitere Hinweise siehe [Ungerer 89]).

Falls das Hauptgewicht weniger auf den Rechenoperationen als auf dem Zugriff auf Daten mit bestimmten Eigenschaften liegt, gelangt man zu den sogenannten *Assoziativrechnern*. Deren wesentliches Charakteristikum ist das Vorhandensein eines *assoziativen Speichers*, d. h. eines Speichers, bei dem der Zugriff auf die gespeicherten Daten nicht über Adressen, sondern über die Dateninhalte selbst oder Teile davon geschieht.

Die bekanntesten der wenigen Beispiele von Assoziativrechnern sind der PEPE von Burroughs, der STARAN-Rechner und der LUCAS (Lund University Content Addressable) Associative Array Processor (weitere Hinweise siehe [Ungerer 89]).

Assoziativspeicher wären bei einem Datenflußrechner zur Realisierung des Token-Speichers der Vergleichseinheit wünschenswert. Sie sind technologisch jedoch nur für kleine Speicherchips verfügbar und für Anwendungen mit großen Speicherelementen zu teuer.

Unterscheiden muß man die Feldrechner und die Assoziativrechner weiterhin von den *zellularen Systemen*, die ebenfalls aus einem Feld von Verarbeitungseinheiten (Zellen) bestehen. Die Verarbeitungseinheiten können jedoch zu einem Zeitpunkt verschiedene Operationen ausführen und besitzen eine räumlich verteilte und dezentrale Kontrolle. Jede Zelle kann ihre Nachbarzelle ansprechen und ihr Aufträge weiterreichen.

*Systolische Arrays* sind ebenfalls eng mit den hier diskutierten Rechnerklassen verwandt. Sie zeichnen sich durch folgende Eigenschaften aus:

- Sie bestehen aus einem Feld von Verarbeitungselementen mit regelmäßiger und planarer Verbindungsstruktur (meist eine Gitterstruktur, die jedes Verarbeitungselements mit 4 oder 6 Nachbarknoten verbindet).
- Die Ein- und Ausgabe von Daten erfolgt am Rande des Felds.
- In jedem Verarbeitungselement läuft das gleiche „Programm" ab.[2]
- Sie besitzen meist einen synchronen Takt, wobei die Daten mit jedem Takt weitergereicht werden, um auf diese Weise verschiedene Datenströme durch das systolische Array pulsieren zu lassen (daher der Name), und
- keine zentrale Systemaufsicht.

Ähnlich wie Vektor-Pipelines könnten auch Feldrechner-, Assoziativrechner- oder Systolische-Array-Prinzipien bei Datenflußrechnern zur Realisierung von Parallelarbeit auf der Suboperationsebene verwendet werden.

Der Einsatz Systolischer Arrays als Knoten von Datenflußrechnern wird von [Bergman, Tal 86] vorgeschlagen. Sogenannte *Wavefront Array Processors* [Kung et al. 87] verknüpfen das Systolische-Array-Prinzip mit dem Datenflußprinzip. Ihre Hardwarestruktur ist weitgehend diejenige eines Systolischen Arrays. Anstelle eines globalen synchronen Takts wird jedoch ein Handshaking-Verfahren, das Berührungspunkte mit dem statischen Datenflußprinzip besitzt, zur Datenweitergabe zwischen den Verarbeitungselementen eingesetzt. Anwendungen von Wavefront Array Processors finden sich vorwiegend im Bereich der digitalen Signalverarbeitung. Wavefront Array Processors gehören zu den Self-Timed Systems als Teilgebiet der Systolischen Arrays und werden nicht als Datenflußrechner eingeordnet.

---

2 Es gibt auch andere Arten von Systolischen Arrays, für welche dies nicht zutrifft.

## 2.6 Mehr-Ebenen-parallele Rechner

Praktisch jeder Rechner kombiniert mehrere Techniken der Parallelarbeit. Dazu gehört die Kombination von Techniken wie Befehlspipelining, Superskalar, VLIW, Vektor-Pipelining, skalare Pipelines oder eine teilweise Überlappung verschiedener Werke innerhalb eines Prozessors. Multiprozessorsysteme können eine oder mehrere dieser Prozessortechniken mit einer Vervielfachung der Prozessoren kombinieren.

Um eine hohe Verarbeitungsleistung durch umfassende Ausnutzung der im Programm vorhandenen Parallelität zu erreichen, kann ein Rechner Parallelität auf mehreren Ebenen in Parallelarbeit umsetzen. Erfahrungen mit dem CEDAR-Supercomputer [Kuck et al. 86] haben gezeigt, daß in einer Architektur bezüglich der Kommunikation zwischen den Verarbeitungseinheiten mehrere Hierarchie-Ebenen sinnvoll sind. Auf jeder dieser Hierarchie-Ebenen kann Parallelität einer oder mehrerer benachbarter Parallelitätsebenen ausgeführt werden.

Zwei-Ebenen-parallele Rechner sind beispielsweise die MIMD/SIMD-Rechner, d. h. Multiprozessorsysteme, deren Verarbeitungselemente parallel zueinander arbeiten und gleichzeitig Vektoroperationen mittels Pipelining in den einzelnen Verarbeitungselementen ausführen.

Ein typisches Beispiel für die Programmorganisation eines MIMD/SIMD-Rechners ist die Ausführung geschachtelter Schleifen bei numerischen Programmen. Ein vektorisierender Compiler führt eine Vektorisierung, eventuell nach Umstellungen, über innere Schleifen durch, während eine Parallelisierung von einem parallelisierenden Compiler über die äußere Schleife durchgeführt wird. Die inneren Schleifen werden dann durch Vektor-Pipelining innerhalb eines Verarbeitungselements und die Iterationen der äußeren Schleife parallel von verschiedenen Verarbeitungselementen ausgeführt. Die Parallelisierung geschieht über die äußere Schleife, um die Körnigkeit der erzeugten parallelen Programme möglichst grob zu halten und damit Kommunikation zwischen Verarbeitungselementen oder Synchronisationszugriffe auf einen globalen Speicher zu verringern.

Beispielsweise sind bei einem Cray X-MP-2-Rechner zwei Vektorprozessoren über einen gemeinsamen Speicher gekoppelt. Es bietet sich somit die Kombination aus Vektorisierung und Parallelisierung an. Innere Schleifen werden per Compiler vektorisiert, und, um beide Cray-Vektorprozessoren auf die Bearbeitung eines Programms anzusetzen, wird das Gesamtprogramm in zwei Tasks zerlegt, die dann parallel auf den beiden Cray-Vektorprozessoren ablaufen können.

Ein weiteres typisches Beispiel eines Zwei-Ebenen-parallelen Rechners ist der *FX/8-Rechner* der Fima *Alliant* [Test, Myszewski, Swift 87]. Dieser ist ein Multiprozessorsystem aus bis zu 20 Ein-/Ausgabe-Prozessoren und Verarbeitungselementen, die mittels teilweise gemeinsamer Cache-Speicher über einen gemeinsamen Speicherbus mit dem globalen Speicher verbunden sind.

Die Ein-/Ausgabe-Prozessoren sind für die Kommunikation nach außen und für weniger rechenintensive Verarbeitungen und die Verarbeitungselemente für rechenintensive Operationen zuständig. Jedes Verarbeitungselement besteht aus einem mikroprogrammierten Prozessor, der eine 64 Bit breite Weitek-Floating-Point-Vektoreinheit sowie eine Steuerungseinheit für die Parallelverarbeitung enthält. Alle Verarbeitungselemente sind über Cache-Speicher mit dem Speicherbus verbunden.

Eine weitere, direkte Verbindung stellt der sogenannte „Concurrency Control Bus" dar, der es erlaubt, eine bestimmte, vom Betriebssystem zur Laufzeit festgelegte Anzahl von Verarbeitungselementen zu einem sogenannten „CE-Complex" zu verbinden. In einem CE-Complex können mehrere Verarbeitungselemente eng miteinander an einer Aufgabe arbeiten. Beispielsweise können Schleifeniterationen innerhalb eines Prozesses von verschiedenen Verarbeitungselementen parallel geführt werden. Über den Concurrent Control Bus können sehr schnell Daten ausgetauscht und parallele Kontrollfäden synchronisiert werden.

Der Befehlssatz umfaßt Vektorbefehle und parallele Kontrollkonstrukte. Bei den Vektorbefehlen kann der Vektor im Speicher oder in einem von 8 Vektorregistern mit jeweils 32 Integer- oder Gleitpunktzahlen, jeweils 32 oder 64 Bit breit, stehen. Als Vektorbefehle sind arithmetische, logische, Schiebe- und Gleitpunktoperationen, diverse Selektionsoperationen und Reduktionsoperationen wie Maximum, Minimum, Summe, Produkt etc. vorhanden. Weitere Vektorbefehle erlauben die von den Cray-Rechnern her bekannte Verkettung. Das geschieht hier mit Hilfe von Compound-Befehlen, die zum Beispiel eine Gleitpunktmultiplikation mit anschließend ausgeführter Gleitpunktaddition kombinieren.

Parallele Kontrollkonstrukte steuern die Kooperation mehrerer Verarbeitungselemente innerhalb eines Prozesses. Diese sind der *Concurrency-Start-Befehl*, der zum Start einer Schleifenausführung benutzt wird, bei der verschiedene Iterationen parallel von verschiedenen Verarbeitungselementen ausgeführt werden. Ein *Concurrency-Repeat-Befehl* am Ende einer Iteration führt zur Aufnahme der nächsten Iteration, solange noch nicht bearbeitete Iterationen zur Verfügung stehen (*Self-Scheduled PARALLEL DO*; siehe [Karp 87]). Zusätzliche Befehle sind für die Schleifenterminierung, die Synchronisation von Datenabhängigkeiten zwischen den einzelnen Iterationen und das Zerlegen eines Vektors in eine mit der Anzahl der zur Verfügung stehenden Verarbeitungselemente korrespondierende Anzahl von Vektorteilen vorhanden.

Der FX/FORTRAN-Compiler benutzt drei verschiedene Betriebsarten:

- Im *Scalar-Concurrent Modus* bearbeitet jedes Verarbeitungselement in einem CE-Complex parallel verschiedene Iterationen einer Schleife.
- Ihm ähnlich ist der *Vector-Concurrent Modus*, bei dem jedes Verarbeitungselement bis zu 32 Iterationen unter Benutzung seiner Vektoreinrichtung ausführt.
- Der *Concurrent-Outer-Vector-Inner Modus* wird bei geschachtelten Schleifen benutzt, wobei die innere Schleife mittels Pipelining und die äußere Schleife parallel ausgeführt werden.

Der FX/FORTRAN-Compiler führt diese Parallelisierung automatisch durch, erlaubt jedoch auch die Parallelisierung durch den Programmierer mittels Compiler-Direktiven. Insbesondere kann der Programmierer mittels der Concurrent-Call-Direktive auch verschiedene Funktionsaufrufe parallel ausführen lassen.

Der Nachfolger des FX/8 ist der *FX/2800-Rechner* mit bis zu 28 Prozessoren vom Typ Intel i860, die über einen Kreuzschienenverteiler mit einem gemeinsamen Hauptspeicher von bis zu 1 GByte Kapazität verbunden sind. Die Technik des CE-Complexes findet ebenfalls wieder Anwendung, aufgegeben wurden die Ein-/Ausgabe-Prozessoren im Hinblick auf eine uniformere Prozessorstruktur. Zusätzlich sind die Verarbeitungselemente nicht mehr mit Vektor-Pipelines ausgerüstet. Der superskalare i860-Prozessor garantiert eine ähnliche Leistung wie eine Vektor-Pipeline. Damit zeigt sich ein typischer Trend bei Multi-Mikroprozessorsystemen weg vom MIMD/SIMD-Prinzip hin zur Kombination von MIMD-Prinzip mit superskalaren Prozessoren.

Ein Beispiel eines Drei-Ebenen-parallelen Rechners ist der *SUPRENUM-Rechner* [Giloi 88]. Dieser ist ein nachrichtengekoppeltes Multiprozessorsystem, dessen Knoten Vektorprozessoren enthalten (MIMD/SIMD-Prinzip), und das bezüglich seiner Kommunikationsstruktur zweistufig aufgebaut ist. Auf der ersten Stufe können bis zu 20 Prozessor- oder Controller-Boards mittels zweier paralleler Busse zu einem sogenannten Cluster verbunden werden. Auf der zweiten Stufe werden 16 Cluster und 3 Steuerrechner über bitserielle Ring-Verbindungen gekoppelt.

Jeder Clusterbus kommt auf eine maximale Übertragungsgeschwindigkeit von 160 MByte pro Sekunde. Die doppelte Clusterbus-Struktur erhöht, wie auch im Falle der jeweils doppelt ausgeführten SUPRENUM-Busse, nicht nur die Übertragungsgeschwindigkeit, sondern insbesondere auch die Fehlertoleranz.

Jeder der SUPRENUM-Busse, der zur Inter-Cluster-Verbindung dient, besteht aus zwei unidirektionalen Verbindungen von zusammen 25 MByte pro Sekunde Übertragungsgeschwindigkeit.

Ein Prozessorknoten besteht aus einem 68020-Mikroprozessor mit numerischem Coprozessor 68882, 8 MByte lokalem RAM-Speicher und Speicherverwaltung (Paged Memory Management Unit 68851), einem Vektorprozessor (Weitek WTL2264/2265) mit 64 KByte Vektorspeicher, einem DMA-Strukturprozessor und einem Kommunikationsprozessor.

Der Strukturprozessor überwacht den Zugriff auf Vektoren und Matrizen, die als Maschinendatentypen vorgesehen sind. Der Strukturprozessor erzeugt die für den Zugriff nötigen Adreßfolgen durch mikroprogrammierte Adreßgeneratoren und stellt die nötigen Daten für den Vektorprozessor bereit. Er sorgt für einen schnellen Blocktransfer von Daten zwischen Vektorprozessor und Vektorspeicher sowie zwischen Vektorspeicher und lokalem Speicher sowohl des eigenen, als auch anderer Knoten des Clusters. Der Kommunikationsprozessor führt die send- und die receive-Operationen durch. Der Vektorprozessor verarbeitet Vektoren von doppeltgenauen IEEE-Gleitpunktzahlen mittels einer Additions- und einer Multiplikations-Pipeline mit jeweils 10 MFLOPS maximaler Geschwindigkeit. Im Falle einer Skalarproduktberechnung können diese Pipelines verkettet werden.

Die unterschiedlich hohen Übertragungsgeschwindigkeiten bei den SUPRENUM- und den Clusterbussen ergeben zwei Hierarchie-Ebenen. Die dritte Hierarchie-Ebene ergibt sich durch die Vektorprozessoren auf den Prozessorknoten. Das erlaubt es, mehrere Ebenen der Parallelität auf verschiedenen Hierarchie-Ebenen abzubilden: Ganze Benutzerprogramme oder Tasks mit relativ wenig Kommunikation können von verschiedenen Clustern ausgeführt werden. Äußere parallele Schleifen können auf verschiedenen Prozessoren innerhalb eines Clusters abgebildet werden (Blockebenenparallelität), und innere parallele Schleifen können durch Vektorisierung von den Vektorprozessoren der Prozessorknoten ausgeführt werden (Suboperationsparallelität).

Heutige Datenflußmultiprozessoren stellen meist ebenfalls Zwei- oder Mehr-Ebenen-parallele Rechner dar. Feinkörnige Parallelität wird für eine überlappende Verarbeitung in der Token-Pipeline eines Datenflußprozessors verwendet, während Block- und Taskebenenparallelität durch Verteilen auf verschiedene Datenflußprozessoren genutzt wird.

# 3 Statische Datenflußrechner

## 3.1 Einführung und Überblick

Mit den im vorliegenden Kapitel beschriebenen Datenflußarchitekturen wird in der evolutionären Entwicklung des Datenflußrechnerprinzips die Periode von Mitte der 70er bis Anfang der 80er Jahre abgedeckt. Alle diese Architekturen sind, abgesehen von Rumbaughs Dataflow Multiprocessor, statische Datenflußrechner.

Als erste Ansätze, in denen das Prinzip der Datenflußgraphen verwendet wurde, gelten die Arbeiten von [Karp, Miller 66] und [Rodriguez 69]. Der Begriff „Datenfluß" wurde erstmals in [Adams 68] verwendet.

Zwei weitere einflußreiche Arbeiten waren diejenige über eine graphische Eingabesprache von [Sutherland 65] und der Entwurf einer Sprache mit Einmalzuweisungsprinzip von [Tesler, Enea 68].

Der erste Entwurf einer Datenflußarchitektur findet sich in [Dennis, Misunas 75]; der Entwurf basiert auf der Datenflußsprache, die in [Dennis 74] beschrieben wird. Diese erste statische Datenflußarchitektur war die Basis für eine ganze Reihe weiterer Entwürfe statischer Datenflußarchitekturen von Jack Dennis und seinen Kollegen am Massachusetts Institute of Technology (Abschnitt 3.2), für die statische DDM1-Architektur (Abschnitt 3.3) und für das ebenfalls statische LAU-System (Abschnitt 3.4).

Die frühen statischen Datenflußarchitekturen am MIT werden trotz verschiedenartiger Hardwarestrukturen in der Literatur oft unspezifisch jeweils als *MIT Static Dataflow Architecture* bezeichnet. Alle Entwürfe der MIT Static Dataflow Architecture verwenden die Rückkopplungsmethode mittels Bestätigungskanten, um zu verhindern, daß zu einem Zeitpunkt mehr als ein Token auf einer Kante des Datenflußgraphen auftreten kann.

Die wesentlichen Unterschiede zwischen den verschiedenen Entwürfen der MIT Static Dataflow Architecture bestehen in den Hardwarestrukturen, durch die sogenannte „Cell Blocks" und Funktionseinheiten miteinander verbunden sind. Die Cell Blocks besitzen die Funktion von Schalteinheiten, die Funktionseinheiten führen Verarbeitungsoperationen aus. In einigen Entwürfen werden sowohl die Cell Blocks mit den Funktionseinheiten als auch die Funktionseinheiten mit den Cell Blocks über je ein Verbindungsnetzwerk gekoppelt. In anderen Versionen sind je ein Cell Block und eine Funktionseinheit zu einem Verarbeitungselement zusammengefügt; mehrere Verarbeitungselemente bilden einen Datenflußmultiprozessor.

Der *DDM1* war der erste Prototyp eines Datenflußprozessors und wurde bereits im Juli 1976 fertiggestellt. Bei diesem Rechner werden konzeptionell Teilgraphen eines Maschinendatenflußgraphen auf einzelne Verarbeitungselemente abgebildet. Die korrekte Zuordnung der Tokens im Falle mehrfach durchlaufener Kanten eines Datenflußgraphen wird durch FIFO-Speicher realisiert.

Der Entwurf des *LAU-Systems* von 1976 kann als erster Prototyp eines Datenflußmultiprozessors betrachtet werden. Der Prototyp war 1979 mit 32 sogenannten „elementaren Prozessoren" betriebsfähig. Die elementaren Prozessoren entsprechen allerdings den Funktionseinheiten der MIT Static Dataflow Architecture und nicht vollständigen Verarbeitungselementen, da alle Funktionseinheiten von einer einzigen Schalt-Logik gespeist werden.

Weitere frühe statische Datenflußarchitekturen sind der *Distributed Data Processor DDP* von Texas Instruments (Abschnitt 3.5) und der *Hughes Data Flow Multiprocessor* (Abschnitt 3.6).

Der Entwurf des *Dataflow Multiprocessors* von Rumbaugh von 1977 (Abschnitt 3.7) benutzt ein dynamisches Datenflußprinzip, allerdings nicht nach dem Tagged-Token-Prinzip sondern mit einer Code-Copying-Methode (siehe Abschnitt 1.5). Ein Scheduler verteilt Prozeduraufrufe zur Laufzeit an die Verarbeitungselemente, die dann den Code der Prozedur aus dem Programmspeicher in ihren lokalen Befehlsspeicher übertragen.

In weiteren „frühen" Datenflußrechnerprojekten begründeten Arvind und Gostelows *Irvine Dataflow Computer* (Abschnitt 4.3.1) gleichzeitig mit Gurd und Watsons *Manchester Dataflow Computer* (Abschnitt 4.2.1) das Tagged-Token-Prinzip dynamischer Datenflußrechner. Der erste Prototyp eines dynamischen Datenflußrechners war der Manchester Prototype Dataflow Computer, der im Oktober 1981 betriebsfähig war und in Abschnitt 4.2.1 ausführlich vorgestellt wird.

## 3.2 Statische Datenflußrechner am MIT

### 3.2.1 Überblick

Von Jack Dennis und seinen Kollegen wurde ab etwa 1974 am MIT (Massachusetts Institute of Technology) eine Reihe experimenteller statischer Datenflußrechner entwickelt. Unter dem Begriff *MIT Static Dataflow Architecture* werden alle diese oft recht unterschiedlichen Entwürfe subsumiert. Dazu zählen die ersten Entwürfe eines (statischen) Datenflußrechners überhaupt ([Dennis, Misunas 75], [Dennis 75] und [Misunas 75]). Diese erste Datenflußarchitektur wird in [Dennis 80] als *Cell Block Architecture* bezeichnet und in Abschnitt 3.2.3 beschrieben. Sie besitzt die Struktur einer Two-Stage Dataflow Machine, d. h., zwei verschiedene Kommunikationsnetze verbinden die Schalteinheiten (Cell Blocks) mit den Verarbeitungseinheiten (Funktional Units) und umgekehrt.

Ein weiterer Entwurf [Dennis 80 und 91] besitzt die Struktur eines statischen Datenflußmultiprozessors (One-Level Dataflow Machine) und wird in Abschnitt 3.2.4 beschrieben. Je eine Schalt- und eine Verarbeitungseinheit sind in einem Verarbeitungselement zusammengefaßt; mehrere Verarbeitungselemente sind über ein Kommunikationsnetz verbunden.

Eine dritte Form einer statischen Datenflußarchitektur sind die Entwürfe von Two-Stage Dataflow Machines in [Dennis 80], [Dennis, Boughton, Leung 80], [Dennis, Lim, Ackerman 83] und [Dennis, Gao, Todd 84], die wieder enger mit dem ursprünglichen Cell-Block-Architecture-Entwurf von 1974/75 verwandt sind. Diese Form der MIT Static Dataflow Architecture wird in Anlehnung an [Veen 86] *Form IV-Version* genannt und in Abschnitt 3.2.5 beschrieben. Der Architekturentwurf in [Dennis, Gao, Todd 84] ist als numerischer Supercomputer für die Wettervorhersage dimensioniert.

In [Dennis, Boughton, Leung 80] und [Dennis, Lim, Ackerman 83] wird das *MIT Dataflow Engineering Model* beschrieben (siehe Abschnitt 3.2.6), das ein Mutiprozessorsystem darstellt, mit dem die verschiedenen Entwürfe der MIT Static Dataflow Architecture gegeneinander abgewogen werden können.

Das *Mandala-Projekt* an der University of Manitoba, in dem ein Prototyp auf der Basis der Two-Stage-Struktur von [Dennis, Misunas 75] entwickelt werden sollte, wird in [Burkowski 81] vorgestellt.

Nachfolger der Datenflußmultiprozessor-Version der MIT Static Dataflow Architecture sind die *Argument Fetch Dataflow Architecture* [Dennis, Gao 88], die *Argument*

*Fetch Dataflow Hybrid Architecture* [Gao 89/91] (beide werden in Abschnitt 5.3.5 beschrieben) und der Architekturentwurf von [Dennis 91]. Diese Architekturen basieren auf dem statischen Datenflußprinzip mit Bestätigungskanten. Sie besitzen jedoch, im Gegensatz zu den früheren Entwürfen, eine Trennung von Programmflußsteuerung (Scheduling Unit) und Datenverarbeitung (Processing Unit) innerhalb der Verarbeitungselemente. Tokens tragen keine Daten mehr, sondern sind reine Steuersignale. Die Argument Fetch Dataflow Hybrid Architecture benutzt außerdem ein Large-Grain-Datenflußprinzip, d. h., sie kann sequentielle Kontrollfäden mittels eines Befehlszählermechanismus ausführen.

Bevor die verschiedenen Entwürfe im einzelnen vorgestellt werden, wird im nächsten Abschnitt die bei allen Entwürfen der MIT Static Dataflow Architecture angewandte Rückkopplungsmethode zur Realisierung des statischen Datenflußprinzips beschrieben.

### 3.2.2 Rückkopplungsmethode des statischen Datenflußprinzips

Ein Datenflußprogramm wird durch einen gerichteten Graphen repräsentiert. Die Knoten sind benannt und repräsentieren Befehle, während die Kanten Datenabhängigkeiten darstellen. Die Operanden der Befehle werden konzeptionell entlang der Kanten in Form von Datenpaketen, die *Tokens* genannt werden, übertragen. Die grundlegende Schaltregel lautet:

> *Ein Knoten ist schaltbereit, sobald auf allen Eingangskanten Tokens vorhanden sind.*

Wenn ein Datenflußgraph innerhalb eines Programms mehrfach ausgeführt werden kann, wie beispielsweise bei einem Schleifenkörper und bei Unterprogrammaufrufen, kann der Fall eintreten, daß ein Knoten bereits wieder schaltbereit ist, obwohl auf seinen Ausgangskanten noch Tokens vorhanden sind. Falls der Knoten dann sofort wieder schaltet, könnten mehrere nicht unterscheidbare Tokens auf derselben Kante vorhanden sein.

Das *Prinzip des statischen Datenflusses* verbietet es, daß mehr als ein Token auf einer Kante vorhanden ist und erzwingt dies durch folgende Schaltregel:

> *Ein Knoten ist schaltbereit, sobald Tokens auf allen seinen Eingangskanten vorhanden sind, und auf keiner seiner Ausgangskanten ein Token vorhanden ist.*

Die Beschränkung auf ein Token pro Kante wird bei allen Entwürfen der MIT Static Dataflow Architecture durch sogenannte *Bestätigungssignale* (Acknowledgement Signals) implementiert. Diese werden in einem Datenflußgraphen durch zusätzliche Kanten von konsumierenden zu produzierenden Knoten und in den Aktivitätseinträgen durch zusätzliche Zieladreßfelder dargestellt. Die Methode wird deshalb auch als *Rückkopplungsmethode* (Feedback Interpretation) bezeichnet.

Falls ein Token auf einer „Bestätigungs"-Kante vorhanden ist, so bedeutet dies, daß die korrespondierende „Daten"-Kante bereit ist, ein Token aufzunehmen. Beim Schalten eines Knotens werden alle Bestätigungskanten mit Tokens versorgt. Bestätigungskanten können auf die gleiche Weise wie Datenkanten behandeln werden. Die Schaltregel wird wieder auf die ursprüngliche Form zurückgeführt:

*Ein Knoten ist schaltbereit, sobald auf allen Eingangskanten (eingeschlossen der Bestätigungskanten) Tokens vorhanden sind.*

Abbildung 3.2-1 stellt einen Teil des Datenflußgraphen aus Abb. 1.3-1 als Beispiel für einen Datenflußgraphen mit Bestätigungskanten dar. Die Tokens fließen in Abb. 3.2-1 von oben nach unten; die Bestätigungskanten laufen von unten nach oben zu den produzierenden Knoten zurück. Der Knoten 1 liefert sein Resultat an den Knoten 2 und an drei weitere Knoten (dafür ist nur eine Kante gezeigt). Dementsprechend benötigt er vier Bestätigungskanten.

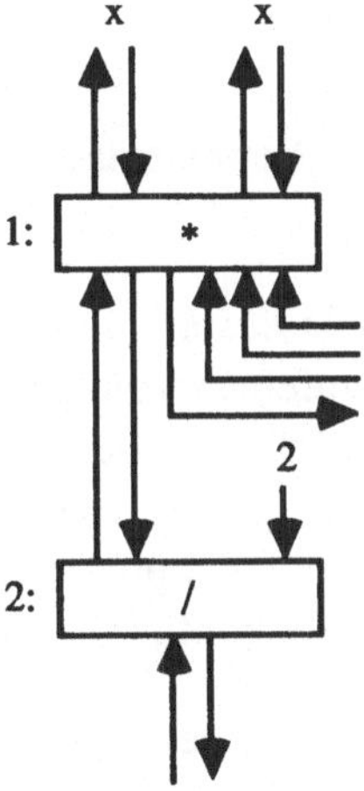


Abb. 3.2-1 Datenflußgraph mit Bestätigungskanten

Ein Knoten eines Datenflußgraphen wird auf der Maschinenebene durch einen Eintrag in einer *Aktivitätstabelle* repräsentiert, wobei jeder dieser *Aktivitätseinträge* (Activity Templates) aus folgenden Komponenten besteht:

- dem Operationscode des repräsentierten Befehls,
- Speicherplätzen (Operand Slots) für Operandenwerte und
- Zieladreßfeldern, welche die Operandenspeicherplätze von Aktivitätseinträgen adressieren, die wiederum den Resultatwert für die Ausführbarkeit des repräsentierten Befehls benötigen.

Abbildung 3.2-2 zeigt die Aktivitätseinträge für den Datenflußgraphen aus Abb. 3.2-1.

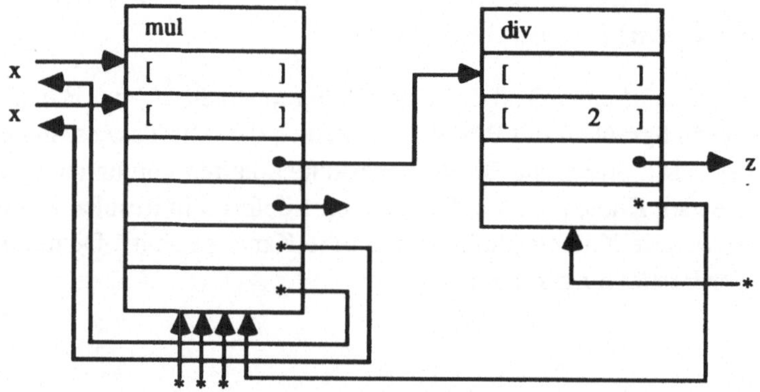


Abb. 3.2-2 Aktivitätseinträge zur Repräsentation des Datenflußgraphen aus Abb. 3.2-1

Die Rückkopplungsmethode mittels Bestätigungskanten erlaubt nur die Ausnutzung von relativ wenig Parallelität, da aufeinanderfolgende Schleifeniterationen zwar teilweise überlappt, jedoch nie vollständig parallel verarbeitet werden können. Dies gilt selbst dann, wenn keinerlei Abhängigkeiten zwischen den einzelnen Schleifeniterationen vorhanden sind. Mittels der Rückkopplungsmethode kann nur ein Pipeliningeffekt erzielt werden. Entsprechendes gilt für Unterprogrammaufrufe.

Ein weiterer unerwünschter Effekt der Rückkopplungsmethode besteht darin, daß der Tokenverkehr verdoppelt wird. Um die Kommunikationswege nicht zu überlasten, sollte jedoch die Anzahl der Tokens auf ein Minimum beschränkt sein.

Weiterhin ist das statische Datenflußprinzip nicht mächtig genug, um alle Programmkonstrukte moderner Programmiersprachen zu unterstützen. Insbesondere gilt dies für parallele Unterprogrammaufrufe und allgemeine Rekursion.

### 3.2.3 Cell Block Architecture

Im folgenden wird zunächst jener erste Entwurf eines statischen Datenflußrechners aus [Dennis, Misunas 75] vorgestellt. Die Beschreibung in diesem Abschnitt folgt [Dennis 80]. Die Architektur wird dort als *Cell Block Architecture* bezeichnet.

Die Grundstruktur (siehe Abb. 3.2-3) besteht aus einer Anzahl sogenannter *Cell Blocks* und einer Anzahl von Funktionseinheiten.

Die Cell Blocks senden über ein Arbitrierungsnetzwerk (Arbitration Network) ausführbare Befehle (Operation Packets) an die Funktionseinheiten. Die Funktionseinheiten führen die Befehle aus und senden Resultattokens (Result Packets) über ein Verteilungsnetzwerk (Distribution Network) an die Cell Blocks, die wiederum die Resultattokens benötigen.

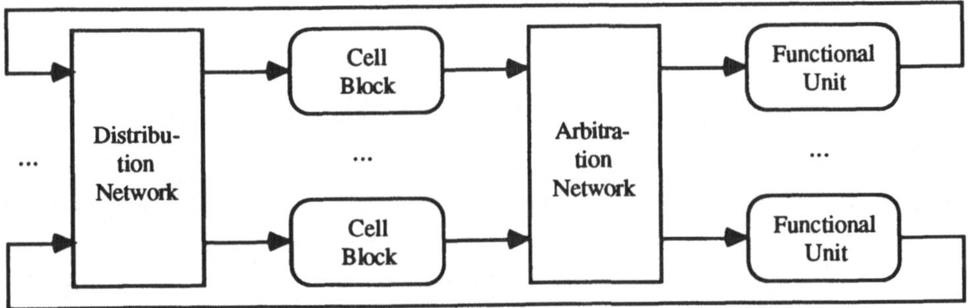


Abb. 3.2-3 Cell-Block-Version der MIT Static Dataflow Architecture

Die Struktur eines einzelnen Cell Block ist in Abb. 3.2-4 dargestellt. Ein Cell Block besteht aus einer Update-Einheit, einer Befehlsbereitstellungseinheit (Fetch Unit), einem Aktivitätsspeicher (Activity Store) und einem als FIFO-Speicher organisierten Befehlspuffer (Instruction Queue).

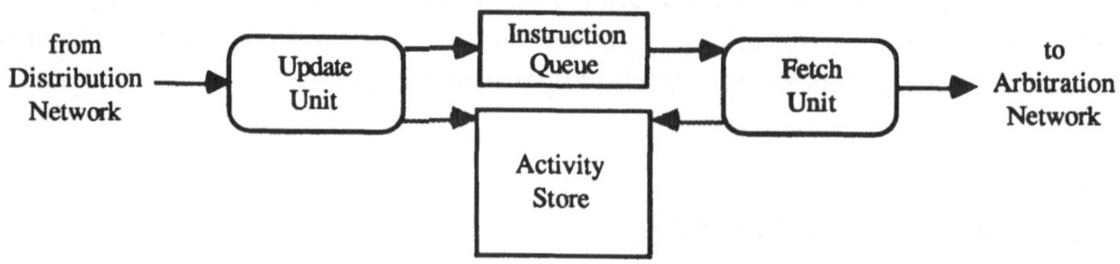


Abb. 3.2-4 Struktur eines Cell Block

Jeder Cell Block enthält in seinem Aktivitätsspeicher eine Anzahl von Aktivitätseinträgen (Instruction Cells genannt, daher auch der Name Cell Block). Sobald die Update-Einheit ein Resultattoken aus dem Verteilungsnetzwerk erhält, wird der Operandenwert an der entsprechenden Stelle des zugehörigen Aktivitätseintrags abgelegt und geprüft, ob dies der letzte noch benötigte Operand für diese Aktivität ist. Falls dies der Fall ist, wird die Aktivitätsadresse im Befehlspuffer abgelegt. Die Befehlsbereitstellungseinheit entnimmt dem Befehlspuffer einen Eintrag, liest den zugehörigen Aktivitätseintrag aus dem Aktivitätsspeicher, setzt den Aktivitätseintrag in den Grundzustand zurück, packt den Operationscode, die Operanden und die Zieladressen in ein ausführbares Befehlspaket und sendet es über das Arbitrierungsnetzwerk an eine der Funktionseinheiten.

### 3.2.4 Datenflußmultiprozessor-Version der MIT Static Dataflow Architecture

Die nun beschriebene Version der MIT Static Dataflow Architecture basiert auf [Dennis 79, 80 und 91] und hat die Struktur eines statischen Datenflußmultiprozessors. Dieser besteht aus einer Menge von Verarbeitungselementen (Processing Elements, PEs), die durch ein Kommunikationsnetzwerk (Communication Network) verbunden sind (siehe Abb. 3.2-5).

Abbildung 3.2-6 zeigt die Grundstruktur eines einzelnen Verarbeitungselements. Der wesentliche Unterschied zur Cell Block Architecture besteht darin, daß die Funktionseinheiten (Verarbeitungseinheiten, Execution Units) in die Verarbeitungselemente integriert sind. Damit wird ein Kommunikationsnetz eingespart.

Wie bei der Cell Block Architecture enthält der Aktivitätsspeicher die Aktivitätseinträge zur Speicherung eines Datenflußprogramms. Sobald ein Resultatpaket (Resultattoken) von der lokalen Verarbeitungseinheit erzeugt oder ein Resultatpaket von einem anderen Verarbeitungselement gesandt wird, greift die Update-Einheit auf den zugehörigen Aktivitätseintrag im Aktivitätsspeicher zu und legt den Wert auf dem entsprechenden Operandenspeicherplatz ab. Falls dies der letzte noch benötigte Operand für diese Aktivität ist, wird sie schaltbereit. In diesem Fall wird die Aktivitätsadresse in dem als FIFO-Speicher organisierten Befehlspuffer abgelegt.

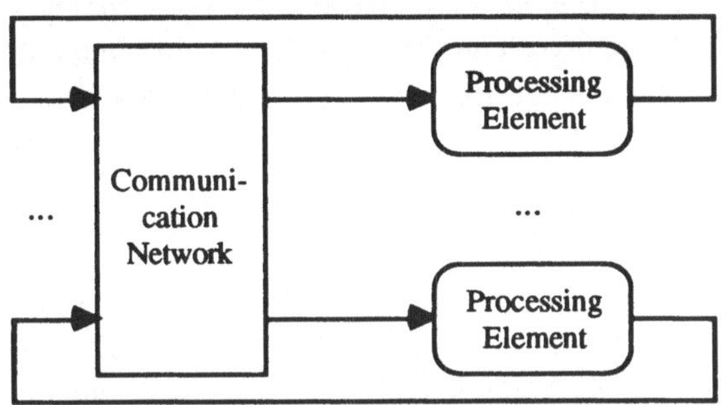


Abb. 3.2-5 Grundlegende Struktur der Datenflußmultiprozessor-Version der MIT Static Dataflow Architecture

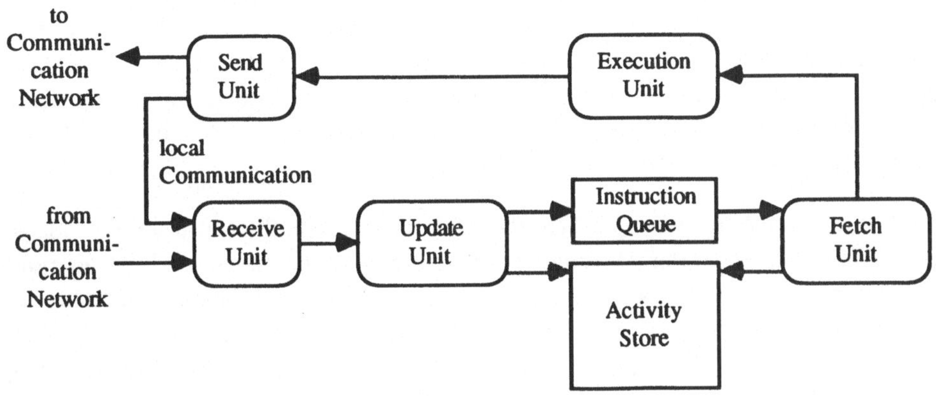


Abb. 3.2-6 Verarbeitungselement der Datenflußmultiprozessor-Version der MIT Static Dataflow Architecture

Ebenfalls wie bei der Cell Block Architecture entnimmt die Befehlsbereitstellungseinheit dem Befehlspuffer einen Eintrag, liest den zugehörigen Aktivitätseintrag aus dem Aktivitätsspeicher, setzt den Aktivitätseintrag in den Grundzustand zurück, packt den Operationscode, die Operanden und die Zieladressen in ein ausführbares Befehlspaket und übergibt es der Verarbeitungseinheit (Execution Unit). Diese führt die Operation aus und erzeugt Resultatpakete für alle Zieladressen. Sobald die Operation ausgeführt ist, kann die Verarbeitungseinheit das nächste Befehlspaket verarbeiten. Dadurch fließt ein ununterbrochener Strom von Befehlspaketen durch die Verarbeitungseinheit.

Die Resultatpakete werden zunächst zur Sendeeinheit (Send Unit) des Verarbeitungselements weitergereicht; falls die Zieladresse des Resultatpakets lokal ist, wird das Paket über die lokale Empfangseinheit (Receive Unit) zur Update-Einheit weitergegeben, andernfalls wird das Paket durch das Kommunikationsnetzwerk zum Zielverarbeitungselement gesandt.

### 3.2.5 Form IV-Version der MIT Static Dataflow Architecture

Die dritte Version einer MIT Static Dataflow Architecture, auch *Form IV Processor* genannt [Veen 86], ist auf einem Multiprozessorsystem implementiert worden, das *MIT Data Flow Engineering Model* genannt wurde [Dennis, Lim, Ackerman 83].

Die prinzipielle Rechnerstruktur der Form IV-Version der MIT Static Dataflow Architecture ist in Abb. 3.2-7 dargestellt. Verarbeitungselemente (Processing Elements), Funktionseinheiten (Functional Units), Array-Speicher (Array Memories) und Verbindungsnetzwerke (Routing Networks) bilden die Grundelemente. Anhand der Verbindungsstruktur erkennt man, daß die Form IV-Version enger mit der ursprünglichen Cell Block Architecture als mit der gerade beschriebenen Version eines Datenflußmultiprozessors verwandt ist.

Die Verarbeitungselemente speichern die Aktivitätseinträge (hier Instruction Cells genannt), entscheiden, wann Aktivitäten ausgeführt werden können, und führen einfache Operationen aus (in diesem letzten Punkt liegt ein wesentlicher Unterschied zu den Cell Blocks der Cell-Block-Version). Die Funktionseinheiten sind für die Ausführung komplexerer Operationen wie beispielsweise der Gleitpunktoperationen zuständig. In den Array-Speichern (Array Memory) werden Array-Datenobjekte gespeichert. Alle diese Komponenten sind über Verbindungsnetzwerke gekoppelt, die Informationspakete zwischenspeichern und an freie Einheiten weiterreichen.

In manchen Variationen der Form IV-Architektur wird, abweichend von Abb. 3.2-7, noch ein drittes Verbindungsnetz zwischen den Verarbeitungselementen und den Funktionseinheiten definiert. Ein Beispiel dafür ist die Architekturversion in [Dennis, Gao, Todd 84], die eine konkrete Dimensionierung der Form IV-Architektur für die Größenordnung eines numerischen Supercomputers zur Wettervorhersage angibt: 256 Verarbeitungselemente, 32 Array-Speicher, sowie 128 Adddier- und 96 Multipliziereinheiten als Funktionseinheiten. Außerdem ein 256*256-, ein 8*8- und ein 32*32-Schalternetzwerk.

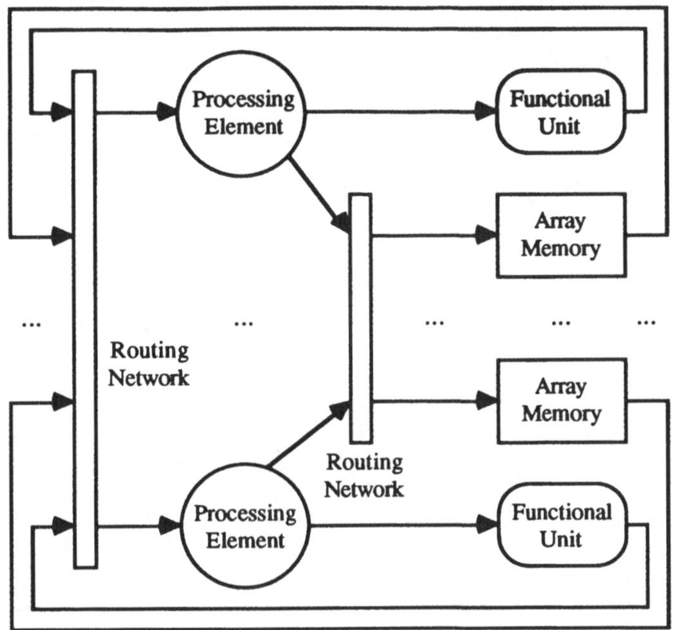


Abb. 3.2-7 Prinzipielle Rechnerstruktur der Form IV-Version der MIT Static Dataflow Architecture

Die Verarbeitung nicht-skalarer Datenstrukturen, wie Arrays und Listen, ist in allen Versionen der MIT Static Dataflow Architecture nicht befriedigend gelöst. Konzeptionell werden Arrays in statischen Datenflußrechnern in gleicher Weise wie Skalare behandelt, d. h., eine Kopie des gesamten Arrays wird jeweils für jeden Knoten des Datenflußgraphen, der auf den Array zugreift, benötigt. Für den Zugriff auf Arrays sind die Befehle *select* und *append* vorgesehen. Der *select*-Befehl konsumiert einen gegebenen Array und einen Index und produziert ein einzelnes Element als Resultat. Der *append*-Befehl konsumiert einen Array, ein skalares Element sowie einen Index und produziert eine neue Kopie des Arrays, bei der das Element an der entsprechenden Indexstelle eingefügt ist.

Zur Implementierung werden Arrays bei der Form IV-Version der MIT Static Dataflow Architecture in einem Array-Speicher gehalten, auf den Tokens zwischen den einzelnen Knoten des Datenflußgraphen werden nur Zeigeradressen transportiert. Derartige Strukturen werden mittels azyklischer gerichteter Graphen repräsentiert, was ermöglicht, daß gemeinsame Unterstrukturen erhalten bleiben. Ein *select*-Befehl kann deshalb ausgeführt werden, ohne daß der Array, auf den er zugreift, zerstört wird. Nur das gewünschte Element wird kopiert. In ähnlicher Weise produziert ein *append*-Befehl keine neue Kopie des Arrays, sondern fügt nur ein Element hinzu, ohne die bei altem und neuem Array gemeinsamen Unterstrukturen zu berühren. Dieses Prinzip wird in neueren Datenflußrechnern durch sogenannte I-Strukturen (siehe Abschnitt 4.3.4) abgelöst.[1]

### 3.2.6 MIT Dataflow Engineering Model

Die prinzipielle Struktur des *MIT Dataflow Engineering Model* [Dennis, Boughton, Leung 80], [Dennis, Lim, Ackerman 83] ist in Abb. 3.2-8 dargestellt. Der Rechner erlaubt es, verschiedene Versionen der MIT Static Dataflow Architecture in Mikrocode zu emulieren.

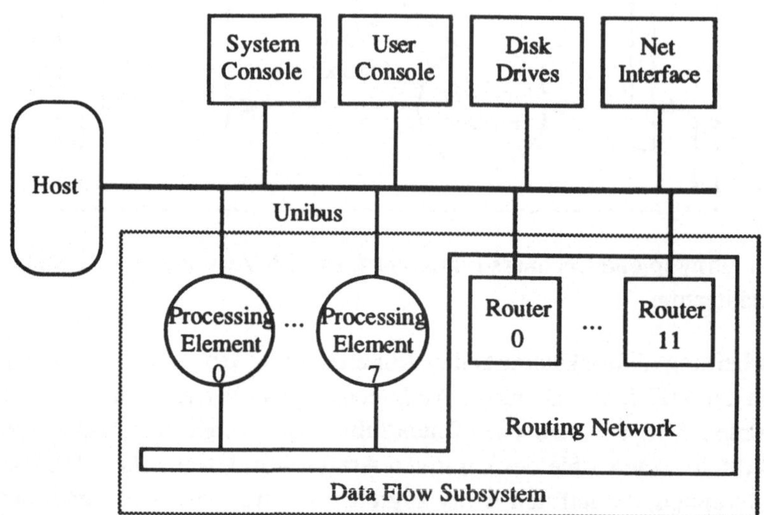


Abb. 3.2-8 Struktur des MIT Dataflow Engineering Model

Das MIT Dataflow Engineering Model besteht aus einem PDP-11/40-Minicomputer als Kontrollrechner, an dessen Unibus zum einen die Systemkonsole, die Benutzer-

---

1 Zur Implementierung nicht-skalarer Datenstrukturen siehe auch [Gaudiot 85, 86], [Hurson, Lee 89] und [Lee, Hurson, Shirazi 92].

konsole, die Festplatten und die Netzschnittstelle angeschlossen sind, und der zum anderen mit jedem Element des Datenflußsubsystems verbunden ist. Dieses besteht aus 8 Verarbeitungs- und zwölf 2x2-Schaltelementen (Router), die für das Verbindungsnetzwerk (Routing Network) zwischen den Verarbeitungselementen benötigt werden.

Von einem „Engineering Model" wird deshalb gesprochen, weil der Rechner dazu benutzt werden kann, mehrere unterschiedliche Modelle und verschiedene Prinzipien des zu emulierenden Datenflußrechners auf ihre Verarbeitungsleistung zu testen. Dies geschieht einfach durch Austausch der Mikroprogramme der Verarbeitungselemente. Der Kontrollrechner dient zum Laden des Mikrocodes und des auszuführenden Datenflußprogramms auf das Datenflußsubsystem sowie der Überwachung und der Laufzeitbeobachtung während des Programmablaufs. Das Datenflußsubsystem kommuniziert während des Ablaufs eines Datenflußprogramms einzig über das Verbindungsnetzwerk, während die Überwachungs- und Beobachtungsinformationen über den Unibus gesammelt werden.

Die Verarbeitungselemente sind mikroprogrammierbare Prozessoren (AM 2903, 2904 und 2910 Bit-Slice Chips) mit 4 KWorten Mikroprogrammspeicher (40 Bit breit), 64 KByte Datenspeicher, zwei 8 Bit breiten Ein-/Ausgabe-Schnittstellen zum Verbindungsnetzwerk und der Unibus-Schnittstelle.

Das Verbindungsnetzwerk besitzt die Struktur eines Baseline-Netzwerks. Dieses ist ein Permutationsnetzwerk, das die 8 Verarbeitungselemente mittels eines dreistufigen Aufbaus von je vier 2x2-Schaltern vollständig vernetzt. Die Übertragung geschieht byte-parallel, wobei zunächst eine Verbindung zwischen der Ausgabe- und der Eingabeschnittstelle der kommunizierenden Verarbeitungselemente über die 2x2-Schalter hergestellt werden muß. Die Verbindung bleibt so lange erhalten, bis ein gesamtes Datenpaket, das in 1-Byte-Pakete zerlegt werden muß, übertragen ist. Jede Eingabeschnittstelle eines 2x2-Schalters kann 64 Byte-Pakete zwischenspeichern.

Der Kontrollrechner arbeitet unter UNIX und ist über ein lokales Netz mit einem DECsystem-20-Computer als Vorrechner verbunden. Auf diesem wird die Software für die Datenflußemulation in der Sprache CLU [Liskov u. a. 81] entwickelt. Die Entwicklungsumgebung umfaßt einen Mikroassembler für die Mikroprogramme der Verarbeitungselemente und, unter anderem, einen Übersetzer für die Datenflußsprache *Val*.

Der auf dem Vorrechner erzeugte Code wird dann über den Kontrollrechner auf das Datenflußsubsystem geladen. Dieses arbeitet mit einer Verarbeitungsgeschwindigkeit von 1300 Schaltvorgängen pro Sekunde.

Verschiedene Arten der Strukturierung von Datenflußprogrammen wurden insbesondere im Hinblick auf eine Optimierung der Parallelarbeit und der Verarbeitung großer numerischer Array-Datenobjekte getestet. Durch Ändern der Mikroprogramm-Implementierung können die Aufgaben von Array-Speicher-Servern einem oder mehreren Verarbeitungselementen übertragen und die Struktur des Verbindungsnetzes variiert werden.

Das Engineering Model dient somit eher der Emulation einer ganzen Klasse von Datenflußarchitekturen als derjenigen eines einzigen Datenflußrechners. Wie oft in der Datenflußliteratur enden auch [Dennis, Lim, Ackerman 83] mit der Beschreibung des Engineering Model, aber ohne konkrete Simulationsergebnisse.

## 3.3 DDM1

Die *Data-Driven Machine #1 DDM1* [Davis 78 und 79] wurde am Burroughs Interactive Research Center entwickelt und später an der University of Utah in Salt Lake City weitergeführt. Sie war der erste in Hardware realisierte Datenflußrechner und war bereits im Juli 1976 betriebsbereit [Davis 78] ([Gurd 91] gibt 1977 als Zeitpunkt der Ausführung des ersten Datenflußprogramms auf dem DDM1 an). Der DDM1-Rechner wird als statische Direct-Communication Machine klassifiziert [Veen 86], wobei FIFO-Speicher die korrekte Zuordnung von Tokens im Falle mehrfach durchlaufener Kanten in einem Datenflußgraphen realisieren. Die Maschine gehört somit zu den *Queued Architectures* (siehe [Preiss, Hamacher 85]).

Die prinzipielle Struktur des DDM1-Rechners ist die einer Menge von asynchron arbeitenden Verarbeitungselementen, die in einer rekursiv definierten Baumstruktur angeordnet sind. Die Anzahl der abhängigen (Prozessor-)Knoten ist für jeden inneren Knoten des Baums gleich, die Tiefe des Baums ist nicht festgelegt. Für den Prototyp DDM1 wurde die Anzahl abhängiger Knoten pro innerem Knoten auf 8 festgelegt.

Ein Verarbeitungselement des DDM1 (Processor Switch Element PSE genannt, siehe Abb. 3.3-1) besteht aus einer Schalteinheit (Switch), einem Prozessor (Atomic Processor), einer Speichereinheit (Atomic Storage Unit ASU), einem Eingabe- und einem Ausgabe-FIFO-Speicher (Input Queue IQ und Output Queue OQ) zur Pufferung von Nachrichten. Ein weiterer interner FIFO-Speicher (Agenda Queue [Srini 86]) dient der Aufnahme von Datentokens, die vom selben Verarbeitungselement weiterverarbeitet werden.

Der Eingabe- und der Ausgabe-FIFO-Speicher puffern Nachrichten von und zu dem Verarbeitungselement, das in der baumartigen Verbindungsstruktur den Vaterknoten des betrachteten Verarbeitungselements darstellt, so daß ein Warten eines sendenden Verarbeitungselements nur dann nötig ist, wenn der zugeordnete FIFO-Speicher voll ist. Die FIFO-Speicher sorgen für die Einhaltung der korrekten Ordnung, falls mehrere Tokens auf einer Kante eines in der Verarbeitung begriffenen Maschinendatenflußgraphen auftreten.

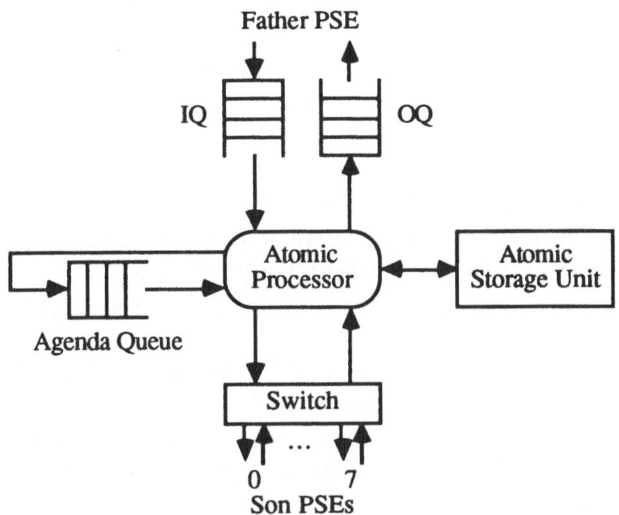


Abb. 3.3-1 Prinzipielle Struktur eines Verarbeitungselements der DDM1-Maschine

Die Schalteinheit realisiert eine 1-zu-8-Verbindung zu abhängigen Prozessorknoten und somit die Schnittstelle zur nächst tieferen, vom Verarbeitungselement aus erreichbaren Ebene des Baums. Jede Verbindung besteht aus 6 Bit parallelen Leitungen. Davon dienen 4 Bit einer zeichenseriellen Übertragung (die Speicherung eines Zeichens benötigt 4 Bit), 2 Bit sind für Anforderungs- und Bestätigungssignale vorgesehen. Information wird in Form von Nachrichten aus Zeichenketten variabler Länge übertragen. Ein Kopffeld einer Nachricht bestimmt den Zielknoten. Die Nachrichten können Maschinenprogrammgraphen oder Datentokens sein.

Die Speichereinheit führt selbständig alle Speicherverwaltungsfunktionen durch. Sie erscheint gegenüber dem Prozessor als Dateisystem mit variabler Feldlänge, das Befehle zum Initialisieren, Lesen, Schreiben, Überspringen und Löschen von Daten sowie Indexoperationen durchführt. Die Speicherkapazität beträgt 64 K Zeichen.

Programme werden in einer graphischen, funktionalen Hochsprache, *GPL* genannt, geschrieben und dann zunächst in sogenannte *Data-Driven Nets* (*DDNs*) übersetzt. Diese ähneln den Datenflußgraphen von Dennis (siehe Abschnitt 3.2), wobei jedoch nur Datenkanten existieren und ein DDN-Programmgraph wegen der komplexeren Operationen weniger Knoten und Kanten als ein entsprechender Datenflußgraph für die MIT Static Dataflow Machine enthält [Davis 79]. In einem weiteren Übersetzungsschritt werden aus DDN-Graphen Maschinenprogrammgraphen erzeugt.

Ein Maschinenprogrammgraph wird vom Wurzelknoten des DDM1 aus absteigend auf die einzelnen Knoten des Prozessorbaums geladen. Falls von einem Prozessorknoten weitere Prozessorknoten abhängen und der Programmgraph parallel ausführbare Teilgraphen enthält, wird die Ausführung der Teilgraphen zur Laufzeit an die abhängigen Prozessorknoten delegiert. Die Teilgraphen werden durch einen Zuordnungsalgorithmus so auf die Verarbeitungselemente abgebildet, daß die FIFO-Speicher zwischen den Verarbeitungselementen die Reihenfolge der Tokens, die zwischen den Teilgraphen fließen, aufrechterhalten. Im Gegensatz zum feinkörnigen Datenflußrechnerprinzip wird die Parallelität zwischen den Teilgraphen eines Datenflußgraphen ausgenutzt. Das entspricht etwa Parallelität auf der Blockebene.

Diese Zuordnungsstrategie ist einfach, jedoch weit von einer optimalen Lastverteilung entfernt. Die Baumstruktur, durch welche die Verarbeitungselemente verbunden sind, kann dazu führen, daß Teilbäume nicht mit Teilgraphen versorgt und damit nicht ausgelastet sind. Außerdem stellt die Wurzel des Baums einen Engpaß bezüglich der Kommunikation zwischen den Verarbeitungselementen dar.

Wesentliche Unterschiede zur MIT Static Dataflow Architecture sind die rekursiv definierte Baumstruktur für die Verbindung der Verarbeitungselemente, die gröbere Körnigkeit durch Parallelität auf Teilgraphebene, die dynamische hierarchische Zuordnung von Teilgraphen zu Verarbeitungselementen und die Verwendung von FIFO-Speicher anstelle von Bestätigungskanten, um die korrekte Reihenfoge von Tokens bei mehrfach durchlaufenen Kanten eines Maschinendatenflußgraphen einzuhalten [Davis 79].

Der Prototyp wurde zur Entwicklung graphischer Datenflußsprachen und zur Erforschung grundlegender Datenflußmechanismen eingesetzt; die Begrenzung auf 16 Zeichen durch die 4-Bit-Zeichendarstellung verhinderte die Ausführung von Benchmark-Programmen [Srini 86].

## 3.4 LAU-System

Das *LAU-System* (Langage à Assignation Unique) bezeichnet eine Datenflußsprache (siehe [Comte et al. 78], [Durrieu 79]) und einen Datenflußrechner (siehe [Syre 76], [Comte, Hifdi 79] und [Comte, Hifdi, Syre 80]), die in den 70er Jahren am Department of Computer Science des ONERA-CERT-Instituts in Toulouse entwickelt wurden. Der Datenflußrechner war im September 1979 als Prototyp mit 32 Prozessoren betriebsbereit [Durrieu 86]. Er läßt sich als statischer Datenflußrechner mit Packet-Communication-Mechanismus (siehe Abschnitt 1.5) klassifizieren. Der Prototyp ist eigentlich nur ein einziges Verarbeitungselement eines sehr großen Datenflußmultiprozessors (siehe Abb. 3.4-1), der in seiner Gesamtheit nicht realisiert wurde.

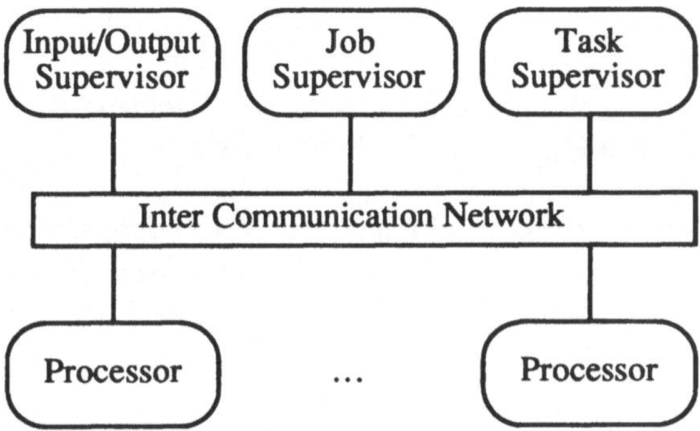


Abb. 3.4-1 Ursprünglich geplante Gesamtarchitektur des LAU-Systems

Jener ursprüngliche Entwurf besteht aus einer Anzahl von Verarbeitungselementen, die nach dem statischen Datenflußprinzip arbeiten und über ein Kommunikationsnetzwerk untereinander und mit Task Supervisors, Job Supervisors und Input/Output Supervisors verbunden sind. Durch diese Struktur sollten mehrere Ebenen der Parallelität genutzt werden: Die Job Supervisors überwachen die Speicherhierarchie mit den Massenspeichern und ordnen den Verarbeitungselementen Jobs zu (Programmebenenparallelität). Die Task Supervisors ordnen den Verarbeitungselementen Tasks zu und überwachen deren Kommunikation. Tasks sind Teilgraphen des gesamten Maschinendatenflußgraphen eines Programms, ähnlich wie beim DDM1 (siehe Abschnitt 3.3). Die Parallelität auf Anweisungsebene wird durch die Parallelarbeit von elementaren Prozessoren innerhalb eines Verarbeitungselements genutzt.

Der Maschinencode besitzt die in den Abbildungen 3.4-2 und 3.4-3 dargestellten Befehls- und Datenformate.

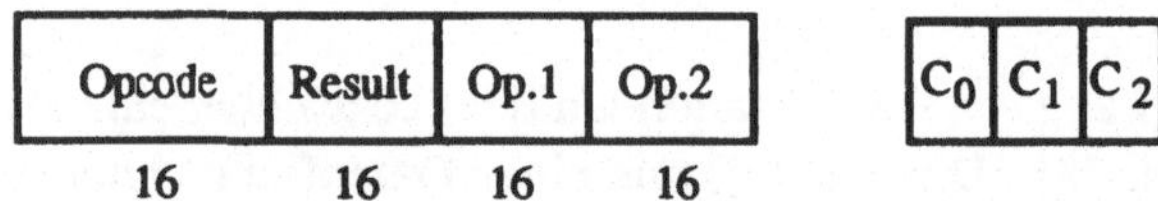


Abb. 3.4-2 Befehlsformat des LAU-Systems

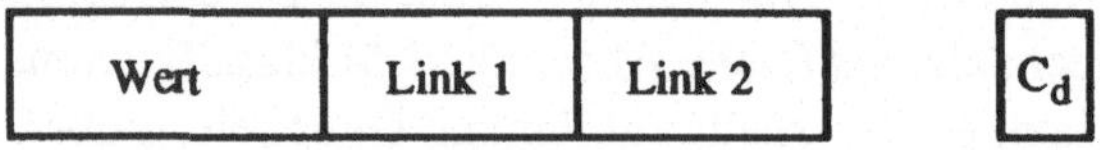

| Wert | Link 1 | Link 2 | | $C_d$ |
|---|---|---|---|---|

Abb. 3.4-3 Datenformat des LAU-Systems

Die Kontrollbits $C_0$, $C_1$, $C_2$ drücken die Bereitschaft zur Ausführung eines Befehls aus. $C_1$ und $C_2$ verweisen auf die Operanden Op.1 und Op.2. $C_0$ verweist auf eine indirekte Datenabhängigkeit im Falle geschachtelter Befehle (z.B. Schleifen). Ein Befehl ist ausführbar, wenn $C_0$, $C_1$ und $C_2$ allesamt 1 sind.

Ein Datenwort ist aus einem Wertfeld und zwei Verbindungsfeldern (Links) aufgebaut, die auf zwei Operandenfelder von Befehlen verweisen, die von dem Datenwort in ihrer Ausführbarkeit abhängen. Das Kontrollbit $C_d$ wird bei Wertzuweisungen an das Datenwort gesetzt.

Abbildung 3.4-4 stellt die Rechnerstruktur der Prototyp-Implementierung des LAU-Systems dar [Comte, Hifdi, Syre 80]. Dieser Prototyp realisiert ein Verarbeitungselement (Processor in Abb. 3.4-1) und ist für die Ein-/Ausgabe mit einem Minicomputer verbunden.

Die Befehlssteuereinheit (Instruction Control Unit) enthält einen 32 K * 3 Bit großen Speicher mit 60 ns Zugriffszeit zur Aufnahme von $C_0C_1C_2$-Worten, die eindeutig mit Speicheradressen von Befehlen im lokalen Speicher (Local Memory) korrespondieren.

Auf Anforderung eines der elementaren Prozessoren (Elementary Processors EP) oder der Datensteuereinheit (Data Control Unit) führt der Updater der Befehlssteuereinheit $C_0C_1C_2$-Änderungen durch. Spezielle Hardware in der Befehlssteuereinheit erkennt '111'-Konfigurationen (Sequential '111'-Retriever) und liefert Adressen von ausführbaren Befehlen an den Ready Instruction Address File.

Ebenfalls auf Anforderung eines der elementaren Prozessoren kontrolliert die Datensteuereinheit die Zuweisung von Datenwerten. Sie speichert deshalb Deskriptoren der Resultate von Befehlspaketen, die gerade in Bearbeitung sind. Der 32 K * 1 Bit große Datenkontrollspeicher (Data Control Memory) der Datensteuereinheit enthält die Deskriptoren und die zugehörigen $C_d$-Bits (Zykluszeit 120 ns).

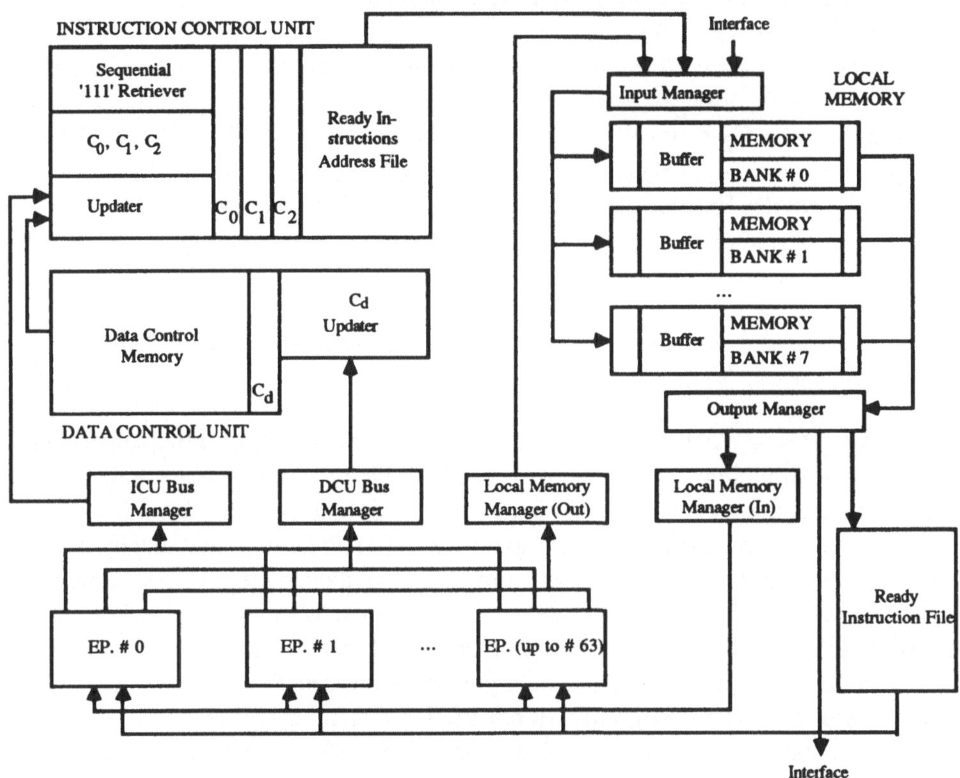


Abb. 3.4-4 Rechnerstruktur des LAU-Systems

Der lokale Speicher besteht aus 8 verschränkten Speicherbänken unter der Kontrolle einer Eingabe- und einer Ausgabesteuereinheit (Input und Output Manager). Jede Speicherbank besteht aus einem lokalen Anforderungspuffer und zwei Speicherhälften von je 4 K Worten (32 Bit Wortformat) mit eigenständiger Kontrolle. In einem Zyklus (Zykluszeit 60 ns) kann ein Schreibzugriff in die eine Speicherhälfte und ein Lesezugriff von der anderen ausgeführt werden.

Im Befehlspuffer (Ready Instruction File) werden die ausführbaren, 64 Bit breiten Befehle aus dem lokalen Speicher zwischengepuffert.

Die 32 realisierten (von 64 möglichen) elementaren Prozessoren (Intel 8085 oder Am 2900 Bit-Slice Prozessoren) bekommen Befehle aus dem Befehlspuffer zugewiesen.

Nach Erhalt eines Befehls geht der Prozessor in einen 'Busy'-Zustand und führt die folgenden Operationen nacheinander aus:

(1) die Operanden werden aus dem Speicher geholt,
(2) die Operation des Befehls wird ausgeführt,
(3) der Resultatwert wird (durch die Datensteuereinheit) geändert und simultan die Verbindungsfelder gelesen,
(4) die $C_1$- oder $C_2$-Kontrollbits im Befehlskontrollspeicher (Instruction Control Memory) werden gemäß der Verbindungsfelder geändert,
(5) das $C_d$-Bit des Resultatworts im Datenkontrollspeicher wird geändert und
(6) der Prozessor verläßt den 'Busy'-Zustand und kann somit einen neuen Befehl zugewiesen bekommen.

Die Bussteuereinheiten (Bus Managers) verwalten die Kommunikation der Prozessoren mit den anderen Verarbeitungseinheiten.

Programmiert wird das LAU-System in einer dafür entwickelten Einmalzuweisungssprache mit parallelem CASE-Konstrukt, *while*-Schleife (LOOP), die nach der Lock-Methode ausgeführt wird, und einer parallelen *for*-Schleife (EXPAND) zur Manipulation von Array-Elementen. Eine EXPAND-Anweisung läßt keine Datenabhängigkeiten zwischen den Iterationen zu und führt zum Auflösen aller Iterationen der Schleife in Einzelanweisungen durch den Compiler. In [Ackerman 82] wird angemerkt, daß die LAU-Sprache nicht seiteneffektfrei ist und deshalb Kontrollabhängigkeiten zusätzlich zu den Datenabhängigkeiten berücksichtigt werden müssen. Diese Kontrollabhängigkeiten werden im Quellprogramm durch Pfadausdrücke spezifiziert und erzeugen Kontrollflußkanten, die durch zusätzliche Zeiger im Datenspeicher auf die konsumierenden Befehle repräsentiert werden [Veen 86].

In [Komp, Muchnick 79] werden verschiedene Erweiterungen von Sprache und Architektur des LAU-Systems vorgeschlagen. Die Spracherweiterungen betreffen eine Verallgemeinerung der Array-Strukturen und die Einführung rekursiver Prozeduren. Die Architekturerweiterung erlaubt die Ausführung sequentieller Codeblöcke. Einem elementaren Prozessor wird ein gesamter sequentieller Codeblock anstelle eines einzelnen Befehls zugeordnet, und der elementare Prozessor führt die Befehle des Codeblocks aufeinanderfolgend aus. Da die Synchronisationsoperationen auf den Kontrollbits dadurch teilweise entfallen, ist diese Form der Ausführung für sequentielle Codeblöcke effizienter als durch das Datenflußprinzip. Damit liegt der wohl erste Vorschlag einer Large-Grain-Datenflußarchitektur in der Literatur vor!

Das LAU-Projekt war 1980 beendet. Erfahrungen mit dem Prototypen wurden nicht veröffentlicht, sie flossen jedoch in den Nachfolger des LAU-Systems ein. Dieser ist das zwischen 1982 und 1985 erstellte LAURA-System [Durrieu 86], das speziell für den Einsatz als CAD-Erweiterungssystem für Arbeitsplatzrechner entworfen wurde. Vom LAURA-System wurde eine Verarbeitungsleistung von 3 MFLOPS erwartet. Der Rechner wird vom französischen „Ministère de la Défense“ finanziert und sollte im Flugzeugbau eingesetzt werden.

## 3.5 Distributed Data Processor DDP

Der *Distributed Data Processor DDP* von Texas Instruments ist ein Datenflußmultiprozessor (One-Level Machine), von dem 1978 ein Prototyp mit 4 Verarbeitungselementen gebaut wurde. Der DDP war die erste (statische) Packet-Communication-Maschine, die betriebsfähig war [Veen 86].

Abbildung 5.3-1 zeigt die Struktur eines Verarbeitungselements [Srini 86]. Ein Verarbeitungselement besteht aus einer Verarbeitungseinheit (ALU), einer Speichereinheit (Memory) mit 128 KByte Speicherplatz, einem Eingabe- und einem Ausgabe-Port. Die Verarbeitungseinheiten sind über eine Ringstruktur miteinander und mit einem Vorrechner verbunden.

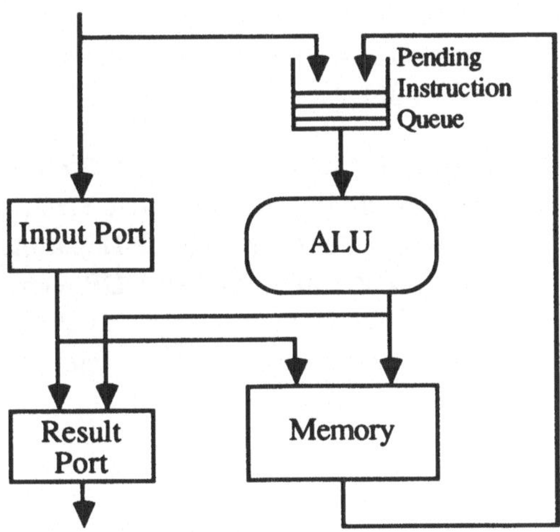


Abb. 3.5-1 Verarbeitungselement des DDP

Jeder Befehlseintrag (Knoten eines Datenflußgraphen) in der Speichereinheit eines Verarbeitungselements besteht aus maximal 15 Worten mit je 32 Bit Wortbreite. Der Befehlseintrag umfaßt den Opcode, einen Zähler (Predecessor Counter) der noch ausstehenden Operanden sowie Speicherplatz für maximal 13 Operanden und maximal 13 Zieladressen. Ein Knoten ist ausführbar, wenn der Zähler auf Null steht.

Ausführbare Operationen werden von der Verarbeitungseinheit ausgeführt und die Resultate an die Nachfolgeknoten auf demselben Verarbeitungselement eingetragen oder zu einem anderen Verarbeitungselement gesandt. Im letzten Fall wird das Resultat über das Kommunikationsnetzwerk als eine Folge von 64-Bit-Paketen geschickt. Ausführbare Befehle werden von der Speichereinheit in eine Pending Instruction Queue eingetragen, welcher die Verarbeitungseinheit den als nächsten auszuführenden Befehl entnimmt.

Ein separater Maintenance-Bus zu jedem Verarbeitungselement wird zum Laden und Lesen aus dem Speicher sowie für Überwachungs- und Diagnoseaufgaben genutzt.

Der DDP wurde zur Ausführung von FORTRAN-Programmen entworfen. Er unterstützt die Datentypen von FORTRAN IV und einen Semaphor-Datentyp, der für gemeinsame Codeblöcke (Unterprogramme oder Bibliotheksroutinen) benutzt wird. Ein Programmgraph, der einem FORTRAN-Programm entspricht, wird auf einem Vorrechner durch einen Compiler erzeugt. Der Programmgraph wird in Teilgraphen zerlegt, die in die Speichereinheiten der Verarbeitungselemente geladen werden. Um Datenflußgraphen, die reentrant sind, zu schützen, wurde die Lock-Methode angewandt. Der Compiler kann jedoch zusätzlich Kopien von Prozeduren generieren, um die Parallelität zu erhöhen [Veen 86].

Bei Texas Instruments in Austin, Texas, wurde ein DDP-Prototyp mit 4 Prozessoren gebaut. Benchmarks zeigten, daß ein linearer Speed-Up erreicht werden kann. Der DDP-Prototyp befindet sich nun am Computer Science Department der University of Southwestern Louisiana in Lafayette [Srini 86]. Der DDP wurde nicht kommerziell genutzt, jedoch wurde ein Nachfolgerrechner mit Ada als Programmiersprache und möglicher Anwendung im militärischen Bereich geplant (siehe [Grimm, Eggert, Karcher 84] und [Srini 86]).

## 3.6 Hughes Data Flow Multiprocessor

Ein Beispiel für einen statischen, feinkörnigen Datenflußrechner, der im Hinblick auf Signalverarbeitungsaufgaben entworfen wurde, ist der *Hughes Data Flow Multiprocessor* ([Vedder, Finn 85], [Finn 85]) der Firma *Hughes Aircraft Company*. Der Rechner ist in einer Hochsprache, der *Hughes Data Flow Language*, einem Dialekt von *Val*, programmierbar und wurde in Software simuliert. Der Programmgraph wird zur Compilezeit auf die Verarbeitungselemente verteilt. Es wird die Rückkopplungsmethode (siehe Abschnitt 3.2.2) angewandt.

Bis zu 512 Verarbeitungselemente sind durch ein 3-dimensionales Bussed-Cube-Netzwerk verbunden, d. h., die Verarbeitungselemente sind in einer dreidimensionalen Array-Struktur angeordnet und in jeder Dimensionsrichtung an einen Bus angeschlossen. Somit ist die maximale Übertragungsdistanz 3. Die Übertragung geschieht paketweise nach Store-and-Forward-Strategie. Viel Wert wurde auf statische Fehlertoleranz gelegt. In [Exum, Gaudiot 90] werden einige alternative Verbindungsstrukturen für den Hughes Data Flow Multiprocessor untersucht, die jedoch gegenüber der Bussed-Cube-Verbindung bei den meisten Kriterien keine Vorteile bringen.

Zur Implementierung eines Verarbeitungselements des Hughes Data Flow Multiprocessor wurden ein Prozessorchip und ein Kommunikationschip entworfen, die zusammen mit Speicherchips ein vollständiges Verarbeitungselement realisieren. Der Kommunikationschip implementiert die Store-and-Forward-Übertragungsstrategie und ist mit den drei Bussen verbunden. Er besitzt eine Anzahl von FIFO-Speichern für die Pufferung von Paketen. Da Pakete, die zwischen zwei Verarbeitungselementen übertragen werden, immer denselben Weg nehmen, wird die Ordnung der Tokens bewahrt. Ein Verarbeitungselement des Hughes Data Flow Multiprocessor ist in Abb. 3.6-1 dargestellt.

Der Prozessorchip (PROC) besteht aus einer Datenflußpipeline mit folgenden drei Stufen:

- Vergleichsoperation (Aktivität auf Ausführbarkeit prüfen) und Befehl und Operanden holen,
- Befehlsausführung und
- Tokenerzeugung für die Resultattokens.

Die erste Phase wird von zwei parallel arbeitenden Einheiten durchgeführt. Diese sind der Aktivitätsspeicher-Controller (Template Memory Controller TMC) und der Zieladreßspeicher-Controller (Destination Memory Controller DMC). Die Aktivitätseinträge sind über drei Speicher verteilt: den Aktivitätsspeicher (Template Memory TM), den Zieladreßspeicher (Destination Memory DM) und den Schaltsteuerspeicher (Fire Detect Memory FDM).

Sobald der Prozessorchip ein Paket vom Kommunikationschip (COM) erhält, wird der Status der zugehörigen Aktivität im Schaltsteuerspeicher ermittelt und entschieden, ob die Aktivität schaltbereit, also der Befehl ausführbar ist. Falls nicht, wird das Token im Aktivitätsspeicher abgelegt. Falls der Befehl ausführbar ist, werden Opcode und Operanden vom Aktivitätsspeicher-Controller aus dem Aktivitätsspeicher geholt und als Befehlspaket im Schalt-FIFO-Speicher (Firing Queue FQ) abgelegt. Gleichzeitig zu diesen Aktionen holt der Zieladreßspeicher-Controller die zugehörigen Zieladressen aus dem Zieladreßspeicher und legt sie in dem Zieladreß-FIFO-Speicher (Destination Queue DQ) ab.

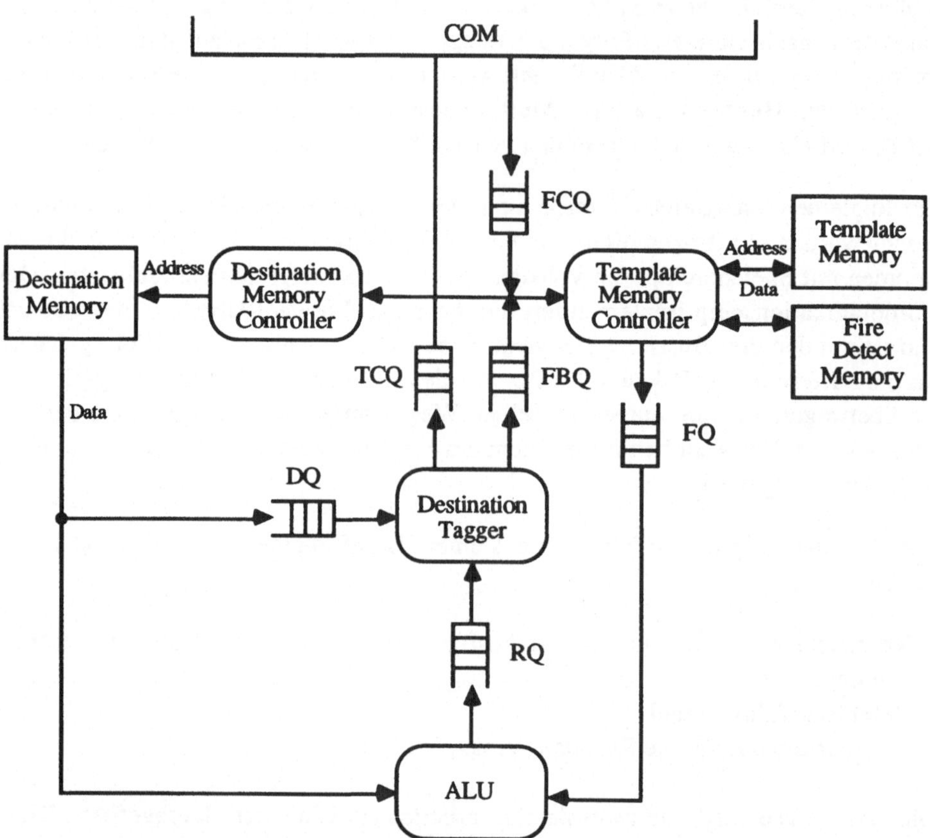


Abb. 3.6-1 Prinzipielle Struktur eines Verarbeitungselements des Hughes Data Flow Multiprocessor

In der zweiten Phase holt die Verarbeitungseinheit (ALU) ein Befehlspaket aus dem Schalt-FIFO-Speicher, führt den Befehl aus und legt Resultate im Resultat-FIFO-Speicher (Result Queue RQ) ab.

In der dritten Phase werden von der Tokenerzeugungseinheit (Destination Tagger) die Resultate aus dem Resultat-FIFO-Speicher und die Zieladressen aus dem Zieladreß-FIFO-Speicher kombiniert und über den Rückführungs-FIFO-Speicher (Feed Back Queue FBQ) an den Aktivitätsspeicher-Controller zurückgeliefert oder, im Falle nichtlokaler Zieladressen, über den Ausgabe-FIFO-Speicher (To Token Queue TCQ) an den Kommunikationschip übertragen.

Lokale Datenstrukturen (Array-Strukturen) werden im Zieladreßspeicher gehalten, damit die Verarbeitungseinheit einen direkten Zugriff darauf besitzt. Verteilte Array-Strukturen werden in den Aktivitätsspeichern der einzelnen Verarbeitungselemente gehalten. Auf sie wird über spezielle Array-Paket-Operationen zugegriffen.

Es wird pro Verarbeitungselement eine maximale Verarbeitungsgeschwindigkeit von 2-5 MIPS erwartet. Die Realisierung war für 1985 bis 1987 geplant.

## 3.7 Dataflow Multiprocessor von Rumbaugh

Der *Dataflow Multiprocessor* [Rumbaugh 75 und 77] zählt zu den allerersten Entwürfen einer Datenflußarchitektur. Klassifizieren läßt sich dieser Entwurf bereits als dynamisches Datenflußprinzip, jedoch mit Code-Copying-Methode.

Die Gesamtstruktur des Data Flow Multiprocessor ist in Abb. 3.7-1 dargestellt. Dieser besteht aus einer Anzahl von Verarbeitungselementen (die eigentlichen Datenflußprozessoren, Activation Processors genannt), einem Scheduler, einem Ein-/Ausgabe-Prozessor (Peripherical Processor), der die Verbindung nach außen gewährleistet, zwei Strukturprozessoren (Structure Controller) mit Zugriff auf einen Strukturspeicher (Structure Memory) und einem Swap-Netzwerk (Swap Network) mit Zugriff auf den Programmspeicher (Program Memory) und den Swap-Speicher (Swap Memory).

Prozeduraufrufe werden an den Scheduler geschickt. Dieser schickt eine Kopie der gerufenen Prozedur und seine Eingabewerte an ein untätiges Verarbeitungselement. Die Zuordnung von Programmteilen zu Verarbeitungselementen geschieht somit zur Laufzeit auf Prozedurebene. Eine mehrfache, gleichzeitige Aktivierung einer Prozedur ist möglich und wird durch den Scheduler gesteuert.

Jedes der Verarbeitungselemente führt eine Prozeduraktivierung nach dem Datenflußprinzip aus. Alle diese Einheiten arbeiten asynchron zueinander und kommunizieren mittels Nachrichtenaustausch über gerichtete Kommunikationsverbindungen in Form von Übertragungskanälen. Eine Einheit schreibt nur dann in einen Kanal, wenn dieser leer ist. Ansonsten wartet die schreibwillige Einheit.

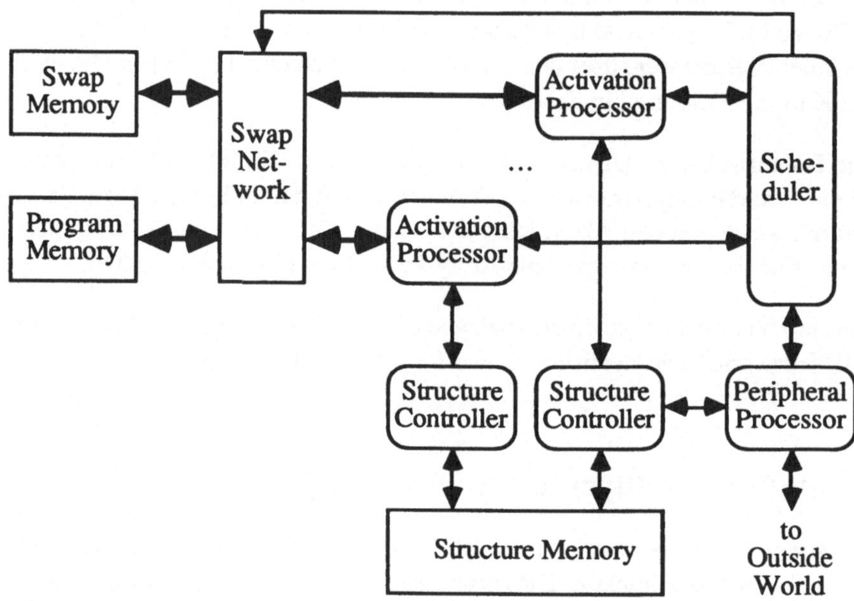


Abb. 3.7-1 Gesamtstruktur des Dataflow Multiprocessor von Rumbaugh

Der Strukturspeicher enthält große Datenstrukturen in Form azyklischer Graphen mit möglicherweise gemeinsamen Unterstrukturen. Der Zugriff auf den Strukturspeicher erfolgt durch die Strukturprozessoren, die Seiteneffekte bei Strukturoperationen verhindern.

Der Programmspeicher enthält das Programm, also die aktivierbaren Prozeduren, während der Swap-Speicher Prozeduraktivierungen enthält, die zeitweise suspendiert sind. Das Swap-Netzwerk überträgt Prozeduraktivierungen zwischen Programmspeicher, Swap-Speicher und den Verarbeitungselementen.

Der Scheduler koordiniert die Verarbeitungselemente, verwaltet die Prozeduraktivierungen und ordnet den Verarbeitungselementen Prozeduraktivierungen dynamisch zur Laufzeit zu. Jeder Prozeduraktivierung wird zum Aktivierungszeitpunkt ein Aktivierungszeiger zur Identifikation zugeordnet. Der Scheduler verwaltet eine Liste von auf ihre Ausführung wartenden Prozeduraktivierungen (Call List), eine Liste der derzeit auf den Verarbeitungselementen aktiven Prozeduraktivierungen (Processor Table) und eine Liste, welche die aufrufende Prozedur und den Standort einer jeden Prozeduraktivierung beschreibt (Activation Table).

Wenn der Scheduler einen Prozeduraufruf von einem der Verarbeitungselemente erhält, wird der Aktivierungszeiger der rufenden Prozeduraktivierung angehängt und beides in die Call List geschrieben. Sobald ein Verarbeitungselement untätig wird, wird der Call List ein Eintrag entnommen, ein Aktivierungszeiger erzeugt, der Standort der aufrufenden und der gerufenen Prozeduraktivierung in die Activation Table eingetragen, der Prozedurcode aus dem Programmspeicher in den Befehlsspeicher des Verarbeitungselements übertragen und die Argumentwerte übergeben. Entsprechendes geschieht beim Ende einer Prozeduraktivierung.

Falls kein untätiges Verarbeitungselement gefunden wird, wartet der Scheduler, bis ein Verarbeitungselement suspendiert (dormant) ist. Er sichert dessen Zustand, d. h. alle noch nicht verarbeiteten Tokens, und erklärt es als untätig [Veen 86].

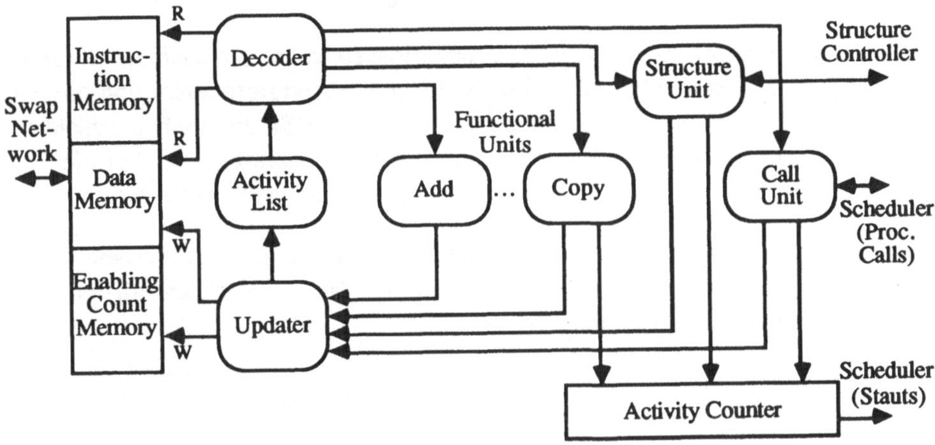


Abb. 3.7-2 Struktur eines Verarbeitungselements

Die Struktur eines Verarbeitungselements ist in Abbildung 3.7-2 dargestellt. Dieses besteht aus einer zirkulären Datenflußpipeline, aufgebaut aus einer Aktivitätsliste (Activity List), einem Dekoder, einer Anzahl von Funktionseinheiten und einem Updater. Auf den Aktivierungszähler (Activity Counter) kann vom Scheduler aus zugegriffen werden, er enthält Informationen über den augenblicklichen Status des Verarbeitungselements. Der lokale Speicher zerfällt in einen Befehlsspeicher (Instruction Memory), einen Datenspeicher (Data Memory) und einen Zählerspeicher (Enabling Count Memory).

Die Datenflußpipeline arbeitet folgendermaßen: Die Aktivitätsliste enthält Adressen von ausführbaren Befehlen. Der Dekoder liest die Adresse eines ausführbaren Befehls aus dem Aktivitätsspeicher, holt den zugehörigen Befehl und die Argumente aus dem lokalen Speicher und reicht dieses Befehlspaket an die entsprechende Funktionseinheit weiter.

Für jede Klasse von Datenflußoperationen ist eine eigene Funktionseinheit vorgesehen. Diese können parallel zueinander arbeiten. Erzeugte Resultatwerte werden mit ihren Adressen und den Adressen von Folgebefehlen als Resultatpakete an den Updater gesandt. Dieser erhält Resultatpakete von allen Funktionseinheiten. Er speichert einen Resultatwert im Datenspeicher und dekrementiert den Zähler des Folgebefehls. Falls dieser Zähler jetzt auf Null steht, ist der Folgebefehl ausführbar. Daraufhin wird seine Adresse in die Aktivitätsliste geschrieben und der Zähler auf den Initialisierungswert (die Anzahl der Argumente) zurückgesetzt.

Jedes Verarbeitungselement enthält zwei Funktionseinheiten, die nach außen führen: diese sind die Struktureinheit als Schnittstelle zum Strukturprozessor und die Aufrufeinheit (Call Unit) als Schnittstelle zum Scheduler. Die Struktureinheit schickt Anforderungen für Strukturoperationen an den Strukturprozessor. Die Aufrufeinheit schickt Prozeduraufrufe an den Scheduler und bekommt Resultatwerte zurück.

Durch die Zuordnung von ausführbaren Prozeduraufrufen an die Verarbeitungselemente durch den Scheduler wird Parallelität auf der Taskebene, innerhalb der Verarbeitungselemente auf der Befehlsebene genutzt.

# 4 Dynamische Datenflußrechner

## 4.1 Einführung und Überblick

Im Kapitel 3 wurden Datenflußrechner aus der Zeit von Mitte der 70er bis Anfang der 80er Jahre vorgestellt. Diese verwenden bis auf den Dataflow Multiprocessor von Rumbaugh (Abschnitt 3.7) alle das statische Datenflußprinzip. Rumbaughs Entwurf wurde als dynamischer Datenflußrechner mit Code-Copying-Methode klassifiziert. Im vorliegenden Kapitel werden die wichtigsten Entwicklungen bei dynamischen Datenflußrechnern mit Tagged-Token-Prinzip beschrieben, wobei vier dynamische Datenflußrechnerprojekte exemplarisch vorgestellt werden. Dabei wird, soweit Literatur verfügbar ist, die Zeitspanne vom Anfang der 80er Jahre bis heute erfaßt. Die vier Datenflußrechnerprojekte sind:

- Der *Manchester Prototype Dataflow Computer* (Abschnitt 4.2.1) war ab Oktober 1981 als erster Prototyp eines dynamischen Datenflußrechners an der Universität Manchester betriebsbereit. Abschnitt 4.2.2 gibt ein Programmbeispiel wieder, Abschnitt 4.2.3 enthält Leistungsmessungen und Erfahrungen mit dem Manchester Prototype Dataflow Computer. Bei diesen ersten Erfahrungen mit einem dynamischen Datenflußrechnerprototypen erwies sich die Vergleichseinheit als Engpaß. Auch die Methode, große Datenstrukturen im Token-Speicher der Vergleichseinheit zu speichern, zeigte sich als unbefriedigende Lösung und wurde in einer späteren Phase durch eine Speicherung in einem zusätzlichen Strukturspeicher ersetzt. Das auftretende Problem der explodierenden Parallelität wurde mit der Entwicklung des Konzepts eines Hardware-Drosselmechanismus gelöst, das gleichzeitig eine der wesentlichen Neuerungen der *Manchester Multi-Ring Dataflow Machine* (Abschnitt 4.2.4) darstellt. Ein weiterer Unterschied zum Manchester Prototype Dataflow Computer stellt die Verwendung mehrerer Verarbeitungselemente und mehrerer Strukturspeicher dar; der Manchester Prototype Dataflow Computer besitzt dagegen nur ein einziges Verarbeitungselement. Mehrere zusätzliche Verarbeitungselemente, die ursprünglich beim Entwurf des Manchester Dataflow Computer geplant waren, wurden nicht realisiert.

- Die Projekte, die von Arvind und seinen Forschungsgruppen an der University of California in Irvine begonnen wurden und seither am Massachusetts Institute of Technology fortgesetzt werden, sind Inhalt des Abschnitts 4.3. Frühe Erfahrungen

Ende der 70er Jahre (Abschnitt 4.3.1) führten zum Entwurf des *U-Interpreters* (Abschnitt 4.3.2), mit dem das Tagged-Token-Prinzip dynamischer Datenflußrechner erstmals (und etwa gleichzeitig mit der Manchester-Forschungsgruppe) vorgestellt wurde. Im Laufe der 80er Jahre wurde auf der Basis des U-Interpreters die *MIT Tagged-Token Dataflow Architecture* (Abschnitt 4.3.3) entwickelt und in vielen Simulationen verfeinert. Zur Lösung des Problems der großen Datenstrukturen wurde das *I-Strukturkonzept* (Abschnitt 4.3.4) eingeführt. Für die Steuerung der entstehenden Parallelität wurde das *k-begrenzte Schleifenschema* (Abschnitt 4.3.5) entwickelt, das die Anzahl parallel aktivierter Schleifeniterationen auf eine maximale Anzahl beschränkt. Bei der MIT Tagged-Token Dataflow Architecture zeigte sich der assoziative Zugriff auf den Token-Speicher der Vergleichseinheit als wesentlicher Engpaß. Dieser assoziative Zugriff wird durch das *Prinzip des expliziten Token-Speichers* (Abschnitt 4.3.6) eliminiert und durch eine direkte Adressierung ersetzt. Dieses Prinzip ist eine der wesentlichen Neuerungen bei der *Monsoon-Architektur* (Abschnitt 4.3.7), die außerdem eine Abkehr vom reinen feinkörnigen Datenflußprinzip darstellt. Sequentielle Kontrollfäden können unter Verwendung von Registern ähnlich wie beim HEP-Rechner (Abschnitt 6.2) ausgeführt werden („Cycle-by-Cycle Interleaving" oder „Fine-Grain Multithreading"). Damit geht eine Umdeutung des Paradigmas des dynamischen Datenflußrechnerprinzips in das eines Multithreaded-Architekturprinzips (Kapitel 5 und 6) einher. Mehrere Monsoon-Rechnerprototypen werden zur Zeit am Massachusetts Institute of Technology in Kooperation mit der Firma Motorola realisiert. Weitere, noch radikaler vom Prinzip feinkörniger Datenflußrechner abweichende Architekturentwürfe aus der MIT-Forschungsgruppe sind die in Abschnitt 5.2 vorgestellten Datenfluß-/von-Neumann-Hybridarchitekturen VNDF von Iannucci, P-RISC und darauf aufbauend TAM und *T.

- Die sehr vielfältigen Datenflußrechnerprojekte in Japan, die zu einer Vielzahl von Prototypimplementierungen führten, sind Inhalt des Abschnitts 4.4. Abschnitt 4.4.1 gibt einen Überblick über einige japanische Datenflußrechnerprojekte der 80er Jahre. Der *SIGMA-1-Rechner* (Abschnitt 4.4.2) ist mit seinen 128 Verarbeitungseinheiten und 128 Strukturspeichern der zur Zeit größte Prototyp eines Datenflußrechners. Sein Nachfolger *EM-4* (Abschnitt 4.4.3) ist ebenfalls als experimenteller Prototyp mit 80 Datenflußprozessoren implementiert. Beim EM-4 wurde in der Vergleichseinheit der assoziative Zugriff über ein Hash-Verfahren - so noch beim SIGMA-1-Rechner - durch eine direkte Adressierung („Direct-Matching-Verfahren"), ähnlich dem Konzept des expliziten Token-Speichers, ersetzt. Das Konzept eines „eng zusammenhängenden Blocks" („Strongly Connected Block") erlaubt es, sequentiell geordnete Befehle direkt aufeinanderfolgend unter Verwendung von Registern auszuführen. Im Gegensatz zum SIGMA-1-Rechner, der als numerischer Supercomputer genutzt wird, ist der EM-4-Rechner auf nichtnumerische Anwendungen spezialisiert.

- In einem weiteren Abschnitt werden die beiden Datenflußrechner der Sandia National Laboratories vorgestellt. Beim *Epsilon-1-Rechner*, von dem ein Prototyp mit einem Prozessor existiert, konnte durch Ausführung von Testprogrammen eine höhere Verarbeitungsleistung als auf einer vergleichbaren Workstation gemessen werden. Der Nachfolger *Epsilon-2* ist ein Datenflußmultiprozessor, dessen Prozessoren verbesserte Epsilon-1-Prozessoren sind. Insbesondere wird das schon beim Epsilon-1-Prozessor implementierte Repeat-on-Input-Verfahren verallgemeinert. Mit diesem Verfahren können, ähnlich wie beim EM-4-Rechner, Befehle sequentieller Kontrollfäden direkt aufeinanderfolgend unter Verwendung von Registern ausgeführt werden („Block Multithreading“ oder „Coarse-Grain Multithreading“). Bei beiden Rechnern wird eine direkte Adressierung des Token-Speichers der Vergleichseinheit durchgeführt.

Man kann bei diesen Projekten deutlich mehrere Phasen unterscheiden. Die früheste Phase Ende der 70er Jahre ist von ersten Experimenten mit dem dynamischen Datenflußrechnerprinzip geprägt. Beispiele dafür sind der U-Interpreter und der Irvine Dataflow Computer der Arvind-Gruppe bis hin zum Manchester Prototype Dataflow Computer.

In der Phase der 80er Jahre werden die wesentlichen Prototypen dynamischer Datenflußrechner geschaffen, bei denen die Vergleichsoperation auf einem assoziativen Speicherzugriff beruht. Zu diesen Prototypen gehört der Manchester Prototype Dataflow Computer, die MIT Tagged-Token Dataflow Architecture, der SIGMA-1-Rechner und praktisch alle seine Vorläufer in Japan.

Die Implementierung der Vergleichseinheit stellt dabei immer eines der Hauptprobleme dar. Aus Gründen der notwendigen Verarbeitungsleistung wäre ein Assoziativspeicher ideal, jedoch ist der Token-Speicher, der zur Aufnahme der auf ihren Partner wartenden Tokens benötigt wird, sehr groß, wodurch dieser Zugang nicht praktikabel oder zumindest nicht kosteneffektiv ist. Deshalb benutzen alle diese Datenflußrechner irgendeine Form von Hash-Technik, die meist von Hardware-Hash-Tabellen unterstützt wird. Hash-Techniken zeigen sich jedoch typischerweise als zu langsam, um sie als eine einzelne Stufe der Verarbeitungspipeline vorzusehen. Dies führt zu einer langen Hashing-Pipeline, wie beispielsweise im Manchester Prototype Dataflow Computer, wodurch die Verarbeitungsleistung für sequentielle Programmteile sinkt. Beim SIGMA-1-Rechner konnte der Zeitaufwand für die Vergleichsoperation immerhin auf 2 bis 3 Prozessorzyklen gesenkt werden. Allerdings muß ein beträchtlicher Teil des Token-Speichers der Vergleichseinheit leer bleiben, um Kollisionen beim Hashing möglichst zu vermeiden.

Ein weiteres Problem, das bei Projekten dieser Phase erkannt wurde, ist das Problem der explodierenden Parallelität. Bei unbegrenzter paralleler Entfaltung von Schleifeniterationen und rekursiven Unterprogrammaufrufen kann es zu einem Überschwemmen der Ressourcen der Maschine durch Zwischenresultate und damit zum Verklemmen der Maschine kommen. Insbesondere der Token-Speicher der Vergleichseinheit reagiert darauf besonders empfindlich. Zur Behandlung explodierender Parallelität wurde beim Manchester Prototype Dataflow Computer ein dynamischer Hardware-Drosselmechanismus (Hardware Throttle) entworfen, der zur Laufzeit aufgrund von Auslastungsergebnissen eine weitere parallele Erzeugung von Unterprogrammaufrufen oder Schleifeniterationen unterbindet. Dieser Drosselmechanismus ist wesentlicher Bestandteil des Entwurfs der Manchester Multi-Ring Dataflow Machine.

Für die MIT Tagged-Token Dataflow Architecture wurde mit dem *k*-begrenzten Schleifenschema ein Software-Drosselmechanismus entwickelt, der allerdings nur für parallele Schleifeniterationen angewandt werden kann. Schleifen werden so compiliert, daß die maximale Entfaltung paralleler Schleifeniterationen durch eine Zahl *k* begrenzt ist. Diese Begrenzungszahl kann im Prinzip während der Laufzeit festgelegt werden; in den bisherigen Implementierungen bei der MIT Tagged-Token Dataflow Architecture und dem Monsoon-Rechner wird die Begrenzungszahl allerdings bei der Ladezeit fest vorgegeben.

Die Speicherung großer Datenstrukturen erfolgte anfänglich beim Manchester Prototype Dataflow Computer im Token-Speicher der Vergleichseinheit. Später wurden, wie bei allen anderen in diesem Kapitel vorgestellten Datenflußrechnern, von den Verarbeitungselementen getrennte Strukturspeicher eingesetzt. Große globale Datenstrukturen werden meist als nicht-strikte Datenstrukturen vorgesehen und durch das I-Strukturkonzept oder ähnliche Konzepte realisiert. Diese Konzepte und Implementierungen lösen das Problem der Determiniertheit beim Zugriff (Lesezugriffe, die vor Schreibzugriffen kommen, werden suspendiert), jedoch nicht das Problem eines effizienten Zugriffs auf eine gesamte Datenstruktur. Auch die Verfahren der iterativen Befehle beim Manchester Prototype Dataflow Computer und der Structure-Flow-Operationen beim SIGMA-1-Rechner führen zu einem Token-Strom von einem Strukturspeicher zu einem Verarbeitungselement (oder in umgekehrter Richtung) und zu einer Belastung des Token-Speichers der Vergleichseinheit bei zweistelligen Strukturoperationen. Bei konventionellen Vektorrechnern werden bei einer Vektorladeoperation nur die reinen Datenwerte (und nicht jeder Datenwert mit seinem Tag) vom Speicher zum Prozessor übertragen. Die Belastung der Kommunikationseinrichtung zwischen Speicher und Prozessor ist bei Vektorrechnern entsprechend geringer.

Durch die Erweiterung der Tokens um Tags werden breite Kommunikationswege nicht nur für das Kommunikationsnetzwerk zwischen den Verarbeitungselementen und den Strukturspeichern, sondern auch für die Verarbeitungspipelines innerhalb der Verarbeitungselemente notwendig. Beim Manchester Prototype Dataflow Computer sind die Tokens 96 Bit breit, davon nur 37 Datenbits, beim Monsoon-Rechner 144 Bit, davon 64 Datenbits, und beim SIGMA-1-Rechner 89 Bit, davon 32 Datenbits.

Die dritte Phase dynamischer Datenflußrechner ab Ende der 80er Jahre zeichnet sich durch die Verwendung von Aktivierungsrahmen im Token-Speicher der Vergleichseinheit aus. Die Aktivierungsrahmen werden bei Unterprogrammaufrufen oder Aktivierungen von Schleifeniterationen alloziert und nehmen die Tokens, die auf ihr Partnertoken warten müssen, in zur Compilezeit zugeordneten Speicherstellen auf. Das Auffinden des Partnertoken bei zweistelligen Befehlen durch die Vergleichsoperation der Vergleichseinheit geschieht durch direkte Adressierung relativ zum zugehörigen Aktivierungsrahmen. Ein assoziativer Zugriff ist nicht mehr nötig. Damit ist das Problem der Vergleichseinheit gelöst. Dieses Verfahren wird als „Prinzip des expliziten Token-Speichers“ (beim Monsoon-Rechner), als „Direct Matching“ (beim EM-4-Rechner) oder als „Direct Match“ (beim Epsilon-2-Rechner) bezeichnet.

Eine weiteres Problem für dynamische Datenflußrechner stellt die Wahl der Längen der Tag-Felder dar. Dies gilt besonders für die Iterationsnummer, die für jede Iteration erhöht wird, und die Kontextnummer, die für jeden Unterprogrammaufruf eindeutig sein muß. Die Größe dieser Felder kann nur schwer optimiert werden. Große Felder führen zu langen Tags, wodurch Kommunikationszeit oder Hardware-Ressourcen vergeudet werden, kleine Feldgrößen können zu einem Überlauf führen und damit zur Verklemmung der Maschine. Mit dem $k$-begrenzten Schleifenschema läßt sich zumindest die Länge des Iterationsnummernfeldes begrenzen, ohne daß die Gesamtzahl der Iterationen einer Schleife begrenzt werden muß. Die Länge des Kontextnummernfeldes könnte durch ein Wiederverwenden der Kontextnummern bereits beendeter Unterprogrammaufrufe begrenzt werden, ohne die Gesamtzahl der während eines Programmlaufes möglichen Unterprogrammaufrufe zu begrenzen. Allerdings ist dafür eine Überwachung der Rückgabe von Kontextnummern und damit zusätzlicher Hardware- oder Softwareaufwand notwendig.

Problematisch ist auch die Vielfalt von verschiedenen Speichertypen in dynamischen Datenflußrechnern; es werden zumindest ein Token-Speicher, ein Programmspeicher und ein Token-Puffer benötigt. Diese verschiedenen Speichertypen erhöhen die Komplexität der Speicherverwaltung und verhindern die dynamische Segmentierung eines einzigen uniformen Speichers, der alle drei verschiedenen Speicher umfassen könnte.

Schließlich ist die Verarbeitungsleistung für sequentielle Programme durch die zirkuläre Pipeline eines konventionellen dynamischen Datenflußrechners meist niedrig, da bei zwei sequentiell im Programm aufeinanderfolgenden Befehlen der nachfolgende Befehl erst nach einem Durchlaufen aller Pipelinestufen des ersten Befehls ausgeführt werden kann. Bei einem zweistelligen Befehl müssen beide Eingangstokens bei der Vergleichseinheit angekommen sein, und es wird zweimal die aufwendige Vergleichsoperation zum Auffinden des Partnertoken durchgeführt. Eine Verwendung von Registern als Zwischenspeicher ist beim dynamischen Datenflußrechnerprinzip nicht möglich, weil von der Verarbeitungseinheit aufeinanderfolgend ausgeführte Befehle aus verschiedenen Kontrollfäden stammen können. Das Datenflußrechnerprinzip ist hier dem Befehlspipelining moderner von-Neumann-Prozessoren weit unterlegen.

Die Lösungen, die sich hier abzeichnen, sind Verfahren, bei denen die Befehle eines sequentiellen Kontrollfadens auch direkt aufeinanderfolgend ausgeführt werden. Das beim Monsoon-Rechner angewandte Verfahren sorgt dafür, daß Tokens sofort wieder in die Verarbeitungspipeline eingefüttert werden, so daß bei einer 8-stufigen Pipeline nach genau 8 Taktzyklen der sequentiell nächste Befehl eines Kontrollfadens ausgeführt wird. Die beim EM-4 und den Epsilon-Rechnern angewandten Verfahren erlauben sogar, sequentielle Kontrollfäden direkt aufeinanderfolgend zu verarbeiten. Hier genügt dann auch nur ein Registersatz, während beim Monsoon-Rechner acht getrennte Registersätze notwendig sind, um die innerhalb eines sequentiellen Kontrollfadens gegebene Lokalität der Daten auszunutzen.

Durch die Möglichkeit der Ausführung sequentieller Kontrollfäden ergibt sich eine Uminterpretierung des Datenfluß-Paradigmas als Multithreaded-Architekturprinzip. Jedesmal, wenn in einem Datenflußgraphen zwei Ausgangskanten einen Knoten verlassen, werden zwei Tokens erzeugt und damit ein neuer Kontrollfaden eröffnet. Bei jedem Auffinden eines Partnertoken durch die Vergleichseinheit, werden zwei Kontrollfäden synchronisiert. Beides geschieht durch die Hardware eines dynamischen Datenflußrechners bedeutend schneller als bei von-Neumann-Prozessoren. Auch die Latenzzeit, die beim Zugriff auf globale Datenobjekte in einem Strukturspeicher entsteht, läßt sich durch die Fähigkeit dynamischer Datenflußrechner, die darin besteht, daß aufeinanderfolgend ausgeführte Befehle aus verschiedenen Kontrollfäden stammen können, ohne Wartezeit überbrücken. Die Neuinterpretation dynamischer Datenflußrechner als Multithreaded-Architekturen dürfte die nächste, zukünftige Phase von Datenflußrechnern bestimmen.

In heutigen dynamischen Datenflußrechnern ist noch kaum eine Kontrolle durch den Programmierer oder den Compiler über den Ablauf eines Programms auf der Maschine möglich. Dadurch werden Speicherverwaltungstechniken, die eine Überlaufkontrolle in Abhängigkeit vom Anwenderprogramm durchführen, erschwert. Auch die Verwendung von Betriebssystemtechniken - wie z. B. kritischen Bereichen, Interrupts und Ausnahmebehandlungen - sind erschwert und noch wenig untersucht. Die oben erwähnten Techniken, sequentielle Kontrollfäden auch direkt aufeinanderfolgend auszuführen, zeigen auch hierfür Lösungen auf.

## 4.2 Manchester Dataflow Computer

### 4.2.1 Manchester Prototype Dataflow Computer

Der *Manchester Prototype Dataflow Computer*[1] wurde an der Universität Manchester entwickelt und ist seit Oktober 1981 betriebsfähig. Er ist der erste Prototyp eines dynamischen Datenflußrechners. Der Manchester Prototype Dataflow Computer besteht aus einem einzigen Verarbeitungselement, dessen Einheiten in einer zirkulären Pipeline zusammengeschlossen sind. Obwohl beim Entwurf des Manchester Dataflow Computer mehrere miteinander verbundene Verarbeitungselemente geplant waren, wurde nur ein einziges Verarbeitungselement realisiert. Abbildung 4.2-1 zeigt die Rechnerstruktur des Manchester Prototype Dataflow Computer [Gurd, Kirkham, Watson 85].

Das Verarbeitungselement besteht aus einer Vergleichseinheit (Matching Unit), einer Befehlsbereitstellungseinheit (Instruction Store Unit), einer Verarbeitungseinheit (Processing Unit), die selbst wieder aus 20 parallel arbeitenden Funktionseinheiten (Function Units) besteht, und einem Ein-/Ausgabeschalter (I/O Switch), der mit einem Vorrechner (Host) verbunden ist. Diese Einheiten sind zu einer Pipeline zusammengeschlossen. Der Token-Puffer (Token Queue) enthält Tokens (Token Packets), die durch vorherige Schaltvorgänge produziert oder vom Vorrechner geladen wurden.

Die Vergleichseinheit kombiniert Token-Paare, die für dieselbe Operation gedacht sind. Sie entnimmt dem Token-Puffer ein Token. Falls es sich um ein Token für eine unäre Operation handelt, reicht sie das Token direkt zur Befehlsbereitstellungseinheit

---

1 Als Literaturangaben zum Manchester Prototype Dataflow Computer siehe [Gurd, Watson 80 und 83], [Watson, Gurd 82], [Kirkham 82], [da Silva, Watson 83], [Gurd, Kirkham, Watson 85], [Gurd et al. 86], [Barahoni, Gurd 86], [Ruggiero, Sargeant 87], [Böhm, Gurd, Teo 89], [Böhm, Gurd 90] und [Teo, Böhm 91]. Am häufigsten zitiert wird der Überblicksartikel [Gurd, Kirkham, Watson 85].

weiter. Andernfalls beginnt die Vergleichsphase. Dabei wird der Tag des Token mit den Tags aller derzeit im Token-Speicher abgelegten Tokens verglichen und, falls gefunden, das Token-Paar zur Befehlsbereitstellungseinheit weitergereicht. Falls kein Token mit gleichem Tag gefunden wird, wird das Token im Token-Speicher der Vergleichseinheit bis zur Ankunft seines Partners zwischengespeichert.

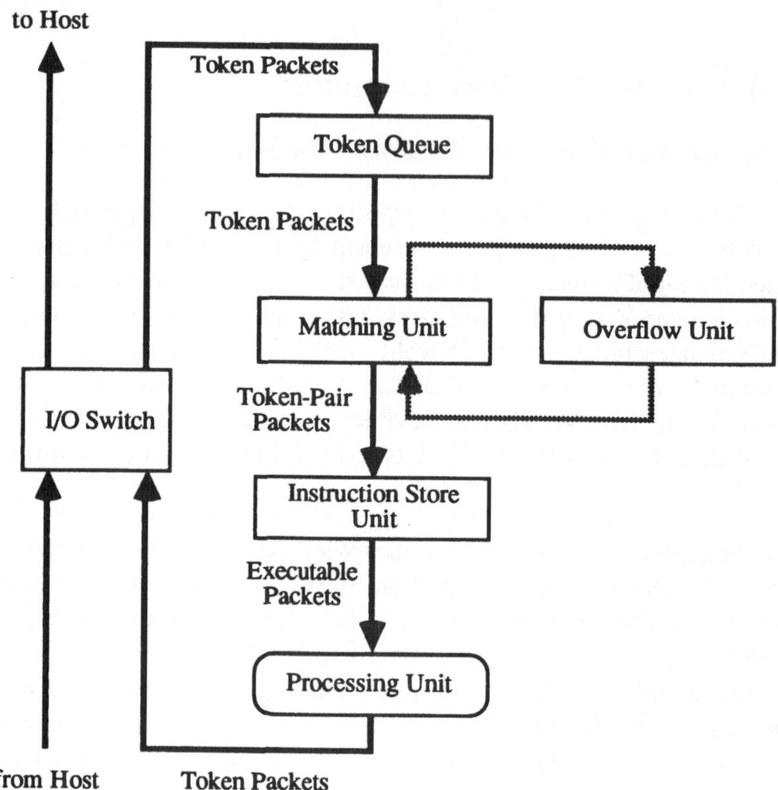


Abb. 4.2-1 Grundlegende Struktur des Manchester Prototype Dataflow Computer

Die Befehlsbereitstellungseinheit holt den zugehörigen Befehlseintrag aus dem Programmspeicher und fügt den Operationscode und die Zieladressen an das Token-Paar an. Jedes derartig vervollständigte Befehlspaket wird zu einer der 20 identisch mikroprogrammierten Funktionseinheiten weitergegeben. Diese berechnet den Resultatwert und erzeugt neue Tokens. Die erzielten Resultattokens werden zum Ein-/Ausgabeschalter transportiert, der das Zielverarbeitungselement (hier derselbe Verarbeitungsring oder der Vorrechner bei einer Ausgabeoperation) ermittelt und die Resultattokens weiterleitet. Der Ein-/Ausgabeschalter dient als Schnittstelle, um von einem Vorrechner Programme und Daten zu laden sowie um Daten auszugeben. Der als FIFO-Speicher organisierte Token-Puffer dient dazu, Ungleichmäßigkeiten auszugleichen, die bei der Produktion und dem Konsum von Resultattokens auftreten können.

Ein Token besteht aus einem 37 Bit breiten Datenwert, einer 1-Bit-Markierung, einer 22 Bit breiten Zieladresse und einem 36 Bit breiten, dreiteiligen Tag. Dieser umfaßt:

- einen *Activation Name* für die entsprechende Unterprogrammaktivierung,
- einen *Iteration Level* für die Iterationstiefe bei Schleifen und
- einen *Index*, der für den Zugriff auf Elemente komplexer Datenstrukturen benötigt wird.

Die Tokens werden entweder von der Verarbeitungseinheit als Resultattokens generiert oder über den Ein-/Ausgabeschalter vom Vorrechner gesandt. Sie werden mit einer Transfergeschwindigkeit von bis zu 4.37 M Token pro Sekunde zwischen den Einheiten im Verarbeitungsring transportiert. Der Token-Puffer (Token Queue; Abb. 4.2-2) ist ein zirkulärer FIFO-Pufferspeicher mit einer maximalen Kapazität von 32 K Token, der zur Zwischenspeicherung der 96 Bit breiten Tokens dient. Der Token-Puffer umfaßt weiterhin drei interne Register und empfängt bzw. liefert Tokens mit einer Übertragungsgeschwindigkeit von 52.44 MByte pro Sekunde.

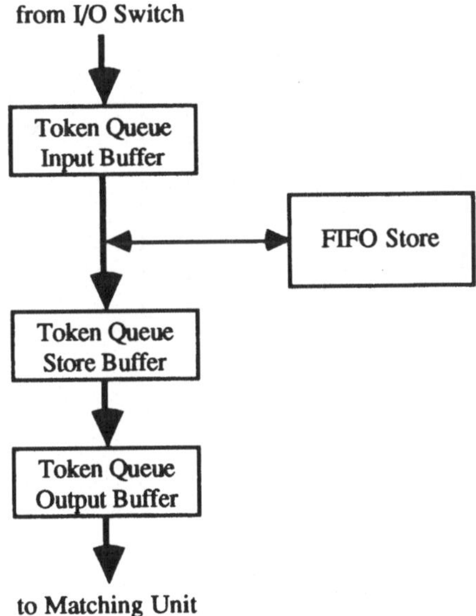


Abb. 4.2-2 Detailstruktur des Token-Puffers

In der Vergleichseinheit (siehe Abbildung 4.2-3) werden die Tokens, die für denselben Befehl benötigt werden, zusammengebündelt. D. h., wenn ein Token in die

Vergleichseinheit eintritt, muß sein Tag mit den Tags der bereits gespeicherten Tokens daraufhin verglichen werden, ob sie für denselben Befehl gedacht sind. Falls dies der Fall ist, also ein *Match* eintritt, wird der Operand aus dem Token-Speicher selektiert, mit dem Eingangstoken zusammengeführt und an die Befehlsspeichereinheit zur Aktivierung des Befehls weitergeleitet. Andernfalls muß das Eingangstoken im Token-Speicher abgelegt werden, bis sein Partnertoken ebenfalls berechnet ist. Tokens für Befehle, die nur einen einzigen Operanden benötigen, passieren die Vergleichseinheit sofort.

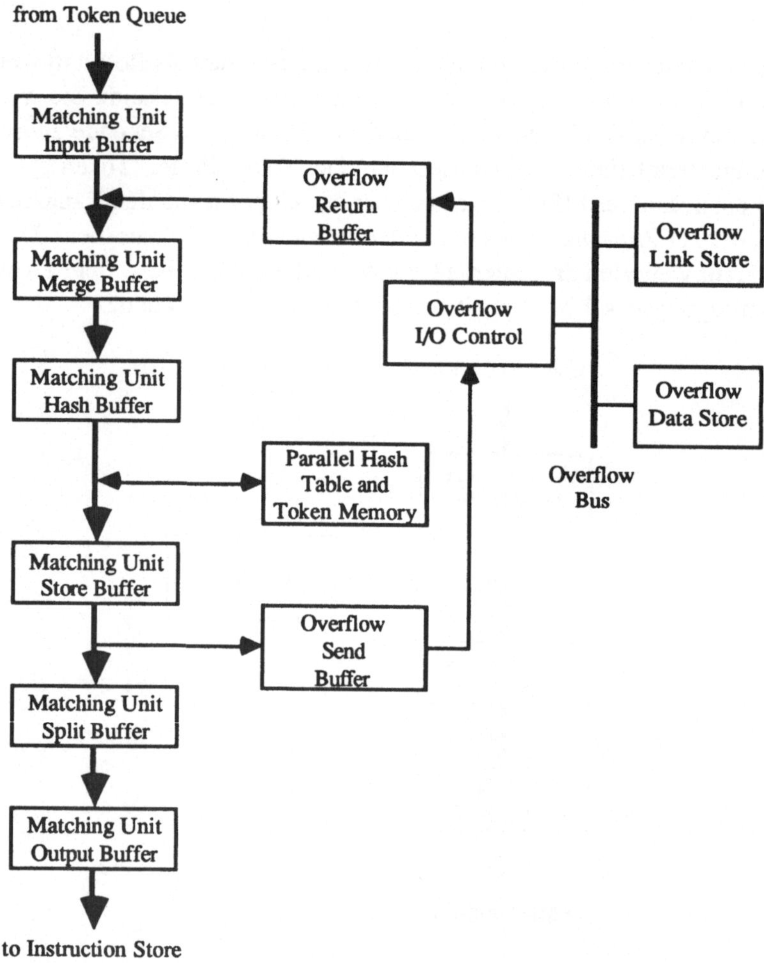


Abb. 4.2-3 Detailstrukturen der Vergleichs- und der Überlaufeinheit

Der Token-Speicher müßte im Prinzip ein assoziativer Speicher sein, da ein inhaltsbezogener Zugriff verlangt ist. Da derartige Speichermedien sehr teuer sind, wird bei allen derzeitigen Datenflußrechnern ein pseudo-assoziativer Zugriff über Hash-Tabellen hergestellt. Die Vergleichseinheit enthält deshalb eine hardwareunterstützte Hash-Tabelle mit 1 M Token Speicherkapazität als Token-Speicher.

Ein Token wird aus dem Token-Puffer über ein Eingangs-Puffer- und ein Merge-Puffer- in ein Hash-Pufferregister (Matching Unit Hash Buffer) geladen. Dann wird eine Hash-Funktion auf seinen Tag und seine Zieladresse angewandt. Der errechnete Wert wird zur Adressierung in parallelen Hash-Tabellen-Speicherbänken benutzt. Von diesen werden Tag und Zieladresse mit denjenigen der bereits gespeicherten Tokens verglichen. Falls der Vergleich 'wahr' liefert, wird das zugehörige Token mit dem Eingangstoken in das Speicherpufferregister (Matching Unit Store Buffer) geschrieben. Das resultierende Token-Paar (Token-Pair Packet) ist nun 133 Bit breit. Falls kein Vergleich 'wahr' geliefert hat, wird das betreffende Token aus dem Hash-Pufferregister auf die erste freie Stelle der errechneten Hash-Adresse gespeichert.

Falls alle derart adressierten Speicherplätze besetzt sind, wird ein Flag gesetzt und das Token zur Überlaufeinheit (Overflow Unit) weitergesandt. Die Vergleichseinheit kann 1.11 M Vergleiche pro Sekunde für zweistellige und 5.56 M Vergleiche pro Sekunde für einstellige Operatoren durchführen.

Die Überlaufeinheit wird per Software durch einen Mikrocomputer emuliert und soll durch eine mikrocodierte Spezialeinheit mit einer Speicherkapazität von 32 K Token ersetzt werden [Gurd, Kirkham, Watson 85].

Token-Paare und Tokens für unäre Befehle werden mit einer maximalen Geschwindigkeit von 74.29 MByte pro Sekunde zur Befehlsbereitstellungseinheit (Instruction Store Unit; Abb. 4.2-4) weitertransportiert und dort mit dem zugehörigen Befehlscode versehen. Die Befehlsbereitstellungseinheit besteht aus zwei Pufferregistern, einer Segmenttabelle mit maximal 64 Einträgen und dem eigentlichen Befehlsspeicher mit einer Kapazität von 64 K Befehlen. Über das Segmentfeld des Token-Paars wird der betreffende Befehlscode im Befehlsspeicher selektiert. Befehlscode und Operanden-Token-Paar ergeben 166 Bit breite, ausführbare Befehlspakete (Executable Packets), die zur Verarbeitungseinheit (Processing Unit) weitergeleitet werden.

Ein Befehlspaket für eine zweistellige Operation besteht aus:

- einem 36 Bit breiten Tag,
- einer 1-Bit-Markierung,
- einem 10 Bit breiten Opcode,

- zwei 37 Bit breiten Datenoperanden und
- zwei 22 Bit breiten Zieladressen (eine davon ist optional).

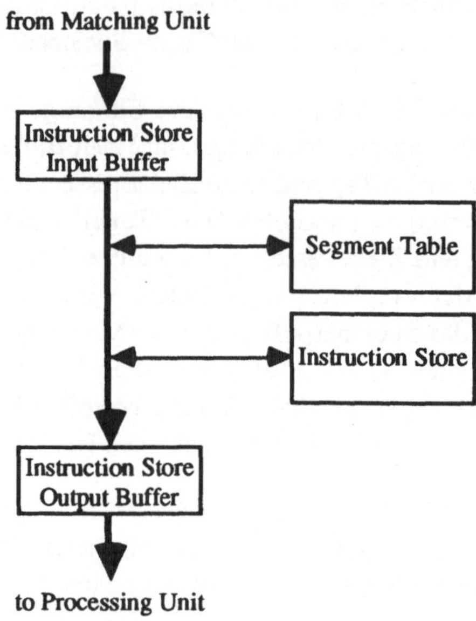


Abb. 4.2-4 Detailstruktur der Befehlsspeichereinheit

Die Verarbeitungseinheit (siehe Abbildung 4.2-5) erhält von der Befehlsbereitstellungseinheit Befehlspakete mit einer Übertragungsgeschwindigkeit von 91.77 MByte pro Sekunde. Sie besteht selbst aus 5 Pufferregistern, einem Präprozessor und 20 Funktionseinheiten. Der Präprozessor führt Befehle aus, die von den Funktionseinheiten nicht bearbeitet werden können bzw. Eindeutigkeit benötigen. Dazu zählt der Generate-Activation-Name-Befehl, der einen neuen Activation Name erzeugt und zur Kontrolle der Eindeutigkeit der vergebenen Activation Names einen Zähler inkrementiert. Die Funktionseinheiten sind homogene, mikroprogrammierte Bit-Slice-Prozessoren mit lokalen Ein- und Ausgabe-Pufferregistern, mit 51 internen Registern, mit 4 K Worten beschreibbarem Mikroprogrammspeicher und mit gemeinsamen Ein- und Ausgabebussen. Die Ausführungszeit pro Befehl schwankt zwischen 3 und 30 Mikrosekunden mit einer durchschnittlichen Ausführungszeit von 6 Mikrosekunden [Veen 86]. Insgesamt ist die Ausführungszeit einer Operation durch eine Funktionseinheit somit stark schwankend und, im Vergleich zu den übrigen Einheiten, relativ langsam, was die vielen, parallel geschalteten Funktionseinheiten motiviert.

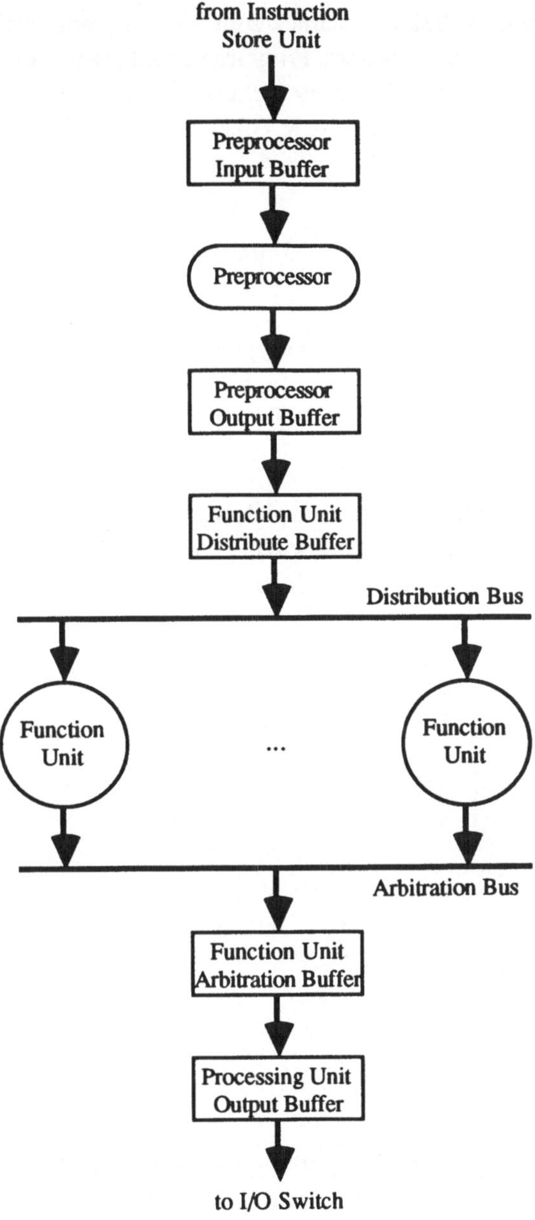


Abb. 4.2-5 Detailstruktur der Verarbeitungseinheit

Durch die Verarbeitung werden Resultattokens erzeugt, die mit einer Geschwindigkeit von 52.44 MByte pro Sekunde zurück zum Ein-/Ausgabeschalter fließen. Dieser ist ein 2x2-Busschalter, der es erlaubt, Programme und Daten vom Vorrechner zu laden und Resultate auszugeben. Dies geschieht mit einer maximalen Übertragungsgeschwindigkeit von 168 KByte bzw. 14 K Token pro Sekunde.

### 4.2.2 Programmbeispiel für den Manchester Prototye Dataflow Computer

Programmiert wird der Manchester Prototype Dataflow Computer in der Datenflußsprache *Sisal* (siehe Abschnitt 1.2.3). In Sisal geschriebene Programme werden zunächst in die Zwischensprache TASS (Template Assembler Language) und danach in Maschinencode übersetzt.

Das folgende, in Sisal geschriebene Beispielprogramm (siehe [Gurd, Kirkham, Watson 85]) berechnet die Fläche unter der Kurve $y = x^2$ im Intervall [0.0, 1.0] mittels Trapezapproximation mit konstanten $x$-Intervallen von 0.02.

```
export Integrate

function Integrate (returns real)

      for initial
            int := 0.0;
            y   := 0.0;
            x   := 0.02
      while
            x < 1.0
      repeat
            int := 0.01 * (old y + y);
            y   := old x * old x;
            x   := old x + 0.02
      returns
            value of sum int
      end for

end function
```

Durch Compilation wird dieses Programm in den Zwischencode der Assemblersprache TASS übersetzt, der im folgenden, angereichert um Kommentare und lesbare Variablennamen, wiedergegeben ist:

```
(\I "TASS" "TSM");

! Initialisierung der Schleifenvariablen

int = (Data "R 0.0");
y   = (Data "R 0.0");
x  = (Data "R 0.02");

! Anfangswerte mit den Ausgabevariablen der Schleife verbinden

int_mrg = (Mer  int  new_int);
y_mrg   = (Mer  y  new_y);
x_mrg   = (Mer  x  new_x);

! Schleifenterminierungstest

test = (CGR  "R  1.0"  x_mrg);

! Schleifensteuerung

gate_int = (BRR int_mrg test);
old_int  = gate_int.R;
old_y    = (BRR  y_mrg test).R;
old_x    = (BRR  x_mrg test).R;
result   = (SIL gate_int.L "O  0").L;

! Schleifenkörper: Zuweisung neuer Werte an die Schleifenvariablen

incr_x   = (ADR  old_x  "R 0.02");
x_sq     = (MLR  old_x  old_x);
height_2 = (ADR  old_y  x_sq);
area     = (MLR  "R 0.01"  height_2);
cum_area = (ADR  old_int area);

! Erhöhung des Iterationslevels für die neuen Schleifenvariablen

new_int = (ADL cum_area  "I  1").L;
new_y   = (ADL x_sq "I  1").L;
new_x   = (ADL incr_x  "I  1").L;

! Resultatausgabe der Variablen int

(OPT result  "G  0");
(Finish);
```

Dabei besitzen die Operatoren folgende Bedeutungen:

ADR - Gleitpunktaddition
MLR - Gleitpunktmultiplikation
CGR - Gleitpunktvergleichsoperation l.h. < r.h.
BRR - BRANCH-Knoten
ADL - Erhöhung des Iterationslevels (Add to Iteration Level)
SIL - Iterationslevel setzen (Set Iteration Level)
OPT - Ausgabe zum Vorrechner (Send Output to Host Processor)

Die ADL- und SIL-Befehle dienen der Manipulation desjenigen Teils eines Tag, der die Iterationstiefe beschreibt. Abbildung 4.2-6 stellt den Kern des Datenflußgraphen dar, der das aus dem obigen TASS-Programm übersetzte Maschinenprogramm mit seinen Eingabedaten wiedergibt. Da für die Maschinenbefehle (Knoten) maximal zwei Ein- oder Ausgabeoperanden zugelassen sind, sind viele DUP-Operationen nötig. Ein Branch-Knoten ist als Fünfeck wiedergegeben.

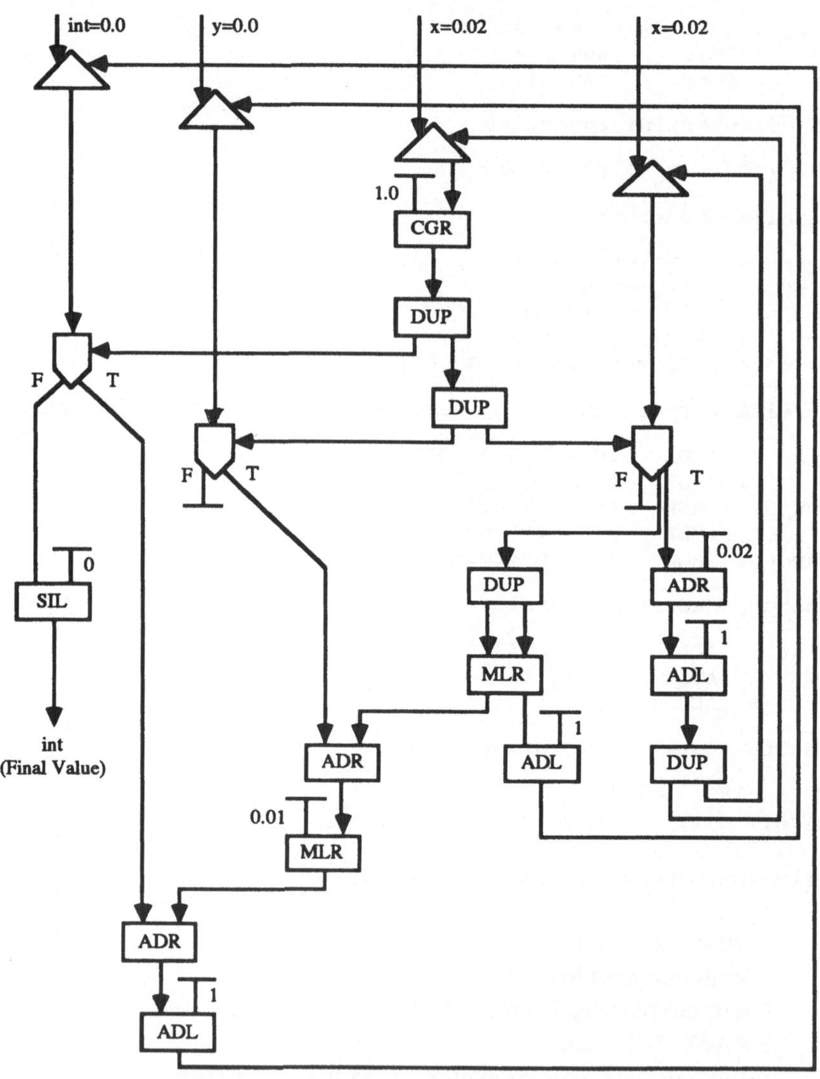


Abb. 4.2-6 Datenflußgraph

### 4.2.3 Leistungsmessungen und Optimierungen

Der Manchester Prototype Dataflow Computer erreicht einen maximalen Durchsatz von 1 bis 2 MIPS (im Prinzip 14 realisierte Funktionseinheiten mit je maximal 0.27 MIPS). Auf dem Prototypen konnte eine effektive Auslastung von 8 bis 9 Funktionseinheiten bei einem Parallelitätsgrad von 15 im Programm erreicht werden. Als ideal wird ein Parallelitätsgrad von ca. 40 angegeben. Allerdings zeigte sich ein Nachlassen der Effizienz ab ca. 1 MIPS auch bei Steigerung der Parallelität.

Prinzipielle Überlegungen führen zur Unterscheidung folgender Betriebsmodi ([Böhm, Gurd, Teo 89], [Böhm, Gurd 90]):

- *Starvation Mode*: In diesem Modus ist die in der Last vorhandene Parallelität nicht ausreichend, um die Funktionspipeline und die Funktionseinheiten beschäftigt zu halten. Insbesondere dann, wenn die Last nur aus einem einzigen sequentiellen Programm besteht, muß jeweils ein Token alle Stufen der Pipeline durchlaufen, bevor eine neue Operation durch eine Funktionseinheit ausgeführt werden kann.

- *Pipe-Saturated Mode*: In diesem Modus sind genügend Tokens vorhanden, um die Pipeline gefüllt zu halten, jedoch sind die in Ausführung befindlichen Befehle zu feinkörnig (die Operationen dauern zu kurz), um alle Funktionseinheiten beschäftigt zu halten.

- *Full-Saturated Mode*: In diesem Modus ist die Pipeline gefüllt, zugleich sind die Funktionseinheiten ausgelastet.

- *Over-Saturated Mode*: In diesem Modus sind die Funktionseinheiten ausgelastet, doch die Anzahl der erzeugten Tokens genügt nicht, um die Pipeline gefüllt zu halten.

Der Idealfall des Full-Saturated-Modus wird in der Praxis selten erreicht. Bei genügend Parallelität arbeitet der Rechner meist im Pipe-Saturated- oder im Over-Saturated-Modus [Böhm, Gurd 90].

Erfahrungen bei der Arbeit mit dem Manchester Prototype Dataflow Computer haben gezeigt, daß die Maschinenprogramme meist etwa 25% DUP-Operationen enthalten [Gurd, Kirkham, Watson 85]. DUP-Operationen duplizieren ein Token. Sie sind immer dann notwendig, wenn das Resultat einer Operation für mehr als zwei Nachfolgebefehle benötigt wird, da ein Befehl beim Manchester Prototype Dataflow Computer maximal zwei Resultattokens erzeugen kann. Insbesondere bei paralleler Ausführung von Schleifeniterationen tritt sehr häufig der Fall auf, daß ein Token-Wert an möglicherweise sehr viele Iterationen gesandt werden muß. In einem solchen Fall muß ein ganzer Baum aus DUPlicate-Befehlen erzeugt werden, wobei Bäume zur Erzeugung von mehr als 30 Tokens mit gleichem Wert keine Seltenheit sind [Böhm, Gurd, Teo 89]. Da die DUP-Operationen ebenfalls wieder die Verarbeitungspipeline durchlaufen müssen, ergibt sich eine erhebliche Performance-Belastung.

Die beim Manchester Prototype Dataflow Computer gewählte Lösung ist es, sogenannte *iterative Befehle* in den Maschinenbefehlssatz einzuführen (siehe [Böhm, Gurd, Teo 89], [Böhm, Gurd 90] und [Teo, Böhm 91]). Der einfachste ist der TUPlicate-Befehl `TUP(val,rep:integer)`, der einen Wert `val` und einen Replikator `rep` enthält. Bei der Ausführung werden `rep` Tokens mit dem Wert `val` erzeugt und Befehlen zugeordnet, die an aufeinanderfolgenden Befehlsadressen, beginnend mit der Befehlsadresse im Tag des TUPlicate-Befehls, im Programmspeicher gespeichert sein müssen. Die Portspezifikationen (links/rechts) müssen bei allen Befehlen ebenfalls gleich sein. Damit kann ein ganzer Baum von DUPlicate-Befehlen mittels eines TUPlicate-Befehls eingespart werden.

Für den Manchester Prototype Dataflow Computer wurden vier weitere iterative Befehle eingeführt:

- Der PRoLiferate-Befehl `PRL(val<ix>,lim<ix>:integer)` wird verwendet, um den konstanten Wert `val` an alle Schleifeniterationen vom Startindex `ix` bis zum Schleifenendwert `lim` zu senden.

- Der Proliferate-with-OFfset-Befehl `POF(val<ix>,lim<ix>:integer)` inkrementiert den Wert `val` für jede Schleifeniteration, bevor er an die Schleifeniterationen vom Startindex `ix` bis zum Schleifenendwert `lim` gesandt wird.

- Der Fetch-Stream-from-Structure-Storage-Befehl `FSS(ArrD<ix>: descriptor, offset<ix>:integer)` erzeugt einen Strom von Array-Elementen aus dem Strukturspeicher (siehe weiter unten), wobei der Array durch den Array-Deskriptor `ArrD` und der Startindex durch `offset` bezeichnet ist. Es werden alle Array-Elemente vom Startindex bis zum Ende des Array ausgelesen.

- Der Fetch-Subrange-from-Structure-Storage-Befehl `FSR(ArrD<ix>:descriptor, OffS:integer_pair)` erzeugt in ähnlicher Weise einen Strom von Array-Elementen, wobei der Startindex und die Anzahl der Elemente durch das Zahlenpaar `OffS` gegeben sind.

Die beiden iterativen Befehle FSS und FSR sind mit Vektorladebefehlen eines Vektorrechners vergleichbar. Ihre Anwendung erfordert die Erweiterung des Manchester

Prototype Dataflow Computers um einen Strukturspeicher (siehe weiter unten), wobei verschiedene Implementierungsmöglichkeiten für die beiden Befehle gegeben sind [Böhm, Gurd 90].

Da die Hardware des Prototypen kein Leistungs-Monitoring der einzelnen Einheiten zuläßt, sondern nur die Zeit zwischen Programmstart und Ankunft des ersten Ausgabetoken beim Host-Rechner in Abhängigkeit einer veränderbaren Anzahl aktivierter Funktionseinheiten gemessen werden kann, sind trotz der vorhandenen Prototyp-Hardware Softwaresimulationen notwendig, um Engpässe herauszufinden.

Simulationen zeigen, daß die Verwendung iterativer Befehle die Verarbeitungsgeschwindigkeit erhöht, da durch die Einsparung der DUP-Befehle insgesamt weniger Befehle ausgeführt werden müssen. Allerdings können iterative Befehle den Manchester Prototype Dataflow Computer leicht in den Over-Saturated-Modus bringen, da ihre Ausführung durch die Verarbeitungseinheiten relativ lange dauern kann. Jedoch kann ebenso leicht der Starvation-Modus eintreten, da ein iterativer Befehl eine große Anzahl relativ gleichartiger Tokens erzeugen kann und, falls eines der Tokens kein Partnertoken findet, auch für alle weiteren Tokens meist keine Partnertokens auffindbar sind. Dadurch ergibt sich eine große Anzahl von aufeinanderfolgenden Blasen nach der Vergleichseinheit im Verarbeitungsstrom der Pipeline. Außerdem wird der Token-Speicher der Vergleichseinheit durch eine große Anzahl von abzuspeichernden Tokens belastet. Die feine Balance der Verarbeitungspipeline des Manchester Prototype Dataflow Computer kann somit durch die iterativen Befehle leicht gestört werden [Böhm, Gurd 90].

Das Verhältnis von Vergleichseinheit und Funktionseinheiten wurde von Patnaik, Govindarajan und Ramadoss durch eine Softwaresimulation bestimmt und im Entwurf eines *EXMAN* (*EXtended MANchester Data Flow Computer*) genannten Architekturentwurfs niedergelegt [Patnaik, Govindarajan, Ramadoss 86]. Als wesentlicher Flaschenhals wurde die Vergleichseinheit identifiziert. Als optimales Verhältnis wurde die Kopplung von 2 Vergleichseinheiten mit 8 Funktionseinheiten in einem Verarbeitungsring bestimmt.

Eine genauere Analyse der Vergleichseinheit [Ghosal, Bhuyan 90] zeigte jedoch, daß eine Verdopplung der Vergleichseinheit den Engpaß auf die Befehlsbereitstellungseinheit verlagert. Es wird deshalb auch eine Verdopplung der Befehlsbereitstellungseinheit vorgeschlagen, wobei alle Funktionseinheiten zusammen von den beiden jeweils paarweise hintereinandergeschalteten Vergleichs- und Befehlsbereitstellungseinheiten gespeist werden. Nach diesen Änderungen werden die Vergleichseinheiten erneut zum Engpaß, falls bei einem Parallelismusgrad von 40 die Anzahl der Funktionseinheiten 15 überschreitet. Eine Aufteilung der Funktionseinheiten in zwei Gruppen ergab ähnliche Leistungsdaten wie die obige Konfiguration, jedoch eine höhere Zuverlässigkeit. Die letzte Konfiguration entspricht der Organisation der im nächsten Abschnitt beschriebenen Manchester Multi-Ring Dataflow Machine.

Ein weiteres Problem stellt die Realisierung der Vergleichseinheit dar. Die per Hardware implementierte Hash-Strategie erfordert eine ziemlich lange Pipeline und verringert dadurch die Effizienz bei wenig Parallelität (Starvation Mode). Dabei ist zu bedenken, daß jede der vier Pipelinestufen im Verarbeitungsring selbst wieder aus einer mehrstufigen Pipeline besteht, so daß eine Aktivität vom Verlassen des Token-Puffers bis zum Abspeichern einer resultierenden Aktivität im Token-Puffer eine große Anzahl von Pipelinestufen durchläuft.

Der Manchester Prototype Dataflow Computer besitzt in seiner ursprünglichen Realisierung im Oktober 1981 keinen expliziten Strukturspeicher. Statt dessen werden alle Datenstrukturen im Token-Speicher in der Vergleichseinheit gehalten. Um das Zirkulieren von ganzen Datenstrukturen durch den Verarbeitungsring zu vermeiden, besitzt die Vergleichseinheit ein großes Repertoire von Vergleichsfunktionen. Dadurch wird die Vergleichseinheit noch zusätzlich belastet. Die nicht befriedigende Art der Behandlung komplexer Datenstrukturen führte zum nachträglichen Einbau eines expliziten Strukturspeichers ([Kawakami, Gurd 86], [Sargeant, Kirkham 86]) mit einer Kapazität von 500 K und später 1 M Elementen. Der Strukturspeicher wurde im Sommer 1985 installiert [Veen 86].

Eine separate Überlaufeinheit (Overflow Unit) sollte ein drohendes Überlaufen des Token-Speichers der Vergleichseinheit verhindern. Doch es zeigte sich, daß das Problem tiefer lag. Dynamische Datenflußrechner tendieren bei hochparallelen Programmen und ungebremster Entfaltung von parallel ausführbaren Unterprogrammen oder Schleifeniterationen dazu, ein Übermaß von Parallelität zu erzeugen. Dann kann es leicht zu einem Überfluten der Hardware-Ressourcen durch Zwischenresultate und damit zum Verklemmen der Maschine kommen. Besonders empfindlich reagiert auf dieses Problem der Token-Speicher, da für jede Aktivierung eines dyadischen Maschinenbefehls ein Eintrag benötigt wird. Diesem Problem der *explodierenden Parallelität* (auch *Throttling Problem* genannt) ist auch durch eine Erweiterung des Token-Speichers um einen Überlaufspeicher nicht beizukommen, und selbst ein zeitraubendes, zeitweiliges Auslagern von Zwischenresultaten auf ein Sekundärspeichermedium bietet nur begrenzt Hilfe.

Statt dessen wird ein Steuermechanismus benötigt, der es zur Compile- oder Laufzeit erlaubt, die erzeugte Parallelarbeit an die vorhandenen Hardware-Ressourcen anzupassen. Eine prinzipielle Behandlung des Problems kann auf zweierlei Weise geschehen:

- entweder auf statische Weise durch Analyse der erzeugten Parallelität zur Compilezeit und durch entsprechende Maßnahmen zur Parallelitätsbegrenzung durch den Compiler,
- oder auf dynamische Weise durch Beobachtung der Auslastung der kritischen Ressourcen und durch automatische Parallelitätsbegrenzung zur Laufzeit der Maschine.

Die letzte Methode wird beim Manchester Dataflow Computer angewandt und in [Ruggiero, Sargeant 87], [Böhm, Teo 88] und [Teo, Böhm 91] diskutiert. Sie ist der Kern der im nächsten Abschnitt vorgestellten Manchester Multi-Ring Dataflow Maschine. Ein weiteres Redesign des Manchester Dataflow Computer auf der Basis neuerer Technologie wird in [Inagami, Foley 89] vorgeschlagen.

### 4.2.4 Manchester Multi-Ring Dataflow Machine

Zur Lösung des Problems der explodierenden Parallelität wird ein *hardwaregestützter Drosselmechanismus* (*Hardware Throttle*) eingeführt, der die erzeugte Parallelität auf der Prozeßebene einschränkt. Ein Prozeß wird in diesem Zusammenhang beim Manchester Prototype Dataflow Computer mit einem Unterprogrammaufruf oder einer Schleifeniteration gleichgesetzt. In einem solchen Fall muß für den Tag ein neuer Activation Name geschaffen werden. Bei dieser GAN-Operation (Generate Activation Name) setzt der Drosselmechanismus an und überprüft, ob zu diesem Zeitpunkt ein weiterer paralleler Aufruf von der Maschine noch verkraftet werden kann. Falls dies nicht der Fall ist, wird diese Operation (und damit der Prozeß) suspendiert, d. h. verzögert. Als Entscheidungskriterium dient der Füllungsgrad des Token-Puffers.

Böhm und Teo beschreiben die Softwaresimulation einer *Multi-Ring Dataflow Machine*, die eine konsequente Weiterführung des Manchester Prototype Dataflow Computer darstellt. Die Rechnerstruktur der simulierten Maschine ist in Abbildung 4.2-7 wiedergeben ([Böhm, Teo 88], [Teo, Böhm 91]).

Die simulierte Maschine besteht aus drei Arten von Ringen, die durch ein unidirektionales Verbindungsnetzwerk (Communication Switch) gekoppelt sind. Diese sind $n$ Verarbeitungsringe (Processing Element Rings), $m$ Strukturspeicherringe (Structure Store Rings) und ein globaler Allozierungsring (Global Allocator Ring). In Abb. 4.2-7 ist von jeder Art von Ring nur ein Exemplar gezeigt.

Ein Verarbeitungsring entspricht, abgesehen von der Vervielfachung der Funktionseinheiten, im wesentlichen einem gesamten Manchester Prototype Dataflow Computer und besteht somit aus einer Token-Puffereinheit (Token Queue Unit TQ), einer Vergleichseinheit (Matching Store Unit MS), einer Befehlsspeichereinheit (Instruction Store Unit IS), einer Verarbeitungseinheit (Processing Unit PU) und den zugehörigen Ein- und Ausgabepuffern, die in Abb. 4.2-7 als kleine, unbenannte Quadrate gezeichnet sind.

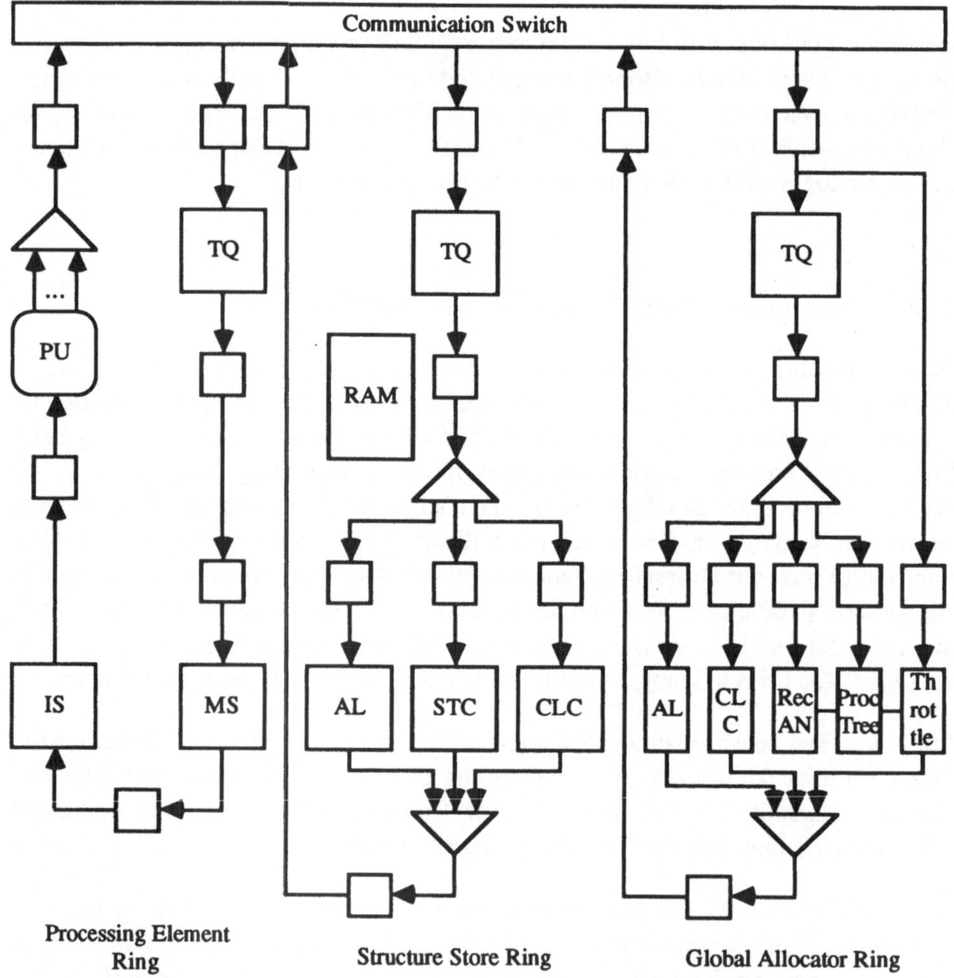


Abb. 4.2-7 Rechnerstruktur der simulierten Multi-Ring Dataflow Machine

Der Strukturspeicherring besteht aus einer Token-Puffereinheit und einem Verteiler (in Abb. 4.2-7 als Dreieck gezeichnet), der die Tokens auf das Allozierungsmodul

(Allocation Module AL), das Speichersteuermodul (Store Control Module STC) und das Löschmodul (Clearance Module CLR) verteilt. Das Allozierungsmodul ist für den Zugriff auf kleine Datenobjekte und das Speichersteuermodul für Zugriffe auf Datenstrukturen im RAM-Speicher zuständig. Ein Verweiszählmechanismus erlaubt dem Löschmodul, nicht mehr benötigte Speicherbereiche freizugeben.

Der globale Allozierungsring verwaltet die System-Ressourcen wie z. B. den Speicher für große Datenobjekte, den Tag-Bereich und den temporären Speicherbereich. Große Datenobjekte werden unter Kontrolle des Allozierungsmoduls über alle Strukturspeicherringe verschränkt gespeichert. Das Löschmodul gibt, wie dasjenige in einem Strukturspeicherring, Speicherbereiche wieder frei. Tags, die zu Prozessen gehören, deren Ausführung beendet ist, werden vom Recycle AN Module (Rec AN) wiederbenutzt. Ein Process Tree Module (Proc Tree) verwaltet die Tags bei Anforderungen durch neue Prozesse. Das Drosselmodul (Throttle Module) alloziert Tags und gibt auf diese Weise in Abhängigkeit von der Maschinenauslastung Prozesse zur Verarbeitung frei.

## 4.3 Dynamische Datenflußrechner am MIT

### 4.3.1 Überblick

Die dynamischen Datenflußarchitekturen, die von Arvind und seinen Forschungsgruppen am Massachusetts Institute of Technology (MIT) entwickelt wurden, haben ihren Ursprung an der University of California in Irvine. Dort wurde in den 70er Jahren die Datenflußsprache *Id* (siehe Abschnitt 1.2.2) entwickelt, für die mit der *Irvine Dataflow Machine* [Arvind, Gostelow 77], [Arvind, Gostelow, Plouffe 79] eine dynamische Datenflußarchitektur entworfen wurde.

Das grundlegende Tagged-Token-Prinzip wurde als sogenannter *U-Interpreter* (*Unfolding-Interpreter*) zunächst in [Gostelow, Thomas 79] veröffentlicht und dann in [Arvind, Gostelow 82] um die parallele Ausführung von Schleifeniterationen (Loop Unfolding) erweitert. Das damit begründete dynamische Datenflußprinzip wurde etwa gleichzeitig von Arvind und seiner Forschungsgruppe an der University of California in Irvine und von der Datenflußforschungsgruppe an der Universität Manchester entwickelt. Die Version des U-Interpreters aus [Arvind, Gostelow 82] wird wegen der grundlegenden Bedeutung des U-Interpreters für dynamische Datenflußarchitekturen in Abschnitt 4.3.2 beschrieben.

Der Entwurf der Irvine Dataflow Machine wurde auf der Basis des U-Interpreters weiterentwickelt, simuliert [Gostelow, Thomas 80] und später am MIT fortgeführt ([Arvind, Kathail 81], [Arvind, Gostelow 82]). Dieser Entwurf und die Erfahrungen aus den Simulationen bildeten die Grundlage des dynamischen Datenflußmultiprozessors *MIT Tagged-Token Dataflow Architecture* (siehe Abschnitt 4.3.3), die sich durch die Einführung von I-Strukturspeicherelementen (siehe Abschnitt 4.3.4) und des *k*-begrenzten Schleifenschemas (siehe Abschnitt 4.3.5) zur Steuerung der parallelen Ausführung von Schleifeniterationen auszeichnet.

Nachfolger der MIT Tagged-Token Dataflow Architecture ist der *Monsoon-Rechner* (Abschnitt 4.3.7), bei dem der assoziative Zugriff auf den Token-Speicher durch das Prinzip des expliziten (d. h. direkt adressierten) Token-Speichers (Abschnitt 4.3.6) ersetzt ist. Dadurch wird der Engpaß, den die Vergleichseinheit bei der MIT Tagged-Token Dataflow Architecture bildet, gemildert. Durch ein Verfahren, das es erlaubt, Resultattokens unter Umgehung des Token-Puffers sofort wieder in die Datenflußpipeline einzuspeisen, kann der Monsoon-Rechner sequentielle Befehlsfolgen durch ein Cycle-by-Cycle-Interleaving-Verfahren (siehe Abschnitt 5.1) ausführen. Dabei können Register genutzt werden.

Die Erfahrungen aus den Monsoon-Prototypen, die in Zusammenarbeit der Arvind-Gruppe mit der Firma Motorola entworfen und gebaut wurden, fließen in den Monsoon-Nachfolger *T (Abschnitt 5.2.5) ein.

### 4.3.2 U-Interpreter

Nach dem Schalten eine Knotens in einem Datenflußgraphen kann der zugehörige Operator (Befehl) ausgeführt werden. Um den dynamischen Aspekt zu betonen, wird die Ausführung eines solchen Operators als *Aktivität* bezeichnet.

Die Leistungsfähigkeit eines Datenflußrechners läßt sich durch das Tagged-Token-Prinzip des dynamischen Datenflusses signifikant erhöhen, weil dann Schleifeniterationen und Unterprogrammaufrufe parallel ausgeführt werden können. Dafür müssen jede Iteration und jeder Unterprogrammaufruf als separate Kopie eines mehrfach parallel ausführbaren Teilgraphen unterscheidbar sein.

Um Aktivitäten, die zu verschiedenen Iterationen oder Unterprogrammaktivierungen gehören, unterscheiden zu können, ohne den Code tatsächlich kopieren zu müssen, werden die Aktivitätsnamen um eine Iterationsnummer und eine Identifikation der Unterprogrammaktivierung erweitert. Bei der Implementierung wird nur eine Kopie von jedem Datenflußgraphen im Speicher gehalten. Jede Schleife und jedes Unterprogramm wird als separater Codeblock gespeichert.

Der U-Interpreter versieht jede Aktivität mit einem *Aktivitätsnamen* (oder *Tag*). Jedes Token transportiert einen Operanden einer Aktivität und trägt den Namen dieser Zielaktivität als Tag. Dieser Name besteht beim U-Interpreter aus den vier Feldern $u.c.s.i$, die die folgenden Bedeutungen besitzen:

- das Kontextfeld $u$ identifiziert eine Codeblockaktivierung,
- der Codeblockname $c$ identifiziert einen Codeblock, der den Code eines Unterprogramms oder einer Schleife enthält,
- der Befehlsindex $s$ identifiziert den Befehl innerhalb eines Codeblocks und
- die Iterationsnummer $i$ identifiziert eine Schleifeniteration.

Jedes Token trägt zusätzlich zu seinem Tag noch eine Portidentifikation $p$ (entweder $l$ oder $r$), die angibt, ob der Datenwert des Token linker oder rechter Operand der Zielaktivität ist. Es kann somit als Tupel $<u.c.s.i,data>_p$ geschrieben werden. Die Portidentifikation wird im folgenden, wenn sie nicht für das Verständnis notwendig ist, in der Regel weggelassen.

Bei einem zweistelligen, arithmetischen (Booleschen, relationalen, select- oder append-) Operator, der die Operation $Op$ ausführt, ergibt sich für die Eingabetokens $<u.c.s.i,x>_l$ und $<u.c.s.i,y>_r$ ein Ausgabetoken $<u.c.t.i,Op(x,y)>_p$ wobei $t$ einen vom Befehl $s$ abhängigen Befehl bezeichnet. Falls mehrere abhängige Befehle vorhanden sind, werden mehrere Tokens erzeugt, die sich nur im jeweiligen Befehlsindexwert unterscheiden.

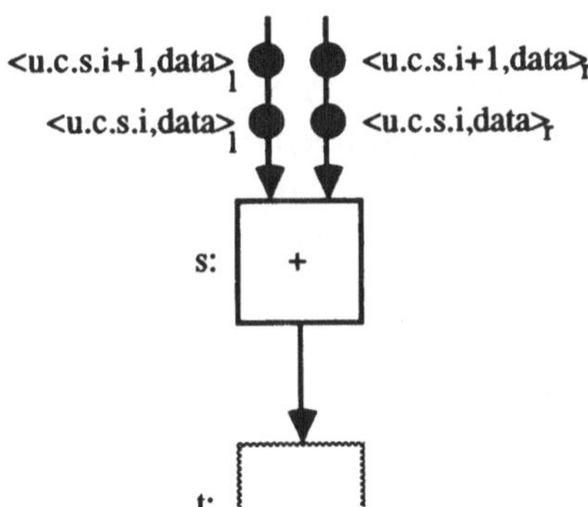


Abb. 4.3-1 Beispiel eines Datenflußgraphen mit Tagged-Token-Prinzip

Abbildung 4.3-1 veranschaulicht das Tagged-Token-Prinzip für den zweistelligen, arithmetische Operator +. Nach dem dynamischen Datenflußprinzip ist der Knoten *s* schaltbereit, sobald an allen Eingangskanten Tokens mit identischen Tags vorhanden sind.

Wenn der Knoten *s* schaltet, werden die zwei Eingangstokens $<u.c.s.i,data>_l$ und $<u.c.s.i,data>_r$ konsumiert und ein Resultattoken $<u.c.t.i, data+data>$ produziert, das den Resultatwert und den neuen Tag enthält.

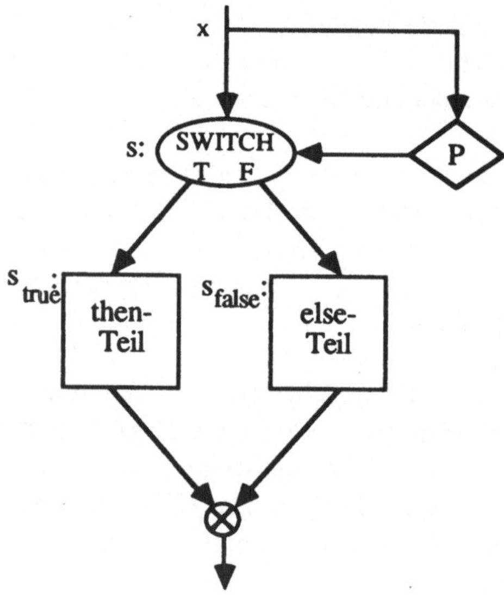


Abb. 4.3-2 Datenflußgraph einer bedingten Anweisung

Der SWITCH-Operator einer bedingten Anweisung (siehe Abb. 4.3-2) erzeugt nach folgendem Schema aus einem Eingabetoken $<u.c.s.i,x>_l$, das einen Datenwert trägt, und einem anderen Eingabetoken $<u.c.s.i,b>_r$, das einen vom Prädikat P erzeugten, Booleschen Wert *b* trägt, ein Ausgabetoken:

```
if b = true
     then <u.c.strue.i,x>
     else if b = false
               then <u.c.sfalse.i,x>
               else undefined
```

Nur einer der abhängigen Befehle $s_{true}$ oder $s_{false}$ erhält ein Token. Demnach wird nur der `then`- oder der `else`-Zweig der bedingten Anweisung ausgeführt. Im Datenflußgraphen müssen beide Zweige wieder zusammengeführt werden. Dies erfordert jedoch keine zusätzlichen Operatoren, denn die oder das Token können einfach an den oder die nächsten abhängigen Befehle nach der bedingten Anweisung adressiert werden.

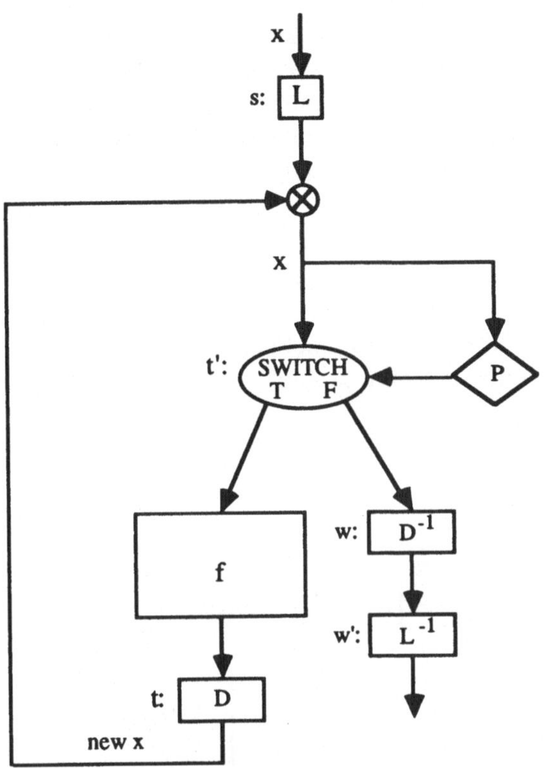


Abb. 4.3-3 Datenflußgraph einer Schleife

Der Datenflußgraph einer Schleife benutzt die Operatoren D, $D^{-1}$, L, $L^{-1}$ und SWITCH. Abb. 4.3-3 zeigt als Beispiel den Datenflußgraphen für den Id-Ausdruck:

```
(while p(x) do
  new x <- f(x)
return x)
```

Der L-Operator erzeugt einen neuen Kontext für die Schleife, während der $L^{-1}$-Operator den alten Kontext wieder herstellt. Der L-Operator erzeugt aus einem Eingabetoken <*u.c.s.i,x*> ein Ausgabetoken <*u'.c'.t'*.1,*x*>, wobei *c'* der Codeblockname der aufgerufenen Schleife ist. Die Iterationsnummer wird vom L-Operator auf 1 gesetzt und muß bei jeder Schleifeniteration für jede Variable (in Abb. 4.3-3 die Variable vom Typ new *x*) erhöht werden. Das geschieht durch den D-Operator, der aus dem Eingabetoken $<u'.c'.t.j,x>$ ein Ausgabetoken $<u'.c'.t'.j+1,x>$ erzeugt.

Falls nach *n*-1 Iterationen das Schleifenprädikat *P* zu *false* ausgewertet wird, sendet der SWITCH-Operator das Token mit der Iterationsnummer *n* an den $D^{-1}$-Operator, der aus dem Eingabetoken $<u'.c'.w.n,x>$ ein Ausgabetoken $<u'.c'.w'.1,x>$ mit einer auf 1 zurückgesetzten Iterationsnummer erzeugt. Der $L^{-1}$-Operator setzt den Kontext auf den Kontext vor der Schleifenaktivierung zurück. Aus dem Eingabetoken $<u'.c'.w'.1,x>$ wird das Ausgabetoken $<u.c.s'.i,x>$, wobei *c.s'* den von der Schleife abhängigen Befehl bezeichnet. Bei mehreren zirkulierenden Schleifenvariablen vervielfachen sich die SWITCH-, D- und $D^{-1}$-Operatoren im Datenflußgraphen, da die Iterationsnummer im Tag jeder zirkulierenden Variablen erhöht bzw. zurückgesetzt werden muß. Durch dieses Verfahren sind die Aktivitäten verschiedener Schleifeniterationen unterscheidbar und können, falls der Algorithmus im Schleifenkörper dies zuläßt, überlappend parallel ausgeführt werden, da manche Tokens schneller als andere zirkulieren können.

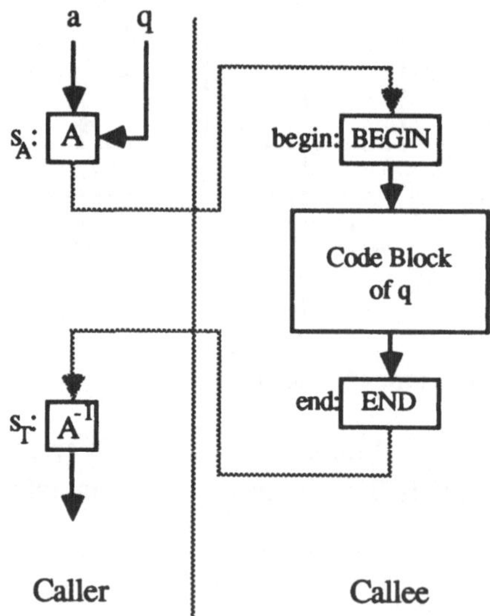


Abb. 4.3-4 Datenflußschema eines Unterprogrammaufrufs

Der Datenflußgraph eines Unterprogrammaufrufs benutzt die Operatoren A und $A^{-1}$ im aufrufenden Programm (Caller), und BEGIN und END im aufgerufenen Unterprogramm (Callee). Abb. 4.3-4 zeigt das Datenflußschema. Der A-Operator erzeugt einen neuen Kontext, in dem das Unterprogramm mit dem Codeblocknamen *q* ausgeführt wird. Der Argumentwert *a* wird als Parameter übergeben. Der A-Operator erzeugt somit aus den Eingabetokens *<u.c.SA.i,q>proc* und *<u.c.SA.i,a>arg* ein Ausgabetoken *<u'.cq.tbegin.*1,*a*>. Der BEGIN-Operator vervielfacht Eingabetokens für jede Eingabekante des Unterprogramms, die das Eingabetoken benötigt.

Der END-Operator stellt den Kontext des aufrufenden Programms wieder her und gibt den Resultatwert zurück. Aus einem Eingabetoken *<u'.cq.tend.*1,*b*> wird ein Ausgabetoken *<u.c.ST.i,b>* erzeugt. Der $A^{-1}$-Operator vervielfacht das Resultattoken für jede Kante des aufrufenden Programms, die das Resultattoken benötigt.

Der U-Interpreter, dessen grundlegende Arbeitsweise hier beschrieben wurde, wird in ähnlichen Varianten für die Implementierungen des Tagged-Token-Mechanismus bei der MIT Tagged-Token Dataflow Architecture und bei vielen darauf aufbauenden dynamischen Datenflußarchitekturen angewandt.

### 4.3.3 MIT Tagged-Token Dataflow Architecture

Die *MIT Tagged-Token Dataflow Architecture* [Arvind, Nikhil 87 und 90] definiert einen dynamischen Datenflußmultiprozessor, dessen Besonderheit in der Einführung sogenannter I-Strukturen (siehe Abschnitt 4.3.4) zur Lösung des Strukturspeicherproblems und in der Einführung des *k*-begrenzten Schleifenschemas (siehe Abschnitt 4.3.5) zur Behandlung explodierender Parallelität bei der Entfaltung paralleler Schleifeniterationen besteht. Die MIT Tagged-Token Dataflow Architecture wurde auf einem Multiprozessor-Emulator simuliert. Dieser besteht aus 32 Explorer-Lisp-Maschinen von Texas Instruments, die über ein Hochgeschwindigkeitsnetz verbunden sind und seit Januar 1986 zur Simulation eingesetzt werden.

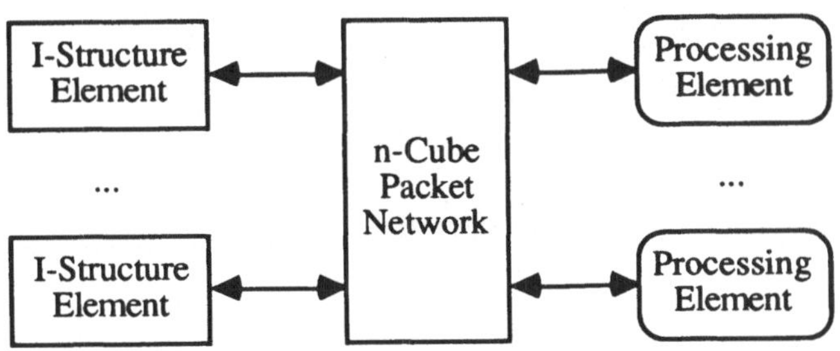


Abb. 4.3-5 Grundlegende Struktur der MIT Tagged-Token Dataflow Architecture

Die MIT Tagged-Token Dataflow Architecture besteht aus einer Anzahl identischer Verarbeitungselemente, die über ein paketvermittelndes Hyperkubus-Netzwerk mit einer Anzahl von Speicherelementen verbunden sind (siehe Abb. 4.3-5). Diese Speicherelemente werden *I-Strukturspeicher* (I-Structure Elements) genannt und sind für die Verwaltung großer Datenstrukturen vorgesehen. Die I-Strukturspeicher bilden einen globalen Adreßraum, so daß sie zusammengenommen wie ein globaler und verschränkter Multi-Port-Speicher wirken.

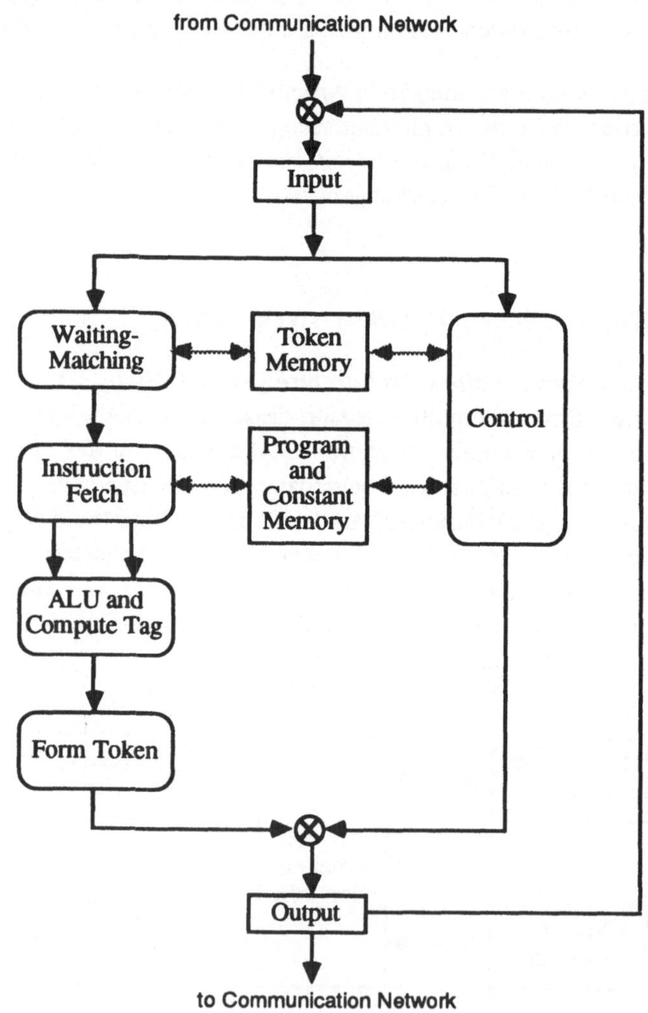


Abb. 4.3-6 Verarbeitungselement der MIT Tagged-Token Dataflow Architecture

Abbildung 4.3-6 zeigt die Blockstruktur eines einzelnen Verarbeitungselements. Ein Verarbeitungselement besteht aus einem Steuerungsteil und einer Verarbeitungspipeline. Der Steuerungsteil (Control Section) verarbeitet Systemtokens, die den Zustand des Verarbeitungselements ändern. Beispiele dafür sind Initialisierungs-, Ein-/Ausgabe- sowie Speicheranweisungen für den Konstantenspeicher oder den Programmspeicher. Der Steuerungsteil implementiert auch die Verbindungen nach außen, d. h. zu Ein-/Ausgabekanälen.

Die Verarbeitungspipeline besteht aus einer Vergleichseinheit (Waiting-Matching Unit), einer Befehlsbereitstellungseinheit (Instruction Fetch Unit), die auf einen Programm- und einen Konstantenspeicher zugreift, einer Verarbeitungseinheit (ALU and Compute Tag Unit) und einer Form-Token-Einheit. Ein Token-Puffer wird in [Arvind, Nikhil 87 und 90] nicht explizit erwähnt. An anderer Stelle [Brobst 87] wird die Verarbeitungspipeline als neunstufige, asynchrone Pipeline bezeichnet, wobei die einzelnen Pipelinestufen durch FIFO-Puffer verbunden sind.

Die Vergleichseinheit erfüllt die gleichen Aufgaben wie diejenige des Manchester Prototype Dataflow Computer. Falls ein Token für eine einstellige Operation bestimmt ist, wird es sofort zur Befehlsbereitstellungseinheit weitergeleitet. Ansonsten wird der Tag des Eingabetoken mit den Tags aller Tokens im Token-Speicher verglichen. Befehle können bei der MIT Tagged-Token Dataflow Architecture maximal zwei Operanden besitzen. Somit kann nur ein einziges Partnertoken im Token-Speicher vorhanden sein. Für die Vergleichsoperation wird in der Simulation ein assoziatives Verfahren zugrundegelegt. Falls ein Token mit gleichem Tag wie das Eingabetoken im Token-Speicher gefunden wird (also ein *Match* eingetreten ist), werden Eingabetoken und Partnertoken zur Befehlsbereitstellungseinheit (Instruction Fetch Unit) weitergeleitet. Falls kein passendes Partnertoken vorhanden ist, wird das Eingabetoken im Token-Speicher abgelegt.

Der Tag eines Token besteht bei der MIT Tagged-Token Dataflow Architecture aus einem Kontextfeld $c$ und einem Befehlsindex $s$ zur Adressierung des Zielbefehls, dessen Operand der Datenwert des Token darstellt. Das Kontextfeld $c$ identifiziert neben der Codeblockaktivierung, im Gegensatz zum Kontextfeld $u$ des U-Interpreters, auch den zugehörigen Codeblock. Im Falle einer Schleifenaktivierung wird an das Kontextfeld eine Iterationsnummer angehängt. Ein Token ist somit ein Tupel $<c.s,data>_p$ mit einem Tag $c.s$, einem Datenwert *data* und der Portspezifikation $p$ ($l$ für linker, $r$ für rechter Operand).

Die Befehlsbereitstellungseinheit holt gemäß dem Tag des von der Vergleichseinheit übertragenen Token-Paars einen Befehl aus dem Programmspeicher. Die Befehle im Programmspeicher sind zu Codeblöcken zusammengefaßt, die jeweils einen Maschinendatenflußgraphen für ein Unterprogramm oder eine Schleife repräsentieren. Der Befehl wird über ein Code-Block Register (CBR) adressiert, das in Abhängigkeit vom Kontextfeld *c* des Tag die Basisadresse des Codeblocks im Programmspeicher angibt. Zu dieser Basisadresse wird der Befehlsindex *s* als Offset addiert und so die Adresse des Befehlseintrags errechnet.

Ein Befehlseintrag im Programmspeicher besteht aus dem Opcode und aus Zieladressen und kann ein Literal oder die Offset-Adresse einer Konstanten (beispielsweise einer Schleifenkonstanten, siehe Abschnitt 4.3.5) enthalten, die als Operand dienen soll. Die Zieladressen bezeichnen Befehle, die direkt abhängige Knoten im Datenflußgraphen repräsentieren. Eine Zieladresse adressiert immer relativ zum Codeblock, d. h., sie ist ein Offset zum betrachteten Befehlseintrag. Eine Konstanten-Offset-Adresse adressiert relativ zu einem Data-Base Register (DBR) im Konstantenspeicher. Der DBR-Inhalt wird ebenfalls vom Kontextfeld des Tag bestimmt und enthält die Basisadresse des zugehörigen Konstantenbereichs im Konstantenspeicher. Falls eine Konstanten-Offset-Adresse im Befehlseintrag vorhanden ist, wird die Konstante unmittelbar nach der Befehlsbereitstellungsphase aus dem Konstantenspeicher geholt.

Wenn ein ausführbares Paket, bestehend aus dem Operationscode, den Operandenwerten, den Zielverweisen und dem Tag, zusammengefügt ist, wird es von der Befehlsbereitstellungseinheit zur Verarbeitungseinheit weitergegeben.

Die Verarbeitungseinheit berechnet den Resultatwert und erzielt parallel dazu die neuen Tags gemäß der Zielverweise. Resultatwert und neue Tags werden von der Form-Token-Einheit zu Resultattokens kombiniert und in die oben beschriebene Verarbeitungspipeline desselben Verarbeitungselements eingefüttert, oder das Token wird im Fall einer nicht-lokalen Zieladresse über das Kommunikationsnetzwerk zu einem anderen Verarbeitungs- oder zu einem I-Strukturspeicherelement übertragen. Das letztere geschieht, falls die Operation Zugriff auf eine I-Struktur verlangt.

Die Ressourcen-Verwaltung zur Laufzeit geschieht bei der MIT Tagged-Token Dataflow Architecture durch sogenannte *Ressourcen-Manager*. Diese implementieren Betriebssystemfunktionen, die von den Benutzerprogrammen in Anspruch genommen werden. Im Gegensatz zu den Id-Funktionen, die Benutzerprogramme realisieren, besitzen Ressourcen-Manager lokale Daten, die über verschiedene Aktivierungen hinweg ihre Werte behalten. Parallele Aufrufe von Ressourcen-Managern werden serialisiert, damit die Konsistenz dieser lokalen Daten gewahrt bleibt. Ressourcen-Manager sind Id-Programme, die parallel zu den Anwenderprogrammen laufen und geschützte Befehle, die den Zustand der Maschine ändern, ausführen können. Beispiele für solche Ressourcen-Manager sind der get_context-Manager, der bei einem

Funktionsaufruf einen neuen Kontext erzeugt, oder der get_storage-Manager, der Speicherplatz für eine I-Struktur im I-Strukturspeicher alloziert (siehe Abschnitt 4.3.4).

Parallelität wird bei der MIT Tagged-Token Dataflow Architecture auf drei Ebenen genutzt: Zunächst können ganze Codeblöcke auf verschiedene Verarbeitungselemente geladen und parallel ausgeführt werden. Da ein Codeblock eine Funktion oder eine Schleife repräsentiert, wird Taskebenenparallelität genutzt.

Weiterhin kann eine Lastbalancierungsstrategie für die MIT Tagged-Token Dataflow Architecture einen einzelnen Codeblock auf mehrere Verarbeitungselemente laden. Das geschieht beispielsweise bei einer Schleife so, daß verschiedene Iterationen der Schleife von verschiedenen Verarbeitungselementen parallel ausgeführt werden. Die Zuordnung von Iterationen zu Verarbeitungselementen geschieht durch ein Hash-Verfahren, das auf die Tags angewandt wird. Damit kann Blockebenenparallelität genutzt werden.

Schließlich kann ein Codeblock über verschiedene Verarbeitungselemente verteilt und somit feinkörnige Parallelität auf Block- oder Anweisungsebene durch verschiedene Verarbeitungselemente genutzt werden. Natürlich können alle Arten von Parallelität auch durch eine überlappende Verarbeitung der Tokens in der Verarbeitungspipeline eines einzelnen Verarbeitungselements genutzt werden.

Der wichtigste Kritikpunkt an der MIT Tagged-Token Dataflow Architecture ist die Komplexität der Vergleichseinheit, da diese einen sehr großen Token-Speicher mit einem - vom Prinzip her - assoziativen Zugriff benötigt [Arvind, Culler, Ekanadham 88].

Die Erfahrungen aus der Simulation der MIT Tagged-Token Dataflow Architecture wurden zum Entwurf und zur Realisierung des Nachfolgerechners Monsoon (siehe Abschnitt 4.3.6) genutzt. Das Problem des assoziativen Zugriffs auf den Token-Speicher der Vergleichseinheit wird beim Monsoon-Rechner durch Compilertechniken gelöst, die den inhaltsbezogenen Zugriff auf den Token-Speicher durch eine direkte Speicheradressierung ersetzen. Der Compiler plant die Benutzung des Token-Speichers. Er durchläuft den Datenflußgraphen eines Codeblocks und achtet darauf, daß zwei Tokens, die potentiell gleichzeitig existieren können, verschiedene Speicherstellen zugewiesen bekommen.

### 4.3.4 I- und M-Strukturen

Das Konzept der I-Strukturen ([Arvind, Thomas 80], [Arvind, Nikhil, Pingali 89]) wurde in die Datenflußsprache Id eingeführt und in der MIT Tagged-Token Dataflow Architecture sowie im Monsoon-Rechner implementiert, um das Problem der Speicherung und des Zugriffs auf große Datenstrukturen zu lösen.

Eine *I-Struktur* ist in der Datenflußsprache Id ein nicht-strikter Array-Typ. Mittels einer Allozierungsanweisung (Allocate) wird die I-Struktur angelegt. Lesezugriffe (I-fetch) auf I-Strukturelemente sind erst erlaubt, wenn vorher ein Schreibzugriff (I-store) auf das I-Strukturelement erfolgt ist. Kommen Lesezugriffe auf ein I-Strukturelement vor einem Schreibzugriff, so werden sie suspendiert und, sobald der Schreibzugriff erfolgt ist, in nichtdeterministischer Reihenfolge ausgeführt. Bei einem Schreibzugriff auf ein bereits beschriebenes I-Strukturelement wird eine Verletzung des Einmalzuweisungsprinzips erkannt.

*M-Strukturen* [Barth, Nikhil, Arvind 91] sind ein neues, den I-Strukturen ähnliches Sprachelement, das in die Sprache Id eingeführt wird, um Zustandsänderungen beschreiben zu können. M-Strukturen sind änderbare Datenstrukturen mit zwei implizit synchronisierten, atomaren Befehlen *take* und *put*. Jedes M-Strukturelement kann zwei Zustände, 'leer' oder 'beschrieben' annehmen. Eine take-Operation auf ein beschriebenes M-Strukturelement liest den Wert und setzt den Zustand auf 'leer'. Eine take-Operation auf ein leeres M-Strukturelement wird suspendiert. Eine put-Operation schreibt einen neuen Wert auf ein leeres M-Strukturelement; falls suspendierte take-Operationen vorhanden sind, wird eine davon ausgeführt, andernfalls wird der Zustand auf 'beschrieben' gesetzt. Eine put-Operation auf ein bereits beschriebenes M-Strukturelement muß durch eine zusätzliche Barrier-Synchronisation vom Programmierer unterbunden werden.

Ein *I-Strukturspeicher* dient der Implementierung von I-Strukturen, kann aber auch M-Strukturen implementieren. Er besteht bei der MIT Tagged-Token Dataflow Architecture aus einem Speichermodul und einem Speicher-Controller, der die Einrichtung einer I-Struktur, sowie Lese- und Schreib-Zugriffe auf I-Strukturen steuert. Der Speicher-Controller des I-Strukturspeichers hat die Aufgabe, für die korrekte Einhaltung dieser Datenstruktur zu sorgen. Im Datenbereich besitzt dazu jeder Speicherplatz eine Markierung (ein sogenanntes *Presence Bit*), welche die Zustände 'vorhanden', 'abwesend' und 'wartend' annehmen kann.

Bei einem Allocate-Befehl wird Speicherplatz für eine I-Struktur reserviert, und alle Speicherplatzmarkierungen werden auf 'abwesend' gesetzt.

Bei einem Lesezugriff (I-fetch) auf ein I-Strukturelement geschieht folgendes:

- falls der Zustand auf 'vorhanden' steht, wird der Lesezugriff ausgeführt;
- falls der Zustand auf 'wartend' steht, wird der Lesezugriff suspendiert und der betreffende Tag in eine lineare Liste von verzögerten Lesezugriffen (Deferred Read Requests) eingereiht;
- falls der Zustand auf 'abwesend' steht, wird der Zustand auf 'wartend' abgeändert und ansonsten wie im vorigen Fall verfahren.

Bei einem Schreibzugriff (I-store) auf ein I-Strukturelement geschieht folgendes:

- falls der Zustand auf 'abwesend' steht, wird der Schreibzugriff durchgeführt, und der Zustand auf 'vorhanden' gesetzt;
- falls der auf Zustand 'wartend' steht, wird ebenfalls der Schreibzugriff durchgeführt, und der Zustand auf 'vorhanden' gesetzt; jedoch werden danach alle wartenden Lesezugriffe, die das I-Strukturelement betreffen, ausgeführt;
- falls der Zustand auf 'vorhanden' steht, wird ein Fehler erkannt.

Abbildung 4.3-7 zeigt ein Zustandsübergangsdiagramm für diese Operationen.

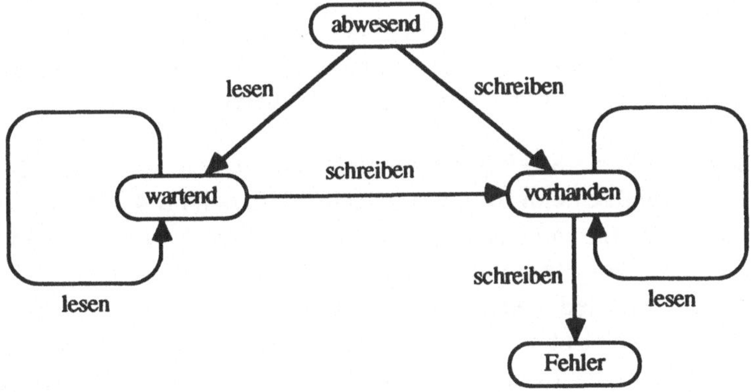


Abb. 4.3-7 Zustandsübergangsdiagramm für I-Strukturoperationen

Leseoperationen werden als sogenannte *Speicheroperationen mit versetzten Phasen* (*Split-Phase*) implementiert, d. h., die Leseanforderung an den I-Strukturspeicher ist zeitlich unabhängig von der erhaltenen Antwort und führt insbesondere nicht zum Warten des Verarbeitungselements. Dies ist in Abb. 4.3-8 graphisch dargestellt.

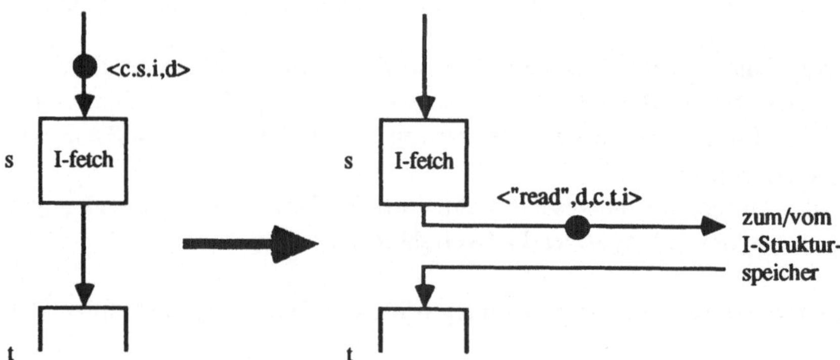


Abb. 4.3-8 Leseoperation mit versetzten Phasen

Bei einem Lesezugriff (I-fetch) wird zunächst eine Nachricht zum entsprechenden I-Strukturspeicher gesandt und, da die Verarbeitungseinheit unmittelbar darauf das nächste Token-Paket verarbeitet, automatisch ein Kontextwechsel durchgeführt. Der I-Strukturspeicher sendet das geforderte Datum an das Verarbeitungselement zurück, wonach die ursprüngliche Verarbeitung wiederaufgenommen wird.

Da in Datenflußrechnern im Gegensatz zu konventionellen Multiprozessoren ein Kontextwechsel nach jedem Token-Paket der Normalfall der Verarbeitung ist und keinen zusätzlichen Aufwand mit sich bringt, ist die Speicherlatenz weniger kritisch als der Gesamtdurchsatz des Kommunikationsnetzwerks.

Nachteilig ist, daß keine Strukturbefehle definiert werden, wie beispielsweise die Structure-Flow-Befehle beim SIGMA-1-Rechner (Abschnitt 4.4.2), mit denen alle Elemente einer Struktur von einem Befehl adressiert werden können. Ein Lese-Zugriff auf eine gesamte I-Struktur kann nur elementweise geschehen. Das Verarbeitungselement führt für jedes Element der I-Struktur einen I-fetch-Befehl aus, d. h., es erzeugt für jedes I-Strukturelement ein read-Token, das zum I-Strukturspeicher gesandt wird. Dieser muß jeweils eine Adreßberechnung durchführen und jeweils ein einzelnes Datentoken zurücksenden. Durch Strukturbefehle und read-Tokens, die eine ganze I-Struktur adressieren können, würde zumindest der Token-Strom von dem Verarbeitungselement über das Kommunikationsnetzwerk zum Strukturspeicher verringert.

### 4.3.5 *k*-begrenztes Schleifenschema

Auch bei der MIT Tagged-Token Dataflow Architecture muß eine übermäßige Entfaltung von Parallelität vermieden werden. Die hier gewählte Lösung geht davon aus, daß explodierende Parallelität hauptsächlich durch zuviele parallel ausführbare Schleifeniterationen entsteht. Durch das *Prinzip der k-begrenzten Schleifen* (*k*-bounded Loops) wird die Anzahl gleichzeitig aktivierter Schleifeniterationen auf eine konstante Zahl *k* beschränkt. Dies geschieht durch eine Erweiterung des für dynamische Datenflußrechner grundlegenden Schleifenschemas (siehe Abb. 4.3-9) in ein *k*-begrenztes Schleifenschema (Abb. 4.3-10).

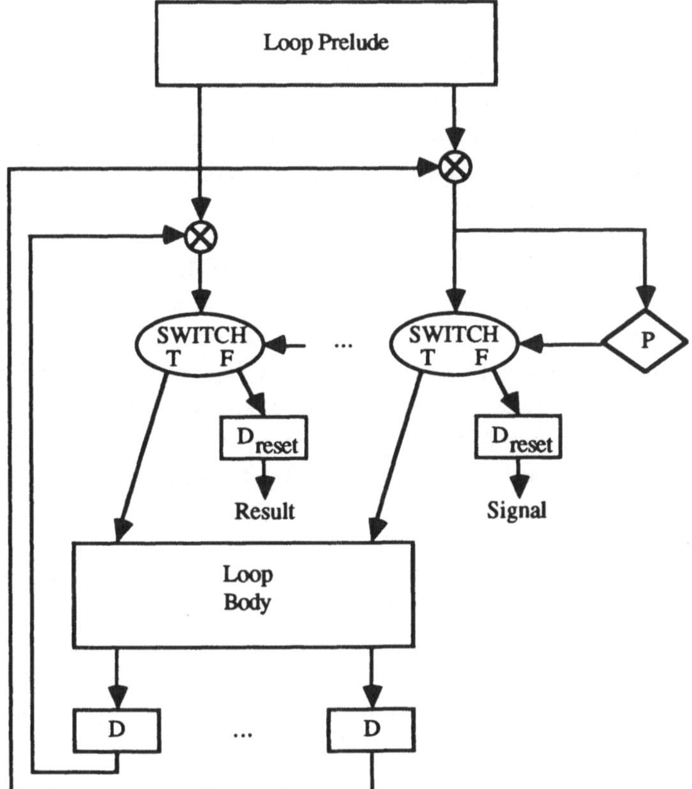


Abb. 4.3-9 Schleifenschema

Das grundlegende Schleifenschema ist eine Variante des in Abschnitt 4.3.2 beschriebenen Schleifenschemas des U-Interpreters. In Abbildung 4.3-9 sind zusätzliche

SWITCH- und D-Operatoren für mehrere zirkulierende Schleifenvariablen eingezeichnet. Diese Operatoren arbeiten wie in Abschnitt 4.3.2 beschrieben.

Der Körper einer Schleife kann zwei Arten von Variablen enthalten: Schleifenvariablen, deren Werte in jeder Iteration neu besetzt werden, und schleifeninvariante Variablen (sogenannte Schleifenkonstanten), deren Werte für alle Iterationen gleich bleiben. Die Schleifenvariablen sind, auf den Datenflußgraphen bezogen, zirkulierende Variablen (Circulating Variables). Konzeptionell ändern zirkulierende Variablen natürlich nicht ihre Werte, was nach dem Einmalzuweisungsprinzip auch gar nicht möglich ist, sondern sie werden in jeder Iteration nach Passieren des D-Operators neu angelegt. In der Datenflußsprache Id dient dafür die Anweisung `next`. Eine Anweisung `next x = x+1` in einer Iteration *i* weist der in der darauffolgenden Iteration *i*+1 verwendeten Variablen `x` den Ausdruck `x+1` mit dem Wert der Variablen `x` aus Iteration *i* zu. Schleifenkonstanten zirkulieren nicht. Jeder Schleife wird ein Konstantenspeicherbereich zugeordnet, in dem die Schleifenkonstanten beim Eintritt in die Schleife abgelegt werden. Das geschieht im Schleifenvorlauf (Loop Prelude). Der Code des Schleifenkörpers adressiert die Schleifenkonstanten, wie bereits bei der Befehlsbereitstellungseinheit beschrieben.

Durch einen get_context-Aufruf, der denjenigen Codeblock aktiviert, der den Code der Schleife enthält, werden vom get_context-Manager Kontexte $C_0$, $C_1$, ... für die verschiedenen Iterationen der Schleife bereitgestellt und die Identifikation des ersten Kontextes $C_0$ zurückgegeben. Das Kontextfeld des Tag wird dafür um die Iterationsnummer des Kontextes erweitert. Der D-Operator ändert dann nur noch einen Kontext $C_i$ seines Eingabetoken auf den Kontext $C_{i+1}$. Der $D_{reset}$-Operator, der beim Austritt aus der Schleife verwendet wird, setzt den Kontext seines Eingabetoken auf $C_0$ zurück.

Da manche Schleifenvariablen schneller zirkulieren als andere, können viele Iterationen parallel bearbeitet werden. Der hier beschriebene Schleifenmechanismus reicht jedoch nicht aus, um in geschachtelten Schleifen die Tokens der verschiedenen Iterationen voneinander zu unterscheiden. Jede geschachtelte Schleife wird deshalb in einen eigenen Codeblock gepackt . Bei ihrer Aktivierung wird, wie bei einem Unterprogrammaufruf, ein eigener Kontext erzeugt.

Dabei entsteht das Problem, wieviele Kontexte bei einem get_context-Aufruf alloziert werden sollen, d. h., wie groß das Feld für die Iterationsnummer im Tag gewählt werden muß, um einen Überlauf zu vermeiden. Weiterhin muß ein übermäßiges Entfalten von Parallelität durch den Schleifenmechanismus verhindert werden, damit die Ressourcen der Maschine nicht überschwemmt werden.

Beide Probleme werden durch das *k-begrenzte Schleifenschema*[2] gelöst. Die Erweiterungen zum $k$-begrenzten Schleifenschema umfassen einen zusätzlichen Gatter-Operator (Gate), einen Synchronisationsbaum (Synchronization Tree) mit nachfolgendem $D_k^{-2}$-Operator und die Modifikation des D-Operators zu einem $D_k$-Operator.

Der Gatter-Operator besitzt zwei Eingangskanten, eine für Steuer- und eine für Datentokens. Die Datentokens tragen jeweils einen vom Prädikat erzeugten Booleschen Wert. Dadurch, daß der Gatter-Operator pro Steuertoken nur ein Token vom Dateneingang zum Ausgang passieren läßt, arbeitet er als *Schleifen-Drosselmechanismus*. Durch Begrenzung der Anzahl der Tokens auf der Steuereingangskante können Schleifeniterationen zurückgehalten werden.

Man nehme an, für eine beliebig große Anzahl von Iterationen einer Schleife sollen nur $k$ Kontexte alloziert werden, d. h., die Iterationsnummer $i$ des Tag soll auf das Intervall $[0,k-1]$ beschränkt werden. Das $k$-begrenzte Schleifenschema führt dazu, daß die Anzahl der aufeinanderfolgende Iterationen, die zu einem gegebenen Zeitpunkt aktiviert sind, auf $k$-1 beschränkt bleibt. Bei der Initialisierung werden, wie in Abb. 4.3-10 gezeigt, $k$-1 Steuertokens vom Schleifenvorlaufteil vorgegeben. Damit werden $k$-1 Iterationen mit den Kontexten $C_0 \ldots C_{k-2}$ aktiviert.

Am Ende eines jeden Iterationsdurchlaufs geht jede zirkulierende Schleifenvariable durch den $D_k$-Operator, der die Iterationsnummer $i$ auf $i+1 \bmod k$ ändert. Die Ausgangstokens der $D_k$-Operatoren warten danach vor den SWITCH-Operatoren auf das zugehörige Steuertoken vom Gatter-Operator. Die Ausgangstokens aller $D_k$-Operatoren einer Iteration werden außerdem mittels des Synchronisationsbaums zu einem einzigen Steuertoken kombiniert.

Wenn ein Steuertoken mit der Iterationsnummer $i+1 \bmod k$ den Synchronisationsbaum passiert hat, ist gewährleistet, daß die Ausführung der Iteration, die im Kontext $C_i$ abläuft, vollständig beendet ist und damit kein Token mit der Iterationsnummer $i$ mehr im Datenflußgraphen des Schleifenkörpers vorhanden ist. Das Steuertoken durchläuft den $D_k^{-2}$-Operator, der die Iterationsnummer $i+1 \bmod k$ um $-2 \bmod k$ dekrementiert, also die Iterationsnummer $i-1 \bmod k$ erzeugt. Das Steuertoken wird dann in den Gatter-Operator gefüttert. Das führt, sobald auch das Datentoken mit Ite-

---

2 Die vorliegende Beschreibung orientiert sich an [Arvind, Nikhil 87 und 90]. Eine formal abweichende, aber inhaltlich gleiche Version findet sich in [Arvind, Culler 86]. Die Beschreibungen in [Culler, Arvind 87 und 88] und in [Arvind, Bic, Ungerer 91] sind vereinfachte Darstellungen. [Culler 89] ist die umfassendste Arbeit über das $k$-begrenzte Schleifenschema.

rationsnummer $i$-1 *mod k* das Prädikat $P$ passiert hat, zur Ausführung einer neuen Iteration im Kontext $C_{i\text{-}1 \; mod \; k}$.

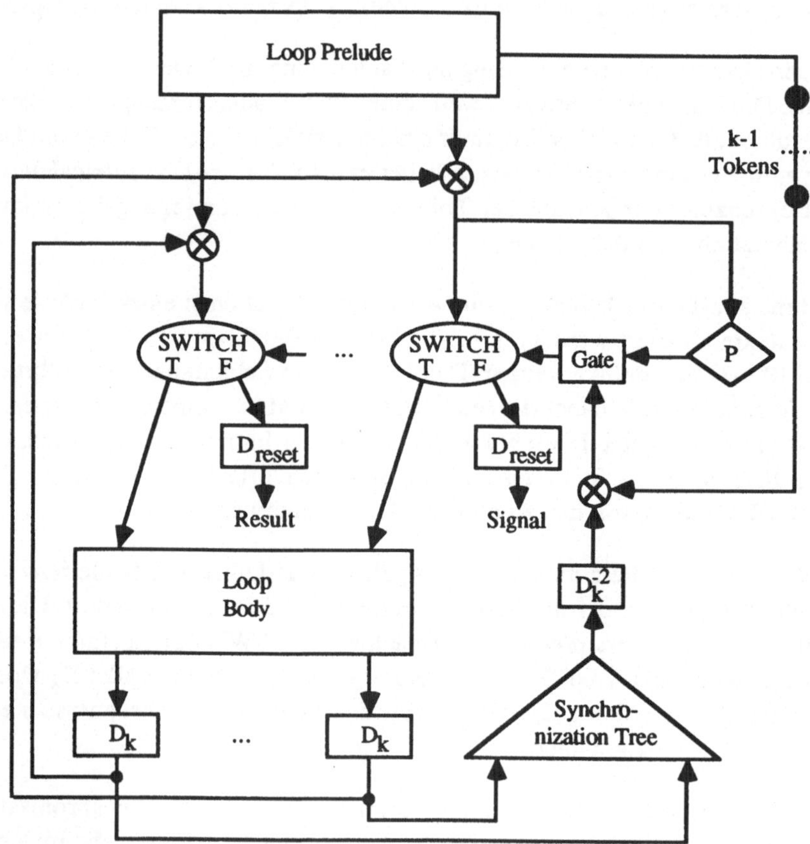


Abb. 4.3-10 $k$-begrenztes Schleifenschema

Durch das hier beschriebene k-begrenzte Schleifenschema werden höchstens $k$ Kontexte (Iterationsnummern 0...$k$-1) gleichzeitig benötigt, d. h., die Iterationen $i$, $i+k$, $i+2k$, ... benutzen jeweils denselben Kontext (d. h. dieselbe Iterationsnummer) $i$. Die Iteration mit der Iterationsnummer $i$-1 *mod k* wird durch das Verfahren erst dann gestartet, wenn die Iteration mit der Iterationsnummer $i$ *mod k* beendet ist. So wird verhindert, daß Tokens, die aus verschiedenen Iterationen stammen, aber dieselbe Iterationsnummer $i$-1 tragen, vor den SWITCH-Operatoren zusammentreffen.

Der Wert *k* kann zur Compilezeit oder Ladezeit vorgegeben sein oder zur Laufzeit in Abhängigkeit von der Last berechnet werden. Bei der MIT Tagged-Token Dataflow Architecture wird der Wert *k* zur Ladezeit festgelegt.

Das Feld, das für die Iterationsnummer im Tag eines Token benötigt wird, ist durch das *k*-begrenzte Schleifenschema auf eine feste Länge beschränkt, da es nur einen Zähler *modulo k* aufnehmen muß.

Das Schema der *k*-begrenzten Schleifen wird abgesehen von der MIT Tagged-Token Dataflow Architecture auch beim Monsoon-Rechner (siehe Abschnitt 2.3.7) angewendet.

### 4.3.6 Prinzip des expliziten Token-Speichers

Eines der Hauptprobleme dynamischer Datenflußrechner besteht in der Implementierung einer effizienten Vergleichseinheit. Der Vergleich des Tag eines Token mit den Tags aller im Token-Speicher der Vergleichseinheit abgelegten Tokens benötigt einen assoziativen Speicherzugriff, der in Datenflußprototypen durch hardwaregestützte Hash-Techniken implementiert wird. Dieser assoziative Zugriff läßt sich eliminieren, wenn die Tokens im Token-Speicher direkt adressierbar werden. Am MIT wurde dafür das *Prinzip des expliziten Token-Speichers* (Explicitly Token Store ETS) entwickelt und beim Monsoon-Rechner implementiert.

Die grundlegende Idee des expliziten Token-Speichers [Culler, Papadopoulos 90] ist, den Schleifeniterationen und den Funktionsaktivierungen jeweils einen eigenen *Aktivierungsrahmen* (Activation Frame) zuzuordnen. Der Code einer Funktion oder Schleife ist in einem Codeblock zusammengefaßt. Jedesmal, wenn der Codeblock aufgerufen wird, wird ein Aktivierungsrahmen eingerichtet. Die Speicherstellen (Frame Slots) in einem Aktivierungsrahmen sind für die wartenden Tokens vorgesehen. In jeden zweistelligen Befehl wird vom Compiler eine Offset-Adresse bezüglich der Basisadressen zugehöriger Aktivierungsrahmen eingetragen. Diese Offset-Adresse bezeichnet die Speicherstelle in einem Aktivierungsrahmen, in die das wartende Operandentoken für eine den Befehl betreffende Aktivität zur Laufzeit eingetragen wird. Da der Zugriff zu den Speicherstellen in einem Aktivierungsrahmen über einen Offset relativ zur Rahmenbasisadresse geschieht, wird keine assoziative Suche mehr benötigt.

Abbildung 4.3-11 zeigt als Beispiel die Code- und Datenbereiche für den Datenflußgraphen aus Abbildung 1.3-1.

**Program Representation in the Instruction Memory**

| instruction# | opcode | assigned slot# | destination and port# |
|---|---|---|---|
| 1: | MUL | 1 | 2L,3L,3R,6R |
| 2: | DIV | C1 | 4R |
| 3: | MUL | 2 | 5L,6L |
| 4: | MINUS | C2 | 7L |
| 5: | DIV | C3 | 7R |
| 6: | MUL | 3 | 8L |
| 7: | PLUS | 4 | 9L |
| 8: | DIV | C4 | 9R |
| 9: | MINUS | 5 | out |

**Activation Frame**

| slot# | data cell |
|---|---|
| 1: | slot for instruction 1: |
| 2: | slot for instruction 3: |
| 3: | slot for instruction 6: |
| 4: | slot for instruction 7: |
| 5: | slot for instruction 9: |

**Constant Area**

| slot# | data cell |
|---|---|
| C1: | 2 |
| C2: | 1 |
| C3: | 24 |
| C4: | 720 |

Abb. 4.3-11 Codeblock, Aktivierungsrahmen und Konstantenbereich

Jedem Codeblock sind zur Laufzeit eine Anzahl von Aktivierungsrahmen und ein Konstantenbereich zugeordnet. Ein Befehl besteht aus dem Operationscode, einem Offset in einen Aktivierungsrahmen oder in den Konstantenbereich und einer Liste von Zielverweisen. Die letzteren spezifizieren den Zielbefehl und bei dyadischen Zielbefehlen den Eingang *L* für links und *R* für rechts. Beim Monsoon-Rechner ist die Anzahl der Zielverweise auf zwei beschränkt.

Jeder Aktivierungsrahmen besteht aus Speicherstellen (Slots) zur Aufnahme von Operandentokens, die auf die Ankunft des Partnertoken warten müssen. Die Befehle enthalten Relativadressen, durch welche die Speicherstellen für die Operandentokens relativ zum Anfang des Aktivierungsrahmens adressiert werden. Jede Speicherstelle in einem Aktivierungsrahmen enthält Präsenz-Bits (Presence-Bit), die markieren, ob die Speicherstelle leer oder belegt ist.

Konstante Operanden werden im Konstantenbereich gespeichert. Jeder dyadische Befehl enthält einen Verweis auf eine Speicherstelle, die entweder im Aktivierungsrahmen oder im Konstantenbereich liegt. Die Unterteilung bei der Speicherung von konstanten und variablen Operanden spart Speicherplatz, da für jeden Codeblock nur eine Kopie des Konstantenbereichs nötig ist, während für jede Aktivierung des Codeblocks ein eigener Aktivierungsrahmen benötigt wird. Andererseits läßt sich die Architektur vereinfachen, wenn Konstantenbereich und Aktivierungsrahmen vereinigt und ein sticky-Modus beim Lesen von konstanten Werten aus den Rahmen vorhanden ist. Dieser Modus impliziert, daß bei Entnahme eines Token die Präsenz-Bits nicht auf 'leer' zurückgesetzt werden.

Damit dieses Prinzip auch auf Schleifeniterationen anwendbar ist, muß die Anzahl gleichzeitig aktivierter Schleifeniterationen steuerbar sein. Dies wird durch das Prinzip der *k*-begrenzten Schleifen ermöglicht. Höchstens *k* Kontexte können gleichzeitig aktiviert sein. Somit genügt es, bei Eintritt in die Schleife *k* Aktivierungsrahmen, die den *k* Kontexten entsprechen, zu allozieren. Die Aktivierungsrahmen werden während der Ausführung der Schleife von den verschiedenen Iterationen, wie in Abb. 4.3-12 gezeigt, wiederverwendet. Beispielsweise wird der Aktivierungsrahmen *i* für die Operanden der Iterationen *i*, *i+k*, *i+2k*, ... benutzt. Die *k* Aktivierungsrahmen werden so alloziert, daß sie einen Ring bilden. Das prinzipielle Verfahren funktioniert wie in Abschnitt 4.3.5 für die MIT Tagged-Token Dataflow Architecture beschrieben.

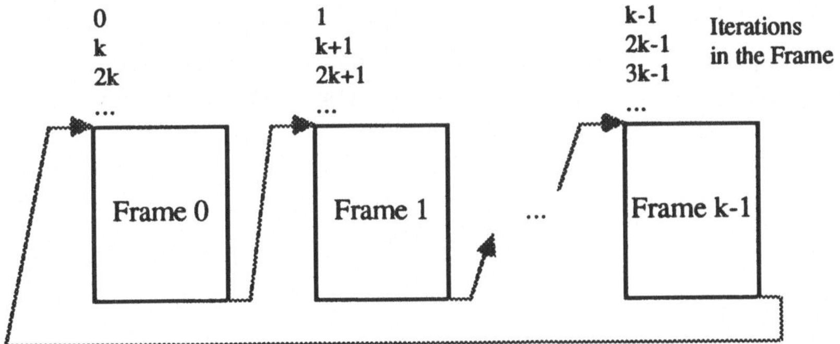


Abb. 4.3-12 Nutzung der Rahmen durch Iterationen beim *k*-begrenzten Schleifenschema

Ein Unterschied zum *k*-begrenzten Schleifenschema bei Verwendung des expliziten Token-Speichers der Monsoon-Architektur besteht darin, daß Kopien der Schleifenkonstanten vom Compiler in jedem Aktivierungsrahmen der Schleife plaziert werden; die Präsenz-Bits werden gemäß dem sticky-Token-Mechanismus allerdings bei Entnahme der Schleifenkonstante nicht auf 'leer' zurückgesetzt [Culler, Papadopoulos 90]. Die Verteilung von Kopien der Schleifenkonstanten auf die Aktivierungsrahmen der Iterationen vereinfacht die parallele Ausführung der Iterationen durch verschiedene Verarbeitungselemente, da der Token-Verkehr über das Verbindungsnetz entfällt, der sonst bei Zugriff von entfernten Verarbeitungselementen auf die Schleifenkonstanten notwendig ist.

Üblicherweise werden in dynamischen Datenflußrechnern zumindest ein Token-Speicher, ein Programmspeicher und ein Token-Puffer benötigt. Diese verschiedenen Speichertypen erhöhen die Komplexität der Speicherverwaltung und verhindern die dynamische Segmentierung eines einzigen uniformen Speichers, der alle drei verschiedenen Speicher umfassen könnte. Um die Vielfalt der verschiedenen Speichertypen in dynamischen Datenflußrechnern zu verringern, könnten I-Strukturen in den lokalen Speichern der Verarbeitungselemente gespeichert werden.

Die Gleichartigkeit der Speicherzellen des expliziten Token-Speichers und des I-Strukturspeichers kann dann für die Verwendung eines einzigen, uniformen und mit Präsenz-Bits versehenen Speichers genutzt werden. Die Präsenz-Bits können für die Implementierung des expliziten Token-Speichers und der Synchronisationsmodi des I-Strukturspeichers verwendet werden. Das vereinfacht nicht nur die Hardware-Entwicklungsarbeit [Arvind, Nikhil 87], sondern auch die Komplexität der Speicherverwaltung, da dann nur noch eine Art von Speicher vorhanden ist [Arvind, Culler, Maa 88].

Das Prinzip des expliziten Token-Speichers findet seine Entsprechungen in anderen neueren Datenflußrechner. Beispiele dafür sind das Direct-Matching-Verfahren beim EM-4-Rechner (siehe Abschnitt 4.4.3) und das Direct-Match-Verfahren beim Epsilon-2-Rechner (siehe Abschnitt 4.5.2).

### 4.3.7 Monsoon

Der *Monsoon-Rechner*[3] ist ein Datenflußmultiprozessor, dessen Verarbeitungselemente das Prinzip des expliziten Token-Speichers implementieren. Ein Monsoon-Rechner besteht wie die MIT Tagged-Token Dataflow Architecture aus einer Anzahl von Verarbeitungselementen, die über ein mehrstufiges, paketvermittelndes Netzwerk mit einer Anzahl von I-Strukturspeichern verbunden sind (siehe Abb. 4.3-5 für die MIT Tagged-Token Dataflow Architecture).[4]

Ein Prototyp eines Verarbeitungselements des Monsoon-Rechners in Verdrahtungstechnik (Wire-Wrap) ist seit Oktober 1988 betriebsbereit. Eine Kooperation zwischen dem MIT und der Firma Motorola führte zu einigen Monsoon-Rechnern mit 2 bis 16 Monsoon-Prozessoren. Die Id-World-Software, die für die MIT Tagged-Token Dataflow Architecture entwickelt wurde, wird auch für den Monsoon-Rechner benutzt.

Die grundlegende Struktur eines Verarbeitungselements des Monsoon-Rechners ist in Abb. 4.3-13 dargestellt. Ein Verarbeitungselement besteht aus einer Befehlsbereitstellungseinheit (Instruction Fetch), einer dreistufigen Vergleichseinheit, einer Verarbeitungseinheit (ALU) und einer Form-Token-Einheit. Weiterhin sind verschiedene Speicher angeschlossen.

Die achtstufige Verarbeitungspipeline arbeitet synchron und bearbeitet bei jedem Prozessorzyklus ein Token. Ein Prozessorzyklus entspricht bei den meisten Operationen einem Taktzyklus, kann sich jedoch bei komplexeren Operationen wie der Rahmen-Allozierung oder der Gleitpunkt-Division auch über mehrere Taktzyklen erstrecken und führt dann zum kurzzeitigen Leerlauf anderer Pipelinestufen (Pipeline Stall).

Die Vergleichseinheit besteht aus drei Stufen: einer Einheit zur Berechnung der effektiven Adresse (Effective Address), einer Präsenz-Bit-Verarbeitung (Presence Bits Operation) und einer Einheit zum Zugriff auf Aktivierungsrahmen (Frame Store Ope-

---

3 Zum Monsoon-Rechner siehe [Culler, Papadopoulos 90], [Papadopoulos, Culler 90], [Papadopoulos 91] und [Papadopoulos, Traub 91].

4 In den auf älteren Versionen beruhenden Beschreibungen ([Hutner, Holzner 89], [Arvind, Nikhil 90], [Arvind, Bic, Ungerer 91]) wird die Gesamtstruktur der Monsoon-Architektur ohne separate I-Strukturspeicher dargestellt. Dies ist auch die Struktur der Prototyprealisierung von 1988, die nur aus einem einzigen Verarbeitungselement ohne I-Strukturspeicher besteht. I-Strukturen werden dort gleichen Speicher wie die Aktivierungsrahmen gespeichert.

ration). Man beachte die Vertauschung von Befehlsbereitstellungs- und Vergleichseinheit gegenüber der MIT Tagged-Token Dataflow Architecture (Abb. 4.3-6).

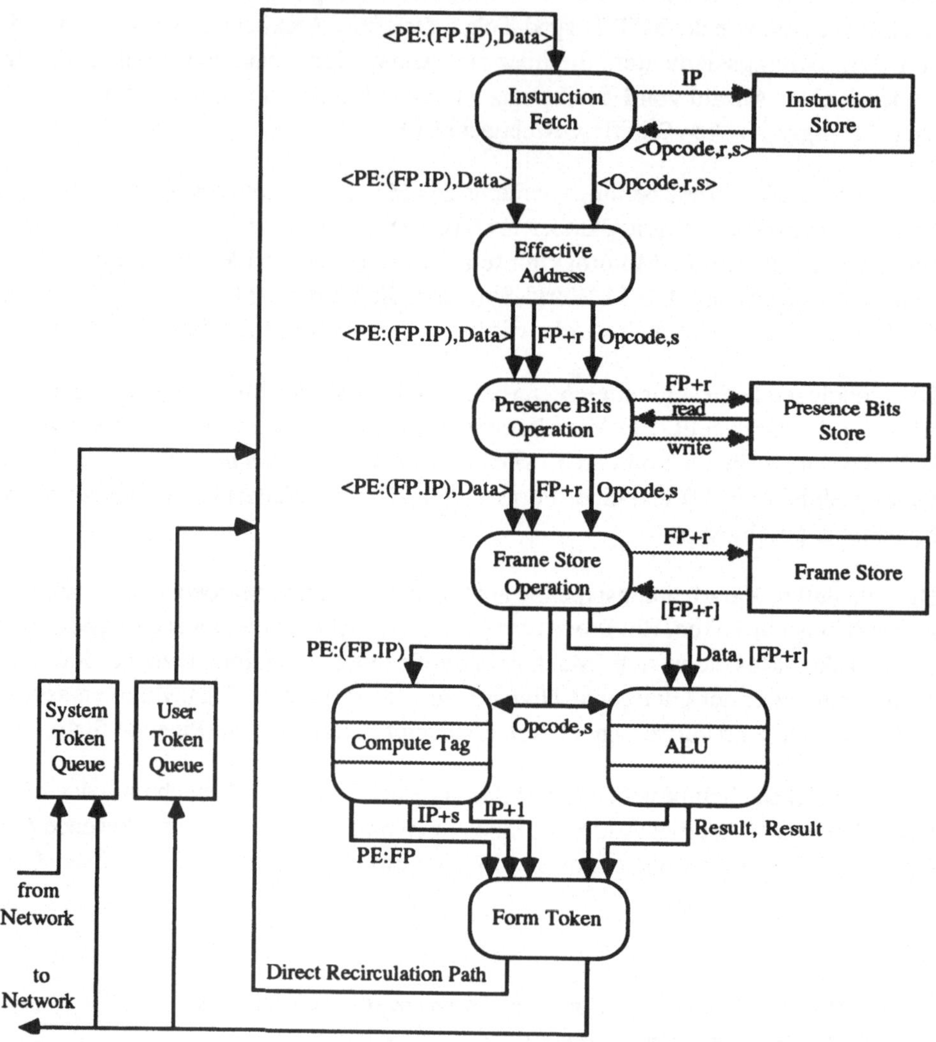


Abb. 4.3-13 Verarbeitungselement des Monsoon-Rechners

Der Befehlsspeicher (Instruction Store) enthält die Codeblöcke, der Rahmenspeicher (Frame Store) speichert die Aktivierungsrahmen und die Konstantenbereiche. Der Präsenz-Bit-Speicher (Presence Bit Store) enthält die Präsenz-Bits, die den Speicherstellen in den Aktivierungsrahmen zugeordnet sind. Präsenz-Bits und zugehörige

Datenwerte werden somit getrennt voneinander gespeichert und in zwei aufeinanderfolgenden Pipelinestufen manipuliert. Präsenz-Bit- und Rahmenspeicher besitzen jedoch ähnliche Zugriffsstrukturen, um die Adressierung zu vereinfachen.

Der Token-Puffer besteht aus zwei getrennten Pufferspeichern: einem FIFO-Systempuffer hoher Priorität und einem als Stack organisierten Anwenderpuffer.

Ein Befehlseintrag <*Opcode*, *r*, *s*> im Befehlsspeicher ist 32 Bit breit und besteht aus einem 12 Bit breiten Opcode, einem 10 Bit breiten Operandenadreßfeld *r* und einem 10 Bit breiten Zieladreßfeld *s*. Das Operandenadreßfeld kann eine Relativadresse zu einem lokalen Aktivierungsrahmen oder eine absolute, lokale Adresse für Konstanten und Informationen enthalten, die für eine Funktionsaktivierung benötigt werden. Operanden- und Zieladreßfeld können, in Abhängigkeit vom Opcode, auch als eine 20-Bit-Adresse interpretiert werden. Jeder Befehlseintrag kann maximal zwei abhängige Befehle adressieren, einen durch das Zieladreßfeld und den anderen als den Befehlseintrag, der im Befehlsspeicher auf der nächsten Speicherstelle steht. Ein besonderes Befehlsformat erlaubt, auch zwei beliebige Zieladressen innerhalb des Aktivierungsrahmens anzugeben.

Ein *Fork-Befehl* kann aus einem einzigen Eingangstoken eine Folge von Tokens erzeugen, die alle den gleichen Datenwert und die gleiche Rahmenadresse wie das Eingangstoken tragen. Die erzeugten Tokens unterscheiden sich jedoch in ihren Befehlsadressen, die feste Offsets zur Befehlsadresse des Eingangstoken sein müssen. Fork-Befehle wirken somit in ähnlicher Weise wie die iterativen Befehle beim Manchester Prototype Dataflow Computer (siehe Abschnitt 4.2.3).

Ein Token <*PE*:(*FP*.*IP*),*Data*> ist 144 Bit breit. Es besteht aus einem 64-Bit-Datenwert *Data* mit weiteren 8 Bit Typ- und Statusinformationen und einem 72 Bit breiten Tag *PE*:(*FP*.*IP*). Der Tag besteht aus:

- einer 8-Bit-Verarbeitungselementnummer (PE Number),
- einer 24-Bit-Befehlsadresse (Instruction Pointer, *IP*), die bei dyadischen Befehlen auch angibt, ob der Datenwert des Token linker oder rechter Operand des Befehls ist (Port Specification),
- einer 24-Bit-Rahmenadresse (Frame Pointer, *FP*), d. h. der Basisadresse des Aktivierungsrahmens, zu dem das Token gehört,
- 8 Bit, deren Funktion nicht beschrieben ist, und
- weiteren 8 Bit Typ- und Statusinformationen, die den Tag betreffen.

Ein Token <*PE*:(*FP*.*IP*),*Data*>, das aus einem der Token-Puffer oder direkt von der lokalen Form-Token-Einheit in die Verarbeitungspipeline eintritt, erreicht zunächst die Befehlsbereitstellungseinheit. Durch die Befehlsadresse *IP* wird ein Befehlseintrag im Befehlsspeicher adressiert. Dieser Befehlseintrag <*Opcode*, *r*, *s*> wird gemeinsam mit dem Token zur Vergleichseinheit weitergegeben.

Die Vergleichseinheit besteht aus den folgenden drei Stufen:

* Zunächst wird durch die effektive Adreßberechnungseinheit die Adresse einer Speicherstelle im Präsenz-Bit- und im Rahmenspeicher berechnet. Die Adresse lautet: *FP+r*, falls die Adresse lokal zu einem Aktivierungsrahmen ist, oder *r* im Falle einer absoluten, lokalen Adresse.

* In der zweiten Stufe werden die drei Präsenz-Bits, die zu der adressierten Speicherstelle gehören, aus dem Präsenz-Bit-Speicher gelesen, in Abhängigkeit von ihrem Inhalt, vom Opcode des Befehlseintrags und vom Port-Bit im *IP*-Feld des Token modifiziert und zurückgeschrieben. Gleichzeitig werden zwei Steuersignale für die weiteren Pipelinestufen erzeugt: Das eine bestimmt, ob Resultattokens unterdrückt werden sollen, das andere steuert die Operation der nächsten Pipelinestufe.

* In der dritten Stufe wird gemäß dem Steuersignal entweder die Speicherstelle im Rahmenspeicher gelesen, beschrieben und mit dem Datenwert des Token ausgetauscht, oder es wird keine Operation ausgeführt.

Diese beiden zuletzt beschrieben Pipelinestufen führen zusammengenommen die Vergleichsoperation der Vergleichseinheit durch. Falls ein Befehl monadisch ist, werden das Token und der zugehörige Befehlseintrag ohne Vergleichsoperation an die Verarbeitungseinheit weitergegeben. Falls der zweite Operand eines zweistelligen Befehls eine Konstante ist, wird er einfach aus dem entsprechenden Konstantenbereich im Rahmenspeicher gelesen.

Falls beide Operanden Variablen sind, kann das Partnertoken bereits angekommen sein. In diesem Fall sind die Präsenz-Bits der Speicherstelle auf 'vorhanden' gesetzt. Sie werden in der zweiten Pipelinestufe der Vergleichseinheit auf 'leer' abgeändert (Ausnahmen sind die sticky-Tokens). Der Operand wird in der dritten Pipelinestufe gelesen, und der Befehlseintrag wird mit seinen beiden Operanden und Zieladreßeinträgen an die Verarbeitungseinheit weitergegeben.

Falls der zweite Operand eines zweistelligen Befehls noch nicht vorhanden ist, also die Präsenz-Bits der adressierten Speicherstelle auf 'leer' stehen, werden diese auf 'vorhanden' abgeändert, und der Datenwert des Token wird in der Speicherstelle des

Aktivierungsrahmens abgelegt. Das Steuersignal, das die zweite Pipelinestufe der Vergleichseinheit erzeugt, zeigt an, daß Resultattokens unterdrückt werden sollen.

Da sowohl für konstante als auch für variable Operanden die Adresse des Speicherplatzes im Befehl spezifiziert ist, entfällt die assoziative Suche nach dem passenden Operanden. Daher nehmen die Aktivierungsrahmen, zusammen mit der direkt adressierbaren Vergleichseinheit die Funktion der assoziativen Vergleichseinheit eines dynamischen Datenflußrechners wahr.

Die Verarbeitungseinheit ist ebenfalls dreistufig aufgebaut:

* In der ersten Stufe werden der Datenwert des Token und der Datenwert aus dem Rahmenspeicher entsprechend der Portspezifikation im FP-Feld des Tag angeordnet.

* In den nächsten zwei Pipelinestufen wird die Operation ausgeführt. Dafür stehen drei Funktionseinheiten zur Verfügung: ein Verarbeitungswerk für Gleitpunkt- und Integer-Operationen, eines für Zeiger- (auf globalen Datenstrukturen) und Tagberechnungen und ein Maschinensteuerwerk. Parallel dazu werden von Adreßgeneratoren (Compute Tag) in der letzten der ALU-Pipelinestufen bis zu zwei neue Tags für Resultattokens erzeugt.

Die Form-Token-Einheit erzeugt aus den beiden Tags und dem ALU-Resultat ein oder zwei Resultattokens. Diese werden entweder im Token-Puffer abgelegt oder durch das Kommunikationsnetzwerk zu einem anderen Verarbeitungselement gesandt, oder eines der Resultattokens wird in die Verarbeitungspipeline sofort wieder eingespeist.

Im letzten Fall steht der Datenwert des Token nach genau 8 Prozessortakten zur Weiterverarbeitung an. Dadurch können bis zu 8 sequentielle Kontrollfäden überlappt in der Verarbeitungspipeline ausgeführt und von der Verarbeitungseinheit Register benutzt werden. Der Prototyp des Monsoon-Prozessors besitzt 8 ALU-Registersätze mit je drei allgemeinen Registern. Jedem der 8 möglichen Kontrollfäden ist ein Registersatz zugeordnet. Das Format der Befehlseinträge erlaubt es, die Operanden bei Ausführung eines Befehls durch die Verarbeitungseinheit den Registern zu entnehmen und Datenwerte in Register zu laden.

Weiterhin kann eine Ausnahmebehandlungsroutine (Exception Handler) per Hardware aufgerufen werden. Zwei zusätzliche Register pro Registersatz, *XA* und *XB*, speichern die aktuell der Verarbeitungseinheit zugeführten Operanden. Falls diese Operanden eine ALU-Exception auslösen, wird die Erzeugung der Resultattokens unterdrückt und dafür ein Ausnahmetoken erzeugt. Dieses besitzt einen vordefinierten Tag, dessen Befehlsadresse *IP* den ersten Befehl der Ausnahmebehandlungsroutine und dessen Rahmenadresse *FP* einen reservierten Aktivierungsrahmen adressiert. Der Datenwertteil des Ausnahmetoken enthält den Tag der Befehlsaktivität, welche die Ausnahmebehandlung ausgelöst hat. Das Ausnahmetoken wird direkt in die Pipeline wiedereingefüttert, und die Ausnahmebehandlungsroutine kann die in *XA* und *XB* gespeicherten Operandenwerte abfragen [Culler, Papadopoulos 90].

Die Lokalität der Daten in einem Aktivierungsrahmen wird für die Organisation der Parallelarbeit ausgenutzt. Die Aktivierungsrahmen werden zur Laufzeit auf verschiedene Verarbeitungselemente verteilt. Dadurch, daß jeder Funktionsaktivierung ein eigener Aktivierungsrahmen zugeordnet ist, wird Parallelität auf der Taskebene genutzt. Durch die Zuordnung von Aktivierungsrahmen zu Schleifeniterationen, können verschiedene Iterationen parallel auf verschiedenen Verarbeitungselementen ausgeführt und damit Parallelität auf der Blockebene genutzt werden.

Alle Befehlsaktivitäten, die einen Aktivierungsrahmen betreffen, werden immer lokal von dem Verarbeitungselement ausgeführt, das den Aktivierungsrahmen speichert. Die Parallelität auf Anweisungsebene, die durch die Parallelität der Befehle eines Codeblocks gegeben ist, wird bei Ausführung der Befehlsaktivitäten dazu genutzt, die Verarbeitungspipeline gefüllt zu halten. Die Lokalität der Daten, die zu einem Aktivierungsrahmen gehören, erzeugt einen nur lokalen Token-Strom. Nur bei Codeblockaktivierungen und -beendigungen sowie bei I-Strukturzugriffen werden Tokens über das Verbindungsnetz gesandt. Diese Tokens machen weniger als 30% der insgesamt erzeugten Tokens aus [Papadopoulos, Culler 90].

Der Monsoon-Prototyp, der seit Oktober 1988 betriebsbereit ist, besteht, wie oben erwähnt, aus einem einzigen Verarbeitungselement, das, abgesehen von der Kommunikation mit dem Verbindungsnetzwerk, alle Pipelinestufen implementiert. Die synchrone, 8-stufige Pipeline benutzt nur 72 Bit breite Datenpfade (bei 144 Bit Token Breite). Für den Aktivierungsrahmenspeicher stehen 128 K 72-Bit-Worte und für den Befehlsspeicher 128 K 32-Bit-Worte zur Verfügung. Der Prototyp sollte einen Durchsatz von 6 M Token pro Sekunde ermöglichen, wird jedoch aus Zuverlässigkeitsgründen meist nur mit halb so schnellem Takt betrieben.

Der Monsoon-Prozessor ist über einen NuBus mit einer *Texas Instruments Explorer* Lisp-Maschine als Vorrechner verbunden. Compiler und Lader laufen auf dem Vorrechner. Das Laufzeitsystem und die Speicherverwaltung sind in Id geschrieben und werden direkt vom Monsoon-Prozessor ausgeführt. Da kein I-Strukturspeicher vorhanden ist, werden I-Strukturen im Aktivierungsrahmenspeicher gespeichert.

Es konnten relativ große Testprogramme ausgeführt werden. Eines davon ist eine Monte-Carlo-Histogramm-Simulation des Photonentransports (GAMTEB-Code), bei dessen Ausführung etwa viermal soviele Befehlsaktivitäten gemessen wurden, als bei Ausführung einer vergleichbaren FORTRAN-Implementierung auf einem Cray-X-MP-Rechner. Die Hälfte der ausgeführten Befehle waren Speicherverwaltungsbefehle, die bei der FORTRAN-Implementierung durch die statische Speicherallozierung wegfallen. Es bleibt ein Overhead von etwa doppelt soviel ausgeführten Befehlen wie bei vergleichbaren Programmen für den Cray-X-MP-Rechner [Papadopoulos, Culler 90]. Dies stimmt mit Messungen auf der simulierten MIT Tagged-Token Dataflow Architecture überein [Arvind, Culler, Ekanadham 88].

Die Analyse der Ausführung einer 50 Städte-Tour des Traveling-Salesman-Problems lieferte folgende Statistik [Papadopoulos, Culler 90]:

| Instruction Class | Percentages |
|---|---|
| Fanouts and Identities | 39.25 |
| Arithmetic Operations | 8.77 |
| ALU Bubbles | 28.75 |
| I-Fetch Operations | 5.12 |
| I-Store Operations | 0.41 |
| Other Operations | 12.70 |
| Idles | 5.00 |

Fanouts und Identities sind Duplizier- beziehungsweise Komprimier-Operationen. Es bleibt die Frage offen, ob der hohe Anteil dieser Operationen trotz Verwendung von Fork-Befehlen zustande gekommen ist, oder ob deren komprimierende Wirkung nicht ausgenutzt wurde. Idles betreffen Phasen, in denen keine Tokens produziert werden und die Token-Puffer leer sind. Der Anteil der Blasen im Verarbeitungsstrom (ALU Bubbles) ist, wie zu erwarten, relativ hoch, da für diese Statistik noch keine Register verwendet wurden. Durch die Registerverwendung ist eine erhebliche Verringerung der Anzahl der Blasen zu erwarten.

Ein interessanter Aspekt besteht darin, die Monsoon-Architektur als Multithreaded-Datenflußarchitektur (siehe auch Abschnitt 5.1.1) zu betrachten ([Papadopoulos, Traub 91], [Traub 91]). Wenn der Datenwert des Token als eine Art Akkumulator betrachtet wird, definiert das Prinzip des expliziten Token-Speichers eine abstrakte Multithreaded-Einadreßmaschine. Die Befehlsadresse IP entspricht dem Befehlszähler und die Rahmenadresse FP einem Indexregisterwert einer konventionellen Prozessorarchitektur.

Der Ausführungszustand eines Kontrollfadens wird beim Monsoon-Rechner durch ein Token repräsentiert. Durch das direkte Wiedereinfüttern von Tokens in die Verarbeitungspipeline eines Monsoon-Prozessors können 8 Kontrollfäden gleichzeitig im Zustand der Ausführung sein, während bis zu 32000 Kontrollfäden pro Prozessor in einem Wartezustand sein können.

Jeder Kontrollfaden kann als ein unabhängiger, sequentieller Befehlsstrom betrachtet werden, wobei sich die Kontrollfäden über die Präsenz-Bits im Präsenz-Bit-Speicher und die Datenwerte der Tokens im Aktivierungsrahmenspeicher synchronisieren. Diese Synchronisation geschieht durch die implementierte Vergleichsoperation in der Vergleichseinheit sehr effizient und erlaubt deshalb auch eine effiziente Ausführung von Befehlsfolgen, die aus nur wenigen Befehlen bestehen.

Die Lokalität der Daten kann durch die Benutzung von Registern für die Operandenweitergabe zwischen den Befehlen innerhalb eines Kontrollfadens genutzt werden. Da nur bei jedem achten Takt ein Befehl desselben Befehlsstroms ausgeführt werden kann, sind mindestens 8 parallele Kontrollfäden notwendig, um die Verarbeitungspipeline eines Monsoon-Prozessors gefüllt zu halten. Somit wird eine Cycle-by-Cycle-Interleaving-Technik (auch Fine-Grain Multithreading genannt) angewandt. Der Monsoon-Prozessor ähnelt darin den Multithreaded-von-Neumann-Architekturen HEP, Horizon, Tera und Masa (siehe Kapitel 6).

Gemeinsam mit der Firma Motorola wurden mehrere experimentelle Monsoon-Multiprozessorsysteme hergestellt. Die Zielvorgaben waren eine Verarbeitungsgeschwindigkeit von 10 M Token pro Sekunde und Prozessor, 100 MByte pro Sekunde Durchsatz des Verbindungsnetzwerks, 256 K bis 1 M 72-Bit-Worte große Rahmenspeicher, 256 K 32-Bit-Worte große Befehlsspeicher und 64 K 144-Bit-Worte große Token-Puffer, die zur Hälfte als Benutzer- und zur Hälfte als Systempuffer genutzt werden. Im August 1991 lieferte Motorola den ersten Monsoon-Rechner ans MIT. Im November 1991 wurde ein Monsoon-Rechner mit zwei Knoten fertiggestellt und an das Los Alamos National Laboratory geliefert. Diesem folgte Mitte 1992 ein weiterer Monsoon-Rechner mit 16 Knoten [Myers 92].

Die Erfahrungen mit diesen Monsoon-Prototypen werden für den Entwurf des *T-Rechners (Abschnitt 5.2.5) genutzt, dessen Realisierung ebenfalls in Zusammenarbeit von MIT und Motorola geplant ist.

## 4.4 Japanische Datenflußrechner

### 4.4.1 Überblick

Datenflußforschung wird in Japan seit Anfang der 80er Jahre ([Yuba 86], [Yuba et al. 90]) intensiv betrieben und führte zu vielen Simulationen und Prototypen von Datenflußrechnern.

Der früheste, experimentelle Prototyp eines Datenflußrechners in Japan ist der *DDDP* (Distributed Data-Driven Processor), der von der OKI Electric Industry Co. in der Zeit von 1980 bis 1982 entwickelt wurde [Kishi et al. 1983]. Der DDDP besteht aus vier Verarbeitungselementen, von denen jedes einen 4 K Token großen Vergleichsspeicher besitzt und aus AM2901-Bit-Slice-Prozessoren aufgebaut ist. Wesentliche Merkmale des DDDP sind eine hardwaregestützte Hash-Technik zur Realisierung der Vergleichseinheit und ein dynamisches Datenflußprinzip. Wegen der kleinen Vergleichsspeicher konnten nur sehr kleine Benchmark-Programme getestet werden, wobei eine Verarbeitungsleistung von 0.73 MIPS gemessen wurde.

Eine weitere dynamische Datenflußarchitektur ist die *EDDY-Architektur* (Experimental System for Data-Driven Processor Array), die vom Musashino Electrical Communication Laboratory der Nippon Telegraph and Telephone Corp. (NTT) 1983 auf einem Hardware-Simulator getestet wurde ([Amamiya et al. 82], [Takahashi, Amamiya 83]). Der EDDY-Simulator besteht aus 16 Verarbeitungselementen, die in einer 4*4-Feldstruktur aufgebaut sind, wobei jedes Verarbeitungselement mit 8 Nachbarn verbunden ist. Jedes Verarbeitungselement besteht aus zwei Z8000-Mikroprozessoren, von denen der eine die Paketkommunikation zum Verbindungsnetz steuert und der andere den Datenflußmechanismus simuliert und die Befehle ausführt. Ein Tag identifiziert Funktionsaufrufe und Iterationsnummern. Für jedes Array-Element wird ein eigener, eindeutiger Bezeichner vergeben und die Array-Elemente zur Compilezeit auf die Verarbeitungselemente verteilt. In der Klassifikation von Veen (Abschnitt 1.5) wurde die EDDY-Architektur als (einziges) Beispiel einer dynamischen Direct-Communication-Maschine klassifiziert. Programmiert wird die EDDY-Architektur in der Datenflußsprache Valid. Ein Nachfolgeprojekt ist die *Datarol-Architektur* [Amamiya 91] für die Ausführung funktionaler Programme durch eine Kombination der bedarfs- und der datengesteuerten Ausführungsstrategie.

Die Datenflußgruppe bei NTT entwickelte ab 1984 eine weitere Datenflußarchitektur, die *DFM-Architektur*, die auf Listenverarbeitung spezialisiert ist [Amamiya et al. 86 und 87]. Die DFM-Gesamtarchitektur besteht aus mehreren Clustern, die über ein paketvermittelndes Kommunikationsnetzwerk verbunden sind. Jedes Cluster besteht aus 8 Verarbeitungselementen, 8 Strukturspeichern und einer Cluster-Steuereinheit, die eine dynamische Lastverteilung auf die Verarbeitungselemente vornimmt und die Kommunikation mit den anderen Clustern steuert. Verarbeitungselemente und Strukturspeicher sind über ein Mehrfachbussystem gekoppelt. Die Strukturspeicher enthalten die Listenelemente und führen die Operationen auf den Listen aus. Ein DFM-Prototyp eines Clusters war 1986 in Betrieb. Der Prototyp ist in CMOS-LSI-Technologie hergestellt. Die zirkuläre Datenflußpipeline eines Verarbeitungselements arbeitet mit 3.3 MHz Takt. Programmiert wird der DFM-Prototyp ebenfalls in der Datenflußsprache Valid.

An der Universität Tokio wurde von 1978 bis 1982 eine grobkörnige Datenflußarchitektur *TOPSTAR* [Yuba 86] entwickelt. Das ursprüngliche Ziel war es, einen Parallelrechner zur Erkennung chinesischer Schriftzeichen zu entwickeln. Programmiert wird die TOPSTAR-Architektur durch das Erstellen von Makrodatenflußgraphen, bei denen jeder Knoten einer Prozedur entspricht, wobei jede Prozedur in einer herkömmlichen sequentiellen Programmiersprache programmiert werden kann. Die TOPSTAR-Architektur selbst besteht aus 16 Verarbeitungsmodulen (Processing Modules PMs) und 8 Kommunikations- und Steuermodulen (Communication Modules CMs). Jedes PM ist mit bis zu 4 CMs und jedes CM mit bis zu 8 PMs verbunden. Die Kommunikation zwischen PMs geschieht also immer über CMs. Ein Makrodatenflußgraph wird dynamisch auf dieses Netzwerk abgebildet. CMs verwalten die ausführbaren Prozeduren (Tasks genannt) und die PMs fordern Tasks zur Verarbeitung von den CMs an. Auf zwei kleinen Prototypen, TOPSTAR-I und TOPSTAR-II, deren CMs und PMs jeweils mit Z80-Mikroprozessoren aufgebaut sind, wurden eine Logik-Simulation, eine parallele PROLOG-Implementierung und ein Datenfluß-LISP-Compiler erstellt.

Ebenfalls an der Universität Tokio wurden als Nachfolgeprojekte 1983 zwei weitere statische Datenflußrechner *DDDC* und *EDAC* entwickelt. Außerdem wurde an der Gunma-Universität ein statischer Datenflußrechnerprototyp *DFNDR-1* gebaut [Yuba 86].

Ein weiterer experimenteller Datenflußmultiprozessor wurde an der Universität Osaka mit Z80-Prozessoren realisiert [Nishikawa et al. 82]. Die gleiche Forschungsgruppe entwickelte in einem gemeinsamen Projekt der Universität Osaka mit vier japanischen VLSI-Chip-Herstellern 1986 einen experimentellen VLSI-Prototypen *Q-p* eines Datenflußprozessors für die digitale Signal- und Bildverarbeitung. Der Prototyp zeichnet sich durch eine „elastische“ Pipeline aus, bei der ein Handshake-Protokoll zwischen den Pipelinestufen verwendet wird.

Das Nachfolgeprojekt führte zu einem Chip-Set für einen dynamischen Datenflußprozessor *Q-v1* ([Terada et al. 87], [Komori, Miyata, Terada 89] und [Nishikawa et al.

89/91]), der die Prinzipien des Q-p weitgehend beibehält. Die fünf spezialisierten VLSI-Chips, die zur Realisierung des Datenflußprozessors entwickelt wurden, sind:

- ein Queue-Buffer-Chip für den Token-Puffer,
- ein Junction-and-Branch-Chip als Datenschaltelement,
- ein Cache-Program-Store-Chip zur Implementierung eines Befehls-Cache-Speichers,
- ein Firing-Control-Chip zur Realisierung der Vergleichseinheit und
- ein Functional-Processor-Chip als Verarbeitungseinheit.

Jeder dieser Chips arbeitet intern wieder nach dem Prinzip der „elastischen Pipeline" und ist mit einem eigenen Takt unabhängig von den anderen Chips. Mit dem Projekt sollte insbesondere die Off-Chip-Kommunikation verringert und die On-Chip-Datenrate maximiert werden. Dabei sollte eine Verarbeitungsleistung von 20 MFLOPS pro Prozessor erreicht werden.

Eine weitere bemerkenswerte Datenflußentwicklung ist der statische Datenflußprozessorchip *Image Pipelined Processor µPD7281* der Nippon Electric Co. [NEC 86]. Der NEC-Chip ist ein Spezialprozessor für die Bildverarbeitung und als Customized-LSI-Chip verfügbar. Er wird im DTN-Datenflußrechner [Veen, van den Borg 90 und 89/91] verwendet, der als Graphik-Workstation mit hoher Leistung kommerziell zu erwerben ist.

Zwei weitere Datenflußrechner, *SIGMA-1* und *PIM-D*, wurden im Rahmen des japanischen Forschungsprojekts zur Entwicklung der Computersysteme der „fünften Generation" [Moto-Oka 82] entworfen. Der Kern des in drei Stufen (1982-84, 1985-88, 1989-91) auf 10 Jahre angelegten, japanischen Forschungsprojekts besteht im Bereich der Rechnerarchitektur aus der Entwicklung von Wissensbasis-Maschinen (Knowledge Base Machines), Inferenz-Maschinen und numerischen Supercomputern. Wissensbasis-Maschinen speichern Daten in einer „Wissensbasis". Sie sollen als Weiterentwicklung relationaler Datenbankmaschinen entstehen. Inferenz-Maschinen können aus der „Wissensbasis" einer solchen Maschine logische Schlußfolgerungen ziehen und damit implizites Wissen erschließen. Ein Rechnersystem der fünften Generation [Sakamura u. a. 82] besteht aus „Personalcomputern der fünften Generation" (Beispiel: die sequentielle Inferenz-Maschine PSI), die über ein lokales Netz an eine parallele Inferenz-Maschine, an eine Wissensbasis-Maschine und an einen numerischen Supercomputer angeschlossen sind.

Beispiele für japanische Entwicklungen im Bereich der Rechnerarchitekturen der fünften Computergeneration sind die sequentielle Inferenz-Maschine PSI (Personal Sequential Inference Machine) und die drei parallelen Inferenz-Maschinen PIE (Parallel Inference Engine), PIM-R (Parallel Inference Machine on Reduction Base) und PIM-D (Parallel Inference Machine on Data Flow Base), die von 1982 bis 1984 in miteinander konkurrierenden Projekten gebaut und getestet wurden.[5]

Der *PIM-D-Rechner* [Ito et al. 85 und 86] des ICOT (Institute for New Generation Computer Technology) kann als paralleler Datenflußmultiprozessor zur Unterstützung einer parallelen PROLOG-ähnlichen Sprache charakterisiert werden. Er ist insbesondere für die Ausführung von GHC-Programmen durch ein dynamisches Datenflußprinzip ausgelegt. *GHC* (Guarded Horn Clauses) ist eine parallele, PROLOG-ähnliche Sprache, die mit Concurrent-PROLOG und PARLOG vergleichbar ist. Der PIM-D-Rechner kann zwei parallele Ausführungsstrategien verfolgen: OR-Parallelität wird durch eine parallele Breadth-First-Suche und AND-Parallelität mit Hilfe eines Stream-Pipelining-Mechanismus genutzt.[6]

Die Parallelität innerhalb einer Unifikation wird dadurch genutzt, daß bei der Unifikation von Literalen mit mehrstelligen Argumenten die Argumentstellen parallel zueinander unifiziert werden. Jede Unifikation wird als Prozeß betrachtet, und jeder Prozeß wird von einem zusammenhängenden Datenflußgraphen repräsentiert, dessen Knoten Elementaroperationen darstellen. Die Elementaroperationen besitzen bis zu zwei Operanden und können bis zu vier Resultate erzeugen. Die Kommunikation zwischen den Prozessen geschieht über Datenströme, die nicht-strikte, strukturierte Daten repräsentieren.

Anfang 1986 wurde ein experimenteller Prototyp des PIM-D-Rechners realisiert, der mit 2 Clustern aus je 4 Verarbeitungseinheiten und 4 Strukturspeichern bestückt ist. Der Ausbau auf 4 Cluster war geplant. Ein modifizierter Strukturspeicher (realisiert durch einen VAX-11-Rechner) diente der Kommunikation mit der Außenwelt und der Initialisierung der Maschine. Simulationen auf dem mikroprogrammierten, experimentellen Prototypen ergaben, daß bei Verwendung einer Verarbeitungseinheit und eines Strukturspeichers der Durchsatz nur ca. 2.5 bis 3.2 KLIPS beträgt. Die Erfahrungen aus der Simulation sollten für einen größeren Prototypen mit einigen hundert Verarbeitungseinheiten verwendet werden. Das Projekt wurde jedoch nicht weitergeführt.

---

5 Einen Überblick über die PSI, PIM-R, PIM-D und weitere parallele Inferenz-Maschinen gibt [Ungerer 89].

6 Ein Überblick über diese Verfahren findet sich in [Ito u.a. 85] und [Ungerer 89].

Die beiden größten und wichtigsten Datenflußrechner in Japan sind der SIGMA-1- und der EM-4-Datenflußmultiprozessor. Das *SIGMA-1-Projekt* begann im April 1982 als ein Entwicklungsprojekt zur Realisierung eines numerischen Supercomputers im Rahmen des fünften Generationsprojekts. Ein erster Prototyp war 1984 betriebsbereit ([Yuba et al. 84], [Hiraki et al. 84], [Shimada et al. 86]). Ein 1984 bis 1985 durchgeführtes Re-Design führte zur Verwendung von CMOS-Semi-Customized-LSI-Technologie und zu einem Prototypen eines Datenflußmultiprozessors mit 128 Verarbeitungselementen, der seit Januar 1988 betriebsfähig ist [Hiraki et al. 86, 87, 91]. Dieser erzielte eine Spitzenleistung von 170 MFLOPS. Der SIGMA-1-Rechner wird in Abschnitt 4.4.2 beschrieben.

Ein Vorläufer des *EM-4-Rechners* ist der EM-3-Rechner [Toda et al. 86], einer LISP-Maschine auf der Basis des dynamischen Datenflußprinzips. Der EM-3-Rechner wurde 1985 auf einem Multiprozessorsystem mit 16 Prozessoren simuliert [Yuba 86].

Das EM-4-Projekt begann 1986 und zielt - im Gegensatz zum SIGMA-1-Rechner - darauf ab, die Verwendbarkeit des Datenflußprinzips für die Listenverarbeitung und die Wissensverarbeitung zu testen.

Der EM-4-Rechner gehört durch das *Datenflußmodell der eng zusammenhängenden Kanten* (Strongly Connected Arc Model) zu den Multithreaded-Datenflußarchitekturen (siehe Abschnitt 5.1). Ein Teilgraph eines Datenflußgraphen wird als „eng zusammenhängend" definiert, die betroffenen Befehle werden in einem Codeblock zusammengefaßt und von einem EM-4-Prozessor direkt aufeinanderfolgend unter Verwendung von Registern ausgeführt. Für die Vergleichsoperation wird ein dem expliziten Token-Speicher des Monsoon-Rechners vergleichbares Verfahren angewandt, das *Direct Matching Scheme* genannt wird.

Der Entwurf des Datenflußprozessors und des Verbindungsnetzwerks wurde 1988 vorgestellt ([Yamaguchi et al. 88], [Sakai et al. 89]). Seit Mai 1990 ist ein EM-4-Prototyp mit 80 Verarbeitungselementen betriebsbereit ([Yuba et al. 90], [Sakai et al. 89/91]). Dessen Spitzenleistung wird mit 1 GIPS angegeben [Sakai 92]. Eine Beschreibung des EM-4-Rechners erfolgt in Abschnitt 4.4.3.

Etwa um 1996 soll ein EM-5 genannter Rechner mit 16 K bis 64 K Verarbeitungselementen, 10 TeraFLOPS Verarbeitungsgeschwindigkeit und Multithreaded-Architekturprinzip Nachfolger des EM-4-Rechners werden [Sakai 92].

### 4.4.2 SIGMA-1

Der *SIGMA-1*-Rechner[7] ist der zur Zeit größte, vollständig realisierte dynamische Datenflußmultiprozessor. Er ist seit Januar 1988 im Electrotechnical Laboratory in Japan betriebsbereit und wird als experimenteller Supercomputer für große numerische Programme benutzt. Neben der großen Anzahl von Verarbeitungselementen zeichnet sich der SIGMA-1-Rechner durch die nur zweistufige Token-Pipeline der Verarbeitungselemente aus. Diese besonders kurze und effiziente Pipeline ist vorteilhaft, wenn im Programm wenig Parallelität vorhanden ist.

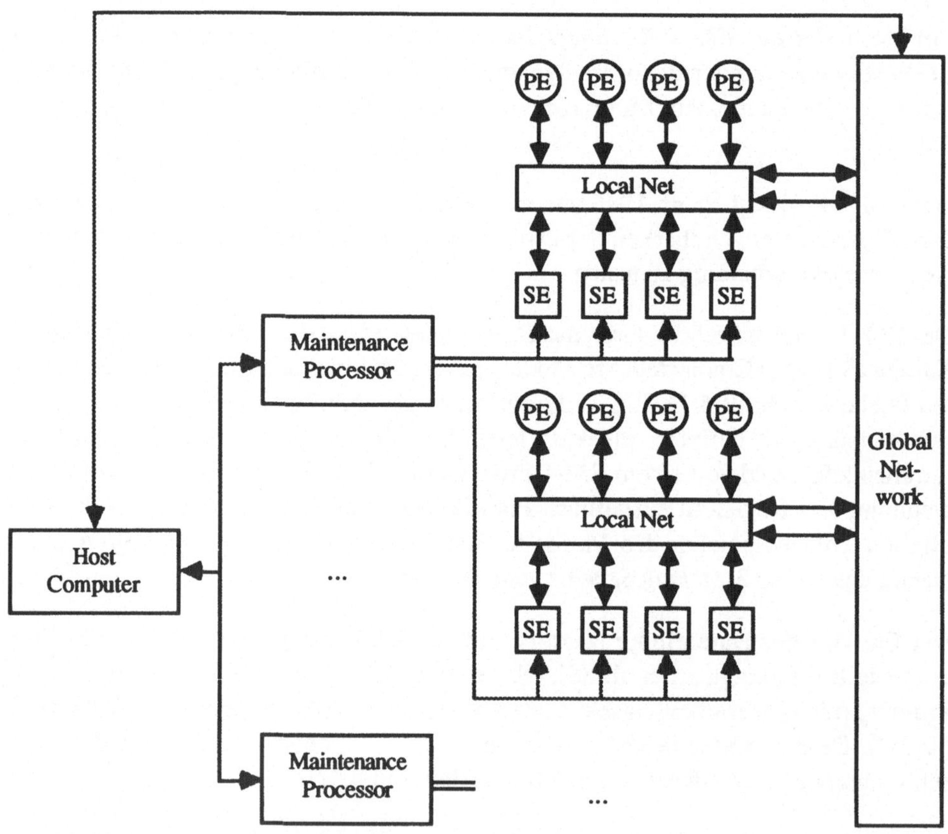


Abb. 4.4-1 Grundlegende Struktur des SIGMA-1-Rechners

7 Zum SIGMA-1-Rechner siehe [Yuba et al. 84], [Hiraki et al. 84, 86, 87, 88, 89/91], [Shimada et al. 86, 92] und [Hoshino et al. 89].

Ein weiterer interessanter Aspekt ist der Unterbrechungsmechanismus. Ein Interrupt wird beispielsweise bei einem arithmetischen Fehler, einem Datentypfehler oder einem Überlauf in einem Tag-Feld ausgelöst. Die Unterbrechungsbehandlung verläuft jedoch sehr kompliziert (siehe [Hiraki et al. 91]).

Die Grundstruktur des SIGMA-1-Rechners (siehe Abb. 4.4-1) besteht aus 128 Verarbeitungselementen (Processing Elements PEs) und 128 Strukturspeichern (Structure Elements SEs), die in 32 Clustern organisiert sind. Die Cluster selbst sind über ein globales zweistufiges Omega-Netzwerk gekoppelt. 16 Überwachungsprozessoren (Maintenance Processors) sind mit den Strukturspeichern und mit einem Vorrechner (Host Computer) für Ein-/Ausgabeoperationen und zur Systemüberwachung verbunden. Das Gesamtsystem arbeitet vollständig taktsynchron mit einem 10 MHz Takt.

Jeweils 4 Verarbeitungselemente und 4 Strukturspeicher bilden ein Cluster. Sie sind über eine 10*10 Kreuzschiene untereinander und über zwei Ports der Kreuzschiene mit dem globalen Netzwerk verbunden. Die Aktivierung einer Funktion oder einer Schleifeniteration wird exklusiv einem Cluster zugeteilt und innerhalb des Clusters ausgeführt. Damit wird der Token-Verkehr, der über das globale Netzwerk läuft, gering gehalten.

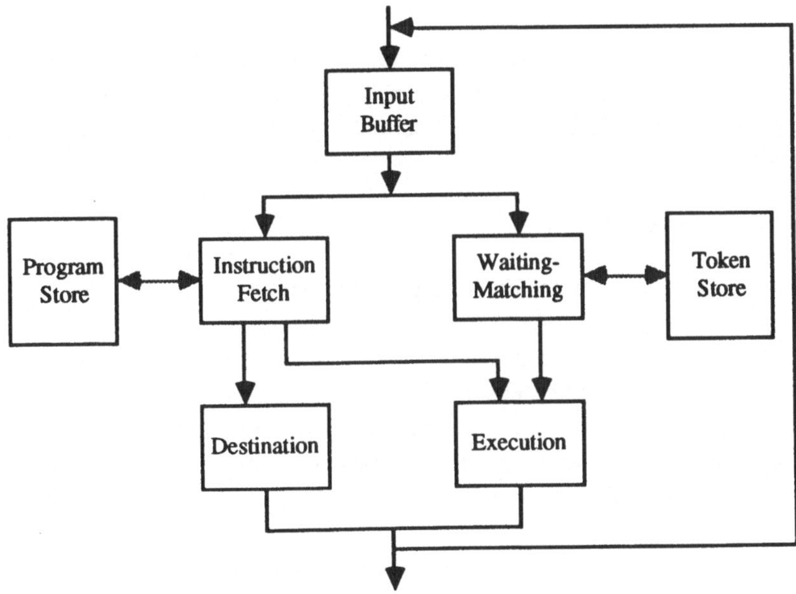


Abb. 4.4-2 Verarbeitungselement des SIGMA-1-Rechners

Abbildung 4.4-2 zeigt die Grundstruktur eines einzelnen Verarbeitungselements. Die erste Stufe besteht aus einem als FIFO-Speicher für 8 K Token organisierten Eingangspuffer (Input Buffer), einer Befehlsbereitstellungseinheit (Instruction Fetch Unit), die auf den Programmspeicher zugreift, und einer Vergleichseinheit (Waiting-Matching Unit) mit einem bis zu 64 K Token großen Token-Speicher.

Der Zugriff der Vergleichseinheit auf den Token-Speicher geschieht über eine hardwaregestützte Hash-Strategie mit Verkettung. Falls ein Überlauf in einer Speicherkette passiert, wird ein Interrupt ausgelöst. Beim letzten Speicherelement der Kette wird ein Überlauf-Bit gesetzt und das Token an ein anderes Verarbeitungselement geschickt. Falls der Füllungsgrad des Token-Speichers 70% nicht überschreitet, dauert das Abspeichern eines Token (bei nicht erfolgreicher Vergleichoperation) im Durchschnitt 3 Taktzyklen und eine erfolgreiche Vergleichsoperation 2.6 Taktzyklen [Hiraki et al. 89/91].

Ein Datentoken ist 89 Bit breit und kann je nach Typ verschiedenartige Funktionen übernehmen. Tokens vom Typ *USER* dienen zur Kommunikation zwischen den Verarbeitungselementen. Der Typ *SYS* wird bei Unterprogrammaufrufen und -beendigungen benutzt. Der Typ *SPECIAL* ist für die Unterbrechungsbehandlung und für Systemaufgaben reserviert. *STRUCT*-Tokens dienen der Kommunikation mit den Strukturspeichern, und Tokens vom Typ *MAINT* werden bei der Systeminitialisierung und für Systemüberwachungsaufgaben benutzt.

Ein Token vom Typ *USER* besteht aus einem Schlüsselfeld (Key Field), das dem Tag dynamischer Datenflußrechner entspricht, und einem Datenfeld. Das Datenfeld besteht aus einem 32-Bit-Datenwert, einer 8-Bit-Datentyp-Identifikation und einem Cancel Bit.

Das Schlüsselfeld besteht aus:

- einer 8 Bit Identifikation des Zielverarbeitungselements,
- einer 8 Bit Typangabe,
- einer 10 Bit Iterationsnummer,
- einer 8 Bit Unterprogrammidentifikation,
- einer 10 Bit Befehlsadresse relativ zum Unterprogramm und
- einem 4 Bit FLG-Feld, das die von der Vergleichseinheit auszuführende Schaltregel und die Port-Identifikation angibt.

Der Eingangspuffer erhält Datentokens, die entweder vom lokalen oder von einem entfernten Verarbeitungselement stammen. Die Befehlsbereitstellungs- und die Vergleichseinheit bearbeiten simultan dasselbe Token. Die Vergleichseinheit führt die

Vergleichsoperation durch, die in Abhängigkeit von dem FLG-Feld des Token verschiedenartige Schaltregeln, wie beispielsweise solche für schleifeninvariante Variablen oder solche für die Unterbrechungsbehandlung, implementieren kann.

Ein Befehl besteht aus dem Opcode, ein bis drei Zieladreßfeldern und einer Angabe der Anzahl der Zieladreßfelder. Befehle mit einem Zieladreßfeld sind 40 Bit breit, solche mit mehreren Zieladreßfeldern umfassen 80 Bit. Optional kann ein 40 Bit breiter direkter Operand hinzukommen.

Gleichzeitig mit der Vergleichsoperation der Vergleichseinheit liest die Befehlsbereitstellungseinheit einen Befehl aus dem Programmspeicher. Falls die Vergleichseinheit kein passendes Token im Token-Speicher findet, wird der bereitgestellte Befehl nicht benutzt. Ansonsten wird er zur zweiten Pipelinestufe weitergereicht.

Die zweite Pipelinestufe besteht aus einer Verarbeitungseinheit (Execution Unit) und einer Zieladreßeinheit (Destination Unit). Beide arbeiten ebenfalls parallel zueinander. Die Verarbeitungseinheit besteht aus einem Gleitpunktverarbeitungswerk (Floating-Point Arithmetic Unit), einem Multiplizierwerk (Multiplier) und einem Strukturadreßgenerator (Structure Address Generator). Die Zieladreßeinheit produziert die Zieladressen für die Resultattokens, die zum lokalen Eingangspuffer oder zu einem anderen Verarbeitungselement gesandt werden.

Die Strukturspeicher des SIGMA-1-Rechners stellen die erste Hardware-Implementierung eines I-Strukturspeichers dar. Ein Strukturspeicher besteht aus einem Eingabe-FIFO-Puffer, einem Struktur-Controller, Flag-Logik und dem Speicher selbst. Ein Speicherwort besteht aus einem 40 Bit breiten Datenwort und aus 2 Flag-Bits zur Synchronisation von Lese- und Schreiboperationen.

Um die Problematik zu umgehen, daß auch auf ganze Datenstrukturen beim Konzept der I-Strukturen nur elementweise zugegriffen werden kann und damit das Verbindungsnetz und die Token-Speicher stark belastet werden, wird für den Zugriff auf Datenstrukturen ein *Structure-Flow* genanntes Konzept eingeführt [Hiraki, Sekuguchi, Shimada 88]. Ein Structure-Flow ist ein Strom von Tokens, die Elemente einer Datenstruktur von einem Strukturspeicher zu einem Verabeitungselement oder in umgekehrter Richtung transportieren. Die Tags der Tokens enthalten Bezeichner zur Identifizierung der Datenstruktur und der Elementposition innerhalb der Datenstruktur. Der Strukturbezeichner identifiziert bei Ankunft des ersten Structure-Flow-Token bei einem Verarbeitungselement oder bei einem Strukturspeicher ein Programm, das eine Operation auf der gesamten Datenstruktur durchführt, während die Elementbezeichner der Steuerung des Ablaufs dieses Programms dienen.

Bei einer Vektorstruktur entspricht der Elementbezeichner der Indexposition des Elements im Vektor. Bei Ankunft eines Structure-Flow bei einem Verarbeitungselement wird ein Schleifenkonstrukt aktiviert, das die Vektoroperation ausführt. Bei einer Matrix bezeichnet der Elementbezeichner einen zweidimensionalen Index, und ein geschachteltes Schleifenkonstrukt wird zur Ausführung der Matrixoperation aktiviert. Bei einer Liste bezeichnet der Elementbezeichner eine Baumadresse, es wird ein rekursives Programm zur Ausführung der Listenoperation aktiviert.

Eine Datenstruktur, für die Structure-Flow-Operationen definiert sind, wird als *High-Level Structure* bezeichnet und in einem Strukturspeicher mit einem zusätzlichen HLS-Kopfteil (High-Level Structure Header) gespeichert. Der HLS-Kopfteil besteht aus einem Deskriptorfeld, einem Zähler für die Anzahl der Elemente in der Datenstruktur, einem Offset-Wert für den Zugriff auf Matrixelemente und einer Rückkehradresse, die zum Anzeigen der Beendigung einer HLS-Kopfteil-Operation benutzt wird. Die Datenstruktur selbst wird in aufeinanderfolgenden Speicherzellen abgelegt, wobei jede Speicherzelle mit einem Präsenz-Flag und einem Waiting-Flag versehen ist.

Es sind folgende Structure-Flow-Operationen definiert:

- Der *MKHLS*-Befehl alloziert einen HLS-Kopfteil im Strukturspeicher.

- Der *GENSF*-Befehl erzeugt einen Structure-Flow. Dabei wird ein Trigger-Token von einem Verarbeitungselement zum Strukturspeicher gesandt, der die Strukturelemente liest und diese als Structure-Flow zum Verarbeitungselement schickt. Ein spezieller Tag im letzten Elementtoken zeigt das Ende des Structure-Flow an.

- Der *VSTX*-Befehl erzeugt in gleicher Weise einen Structure-Flow mit einer umgekehrten Reihenfolge der Strukturelemente.

- Ein *VSTORE*-Befehl speichert einen Structure-Flow. Mit dieser Operation kann ein von einem Verarbeitungselement erzeugter Structure-Flow zu einem Strukturspeicher gesandt werden, der den Structure-Flow als Datenstruktur abspeichert. Ein spezieller Befehl (*SSTORE*) speichert eine einelementige Struktur im Deskriptorfeld des HLS-Kopfteils.

- Weiterhin sind verschiedene Verarbeitungsoperationen auf einem Structure-Flow definiert, wie z. B. arithmetische und logische Vektoroperationen, Skalarprodukt, Maximum- und Minimumbildung, Bitvektoroperationen und Indexvektor-Operationen für Sparse-Vektoren (vergleichbar den Gather- und Scatter-Operationen von

Vektorrechnern). Alle diese Verarbeitungsoperationen werden von den Verarbeitungselementen ausgeführt.

Verschiedene kleine Testprogramme zur Berechnung eines Skalarproduktes, einer Vektoraddition und einer Differenzbildung aufeinanderfolgender Vektorelemente zeigten auf dem SIGMA-1-Rechner unter Verwendung eines Verarbeitungselements und mit zwei oder drei Strukturspeichern eine 3- bis 4.4-fache Geschwindigkeitssteigerung bei Anwendung des Structure-Flow-Verfahrens gegenüber entsprechenden Programmen mit rein skalaren Zugriffs- und Verarbeitungsbefehlen. Für kurze Vektorlängen wird vermutet, daß bei Datenflußrechnern mit kurzer Verarbeitungspipeline wie dem SIGMA-1-Rechner eine potentiell höhere Leistung als bei vergleichbaren Vektorrechnern erreicht werden kann [Hiraki, Sekiguchi, Shimada 88].

Ein SIGMA-1-Prozessor führt einen Befehl in zwei bis drei Taktzyklen aus. Da für eine zweistellige Operation zunächst ein Token im Token-Speicher zwischengespeichert werden muß, werden insgesamt ca. 6 Takte benötigt, um die Operation auszuführen. Bei einem Prozessortakt von 10 MHz errechnet sich eine ungefähre Leistung von 1.7 MFLOPS pro Verarbeitungselement. Für ein Integrationsproblem wurde eine Verarbeitungsleistung von 170 MFLOPS erreicht [Hoshino et al. 89]. Andere Experimente mit nur einem Cluster ergaben eine Verarbeitungsleistung eines Clusters mit 4 Verarbeitungselementen von 6.4 MFLOPS, wobei die Leistung für das gleiche Programm unter Verwendung der zugehörigen vier Strukturspeichern etwa um ein Drittel niedriger liegt [Hiraki et al. 91].

Zur Programmierung des SIGMA-1-Rechners wurde eine eine eigene Sprache, DFC (Data Flow C), entwickelt. DFC ist eine Derivat der Sprache C mit Einmalzuweisungsprinzip und datenflußspezifischen Erweiterungen.

Die Implementierung eines SIGMA-1-Verarbeitungselements benötigt mehrere Gate-Array-Chips. Die Architektur wird deshalb als zu kompliziert und damit für ein hochparalleles System als zu aufwendig betrachtet [Yamaguchi et al. 89].

### 4.4.3 EM-4

Der *EM-4-Rechner*[8] ist ein dynamischer Datenflußmultiprozessor für nichtnumerische Anwendungen, dessen Gesamtkonfiguration für 1024 Prozessoren ausgelegt ist. Ein experimenteller Prototyp mit 80 Prozessoren ist seit Mai 1990 betriebsbereit und erreicht eine Verarbeitungsleistung von 1 GIPS [Sakai 92]. Der Prozessor des EM-4-Rechners wird *EMC-R* genannt und ist auf einem einzigen Gate-Array-Chip mit 50 000 Gattern implementiert.

Wesentliche Charakteristika des EM-4-Rechners sind das *Datenflußmodell der eng zusammenhängenden Kanten* (*Strongly Connected Arc Model*) und das dem expliziten Token-Speicher des Monsoon-Rechners ähnliche Verfahren zum Auffinden eines Partnertoken in der Vergleichseinheit (*Direct Matching Scheme*).

Beim *Datenflußmodell der eng zusammenhängenden Kanten* werden in einem Datenflußgraphen Kanten eines Teilgraphen als „eng zusammenhängend" definiert. Die Befehle, die von den mit den „eng zusammenhängenden Kanten" verbundenen Knoten repräsentiert werden, werden in einem *eng zusammenhängenden Block* (*Strongly Connected Block*) zusammengefaßt. Ein derartiger Befehlsblock bildet dann einen Makroknoten im Datenflußgraph. Nach einem Startbefehl werden alle Befehle eines Blocks direkt aufeinanderfolgend ausgeführt. Die Datenlokalität, die in einem eng zusammenhängenden Block gegeben ist, wird durch Verwendung von Registern genutzt. Ein Token-Transport der Operanden durch die zyklische Pipeline des Datenflußprozessors entfällt damit für die Befehle innerhalb des eng zusammenhängenden Blocks. Insbesondere sequentielle Programmteile und solche mit geringer Anweisungsparallelität werden dadurch bei geringer Prozessorlast schneller ausgeführt als nach dem Datenflußprinzip. Die Effizienzsteigerung zeigt sich bei Ausführung eines eng verbundenen Blocks in einem Fibonacci-Programmbeispiel. Sie benötigt nur 9 Taktzyklen, dagegen 23 Taktzyklen ohne Verwendung des Modells der eng zusammenhängenden Kanten [Sakai et al. 89].

Das *Direct-Matching-Verfahren* der Vergleichseinheit ersetzt den bei konventionelleren Datenflußrechnern notwendigen assoziativen Zugriff auf den Token-Speicher durch eine direkte Adressierung. Beim Funktionsaufruf wird ein *Operandensegment* (Operand Segment) alloziert, in dem die Operanden von noch nicht ausführbaren Befehlen der Funktion gespeichert werden. Ein Speicherwort im Operandensegment

---

8 Zum EM-4-Rechner siehe [Yamaguchi et al. 89], [Sakai et al. 89, 89/91], [Kodama et al. 92] und [Sato et al. 92]. Programmiererfahrungen sind in [Bic 92] zu finden.

besteht aus 32 Bit für den Datenwert, 3 Bit Datentypangabe, 2 Bit WCF-Flag (Waiting Condition Flag) und einem nicht genutzten Bit. Die Befehle selbst stehen in einem Codesegment (Template Segment). Für einen Befehl im Codesegment und seine Operandenstelle im Operandensegment werden die gleiche Offset-Adresse verwendet. Befehle besitzen maximal zwei Operanden.

Ein Token besteht aus einem 39 Bit breiten Datenteil und einem 39 Bit breiten Adreßteil. Der erste besteht aus einem 32 Bit breiten Datenwert, einer 3 Bit Datentypangabe, einem Cancel-Bit und 3 Bit mit unspezifizierter Funktion. Der Adreßteil besteht aus:

- einem 1 Bit HST-Feld, das angibt, ob das Token zum Vorrechner oder zu einem Verarbeitungselement des EM-4 geleitet werden soll,
- einem 5 Bit PT-Feld zur Angabe des Token-Typs,
- einem 2-Bit-Feld, das die anzuwendende Vergleichsoperation der Vergleichseinheit festlegt,
- einem 1-Bit-Feld, das die Art der Datenflußgraphenkante angibt ('eng zusammenhängend' oder 'normal'),
- einem 7 Bit GA-Feld zur Bezeichnung der Verarbeitungselementegruppe (siehe weiter unten),
- einem 3 Bit CA-Feld, welches das Verarbeitungselement in der Gruppe definiert, und
- einer 20 Bit Vergleichsadresse (Matching Address MA), die wiederum in eine 12 Bit Segmentnummer und ein 8 Bit Displacement zerfällt.

Die Vergleichsadresse adressiert die zugehörige Operandenstelle im Operandensegment. Das Direct-Matching-Verfahren der Vergleichseinheit prüft, ob das WCF-Flag an der adressierten Operandenstelle gesetzt ist. Ist es gesetzt, so ist das zugehörige Partnertoken bereits angekommen. Der Operandenwert kann gelesen und mit dem Operandenwert des Token und dem schaltbereiten Befehl verknüpft werden. Andernfalls wird das Token in der Operandenstelle abgelegt. Falls ein Befehl Teil eines eng zusammenhängenden Blocks ist, werden alle nachfolgenden Befehle des Blocks direkt aufeinanderfolgend zur Verarbeitungseinheit weitergereicht. Erst dann wird wieder ein Token dem Token-Speicher entnommen.

Die Verarbeitungselemente des EM-4-Prototypen sind in Form eines mehrstufigen Omega-Netzwerks gekoppelt. Jedes 2*2-Schalterelement des Omega-Netzwerks ist direkt mit einem Verarbeitungselement verbunden. Ein Vorteil gegenüber einer Hyperkubus-Verbindung ist, daß die Anzahl von Verbindungen, die jedes Verarbeitungselement benötigt, auch für Netzwerke mit vielen Verarbeitungselementen immer auf vier beschränkt bleibt.

Die Verarbeitungselemente werden entsprechend einer Clusterbildung zu *Gruppen* (Groups) zusammengefaßt, wobei eine Gruppe genauso viele Verarbeitungselemente umfaßt, wie Stufen im Omega-Netzwerk vorhanden sind. Die Gruppenbildung erfolgt derart, daß alle Verarbeitungselemente in einer Gruppe paarweise direkt verbunden sind. Die Lastverteilung geschieht so, daß die Ausführung eines Funktionsaufrufs exklusiv einer Verarbeitungselementegruppe zugeteilt wird. Die lokalen Verbindungen innerhalb der Gruppe werden für Datentransporte innerhalb einer Funktionsaktivierung verwendet und die Verbindungen zwischen den Gruppen für Datentransporte zwischen verschiedenen Funktionsaktivierungen.

Die Gesamtstruktur des EM-4-Prototypen ist in Abb. 4.4-3 dargestellt. Der EM-4-Prototyp besteht aus 80 Verarbeitungselementen, 16 Überwachungsprozessoren (Maintenance Processors), einem Schnittstellenprozessor (Packet Interface Processor) und einem Vorrechner (Host Computer). Die Verbindungsstruktur ist die eines Omega-Netzwerks mit Gruppenbildung wie oben beschrieben. Der Schnittstellenprozessor verteilt die Datenpakete vom Vorrechner auf die verschiedenen Verarbeitungselemente des EM-4-Prototypen (und umgekehrt).

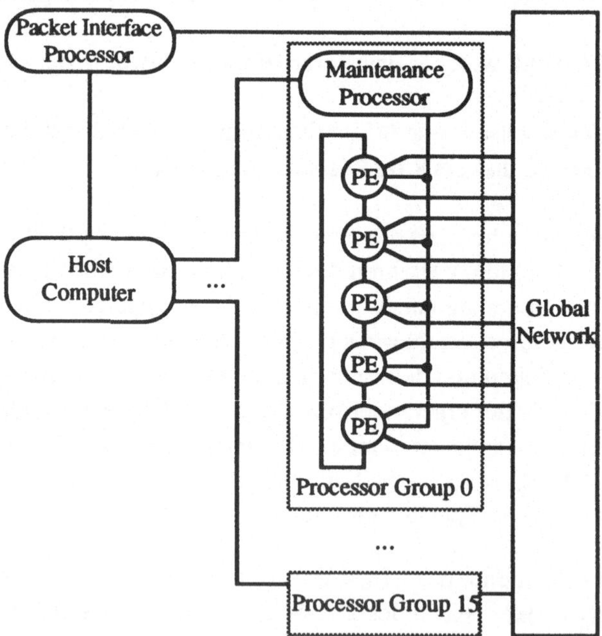


Abb. 4.4-3 Gesamtstruktur des EM-4-Prototypen

Das globale Netzwerk in Abb. 4.4-3 besteht aus den direkten Verbindungen zwischen Verarbeitungselementen verschiedener Gruppen entsprechend der Topologie des Omega-Netzwerks.

Jeweils fünf Verarbeitungselemente bilden eine Gruppe und sind mit einem zugeordneten Überwachungsprozessor auf einem Board untergebracht. Ein Verarbeitungselement besteht aus einem EMC-R-Prozessor, dessen Struktur in Abb. 4.4-4 dargestellt ist, und einem zusätzlichen Speichermodul (Off-Chip-Memory).

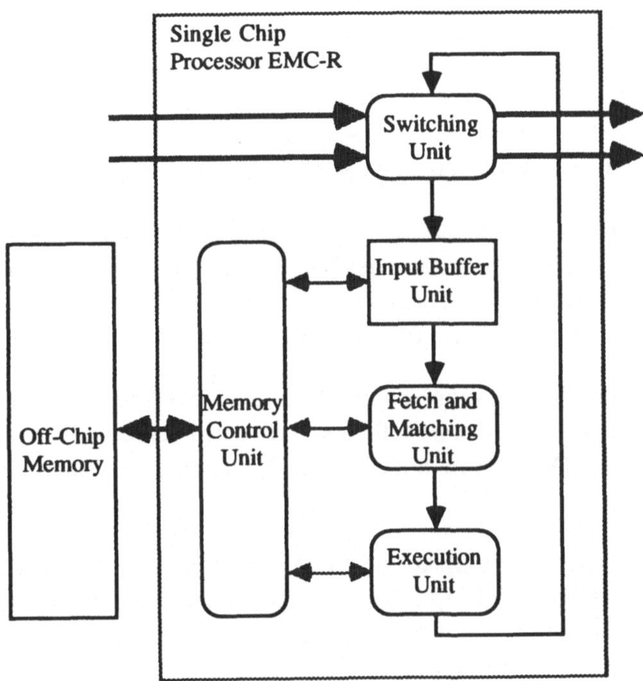


Abb. 4.4-4 Struktur eines EMC-R-Prozessors

Ein *EMC-R-Prozessor* besteht aus fünf Einheiten. Die Schalteinheit (Switching Unit) besteht aus einem Schalter mit drei Eingabe- und drei Ausgabeports sowie einem PRC (Packet Rewrite Controller). Sie verbindet den Prozessor mit dem Omega-Netzwerk und arbeitet unabhängig von den anderen Einheiten des Prozessors. Je ein Eingabe- und ein Ausgabe-Port dienen der lokalen Verbindung innerhalb eines Prozessors, der Verbindung zwischen Prozessoren innerhalb der Gruppe und der Verbindung zu Prozessoren anderer Gruppen. Jeder Eingabe-Port umfaßt drei Puffer, um Store-and-Forward-Verklemmungen zu vermeiden. Der PRC übermittelt spezielle

Systemdaten, welche die Prozessorlast angeben. Das geschieht innerhalb des Zeitraums, der für eine Paketübermittlung benötigt wird.

Der Eingabepuffer (Input Buffer Unit) ist ein FIFO-Puffer für 16 Tokens. Im Falle eines Pufferüberlaufs wird der Überlauf automatisch auf den Speicher ausgelagert. Die Befehlsbereitstellungs- und Vergleichseinheit (Fetch and Matching Unit) führt ein Direct-Matching-Verfahren wie oben beschrieben durch und stellt gleichzeitig den zugehörigen Befehl bereit. Sie steuert außerdem den Ablauf bei Ausführung eines eng zusammenhängenden Blocks.

Die Verarbeitungseinheit (Execution Unit) führt die Befehle aus. Sie besteht aus einem Befehlsregister, zwei Operandenregistern, einem weiteren Registersatz, einer ALU, einem Schiebewerk, einem Multiplizierwerk, einem Vergleichswerk und einer Hardware-Logik für die Erzeugung eines Resultattoken. Die Ausführung einer Operation und die Resultattokenerzeugung geschieht in einem Taktzyklus.

Der EMC-R-Prozessor arbeitet im normalen Datenflußmodus als zweistufige Pipeline ähnlich wie der Datenflußprozessor des SIGMA-1-Rechners. Die Entnahme eines Token aus dem Eingabepuffer, Token-Vergleich und Befehlsbereitstellung bilden die erste Pipelinestufe; die Befehlsausführung bildet die zweite Stufe.

Der Speicher-Controller (Memory Control Unit) führt die Speicheranforderungen des Eingabepuffers, der Befehlsbereitstellungs- und Vergleichseinheit sowie der Verarbeitungseinheit aus. Der externe Speicher des Speichermoduls kann bis zu 5 MByte groß sein.

Zusätzliche Überwachungslogik auf dem EMC-R-Chip (in Abb. 4.4-4 nicht gezeigt) dient der Initialisierung des Chips, der Fehlerbehandlung und erlaubt dem zugeordneten Überwachungsprozessor, Register zu lesen und zu beschreiben, und den Lastzustand des Prozessors festzustellen.

Der Befehlssatz des EMC-R ist entsprechend dem Konzept eines RISC-Prozessors entworfen: nur 38 Befehle und zwei Speicheradressierungsmodi, ein festes Befehlsformat von 38 Bit (76 Bit, falls ein optionaler direkter Operand vorhanden ist), keine Mikroprogrammierung und Befehlsausführung fast aller Befehle in einem Taktzyklus.

Ein Befehl ist aufgebaut aus:

- einem 5 Bit Opcode,
- einem 7 Bit AUX-Feld, das als Zusatzfeld zum Opcode Ausführungsdetails angibt, wie die Richtungsangabe bei einem Verschiebebefehl,

- einem 1 Bit TRC-Feld,
- einem 1 Bit Modusfeld, das auf Null steht, falls der Befehl Teil eines eng zusammenhängenden Blocks ist und dieser mit der nächsten Befehlsausführung endet,
- einem 1 Bit NF-Feld,
- zwei 4 Bit Registerangaben, die im Falle der Ausführung in einem eng zusammenhängenden Block die Register des nächsten ausgeführten Befehls bezeichnen,
- einem 1 Bit OUT-Feld und
- weiteren 14 Bits, die in Abhängigkeit vom Inhalt des OUT-Feldes zu interpretieren sind.

Falls das OUT-Feld auf Null steht, wird kein Resultattoken erzeugt. Der Resultatwert wird in einem Register gespeichert, das in einem 4 Bit Registerfeld nach dem OUT-Feld im Befehl angegeben ist. Bei einem Branch-Befehl kommen weiterhin ein 2 Bit Branch-Modus-Feld und ein 8 Bit Displacement hinzu.

Falls das OUT-Feld auf Eins steht, wird ein Resultattoken erzeugt, wobei nach dem OUT-Feld eine 14 Bit Zieladresse steht.

Ein Befehl, der in einem eng zusammenhängenden Block ausgeführt wird, bezieht seine Operanden aus Tokens oder aus Registern und speichert sein Resultat in einem Register. Jeder Befehl kann höchstens ein Resultattoken erzeugen. Falls mehrere Resultattokens erzeugt werden sollen, kann dies durch nachfolgende MKPKT-Befehle geschehen. Ein MKPKT-Befehl dient dazu, ein Token zu erzeugen, wobei Adreß- und Datenteil Operanden des MKPKT-Befehls sind. Eine Folge von MKPKT-Befehlen in einem eng zusammenhängenden Block kann einen Strom von Tokens mit dem gleichen Resultatwert einer vorangegangenen Operation erzeugen. Der MKPKT-Befehl dient weiterhin in speziellen Modi dazu, Daten zwischen verschiedenen Funktionsaktivierungen zu transportieren und Datenzugriffe auf globalen Datenstrukturen, wie den Listen, durchzuführen.

Datenstrukturen wie Records und Arrays, deren Größe vom Compiler festgelegt werden kann, werden innerhalb des jeweiligen Verarbeitungselements angelegt. Listen-Strukturen sind über die Verarbeitungselemente verteilt. Die einzig erlaubten Listenoperationen sind das Anlegen von Listenzellen und Referenzen auf Listen. Die Modifikation von Listenelementen sind nur einem speziellen Monitor erlaubt.

Ein Funktionsaufruf läuft folgendermaßen ab: Zunächst wird über den dynamischen Lastverteilungsmechanismus des Omega-Netzwerks eine Verarbeitungselementegruppe mit relativ geringer Last bestimmt. In dieser Gruppe wird ein Operandensegment reserviert. Danach wird die eindeutige Zuordnung zwischen Operandensegment und Codesegment gesetzt. Dann werden die Argumente und die Rückkehradresse an festen Stellen des Operandensegments eingetragen.

Die Einführung sogenannter Pseudoresultate erlaubt es, Funktionen auch bedarfsgesteuert (Demand-Driven) auszuführen. Beim Aufruf einer Funktion wird dabei zunächst ein *Pseudoresultat*[9] erzeugt, das den Wert der Funktionsauswertung repräsentiert, und an die aufrufende Funktion geschickt. Das Pseudoresultat ist ein Datum mit speziellem Datentyp und wird wie ein normales Datum gemäß dem Datenflußprinzip behandelt. Falls eine Funktion, die das Pseudoresultat erhält, den wirklichen Wert benötigt, wird ein Anforderungstoken erzeugt und zu dem Verarbeitungselement geschickt, welches das Pseudoresultat verwaltet. Dort wird eine Routine aufgerufen, die den Status der Funktionsauswertung überprüft. Der Status kann 'noch nicht ausgewertet', 'in Ausführung' und 'ausgewertet' sein. Im ersten Fall wird die Funktionsausführung gestartet, im zweiten Fall wird die Anforderung in eine Warteschlange eingetragen. Nach Beendigung der Funktionsausführung werden alle Anforderungen in der Warteschlange befriedigt, d. h., der Resultatwert wird an die anfordernden Funktionsaktivierungen gesandt. Falls die Funktion bereits ausgewertet ist, kann der Resultatwert sofort der anfordernden Funktionsaktivierung geschickt werden. Mit diesem Verfahren können Mehrfachauswertungen vermieden werden.

Der EM-4-Datenflußmultiprozessor unterstützt drei Ebenen der Parallelität durch vier Techniken der Parallelarbeit:

- Parallelität auf der Anweisungsebene wird durch die Token-Pipeline eines EMC-R-Prozessors genutzt.

- Blockebenenparallelität wird zum einen durch das Modell der eng zusammenhängenden Blöcke genutzt, wobei ein eng zusammenhängender Block vom Compiler aus einem Datenflußgraphen bestimmt wird. Zum anderen wird durch die Verteilung der Operationen eines Datenflußgraphen einer Funktion auf die Verarbeitungselemente innerhalb einer Gruppe ebenfalls Blockebenenparallelität in Parallelarbeit umgesetzt. Die Verteilung kann ebenfalls vom Compiler durchgeführt werden, da der Datenflußgraph einer Funktion zur Compilezeit festgelegt ist.

- Task- und Programmebenenparallelität wird durch das dynamische Lastverteilungsschema genutzt, das bestimmt, daß ein Funktionsaufruf von einer Verarbeitungselementegruppe mit geringer Last ausgeführt wird.

---

9 Das „Pseudoresultat“ ähnelt einem „Future“ (siehe Abschnitte 6.5 und 6.6).

Weiterhin noch offene Probleme beim EM-4-Rechner sind die Verteilung der Listenstrukturen auf die Verarbeitungselemente, die Optimierung der bedarfsgesteuerten Auswertung und die Erzeugung der eng zusammenhängenden Blöcke aus einem Datenflußgraphen, so daß eine optimale Laufzeiteffizienz erzeugt wird. Auch für das Problem der explodierenden Parallelität ist noch keine Lösung vorgesehen.

Durch Messungen auf dem EM-4-Prototypen zeigte sich, daß durch das Modell der eng zusammenhängenden Kanten Befehlsfolgen mit 10 Befehlen bereits effizient ausführbar sind [Sakai 92].

Als Nachfolger des EM-4-Rechners ist ein Multiprozessor namens EM-5 geplant. Dieser wird als Universalrechner mit 16 K bis 64 K Verarbeitungselementen und einer maximalen Leistung von 10 TeraFLOPS vorgestellt. Er soll Befehlsfolgen mit nur 5 Befehlen effizient ausführen und wird als „Multithreaded Massively Parallel Computer" bezeichnet [Sakai 92].

## 4.5 Datenflußrechner der Sandia National Laboratories

### 4.5.1 Überblick

Bei den Sandia National Laboratories in Albuquerque, New Mexico, wurden Ende der 80er Jahre mit finanzieller Unterstützung des U.S. Department of Energy zwei Prototypen von Datenflußrechnern gebaut.

Das Interesse am Datenflußprinzip erwächst aus dem Spezialrechnerbau für Navigations- und Leitsysteme, wie dem SANDAC-IV-Rechner, der zur Auswertung von Echtzeitdaten auf Minuteman-1-Raketen verwendet wurde [Borgman, Pierce 83]. Die Anforderungen eines Autopiloten führten zur Erweiterung des SANDAC-IV-Rechners zu einem Multiprozessorsystem und zu einem integrierten Hardwarebeschleuniger DFAM [Davidson, Pierce 88], bei dem ein statisches Datenflußprinzip angewendet wurde.

Die Erfahrungen mit DFAM wurden für den Entwurf des feinkörnigen statischen Datenflußprozessors *Epsilon-1* (Abschnitt 4.5.2) genutzt. Dieser zeichnet sich durch ein Direct-Match-Verfahren, ähnlich dem Konzept des expliziten Token-Speichers (Abschnitt 4.3.6), und durch ein *Repeat-on-Input* genanntes Verfahren aus, das ähnlich wie das Konzept eines eng zusammenhängenden Blocks beim EM-4-Rechner (Abschnitt 4.4.3) wirkt, d. h., die Befehle einer sequentiellen Befehlsfolge können direkt aufeinanderfolgend ausgeführt werden. Register sind jedoch keine vorhanden.

Vom Epsilon-1-Prozessor wurde ein Prototyp in 10-MHz-CMOS-Technologie und Wire-Wrap-Technik gebaut, und es wurden umfangreiche Leistungsmessungen mit numerischen Programmen durchgeführt. Diese ergaben eine erstaunlich hohe Verarbeitungsgeschwindigkeit, die derjenigen kommerzieller Mini-Supercomputer vergleichbar ist.

Nachfolger des Epsilon-1-Prozessors ist das *Epsilon-2-Multiprozessorsystem* (Abschnitt 4.5.3), dessen Prozessoren ein dynamisches Datenflußprinzip nach dem Direct-Match-Verfahren anwenden. Beim Epsilon-2-Rechner wird ein weiterentwickeltes Repeat-on-Input-Verfahren angewandt, das es erlaubt, die Befehle einer sequentiellen Befehlsfolge direkt aufeinanderfolgend unter Verwendung von Registern zur Zwischenspeicherung der Operanden auszuführen. Das Verfahren ist mit der Coarse-Grain-Multithreading-Technik der Multithreaded-von-Neumann-Rechner (siehe Kapitel 6) vergleichbar. Die Epsilon-Rechner werden als Multithreaded-Datenflußarchitekturen eingeordnet (siehe Abschnitt 5.1). Das Repeat-on-Input-Verfahren wird in Abschnitt 4.5.4 diskutiert.

Neben dem Repeat-on-Input-Verfahren ist insbesondere die dynamische Lastverteilung durch ein adaptives Schalternetzwerk bemerkenswert, das die bei Unterprogrammaktivierungen entstehenden Anforderungen von Aktivierungsrahmen immer zu dem am wenigsten belasteten Prozessor leitet.

Vom Epsilon-2-Datenflußmultiprozessor wird ein Prototyp mit einem umfangreichen Satz von Programmierwerkzeugen entwickelt. Implementierungsergebnisse sind noch keine bekannt.

### 4.5.2 Epsilon-1-Datenflußprozessor

Das Ziel des Epsilon-1-Prozessorentwurfs [Grafe et al. 89, 89/91] war es, einen Datenflußprozessor zu entwerfen und zu testen, der als Verarbeitungselement eines Multiprozessorsystems geeignet ist und sich durch ein einfaches Hardware-Design und eine hohe Verarbeitungsgeschwindigkeit auszeichnet.

Der grundlegende Architekturaufbau des Epsilon-1-Prozessors ist in Abb. 4.5-1 dargestellt. Die Einheiten bilden eine 5-stufige, nichtblockierende Pipeline.

Die zentrale Einheit ist der Programmspeicher (Program Memory), der die Aufgaben einer Vergleichseinheit mit Token-Speicher und einer Befehlsbereitstellungseinheit mit Befehlsspeicher übernimmt.

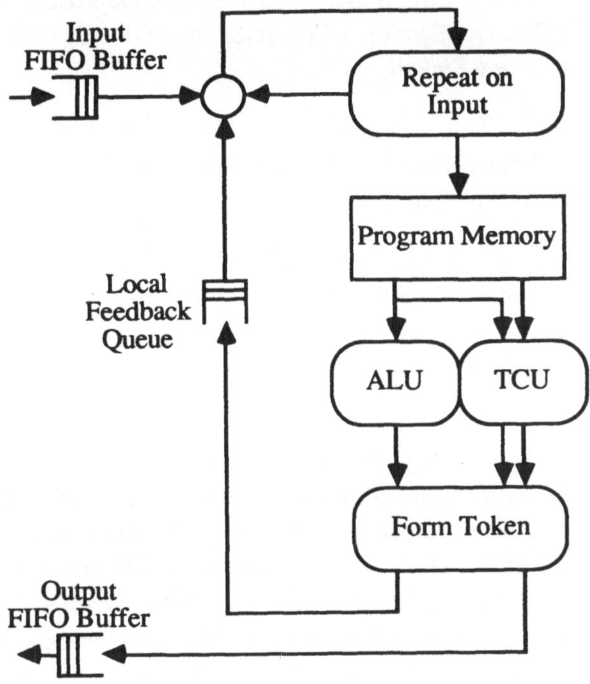


Abb. 4.5-1 Epsilon-1-Prozessor

Jedes Speicherwort im Programmspeicher besteht aus folgenden Einträgen:

- dem Opcode des Befehls mit zusätzlichen Steuerfeldern,
- zwei Operandenfeldern,
- einem Zieladreßfeld, das in einem Local-Eintrag einen lokalen Zielknoten und in einem Global-Eintrag einen externen Zielknoten bestimmen kann, und
- zwei Präsenz-Bits, die das Vorhandensein der Operanden anzeigen.

Der Eingabe-Token-Puffer (Input FIFO Buffer) und der lokale Token-Puffer (Feedback Token Queue) sind FIFO-Pufferspeicher für Tokens, die außerhalb des Prozessors bzw. lokal von dem Epsilon-1-Prozessor erzeugt werden. Ein Token besteht aus einem Datenwert und einer Zieladresse. Die Zieladresse adressiert ein Speicherwort, ein Operandenfeld im Speicherwort und das zugehörige Präsenz-Bit im Programmspeicher. Da kein Hashing notwendig ist, wird das Verfahren als *Direct Match* bezeichnet.

In den meisten Datenflußrechnern können nach einem Schaltvorgang maximal zwei Resultattokens pro Befehl erzeugt werden. Falls ein Resultat von mehr als zwei abhängigen Befehlen benötigt wird, müssen üblicherweise Duplizieroperationen dazwischengeschaltet werden. Der Epsilon-1-Prozessor vermeidet die Duplizieroperationen durch die *Repeat-on-Input-Einheit.*

Die Zieladresse eines Token enthält außer der Speicherwortadresse zusätzlich eine Wiederholungszahl (Repeat Count) und eine Schrittweite (Repeat Step). Die Wiederholungszahl gibt die Anzahl abhängiger Befehle an.

Dem Eingabe-Token-Puffer oder dem lokalen Token-Puffer wird von der Repeat-on-Input-Einheit ein Token entnommen. Falls die Wiederholungszahl im Zieladreßteil des Token auf Null steht, wird im nächsten Taktzyklus das Token in den Programmspeicher geschrieben und erneut einem der beiden Token-Puffer ein Token entnommen.

Falls die Wiederholungszahl ungleich Null ist, wird das im nächsten Taktzyklus bearbeitete Token von der Repeat-on-Input-Einheit folgendermaßen erzeugt: Die Zieladresse des neuen Token berechnet sich durch Addition der Schrittweite zur Zieladresse des betrachteten Token, die Wiederholungszahl im neuen Token wird dekrementiert und der Datenwert ungeändert aus dem betrachteten Token übernommen. Danach wird das betrachtete Token in den Programmspeicher geschrieben und das Verfahren auf das gerade erzeugte Token angewandt.

Durch das Repeat-on-Input-Verfahren kann ein einzelner Datenwert mit geringem Aufwand an mehrere abhängige Befehle verteilt werden. Außerdem kann eine direkt aufeinanderfolgende Ausführung der Befehle einer Befehlsfolge durch den Epsilon-1-Prozessor erzwungen werden.

Im Programmspeicher wird der Datenwert des Token in das bezeichnete Operandenfeld geschrieben, das zugehörige Präsenz-Bit wird gesetzt, und es wird geprüft, ob das Präsenz-Bit des anderen Operanden bereits gesetzt ist. Falls dies der Fall ist, wird der Befehl mit seinen Operanden zur ALU und die Zieladreßfeldeinträge mit den Operanden zur TCU (Target Calculation Unit) weitergereicht. Die beiden Präsenz-Bits werden zurückgesetzt, sofern der eine Operand keine Konstante enthält.

Konstanten werden im Programmspeicher durch sogenannte Sticky Tags im Opcode des Speicherwortes gekennzeichnet, was dazu führt, daß beim Schalten das zugehörige Präsenz-Bit nicht zurückgesetzt wird und der konstante Operand erhalten bleibt. Das Schreiben eines Token in den Programmspeicher und das Überprüfen der Präsenz-Bits geschehen in einem Taktzyklus.

Die ALU führt die Operation aus, während die TCU Zieladressen erzeugt. Ein Resultatwert der ALU wird mit den Zieladressen der TCU von der Form-Token-Einheit zu Tokens verknüpft und in den lokalen Token-Puffer oder den Ausgabe-Token-Puffer (Output FIFO Buffer) geschrieben.

Die TCU besteht aus zwei parallel geschalteten Adreßberechnungswerken: einem Adreßberechnungswerk für die Erzeugung einer lokalen Zieladresse und einem für die Erzeugung einer Zieladresse auf einem externen Verarbeitungsknoten. Die beiden Adreßberechnungswerke können aus dem Local- bzw. dem Global-Eintrag des Zieladreßfelds eine lokale und eine entfernte Zieladresse erzeugen. Die Berechnung geschieht je nach Modus aus den Zieladreßfeldeinträgen eventuell verknüpft mit den Operandenwerten.

Ein weiterer Mechanismus, der *Isolated-Verfahren* genannt wird, erlaubt es, einen Prozessorknoten zeitweise nach außen abzuschotten. Falls ein Befehl als 'isolated' erklärt wird, werden nach dem Schalten des Befehls dem Eingabe-Token-Puffer keine Tokens mehr entnommen, bis ein von dem Befehl erzeugtes, lokales Resultattoken wieder den Programmspeicher erreicht hat. Da ein dadurch ausführbarer Befehl ebenfalls wieder 'isolated' sein kann, kann man es erzwingen, daß der Prozessor zeitweise nur die von lokalen Tokens angestoßene Befehle ausführt.

Das Repeat-on-Input- und das Isolated-Verfahren erlauben, in die Ausführung eines Programmgraphen explizit einzugreifen - eine wichtige Voraussetzung für viele Arten von Betriebssystemeingriffen, wie beispielsweise der Realisierung kritischer Bereiche oder der Verarbeitungssteuerung bei drohender Überlastung.

Auf dem Prototypen des Epsilon-1-Prozessors wurden einige, meist numerische Benchmark-Programme getestet. Die gemessene Verarbeitungsleistung ist im Vergleich zu Leistungsmessungen anderer Datenflußrechner-Prototypen erstaunlich hoch. Es wurde sogar eine höhere Verarbeitungsgeschwindigkeit als auf vergleichbaren, kommerziellen von-Neumann-Rechnern gemessen. Die Benchmark-Programme wurden für von-Neumann-Rechner in C programmiert und für den Epsilon-1-Prozessor in Datenflußmaschinengraphen übersetzt.

Die durchschnittliche Ausführungszeit, gemittelt über die Ausführungszeiten von vier arithmetischen Programmen, betrug für den 10 MHz Epsilon-1-Prototypen 6.9 Sekunden, für einen 20 MHz T800-Prozessor 10 Sekunden und für einen 16.7 MHz Sun-3/260-Rechner 85 Sekunden.

Die fünfstufige Pipeline des Epsilon-1-Prozessors erlaubt natürlich auch, Befehle aus fünf verschiedenen Kontrollsträngen überlappend auszuführen. Die vier arithmetischen Programme können somit auf dem Epsilon-1-Prozessor überlappt parallel ausgeführt werden, während sie auf den beiden Vergleichsrechnern sequentiell ausgeführt werden müssen. Als Gesamtdauer der Ausführung aller vier Programme wurde beim Epsilon-1-Prozessor 14 Sekunden, beim Inmos T800-Prozessor 40 Sekunden und beim Sun-3/260-Rechner 340 Sekunden gemessen. Damit ergibt sich ein noch deutlicherer Vorsprung des Epsilon-1-Prozessors.

Weiterhin wurde die Ausführung verschiedener Livermore FORTRAN Kernels in Vergleich zur Ausführung auf einem Convex-C1-Vektorrechner gesetzt. Die Leistung des Epsilon-1-Prozessors war für alle betrachteten Livermore FORTRAN Kernels ähnlich, während sich eine deutlich höhere Verarbeitungsgeschwindigkeit auf dem Convex-Rechner als auf dem Epsilon-1-Prozessor für gut vektorisierbaren Code zeigte. Bei nicht vektorisierbarem Code erwies sich der Epsilon-1-Prozessor als schneller.

Das Token-Pipelining des Epsilon-1-Prozessors zeigt sich somit durch Ausnutzung der Parallelität auf der Anweisungsebene, die durch den Datenflußmaschinengraphen gegeben ist, gegenüber dem Befehlspipelining von RISC-Prozessoren überlegen. Nur das Datenpipelining der Vektorrechner ist bei gut vektorisierbarem Code, d. h., falls der Compiler Maschinenprogramme mit genügend Suboperationsparallelität erzeugen kann, der durch das Token-Pipelining ausgenutzten Anweisungsebenenparallelität des Epsilon-1-Prozessors überlegen.

Bei paralleler Ausführung mehrerer Anwenderprogramme, also Programm- und Taskebenenparallelität, zeigt sich das Token-Pipelining des Epsilon-1-Prozessors als besonders vorteilhaft, da aufeinanderfolgende Befehle in der Pipeline aus verschiedenen Kontexten stammen können, während eine Befehlspipeline eines von Neumann-Prozessors nur Befehle aus demselben Kontrollfaden überlappend ausführen kann.

Mit dem Epsilon-1-Prozessor sollte die Effizienz des verwendeten Datenflußprinzips gegenüber derjenigen vergleichbarer von-Neumann-Rechner untersucht werden. Es bleiben deshalb viele Probleme offen. Insbesondere fehlen noch die Strukturspeicherung, die Ein-/Ausgabeoperationen, der Netzwerkzugang und Programmierwerkzeuge. Außerdem erlaubt das verwendete statische Datenflußprinzip keine Rekursion und keine dynamische, parallele Ausführung von Schleifen. Diese Mängel sind beim Nachfolgemodell Epsilon-2 behoben.

### 4.5.3 Epsilon-2-Datenflußmultiprozessor

Im *Epsilon-2-Projekt* wird nicht nur ein Datenflußmultiprozessorsystem, dessen Prozessoren verbesserte Epsilon-1-Prozessoren sind, entworfen, sondern es werden darüber hinaus dazu passende Programmierwerkzeuge wie Compiler für Id, Sisal und FORTRAN, Debugger, etc. entwickelt. Der Epsilon-2-Architekturentwurf ([Grafe, Hoch 90], [Grafe et al. 89/91]) ist ein Hybridentwurf aus dynamischem Datenflußprinzip und Kontrollflußprinzip zur Ausführung sequentieller Befehlsfolgen. Das Kontrollflußprinzip wird nicht nach dem von-Neumann-Prinzip mittels eines Befehlszählers, sondern mittels einer Form des Repeat-on-Input-Verfahrens realisiert.

Der Token-Pipelining-Mechanismus eines einzelnen Epsilon-2-Prozessors ist auf Block- und Anweisungsebenenparallelität zugeschnitten, während Programm- und Taskebenenparallelität durch die verschiedenen Prozessoren des Multiprozessorsystems genutzt werden. Das Multiprozessorsystem kann als nachrichtengekoppelt (die Nachrichten sind Tokens) mit verteilten Speichern, aber einem gemeinsamen globalen Adreßraum charakterisiert werden.

Die Implementierung der Epsilon-2-Prozessorarchitektur benutzt eine 8-stufige Verarbeitungspipeline und arbeitet mit 10 MHz Taktfrequenz.

Das lokale Speichermodell besteht, ähnlich dem expliziten Token-Speichermodell des Monsoon-Rechners, aus Aktivierungsrahmen (Activation Frames), die zur Laufzeit zum Zeitpunkt der Aktivierung eines Unterprogramms geschaffen werden und deren Lebensdauer auf die Dauer der Unterprogrammaktivierung beschränkt ist. Beim Aufruf eines Unterprogramms wird ein neuer Kontrollfaden aktiviert, der parallel zu dem aufrufenden Programm weiterlaufen kann.

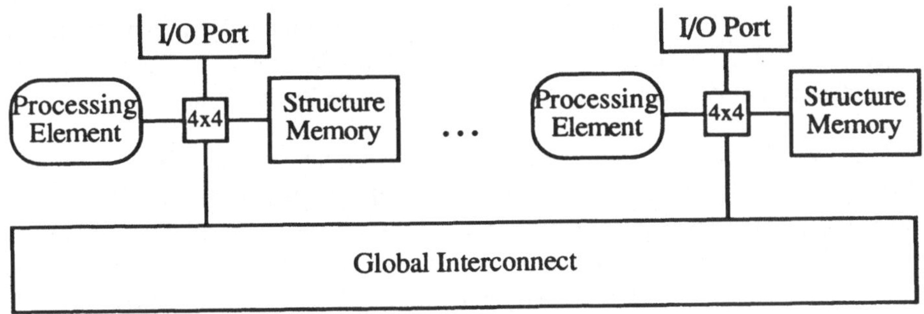


Abb. 4.5-2 Epsilon-2-Multiprozessorsystem

Die Gesamtarchitektur des Epsilon-2 ist in Abbildung 4.5-2 dargestellt. Sie besteht aus einer Anzahl von Modulen, die über ein paketvermittelndes, mehrstufiges Schalternetzwerk gekoppelt sind. Das Schalternetzwerk führt eine dynamische Lastverteilung durch. Diese geschieht durch Verteilen der Aktivierungsrahmen auf verschiedene Prozessoren (siehe weiter unten).

Ein Modul besteht aus einem Verarbeitungselement, einem Strukturspeicher (Structure Memory), einem Ein-/Ausgabe-Port (I/O Port) und einem 4x4-Kreuzschienenschalter, der Verarbeitungselement, Strukturspeicher und Ein-/Ausgabe-Port miteinander und mit dem globalen Netzwerk verbindet. Die Einheiten der Übertragung sind Tokens; ein Token besteht aus einem Tag- und einem Datenteil (in [Grafe, Hoch 90] Target Portion und Data Portion genannt, siehe Abb. 4.5-3).

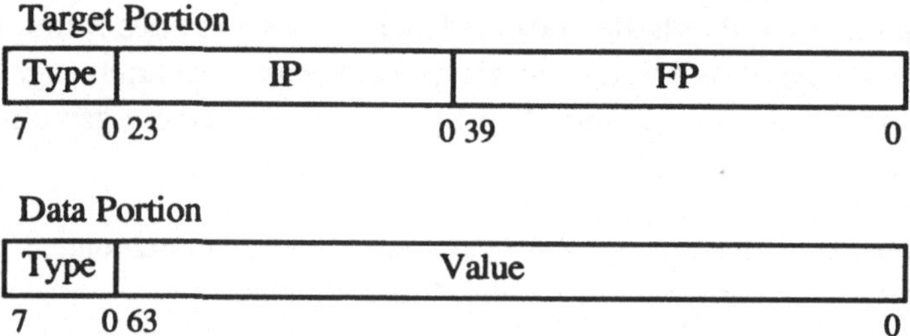


Abb. 4.5-3 Struktur eines Token

Das Typfeld im Tag unterscheidet verschiedene Zeigerstrukturen; das Typfeld im Datenteil bezeichnet den Datentyp (Zeiger, Gleitpunktzahl, Integer oder Boolean) des zugehörigen Datenwertes. Der Befehlszeiger (Instruction Pointer IP) bezeichnet ein Befehlswort im Befehlsspeicher des Verarbeitungselements oder wird, bezogen auf den Strukturspeicher, dazu benutzt, eine Operation des Strukturspeichers auszuwählen. Der Rahmenzeiger (Frame Pointer FP) bezeichnet, auf das Verarbeitungselement bezogen, einen Aktivierungsrahmen, auf den sich die Verweise im Befehl beziehen, oder adressiert, auf den Strukturspeicher bezogen, eine Speicherstelle.

Die Adressen der Strukturspeicher sind über das Gesamtsystem verschränkt angeordnet, so daß ein gemeinsamer Adreßbereich entsteht und jedes Verarbeitungselement jeden Strukturspeicher ansprechen kann. Der Zugriff auf ein Datum in einem Strukturspeicher geschieht mit verschränkten Phasen („Split-Phase") wie im Abschnitt 4.3.4 beschrieben. Als Datentypen werden Arrays, Listen, I-Strukturen und Semaphore unterstützt. Insbesondere kann ein einzelnes Zugriffstoken auch einen Strom von Datentokens auslösen.

Eine Leseoperation in einem Strukturspeicher läuft folgendermaßen ab: Ein Zugriffstoken wird von einem Verarbeitungselement an einen Strukturspeicher geschickt. Der Befehlszeiger des Tag bestimmt die Operation 'Lesen' und der Rahmenzeiger die Speicheradresse. Der Datenteil des Zugriffstoken besteht aus Befehls- und Rahmenzeiger der anfordernden Befehlsaktivierung. Das Datum wird in den Datenteil des neu erzeugten Token geschrieben, der Tagteil des neuen Token ist die Kopie des Datenteils des Zugriffstoken. Dann wird das neue Token an das anfordernde Verarbeitungselement zurückgeschickt.

Die Ein-/Ausgabe-Ports werden ebenfalls über Adressen angesprochen (Memory Mapped); ihre Schnittstellen verhalten sich ähnlich wie diejenigen von Strukturspeichern.

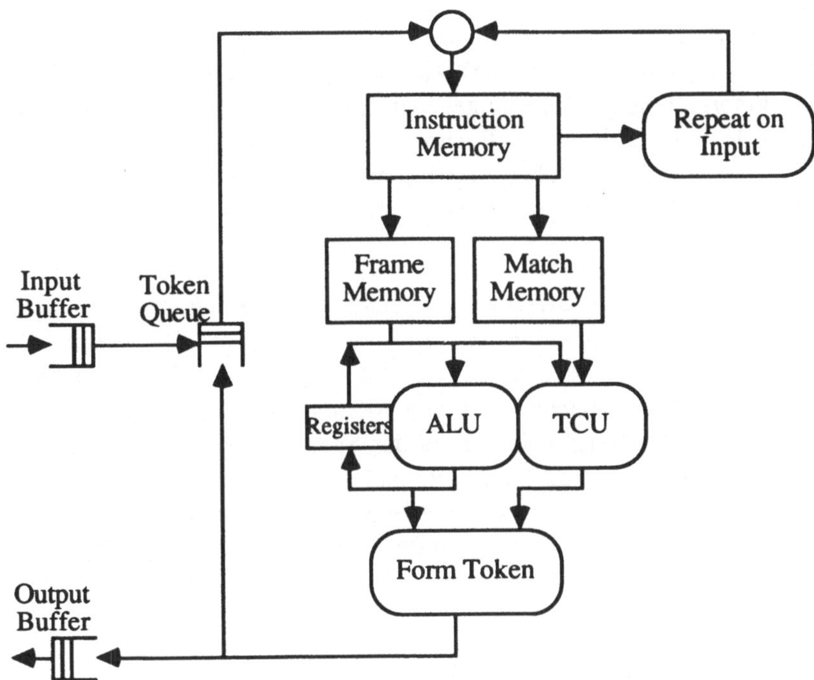


Abb. 4.5-4 Architektur eines Verarbeitungselements des Epsilon-2-Rechners

Die Architektur eines Verarbeitungselements des Epsilon-2-Rechners ist in Abb. 4.5-4 dargestellt. Tokens, die vom 4x4-Schalter in den Eingabe-Puffer geschrieben werden, werden in den lokalen Token-Puffer (Token Queue) eingeordnet. Aus diesem wird ein Token zur Verarbeitung entnommen. Der Befehlszeiger des Token adressiert ein Befehlswort im Programmspeicher (Instruction Memory), das folgende Einträge enthält:

- einen Repeat Offset,
- zwei Operanden-Offsets,
- für jeden Operanden einen Operandenmodus,
- einen Match Offset,
- eine Resultatregisterspezifikation,
- einen Target Offset und
- den Opcode.

Der Repeat Offset kann von der Repeat-on-Input-Einheit zum Erzeugen eines Repeat-Token genutzt werden. Dabei entsteht der Befehlszeiger des Repeat-Token durch Addition des Repeat Offset und des Befehlszeigerwerts des Token; Rahmenzeiger und Datenteil des Token werden ungeändert in das Repeat-Token übernommen. Das Repeat-Token wird im nächsten Taktzyklus anstelle eines Token aus dem Token-Puffer in die Verarbeitungspipeline eingegeben. Diese Form des *Repeat-on-Input-Verfahrens* ist flexibler als die beim Epsilon-1-Prozessor angewandte, da der Repeat-Offset-Wert jeweils dem Befehlswort entnommen wird und nicht mehr innerhalb einer sequentiellen Befehlsfolge festgelegt ist, wie es beim Epsilon-1-Prozessor der Fall ist.

Das bei einem Epsilon-2-Prozessor angewandte *Direct-Match-Verfahren* unterscheidet sich ebenfalls von demjenigen des Epsilon-1-Prozessors. Der Match Offset des Befehlswortes adressiert eine Speicherstelle im Vergleichsspeicher (Match Memory). Dieser ist wie der Rahmenspeicher (Frame Memory) in Form von Aktivierungsrahmen organisiert. Der Vergleichswert in der Speicherstelle wird gelesen und mit demjenigen verglichen, der als Vergleichszahl im Opcode des Befehlswortes kodiert ist. Falls beide übereinstimmen, wird der Befehl ausgeführt und der Vergleichswert wieder auf Null zurückgesetzt. Andernfalls wird nur der Vergleichswert inkrementiert. Dieser repräsentiert die Zahl der Tokens, die an dem betreffenden Synchronisationspunkt schon angekommen sind.

Die Operanden-Offsets im Befehlswort adressieren die Operanden. Diese können je nach Operandenmodus in einem Register oder im Rahmenspeicher stehen. Im letzten Fall können die Operanden in einem Aktivierungsrahmen stehen, der vom Rahmenzeiger des Token bestimmt wird, oder sie können Konstanten sein. Konstanten werden relativ zur Basisadresse des Rahmenspeichers adressiert. Je nach Modus wird der Datenwert des Token in die bezeichnete Operandenstelle geschrieben; er kann jedoch auch direkt weiterverwendet oder nicht in Betracht gezogen werden. Das letztere geschieht beispielsweise beim Repeat-on-Input-Verfahren bei Ausführung einer sequentiellen Befehlsfolge, deren Befehle sich nur auf Register beziehen.

Bei Ausführung eines Befehls durch die ALU werden die Operanden dem Rahmenspeicher oder den Registern entnommen. Das Resultat wird wieder in einem Register gespeichert und eventuell dazu benutzt, ein Resultattoken zu erzeugen. Im lezten Fall wird der Tagteil des Token von der TCU (Target Calculation Unit) erzeugt und von der Form-Token-Einheit mit dem Resultatwert zu einem Resultattoken zusammengesetzt.

Die Erzeugung des neuen Tag durch die TCU geschieht durch Addition des Target Offset des Befehlswortes zum Befehlszeigerwert des ursprünglichen Token. Der Rahmenzeigerwert wird aus dem ursprünglichen Token übernommen. Bei einer Parameterübergabe oder einem Zugriff auf den Strukturspeicher wird der rechte Operand des Befehls zum neuen Tag und der linke Operand wird als Parameterwert verwendet.

Die dynamische Lastverteilung durch das Schalternetzwerk geschieht folgendermaßen: Jedes Verarbeitungselement meldet seinen Lastfaktor an den Schalter, mit dem es an das Verbindungsnetz gekoppelt ist. Dieser bildet das Minimum der Lastfaktoren seiner Eingänge und meldet diesen Wert an die mit ihm verbundenen Verarbeitungselemente oder Schalter der nächsten Stufe weiter.

Ein Token, das einen neuen Aktivierungsrahmen anfordert, also bei einem Unterprogrammaufruf entsteht, wird vom Schalternetzwerk immer in Richtung des minimalen Lastfaktors geschickt und erreicht somit immer das Verarbeitungselement mit der geringsten Last.

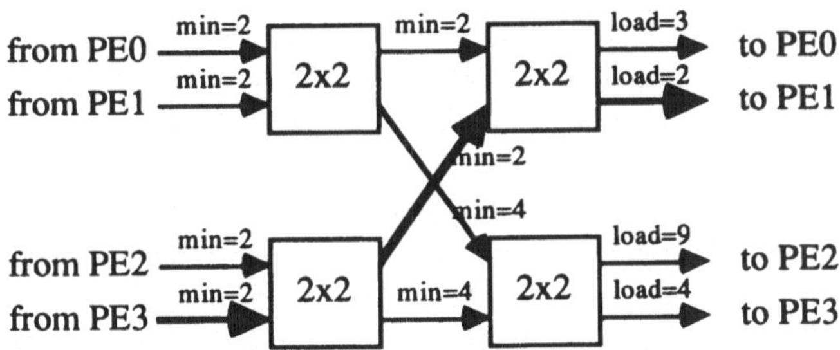


Abb. 4.5-5 Beispiel für die dynamische Lastverteilung

Das Verfahren ist in Abb. 4.5-5 für ein Epsilon-2-Multiprozessorsystem mit vier Verarbeitungselementen dargestellt. Man erkennt, wie von rechts nach links jeweils das Minimum der Lastfaktoren durchgegeben wird und ein Token, beispielsweise von PE3, entlang des Weges der minimalen Lastfaktoren (von links nach rechts) zu PE1 gesandt wird. Allerdings werden alle zu einem Zeitpunkt abgesandten Tokens zu demselben Verarbeitungselement geschickt, so daß unnötige Kollisionen im Verbindungsnetz entstehen. Eine leichte Abänderung des Verfahrens könnte diese Hot-Spot-Problematik vermeiden.

### 4.5.4 Repeat-on-Input-Verfahren

Das *Repeat-on-Input-Verfahren*, das beim Epsilon-1- und beim Epsilon-2-Prozessor angewandt wird, ermöglicht es, die Befehle einer sequentiellen Befehlsfolge direkt hintereinander auszuführen. Das Verfahren läßt sich in dreifacher Hinsicht anwenden:

- Das Token, das den ersten Befehl der Befehlsfolge aktiviert, wird vervielfacht. Damit lassen sich die Duplizieroperationen einsparen, die bei Datenflußrechnern notwendig sind, deren Verarbeitungswerke bei einer Befehlsausführung nur zwei Resultattokens erzeugen können. Dieser Duplizieraufwand beträgt bei Datenflußprogrammen bis zu 40% der ausgeführten Operationen [Grafe et al. 89].

- Weiterhin wird das Repeat-on-Input-Verfahren dazu benutzt, die Reihenfolge bei der Befehlsausführung zu steuern. Somit können Operationen kritischer Pfade garantiert vor anderen Operationen ausgeführt werden - wichtig für Betriebssystem- und Realzeit-Anwendungen.

- Drittens können die von der ALU aufeinanderfolgend ausgeführten Befehle, sofern sie derselben Befehlsfolge entstammen, Register adressieren.[10] Damit läßt sich die Lokalität der Daten in einer sequentiellen Befehlsfolge ausnutzen. Die Zwischenresultate müssen nicht mehr als Resultattokens die Datenflußpipeline durchlaufen, sondern können von nachfolgenden Befehlen sofort adressiert werden. Das Zirkulieren der Tokens durch die Datenflußpipeline zur Aktivierung des nächsten Befehls in einer Befehlsfolge wird unterdrückt. Somit entfällt die Zeitverzögerung, bis ein nachfolgender Befehl ein Resultat verwenden kann. Die Zeitverzögerung beträgt beim Epsilon-2-Prozessor durch die 8-stufige Pipeline mindestens 8 Takte. Außerdem entfallen für die Befehle innerhalb der Befehlsfolge die Pipelineblasen, die beim Datenflußprinzip durch die zweimalige Ver-

[10] Die Benutzung von Registern ist nur beim Epsilon-2-Prozessor vorgesehen.

gleichsoperation entstehen, die zur Aktivierung eines zweistelliges Befehls notwendig ist. Die Gesamtzahl der auftretenden Tokens wird verringert und dadurch die Hardware-Ressourcen weniger belastet. Das Wegfallen der Zeitverzögerungen und der Pipelineblasen führt dazu, daß sequentielle Befehlsfolgen mittels des Repeat-on-Input-Verfahrens sehr viel schneller als nach dem Datenflußprinzip ausgeführt werden können.

Als Beispiel betrachte man Abb. 4.5-6, in der auf der linken Seite ein Datenflußgraph und auf der rechten Seite eine sequentielle Befehlsfolge dargestellt ist, wobei die gestrichelten Pfeile die sequentielle Ausführung mittels des Repeat-on-Input-Verfahrens andeuten. Die Bezeichnungen in den Rechtecken geben die Register wieder, in die das jeweilige Resultat der Operation geschrieben wird. Der Wert von $x$ wird vom *sqr*-Befehl und dem Multiplikationsbefehl benutzt. Die Resultate werden in den Registern *r0* und *r1* abgelegt. Der Additionsbefehl addiert die Registerinhalte und erzeugt ein Resultattoken, das den Wert von $x^2+4x$ weiterleitet. Das Repeat-Token, das die Ausführung des Additionsbefehls anstößt, trägt natürlich ebenfalls den Wert von $x$; dieser wird jedoch bei der Ausführung nicht benutzt.

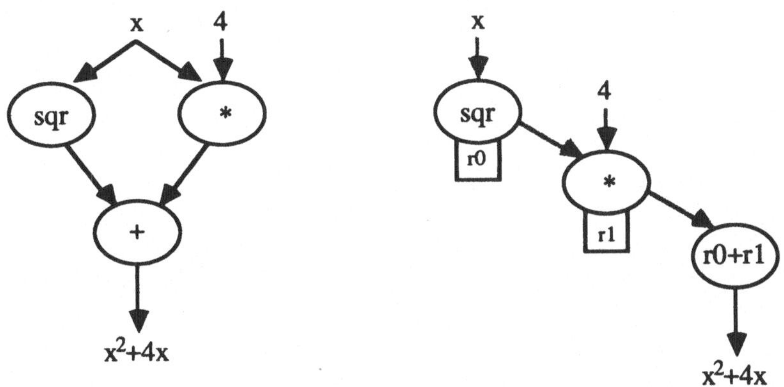


Abb. 4.5-6 Beispiel für die Benutzung von Registern durch das Repeat-on-Input-Verfahren

Die Ausführung des Datenflußgraphen auf der linken Seite der Abbildung nach dem Datenflußprinzip dauert länger als die Ausführung der Befehlsfolge auf der rechten Seite nach dem Repeat-on-Input-Verfahren. Dieses Verfahren führt alle Befehle in aufeinanderfolgenden Taktzyklen unter Benutzung der Register für die Zwischenergebnisse aus, während bei einer Befehlsausführung nach dem Datenflußprinzip die Zwischenergebnisse auf Tokens die gesamte 8-stufige Verarbeitungspipeline durchlaufen müssen, bevor der nächste Befehl ausgeführt werden kann. Wie man leicht errechnet, steht bei einer 8-stufigen, taktsynchronen Verarbeitungspipeline das Ergebnis der Addition, bezogen auf Abb. 4.5-5, bei Ausführung nach dem Datenflußprinzip nach 18 Taktzyklen und bei Verwendung des Repeat-on-Input-Verfahrens nach 11 Taktzyklen zur Verfügung.

Am Ende einer Befehlsfolge tritt ein Kontextwechsel ein, und die Register können von einer nachfolgend ausgeführten Befehlsfolge genutzt werden. Die Weitergabe von Registerwerten zwischen zwei Befehlsfolgen ist jedoch nicht möglich, da die Befehlsfolgen nach dem Datenflußprinzip aktiviert werden und somit nicht steuerbar ist, welche Befehlsfolge als nächstes ausgeführt wird.

Wegen des Repeat-on-Input-Verfahrens wird der Epsilon-2-Rechner als *Multithreaded-Datenflußarchitektur* bezeichnet. Den Zusammenhang zu weiteren Architekturtechniken vermittelt der erste Abschnitt des nächsten Kapitels.

# 5 Datenfluß-/von-Neumann-Hybridarchitekturen

## 5.1 Einführung und Überblick

Praktisch alle heute kommerziell genutzten Rechner basieren auf dem von-Neumann-Prinzip und sind das Produkt sukzessiver Verfeinerungen und Erweiterungen in den letzten vier Jahrzehnten. Datenflußrechner dagegen basieren auf einem völlig andersartigen Operationsprinzip und stellen eine vollständige Abkehr von konventionellen Computern dar. Die Folge ist, daß der Übergang von einem von-Neumann- zu einem Datenflußrechner für den Benutzer einen derart großen, technischen und administrativen Aufwand bedeutet, daß dieser nur dann gerechtfertigt ist, wenn signifikante Leistungsverbesserungen erzielt werden.

Datenfluß- und von-Neumann-Prinzip stellen jedoch nicht notwendigerweise zwei verschiedenartige Welten dar, sondern eher zwei verschiedene Enden eines Spektrums möglicher Prozessorarchitekturen. Während bei von-Neumann-Prozessoren konzeptionell zu einem Zeitpunkt ein einziger Prozeß ausgeführt wird und ein Prozeßwechsel einen hohen Verwaltungsaufwand mit sich bringt, ist die Länge eines „Prozesses“[1] bei feinkörnigen Datenflußrechnern auf einen Befehl beschränkt, wobei der Aufwand für einen „Prozeßwechsel“ durch die Vergleichsoperation sehr gering ist. Andererseits können sequentielle Befehlsfolgen durch das Befehlszählerprinzip der von-Neumann-Prozessoren effizienter ausgeführt werden, als dies durch die bei jedem Befehl notwendige Vergleichsoperation der feinkörnigen Datenflußrechner möglich ist.

Eine Alternative könnte die Symbiose der Datenfluß- und der von-Neumann-Architekturen sein. Diese Richtung wird von einer Anzahl zur Zeit laufender Forschungsprojekte verfolgt, die Datenfluß-/von-Neumann-Hybridsysteme entwickeln. Das Spektrum dieser Hybridsysteme ist sehr breit und reicht von Multithreaded-Datenflußtechniken zur effizienten Ausführung sequentieller Befehlsfolgen bei Datenflußrechnern (Repeat-on-Input- und ähnliche Techniken) bis hin zu Erweiterungen der

---

1 Die Termini *Prozeß*, *Kontrollfaden* (*Thread*), *Kontext* und *Task* werden in diesem Kapitel weitgehend gleichbedeutend verwendet.

von-Neumann-Prozessoren um Multithreading-Techniken und full/empty-Bit-Synchronisation (siehe Kapitel 6).

Die Erweiterungen bei von-Neumann-Prozessoren dienen dazu einen schnelleren Prozeßwechsel und einen geringeren Aufwand bei der Prozeßsynchronisation zu erreichen. Durch diese Erweiterungen soll die effiziente Ausführung auch feinkörniger Kontrollfäden im Sinne leichtgewichtiger Prozesse (Light-Weighted Processes) ermöglicht werden. Als feinkörnige Kontrollfäden werden sequentielle Befehlsfolgen mit ca. 20 bis 100 Befehlen verstanden, während schwergewichtige Prozesse (Heavy-Weighted Processes) den Umfang von UNIX-Prozessen besitzen. In umgekehrter Weise ist das wesentliche Ziel der Erweiterungen bei Datenflußrechnern die Vergröberung der Körnigkeit, um den Aufwand durch die Vergleichsoperation zu verringern. Dies geschieht durch Einführung von Befehlsfolgen oder komplexen Maschinenbefehlen als Makroknoten des Maschinendatenflußgraphen. Die Vergleichsoperation ist dann nur einmal pro Makroknoten notwendig, und bei der Ausführung der Befehle, die durch den Makroknoten repräsentiert werden, können Register benutzt werden, um die Effizienz zu erhöhen. Weiterhin soll die Anwendung verschiedener, bei von-Neumann-Rechnern benutzter Scheduling-, Speicherverwaltungs- und Ressourcen-Management-Techniken ermöglicht werden.

Im vorliegenden Kapitel werden Architekturprinzipien vorgestellt, die als Hybridarchitekturen von-Neumann- und Datenflußprinzip verschmelzen. Insgesamt lassen sich fünf Klassen von Architekturprinzipien unterscheiden (einen Überblick gibt Abb. 5.1-1).

Architekturen, die mehrere Kontrollfäden gleichzeitig geladen oder in Ausführung haben, werden als *Multithreaded-Architekturen* bezeichnet. Bezogen auf Abb. 5.1-1 umfassen die *Multithreaded-Architekturen* das gesamte Spektrum mit Ausnahme der reinen von-Neumann-Architekturen. Die feinkörnigen Datenflußarchitekturen und die Datenflußarchitekturen mit komplexen Maschinenbefehlen stellen Sonderfälle dar, da jeder „Kontrollfaden“ aus nur einem einzigen Befehl besteht. Bei den Datenflußarchitekturen mit komplexen Maschinenbefehlen hängt es von der Implementierung der komplexen Maschinenbefehle ab, ob hier von Kontrollfäden gesprochen werden kann.

Je nachdem, ob die Architekturen stärker auf dem von-Neumann-Prinzip oder auf dem Datenflußprinzip beruhen, wird von *Multithreaded-von-Neumann-Architekturen* oder von *Multithreaded-Datenflußarchitekturen* gesprochen.

| Architektur-prinzip | von Neumann | Multi-Threaded von Neumann | Large-Grain Datenfluß | Large-Grain Datenfluß mit kompl.M.bef. | Datenfluß mit komplexen Masch.befehl. | Multi-Threaded Datenfluß | Fine-Grain Datenfluß |
|---|---|---|---|---|---|---|---|
| Befehls-ausführung | ein Kontrollfaden | mehrere aktive Kontrollfäden | mehrere aktive Kontrollfäden | mehrere aktive Kontrollfäden und komplexe Masch.befehle | komplexe Masch.befehle | mehrere aktive Kontrollfäden | einfache Befehle |
| Operations-prinzip | Befehlszähler ← | Befehlszähler | Befehlszähler | Vektor-pipelining → | Vektor-pipelining | Repeat-on-Input | |
| | | | Datenflußprinzip ← | Datenflußprinzip | Datenflußprinzip | Datenflußprinzip | Datenflußprinzip → |
| Synchroni-sation von Kontr.fäden | Betriebssystem-aufruf, Semap., send/receive | full/empty-Bits | Vergleichs-operation | Vergleichs-opreation | Vergleichs-operation | Vergleichs-operation | Vergleichs-operation |
| Vergleichs-einheit | keine | keine | vorhanden | vorhanden | vorhanden | vorhanden | vorhanden |
| Nutzung von Registern | ja | ja | ja | ja | ja | ja | nein |
| Architektur-beispiele | alle heutigen kommerziellen Rechner | HEP APRIL Horizon | LDF 100 PODS Argu.Fetch | LGDG Decoup.G./C. Stollmann | ASTOR neue Dat.fl.-architektur | Monsoon Epsilon 1&2 EM-4 | Manchester MIT TTDA SIGMA-1 |

Abb. 5.1-1 Architekturspektrum von von-Neumann- bis Datenflußprinzip

*Multithreaded-von-Neumann-Architekturen* zeichnen sich dadurch aus, daß mehrere parallele Kontrollfäden gleichzeitig in Ausführung oder zumindest aktiviert sein können. Sobald eine Prozeßsynchronisation oder ein Zugriff auf ein entferntes Datenelement notwendig ist, wird ein anderer aktivierter Kontrollfaden ausgeführt. Im Gegensatz zu konventionellen von-Neumann-Prozessoren geschieht der Kontextwechsel sehr schnell. Die Synchronisation von Kontrollfäden geschieht in der Regel über full/empty-Bits in Registern oder Speicherbereichen, deren Datenzellen mit einer Zustandskennung versehen sind. Multithreaded-von-Neumann-Architekturen werden in Kapitel 6 beschrieben.

Als *Multithreaded-Datenflußarchitekturen* werden Datenflußarchitekturen bezeichnet, welche die Befehle sequentieller Kontrollfäden direkt aufeinanderfolgend ausführen können. Drei der schon im vorigen Kapitel vorgestellten Architekturen werden als Multithreaded-Datenflußarchitekturen eingeordnet: der Monsoon-Prozessor wegen des Verfahrens, Tokens in die Verarbeitungspipeline direkt wieder einzuspeisen, der EM-4-Prozessor wegen des Verfahrens des eng zusammenhängenden Blocks und die Epsilon-Prozessoren wegen des Repeat-on-Input-Verfahrens. In allen drei Fällen handelt es sich um ansonsten feinkörnige Datenflußrechner, die zusätzlich die Möglichkeit bieten, die Befehle eines sequentiellen Kontrollfadens direkt aufeinanderfolgend auszuführen. Die Einführung dieser Verfahren bei feinkörnigen Datenflußarchitekturen beruht auf der Erfahrung, daß Parallelität auf der Anweisungsebene durch überlappende Verarbeitung in einer konventionellen Pipeline, wie beispielsweise einer RISC-Pipeline oder einer Pipeline nach dem superskalaren Prozessorprinzip, effizienter genutzt werden kann als durch das Datenflußprinzip. Das gilt jedenfalls so weit, als eine Aufeinanderfolge der Befehle vom Compiler geplant werden kann und keine Zugriffe auf entfernte Daten oder Synchronisationsanweisungen betroffen sind [Papadopoulos, Traub 91].

Durch eine direkt aufeinanderfolgende Ausführung der Befehle in einer konventionellen Befehlspipeline eines von-Neumann-Prozessors oder auch durch eines der drei oben genannten Verfahren der Multithreaded-Datenflußarchitekturen lassen sich Resultate von Befehlsausführungen, die von nachfolgenden Befehlen des Kontrollfadens als Operanden benötigt werden, in Registern speichern. Gegenüber dem feinkörnigen Datenflußprinzip entfällt somit der Transport des Resultats auf einem Token durch die Verarbeitungspipeline und ebenso die Vergleichsoperation, die den nächsten ausführbaren Befehl bestimmt. Bevor ein zweistelliger Befehl ausführbar ist, ist nach dem feinkörnigen Datenflußprinzip außerdem eine zweimalige Vergleichsoperation notwendig, wobei bei der zuerst ausgeführten Vergleichsoperation eine Blase im Verarbeitungsstrom der Pipeline entsteht. Auch diese entfällt bei den Verfahren der Multithreaded-Datenflußarchitekturen für die Befehle innerhalb des Kontrollfadens.

Die Multithreaded-Datenflußarchitekturen unterscheiden sich von den Multithreaded-von-Neumann-Architekturen durch die Verwendung einer Token-Pipeline und einer Vergleichseinheit. Eine Token-Pipeline unterscheidet sich von einer Befehlspipeline eines modernen von-Neumann-Prozessors dadurch, daß jedes Datum oder jeder Befehl in jeder Stufe der Pipeline mit einem Tag versehen ist. Die Synchronisation der Kontrollfäden geschieht über die Vergleichsoperation der Vergleichseinheit. Weiterhin entstehen die Kontrollfäden bei den Multithreaded-Datenflußarchitekturen üblicherweise aus Teilgraphen von Datenflußgraphen, während die Kontrollfäden von Multithreaded-von-Neumann-Architekturen Befehlsfolgen sind, die durch Compilation von Programmen imperativer Programmiersprachen entstehen.

Sowohl bei den Multithreaded-von-Neumann-Architekturen als auch bei den Multithreaded-Datenflußarchitekturen können zwei verschiedene Techniken unterschieden werden, die in [Agarwal et al. 90] als *Coarse-Grain* oder *Block Multithreading* bzw. als *Cycle-by-Cycle Interleaving* oder *Fine-Grain Multithreading* bezeichnet werden.

Beim *Coarse-Grain Multithreading* wird vom Prozessor ein einzelner Kontrollfaden so lange weiterverfolgt, bis er zu Ende ist, ein Synchronisationsereignis eintritt oder ein Zugriff auf ein entferntes Datenelement notwendig wird. Danach wird ein Kontextwechsel durchgeführt. Dieses Verfahren wird bei den Multithreaded-Datenflußrechnern Epsilon-2 und EM-4, bei der Multithreaded-von-Neumann-Architektur APRIL, bei Buehrer/Ekanadhams Architekturvorschlag und der VNDF-Architektur angewandt.

Beim *Fine-Grain Multithreading* wird eine Anzahl von im Prozessor geladenen Kontrollfäden in einer festen Reihenfolge überlappend ausgeführt, so daß bei jedem Taktzyklus der Kontrollfaden gewechselt wird. Dieses Verfahren wird bei der Multithreaded-Datenflußarchitektur Monsoon und bei den Multithreaded-von-Neumann-Architekturen HEP, Horizon, Tera und MASA angewandt. Da der nächste Befehl eines Kontrollfadens immer nach einer festen Anzahl von Taktzyklen ausgeführt wird, ist die Nutzung von Registern möglich. Allerdings werden so viele Registersätze benötigt wie überlappend in Ausführung befindliche Kontrollfäden vorhanden sein können.

Da beim Fine-Grain Multithreading aufeinanderfolgende Befehle eines Kontrollfadens erst nach einer festen Verzögerungszeit (der Überlappungszahl) ausgeführt werden können, sinkt die Effizienz der Ausführung, falls nicht genügend parallele Kontrollfäden zur Verfügung stehen.

Bei Anwendung des Coarse-Grain Multithreading zeichnen sich die Multithreaded-Datenflußarchitekturen gegenüber den Multithreaded-von-Neumann-Architekturen durch einen etwas schnelleren Kontextwechsel aus. Die Vergleichsoperation benötigt bei den neueren Datenflußrechnern 2 bis 3 Taktzyklen, während ein Kontextwechsel bei den Coarse-Grain Multithreaded-von-Neumann-Architekturen ca. 10 Taktzyklen benötigt.

*Large-Grain-Datenflußarchitekturen* beruhen auf dem Prinzip, sequentielle Befehlsfolgen als Makroknoten eines Datenflußgraphen zu definieren. Die Ausführbarkeit einer solchen Befehlsfolge wird nach dem Datenflußprinzip bestimmt; die sequentielle Befehlsfortschaltung innerhalb einer Befehlsfolge geschieht nach dem von-Neumann-Prinzip mittels eines Befehlszählers für jeden Kontrollfaden. Large-Grain-Datenflußarchitekturen unterscheiden sich von den Multithreaded-von-Neumann-Architekturen in der Verwendung einer Vergleichseinheit, und sie unterscheiden sich von den Multithreaded-Datenflußarchitekturen, mit denen sie ansonsten viele Gemeinsamkeiten haben, dadurch, daß sequentielle Befehlsfolgen durch das von-Neumann-Prinzip und nicht durch ein Repeat-on-Input- oder ein ähnliches Verfahren ausgeführt werden. Large-Grain-Datenflußarchitekturen werden in Abschnitt 5.2 beschrieben.

Bei der Technik der *Datenflußarchitekturen mit komplexen Maschinenbefehlen* wird das Datenflußprinzip wie bei den feinkörnigen Datenflußrechnern auf der Befehlsebene angewandt, jedoch wird die Komplexität der Befehle bis hin zu Vektor- oder Matrixbefehlen erhöht. Dadurch können Pipelining-Mechanismen angewandt werden, wie sie von Vektorrechnern her bekannt sind. Die Aktivierung der komplexen Maschinenbefehle selbst geschieht datenflußgesteuert. Datenflußrechner mit komplexen Maschinenbefehlen kommen in reiner Form nicht vor, da bei der Ausführung eines komplexen Maschinenbefehls, mit Ausnahme der Verarbeitungseinheit, alle anderen Einheiten der Token-Pipeline eines Datenflußprozessors zum Warten gezwungen wären. Mehrere Verarbeitungseinheiten innerhalb einer Token-Pipeline könnten dieses Problem lösen. Das ist jedoch nur beim Manchester Prototype Dataflow Computer der Fall. Als Beispiele für Datenflußarchitekturen mit komplexen Maschinenbefehlen können die ASTOR-Architektur (Abschnitt 5.4.5) und die Reka-Architektur (Abschnitt 5.4.6) gesehen werden, bei denen die Verarbeitungseinheiten von den übrigen, in einer Token-Pipeline vorkommenden Einheiten abgekoppelt sind. Diese Einheiten sind zu Programmflußsteuereinheiten zusammengefaßt und kommunizieren mit den Verarbeitungseinheiten über FIFO-Pufferspeicher.

Die *Large-Grain-Datenflußarchitekturen mit komplexen Maschinenbefehlen* kombinieren die Technik der Large-Grain-Datenflußarchitekturen mit der zusätzlichen Verwendung von komplexen Maschinenbefehlen. Als Makroknoten des Maschinendatenflußgraphen können somit sowohl sequentielle Befehlsfolgen auftreten, die per

Befehlszähler gesteuert ausgeführt werden, als auch komplexe Maschinenbefehle, die mittels Pipelining-Mechanismen verarbeitet werden können. Die Aktivierung der Makroknoten geschieht wieder nach dem Datenflußprinzip. Beispiele für Large-Grain-Datenflußarchitekturen mit komplexen Maschinenbefehlen werden in den Abschnitten 5.4.2 bis 5.4.5 vorgestellt.

Aus diesem Spektrum von Prozessorarchitekturen[2] sind für die Zukunft wichtige Anregungen für eine Verbesserung der von-Neumann-Prozessoren insbesondere im Hinblick auf ihre Verwendung in Multiprozessorsystemen sowie für den Entwurf von Multiprozessorsystemen selbst zu erwarten. Mit der Einführung von Datenflußtechniken beim Entwurf von Multiprozessorsystemen steht zu erwarten, daß neue Klassen von Anwenderalgorithmen für Multiprozessoren effizient anwendbar werden.

## 5.2 Hybridarchitekturen am MIT

### 5.2.1 Überblick

Als Beispiele für Datenfluß-/von-Neumann-Hybridarchitekturen werden im vorliegenden Abschnitt Buehrer/Ekanadhams unbenannter Architekturvorschlag (Abschnitt 5.2.2), bei dem ein von-Neumann-Prozessors um datenflußbasierte Synchronisationsmechanismen erweitert wird, die VNDF-Hybridarchitektur von Iannucci (Abschnitt 5.2.3), die P-RISC-Architektur von Nikhil und Arvind (Abschnitt 5.2.4) und *T (Abschnitt 5.2.5) vorgestellt.

Die ersten drei der oben genannten Architekturvorschläge sind keine realen Maschinen, sondern eher Konzepte, die von den jeweiligen Autoren als Brücken zwischen dem von-Neumann- und dem Datenflußprinzip aufgefaßt werden. Sie wurden ausgewählt, da sie explizit als Erweiterungen konventioneller von-Neumann-Prozessoren in Richtung auf Datenflußarchitekturen zu sehen sind.

---

2 Eine Anzahl weiterer Datenfluß-/von-Neumann-Hybridarchitekturen werden im folgenden nicht behandelt. Dazu gehören unter anderen die Architekturen von [Klappholz et al. 85] und [Bonchev, Iliev 92], die Piecewise Dataflow Architecture ([Requa 83], [Requa, McGraw 83]), die RAMPS-Architektur [Barkhordarian 87], die ADAM-Architektur ([Maquelin 90], [Murer 90], [Murer, Färber 92]) und die Datarol-Architektur ([Amamiya 91], [Kusakabe et al. 92]).

Buehrer/Ekanadhams Architekturvorschlag und die VNDF-Architektur wenden eine Coarse-Grain-Multithreading-Technik an. Die Synchronisation der Kontrollfäden geschieht durch Konzepte, die dem I-Strukturkonzept vergleichbar sind.

Die P-RISC-Architektur gehört zu den Architekturen mit Fine-Grain-Multithreading-Technik. Sie besitzt jedoch keine feste Anzahl geladener Kontrollfäden und erlaubt auch keine Nutzung von Registern. Das abstrakte Maschinenkonzept TAM ([Culler et al. 91], [Schauser et al. 91]), das auf den P-RISC-Mechanismen beruht, beseitigt diesen Defekt der P-RISC-Architektur.

Buehrer/Ekanadhams Architekturvorschlag, die VNDF- und die P-RISC-Architektur haben großen Einfluß auf spätere Architekturvorschläge ausgeübt. Eine Weiterentwicklung ist die *T-Architektur (Abschnitt 5.2.5), die als Nachfolger des Monsoon-Rechners in Zusammenarbeit von MIT und Motorola realisiert werden soll. Die *T-Architektur und der Tera-Rechner (Abschnitt 6.4) sind im Hinblick auf ihre Konzepte zur Überbrückung von Speicherlatenz- und Prozeßsynchronisationsverzögerungen die zur Zeit neuesten und wichtigsten Architekturentwürfe.

### 5.2.2 Buehrer/Ekanadhams Architekturvorschlag

Buehrers und Ekanadhams Ansatz [Buehrer, Ekanadham 87] versucht eine Brücke zwischen von-Neumann- und Datenflußrechnern zu bauen. Ein Multiprozessorsystem, aufgebaut aus von-Neumann-Prozessoren, wird um Synchronisationsmechanismen erweitert, die auf dem Datenflußprinzip basieren. Das Ziel ist, sowohl Programme nach dem von-Neumann-Prinzip als auch nach dem Datenflußprinzip unter Vermeidung von Speicherlatenzzeiten ausführen zu können. Das Speicherlatenzproblem, d. h. die lange Verzögerung beim Zugriff auf den globalen Speicher, und das Problem der Synchronisation paralleler Kontrollfäden wird mittels eines Speichers mit Zustandskennung und mittels spezialisierter Lese- und Schreibbefehle gelöst. Besonder imperative Programme sollen ohne große Programmänderungen oder Effizienzverluste bei der Ausführung weiterverwendbar sein. Damit soll der Übergang von konventionellen Multiprozessorsystemen zu Datenflußrechnern erleichtert werden. Eine Implementierung der vorgeschlagenen Architektur existiert nicht. Die Bedeutung des Architekturvorschlags liegt in dem Einfluß, den er auf die zeitlich nachfolgenden Architekturentwürfe der Arvind-Forschungsgruppe ausübt.

Die vorgeschlagene Architektur ist diejenige eines Multiprozessorsystems mit einem globalen Speicher, der über ein Netzwerk mit einer Anzahl von Prozessoren verbunden ist. Die Prozessoren besitzen zusätzlich eigene, lokale Speicher. Abbildung 5.2-1 veranschaulicht dieses Modell.

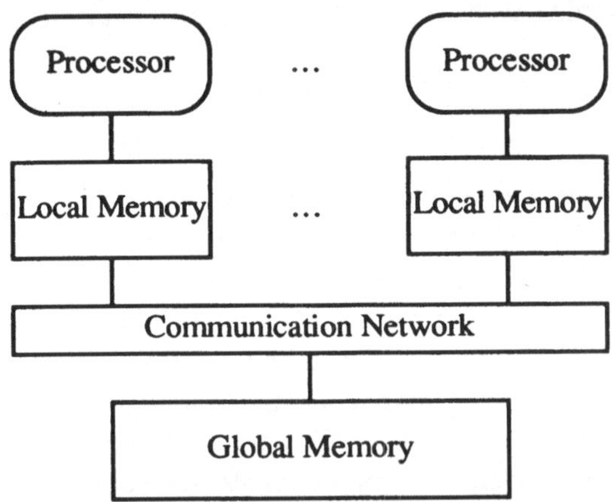


Abb. 5.2-1 Architektur des Buehrer/Ekanadham-Modells

Die Prozessoren sind von-Neumann-Prozessoren, die jedoch um einige zusätzliche Befehle erweitert sind. Sie besitzen einen Standardbefehlssatz, eingeschlossen Lade/Speicher-Befehle für den Zugriff auf den lokalen und den globalen Speicher. Die Speicherzellen der lokalen Speicher besitzen eine Zustandskennung, welche die Zustände 'leer', 'voll' oder 'wartend' annehmen kann. Durch die konventionelle Architekturstruktur und den konventionellen Befehlssatz der Prozessoren laufen imperative Programme wie auf konventionellen Multiprozessoren ab. Auch die dort üblichen Parallelisierungsverfahren können verwendet werden. Jeder Prozessor kann außerdem Prozesse nebenläufig bearbeiten.

Der Befehlssatz der Prozessoren ist jedoch um die folgenden, zusätzlichen Befehle erweitert (*L* steht für die Adresse einer lokalen, *G* für diejenige einer globalen Speicherzelle):

- *reset L* markiert die Speicherzelle *L* als 'leer'.
- *iread L,G* führt einen Reset auf der Speicherzelle *L* durch und schickt eine Leseanforderung an die globale Speicherzelle *G*.
- *wread L* liest die Speicherzelle *L*, falls sie im Zustand 'voll' ist, ansonsten wird ein Prozeßwechsel durchgeführt und der laufende Prozeß suspendiert, bis die Speicherzelle *L* im Zustand 'voll' ist.
- *wwake L,data* speichert das Datum *data* in der Speicherzelle *L*, markiert diese als 'voll' und aktiviert alle Prozesse, die auf *L* warten.

Mittels dieser Befehle läßt sich ein Synchronisationsmechanismus durchführen, der es erlaubt, in ähnlicher Weise wie bei einem I-Strukturspeicher die Speicherlatenzzeit beim Zugriff auf den globalen Speicher zu überbrücken. Bei einem Zugriff auf den globalen Speicher werden nacheinander die folgenden zwei Befehle abgesetzt:

*iread L,G*
*wread L*

Der erste reserviert eine lokale Speicherzelle, setzt sie in den Zustand 'leer' und veranlaßt den Zugriff auf die globale Speicherzelle (siehe Abb. 5.2-2). Dazu wird eine Nachricht mit der Ladeanforderung *load (wwake,L),G* an den globalen Speicher gesandt. *(wwake,L)* stellt einen Tag dar, mit dem jede globale Ladeanforderung versehen ist. Der zweite Befehl versucht, den Inhalt der gerade in den Zustand 'leer' gesetzten, lokalen Speicherzelle zu lesen. Dies führt automatisch zur Suspendierung des Prozesses, bis die Speicherzelle in den Zustand 'voll' übergegangen ist, d. h., das gewünschte Datum aus der globalen in die lokale Speicherzelle geschrieben wurde. Das geschieht mittels einer Nachricht *wwake L,data* vom globalen Speicher zum Prozessor, die den Prozessor veranlaßt, das Datum *data* in *L* zu speichern und wartende Prozesse zu reaktivieren.

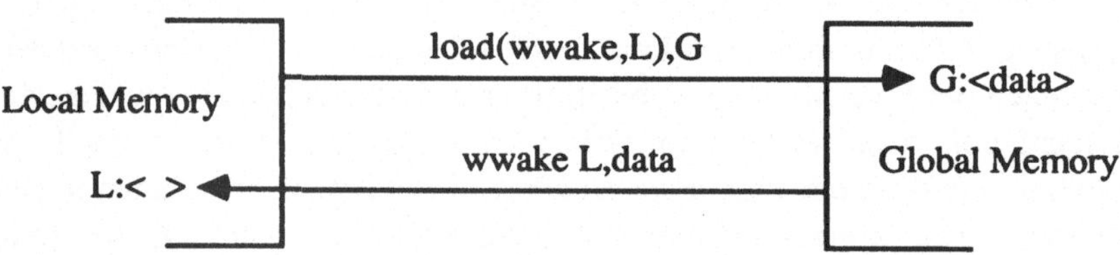


Abb. 5.2-2 Laden eines Datums aus dem globalen Speicher

Der Compiler sollte den *iread*-Befehl so weit wie möglich vor dem *wread*-Befehl plazieren, damit bei Ausführung des *wread*-Befehls das angeforderte Datum möglichst schon vorhanden ist und kein Prozeßwechsel durchgeführt werden muß.

Es ist offensichtlich, daß mittels dieser Befehle auch ein I-Strukturkonzept implementiert werden kann. Jede I-Fetch-Operation wird durch das (*iread*, *wread*)-Befehlspaar und jede I-Store-Operation durch eine *wwake*-Operation ersetzt.

Der Unterschied zur I-Strukturspeicherimplementierung in Abschnitt 4.3.4 liegt in dem Mechanismus des Suspendierens und Erweckens von Prozessen. Während die Verwaltung suspendierter Prozesse beim I-Strukturspeicherkonzept vom I-Strukturspeicherelement durchgeführt wird und das Erwecken von Prozessen durch entsprechenden Ausstoß von Tokens von Seiten der I-Strukturspeicherelemente geschieht, findet beim Buehrer/Ekanadham-Modell diese Verwaltung lokal in den Speichern der einzelnen Prozessoren statt. Ein Vorteil der lokalen Speicherung ist, daß für nebenläufige, suspendierte Prozesse nur eine *wwake*-Nachricht vom globalen Speicher zum Prozessor gesandt werden muß. Im Gegensatz dazu muß bei einer Implementierung mittels eines I-Strukturspeicherelements bei nebenläufigen, suspendierten Prozessen, die auf dasselbe Datenelement warten, für jeden Prozeß ein eigenes Token gesandt werden. Nachteilig ist das Buehrer/Ekanadhamsche Verfahren bei verteilten, suspendierten Prozessen. Dann müssen ebenso viele Nachrichten über des Netzwerk gesandt werden wie Tokens bei Verwendung von I-Strukturspeicherelementen und die Verwaltung sowie das Erwecken von Prozessen muß von jedem betroffenen Prozessor durchgeführt werden.

Eine Prozeßsynchronisation wird in ähnlicher Weise erreicht. Der eine Prozeß führt einen Lese-Befehl (*wread*) auf einer Speicherzelle aus, die von einem anderen Prozeß gefüllt werden muß (*wwake*). In gleicher Weise wird die Parameterübergabe durchgeführt.

Dieser Zugang ähnelt demjenigen des HEP-Prozessors darin, daß das Speicherlatenz- und das Synchronisationsproblem mit Hilfe von Spezialhardware gelöst wird. Dabei kann das Buehrer/Ekanadham-Modell eine beliebige Anzahl von nebenläufigen Prozessen unterstützen, während beispielsweise beim HEP-Prozessor diese Anzahl durch die Anzahl der Hardware-Befehlspuffer begrenzt ist. Der Preis dafür ist beim Buehrer/Ekanadham-Modell jedoch der hohe Verwaltungsaufwand für den Kontextwechsel, der bei jedem globalen Speicherzugriff bzw. für jede Prozeßsynchronisation nötig ist. Es muß jeweils der gesamte Prozeßzustand gespeichert und derjenige eines neuen Prozesses geladen werden. Die Verwendung eines konventionellen von-Neumann-Prozessors als Grundlage für die Prozessorerweiterung erweist sich hier bei Buehrers und Ekanadhams Architektur als nachteilig gegenüber den Multithreaded-Datenflußarchitekturen.

Weiterhin wird bei Buehrers und Ekanadhams Ansatz bei der Codeerzeugung aus Datenflußgraphen eine Partition in sequentielle Codesegmente durchgeführt, die mittels des sequentiellen Kontrollflußmechanismus ausgeführt werden können und die die Benutzung von Registern für Zwischenresultate unter Ausnutzung der Lokalität der sequentiellen Ausführung erlauben. Dies geschieht derart, daß möglichst keine Parallelität verloren geht. Zum einen wird jede Iteration einer Schleife zu einem sequentiellen Codesegment compiliert. Diese werden potentiell parallel zueinander ausgeführt, wobei eine Wertübergabe von einer Schleifeniteration zur nächsten über eine gemeinsame Speicherstelle geschieht, auf welche die produzierende Schleife eine *wwake*-Operation und die konsumierende Schleife eine *wread*-Operation ausführt. Aus schleifenfreien Datenflußgraphen werden sequentielle Codesegmente mittels einer Datenflußanalyse konstruiert. Die Forderung, daß keine Parallelität verloren gehen soll, dürfte im Regelfall zu vielen, ziemlich kleinen Codesegmenten führen, was wiederum die Forderung nach einem sehr schnellen Kontextwechsel an die Maschinenimplementierung mit sich bringt.

Buehrer und Ekanadham regen deshalb an, daß der Compiler den Code so erzeugt, daß vor einem möglicherweise notwendigen Kontextwechsel, der im Programmfluß vorhersehbar ist, möglichst wenig oder gar keine Register belegt sind. Diese Belegung soll von der Hardware überwacht und bei einem Kontextwechsel nur die notwendigen Register und der Befehlszähler automatisch und „on the fly“ gesichert werden.

Zur Implementierung der Zustandskennungen wird ein separater Zustandsspeicher und Spezialhardware für die Auswertung der Präsenz-Bits vorgeschlagen. Die Auswertung der Präsenz-Bits soll parallel zum Zugriff auf das zugehörige Datum geschehen. Das Erwecken von Prozessen in Verbindung mit *wread*- und *wwake*-Operationen soll ebenfalls durch Spezialhardware unterstützt werden. Eine Möglichkeit ist die Verwendung von assoziativen Registern, wobei die Speicheradressen der betreffenden Speicherzellen als Schlüssel für den assoziativen Zugriff verwendet werden.

In Buehrers und Ekanadhams Ansatz wurde versucht, das konventionellen Multiprozessorsystemen zugrundeliegende Kontrollflußmodell vorsichtig um Datenflußmechanismen zu erweitern. Die Produzenten/Konsumenten-Synchronisation wird als Basis für das Datenflußmodell angesehen und deshalb als grundlegendes Schema in das Kontrollflußmodell eingeführt. Die Erweiterungen der konventionellen Prozessoren sind auf ein Minimum beschränkt. Sie betreffen die Zustandskennung bei den lokalen Speichern und einige zusätzliche Befehle zur Manipulation der Zustandskennungen. Diese Befehle erlauben eine Überbrückung der Speicherlatenzzeit bei globalen Speicherzugriffen und die Nutzung feinkörniger Parallelität auch bei imperativen Programmen, die nach dem von-Neumann-Prinzip ausgeführt werden. Für Datenflußprogramme wird eine gemischte Kontrollfluß-/Datenflußverarbeitung vorgeschlagen, die allerdings wegen der sehr kleinen sequentiellen Codesegmente auf eine Maschinenimplementierung mit sehr schnellem Prozeßwechsel angewiesen ist, um effizient ausführbar zu sein.

### 5.2.3 VNDF-Hybridarchitektur

Iannuccis Architekturvorschlag [Iannucci 87, 88] stellt, ähnlich wie Buehrer/Ekanadhams Ansatz, eine Hybridarchitektur dar, die das von-Neumann- und das Datenflußprinzip kombiniert. Die Architektur wird als *VNDF-Hybridarchitektur* (von-Neumann/Data Flow) bezeichnet.[3] Ansatzpunkt der Überlegungen ist wieder einerseits das Speicherlatenz- und das Prozeßsynchronisationsproblem der konventionellen Multiprozessoren und andererseits der unnötig hohe Aufwand, der durch die Synchronisation auf Befehlsebene beim feinkörnigen Datenflußprinzip entsteht. Die entworfene Architektur kann somit entweder als eine evolutionäre Entwicklung aus dem Datenflußprinzip in Richtung auf eine explizitere (d. h. vom Compiler vorgenommene) Steuerung der Befehlsausführung oder als eine Evolution aus dem von-Neumann-Prinzip im Hinblick auf eine Hardwareunterstützung für eine schnellere Prozeßsynchronisation und eine Vermeidung der bei Zugriffen auf entfernte Datenelemente auftretenden Wartezeiten betrachtet werden.

Die grundlegende Idee von Iannuccis Architekturvorschlag ist, per Compiler einen Datenflußgraphen in eine Anzahl von Codeblöcken zu zerlegen. Eine Gruppe von Befehlen, die zu einem Codeblock zusammengefaßt werden, wird von Iannucci mit dem Begriff *Scheduling Quantum* (*SQ*) bezeichnet. Die Länge eines SQ, die Befehle, die zu einem SQ zusammengefaßt werden, und die Abhängigkeiten zwischen den SQs werden zur Compilezeit nach einer Partitionsstrategie festgelegt, die Optimierungskriterien wie die Maximierung der Parallelität, der Länge der SQs und der Maschinenausnutzung sowie die Minimierung expliziter Synchronisation und die Vermeidung von Verklemmungen berücksichtigt.

Die Ausführung eines SQ wird nicht wie beim Datenflußprinzip durch ein Datentoken, sondern explizit durch ein von einem anderen SQ erzeugtes *Fortsetzungstoken* (*Continuation*) ausgelöst. Somit entfällt die Vergleichsoperation, auch die Vergleichseinheit und der Token-Speicher werden eliminiert. Stattdessen greifen die Befehle auf Register und auf den lokalen oder den globalen Speicher zu, um Operandenwerte auszutauschen.

Ähnlich wie beim Buehrer/Ekanadham-Modell und wie bei den Multithreaded-von-Neumann-Rechnern (Kapitel 6) wird die Speicherlatenzzeit beim Zugriff auf den globalen Speicher durch einen Kontextwechsel tolerierbar gemacht. Die Synchronisation

---

3 Ein *Empire* genannter Rechner-Prototyp, dessen Architektur auf der VNDF-Hybridarchitektur basiert, wurde in einem IBM-Forschungszentrum realisiert [Nikhil, Papadopoulos, Arvind 92].

verschiedener Kontrollfäden geschieht über einen gemeinsamen Zugriff auf Speicherzellen und wird durch spezielle Befehle erreicht, die ein SQ suspendieren, wenn die betreffende Speicherzelle im Zustand 'leer' ist.

Die Gesamtstruktur der Architektur (siehe Abbildung 5.2-3) besteht aus einer Anzahl von Prozessoren, die über ein Verbindungsnetz mit einem global adressierbaren I-Strukturspeicher verbunden sind. Jeder Prozessor besitzt einen lokalen Speicher und eine Anzahl von Registern. Im lokalen Speicher stehen Aktivierungsrahmen, die jeweils bei Aktivierung eines SQ erzeugt werden. Die Kommunikation zwischen den Prozessoren geschieht über den gemeinsamen Speicher.

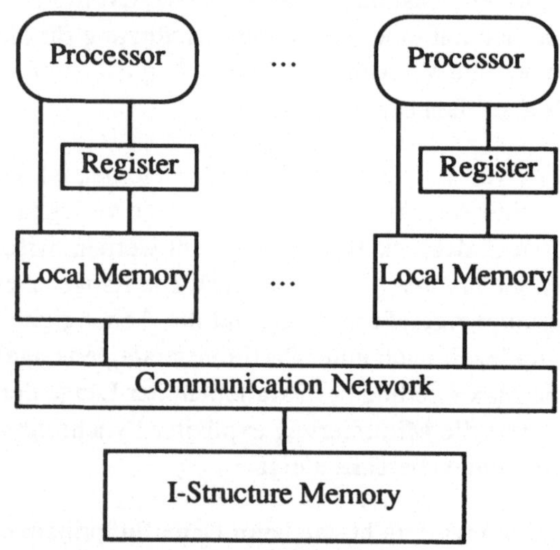


Abb. 5.2-3 Gesamtstruktur der VNDF-Hybridarchitektur

Abbildung 5.2-4 zeigt die Struktur eines Prozessors, der als modifizierter von-Neumann-Prozessor, bestehend aus einem lokalen Speicher, Registern und einer ALU, betrachtet werden kann.

Die wesentliche Hardwareerweiterung betrifft die Verarbeitungssteuerung durch die Einführung von Fortsetzungstokens (Continuations) und die Zustandstransformation von Fortsetzungstokens. Ein Fortsetzungstoken ist ein Tupel (PC, FBR) aus einem Befehlszähler PC (Program Counter) und einer Rahmenbasisadresse FBR (Frame Base Register).

Je nach Zustand wird ein Fortsetzungstoken in einem anderen Speicherbereich innerhalb des Prozessors abgelegt:

- ausführbare Fortsetzungstokens ('enabled') stehen in der Enabled Continuation Queue,
- das aktive Fortsetzungstoken ('running') steht im Active Continuation Register und
- suspendierte Fortsetzungstokens ('suspended') stehen in Speicherstellen in den Aktivierungsrahmen im lokalen Speicher.

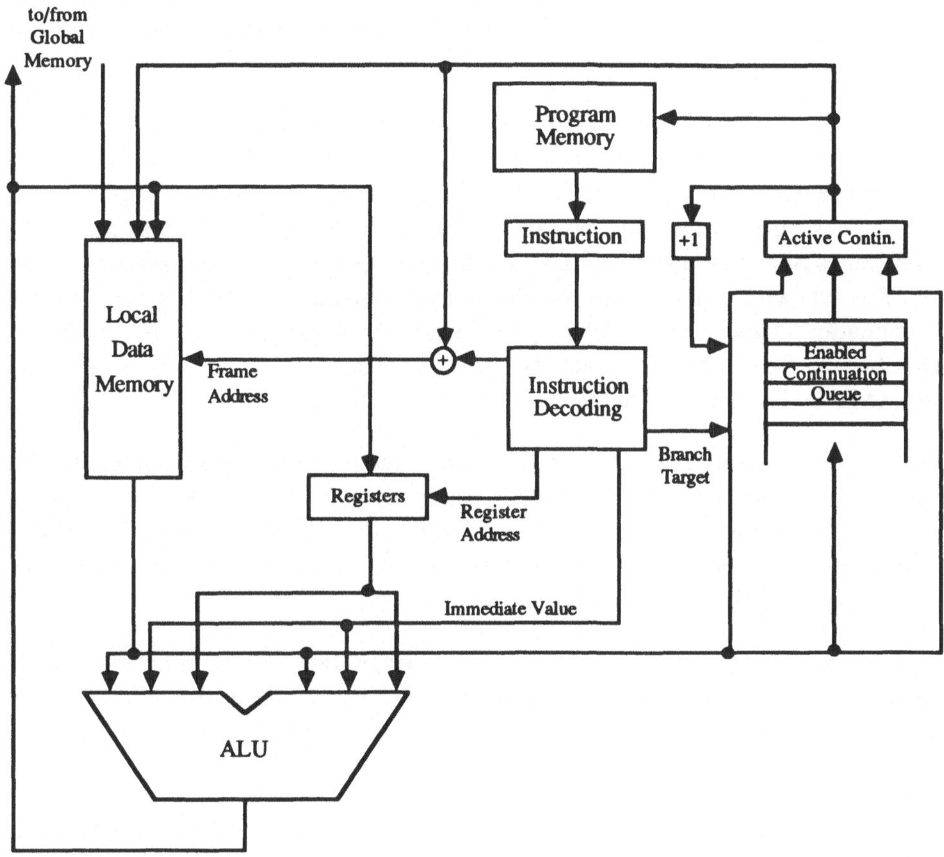


Abb. 5.2-4 Struktur eines Prozessors

Der Befehlszähler PC des aktiven Fortsetzungstoken, d. h. desjenigen im Active Continuation Register, adressiert den Befehl, der als nächster verarbeitet wird. Befehle können Operanden in den Registern oder in Speicherstellen von Aktivierungsrahmen im lokalen Speicher adressieren. Die Befehle des SQ des gerade aktiven Fortsetzungstoken werden sequentiell und durch den Befehlszähler PC des Fortsetzungstoken gesteuert ausgeführt. Diese Befehlsausführung kann durch synchronisierten Zugriff auf eine leere Speicherzelle blockiert werden.

Der lokale Speicher besitzt, ähnlich wie der I-Strukturspeicher, an jeder Speicherstelle Präsenz-Bits. Ein sogenannter unsynchronisierter Zugriff auf eine Speicherstelle wird wie ein normaler Speicherzugriff ausgeführt. Synchronisierte Zugriffe auf Speicherstellen führen zum Suspendieren des mit dem aktiven Fortsetzungstoken in Bearbeitung befindlichen Prozesses, falls die Speicherstelle mit dem Zustand 'leer' gekennzeichnet ist. Synchronisierte Lesezugriffe auf Speicherstellen, die sich im Zustand 'voll' befinden, wirken wie die unsynchronisierten.

Bei der Blockierung eines Kontrollfadens wird einfach das aktive Fortsetzungstoken in der betreffenden Speicherstelle abgelegt, und die Präsenz-Bits der Speicherstelle erhalten eine Kennzeichnung, daß die Speicherzelle mit einem Fortsetzungstoken belegt ist. Dies entspricht einem Kontextwechsel. Da die Fortsetzungstokens gerade die Größe eines Speicherwortes besitzen, kann dies in einem Maschinenzyklus geschehen. Danach wird ein weiteres ausführbares Fortsetzungstoken aus der Enabled Continuation Queue zur Ausführung bestimmt. Wenn die Blockierung durch Beschreiben der Speicherstelle aufgehoben wird, wird das suspendierte Fortsetzungstoken wieder in die Enabled Continuation Queue eingefügt.

Register können vom Compiler für die Verarbeitung aufeinanderfolgender Befehle eines SQ, die denselben Aktivierungsrahmen in nicht-synchronisierter Weise adressieren, verwendet werden. Da jedoch kein Sichern der Register bei einer Suspendierung eines Fortsetzungstoken geschieht, werden die Registerinhalte bei einem Kontextwechsel ungültig.

Der Zugriff auf Register ist schneller als derjenige auf den lokalen Speicher und dieser natürlich schneller als ein Zugriff auf den globalen I-Strukturspeicher. Der Zugriff auf den letzteren geschieht mit versetzten Phasen („Split-Phase“; siehe Abschnitt 4.3.4).

Der Befehlssatz erlaubt die Adressierungsformen der direkten Adressierung und der Register-Adressierung, außerdem einen nicht-synchronisierten und einen synchronisierten Zugriff auf eine Speicherzelle in einem Aktivierungsrahmen.

Der *MOVE*-Befehl kann einen direkten Operanden, den Inhalt eines Registers oder einer Speicherstelle eines Aktivierungsrahmens in einem Register oder einem Aktivierungsrahmen ablegen. Mittels des *MOVE-REMOTE*-Befehls wird ein Wert in einer Speicherzelle eines nicht-lokalen Aktivierungsrahmens abgelegt. Dieser Befehl wird beim Binden von Prozeduren verwendet.

Der *LOAD-FRAME-INDEX*-Befehl führt einen indizierten Lesezugriff mit Übertragung aus dem I-Strukturspeicher in einen Aktivierungsrahmen durch. Der *STORE*-Befehl legt ein Datum im I-Strukturspeicher ab. Eine explizite Synchronisation auf Speicherstellen in Aktivierungsrahmen kann durch die *TEST*- und *RESET*-Befehle geschehen.

*BRANCH* und *BRANCH-FALSE* ersetzen den Befehlszähler PC durch entsprechende Befehlsadressen. Der *CONTINUE*-Befehl erzeugt eine Gabelung des Befehlsstroms durch das Erzeugen eines zusätzlichen Fortsetzungstoken, das in der Enabled Continuation Queue abgelegt wird.

Die zugehörige Join-Operation findet implizit über Rahmenspeicherstellen statt. Zur Kommunikation zwischen SQs werden synchronisierte Leseoperationen ausgeführt. Dies geschieht mittels eines *FETCH*-Befehls. Synchronisation ist eine Eigenschaft des Lesebefehls und nicht der speziellen Speicherstelle. Auf dieselbe Speicherstelle kann somit synchronisiert und unsynchronisiert zugegriffen werden.

Zur Programmierung wird die Datenflußsprache Id benutzt. Diese wird mittels des Id-Compilers für die MIT Tagged-Token Dataflow Architecture (Abschnitt 4.3.3) übersetzt, wobei der Codeerzeugungsteil des Compilers Maschinenbefehle für den vorliegenden Architekturvorschlag erzeugt und automatisch auf entsprechende SQs aufteilt. Parallelität muß somit nicht explizit spezifiziert werden.

Die Architektur wurde per Software simuliert. Der Simulator kann Maschinenprogramme ausführen, die mittels eines neuen Codegenerators für einen Id-Compiler erzeugt werden. Die Simulationsergebnisse wurden mit denen einer Simulation der MIT Tagged-Token Dataflow Architecture verglichen. Die Befehle der VNDF-Hybridarchitektur zeigten sich weniger mächtig als die Befehle der MIT Tagged-Token Dataflow Architecture. Außerdem werden durch *CONTINUE*-Befehle parallele Befehlsströme explizit gestartet, während dies bei der MIT Tagged-Token Dataflow Architecture implizit durch die zwei möglichen Resultattokens geschieht, die von jedem Maschinenbefehl erzeugt werden können. Trotzdem zeigte sich, daß für beide Maschinen und gleiche Id-Programme etwa gleich viele Befehle ausgeführt werden. Dies ist dadurch zu erklären, daß in der VNDF-Hybridarchitektur durch die grobkörnigere Parallelität weniger Befehle zur Verwaltung der parallelen Aktivitäten (beispielsweise Duplizier- und Komprimierbefehle) erzeugt werden als in der MIT Tagged-Token Dataflow Architecture.

### 5.2.4 P-RISC

Die *P-RISC-Architektur* (*Parallel RISC*), die in [Nikhil, Arvind 89] vorgeschlagen wird, stellt ebenfalls eine Brücke zwischen einem konventionellen speichergekoppelten Multiprozessorsystem und einem Datenflußrechner dar. Das Hauptziel ist, konventionelle Software benutzen zu können, ohne die Vorteile des Datenflußprinzips für die Nutzung feinkörniger Parallelität zu opfern. Im Gegensatz zum Monsoon-Rechner wird bei der P-RISC-Architektur die engpaßanfällige Vergleichseinheit vollständig eliminiert.

Die P-RISC-Architektur (siehe Abb. 5.2-5) besteht aus einer Anzahl von Verarbeitungs- und Strukturspeicherelementen (eigentlich Heap Memory Elements genannt), die einen globalen Speicher mit einem globalen Adreßraum bilden. Die Verbindung zwischen Verarbeitungselementen und Strukturspeicherelementen geschieht durch ein paketvermittelndes Kommunikationsnetzwerk.

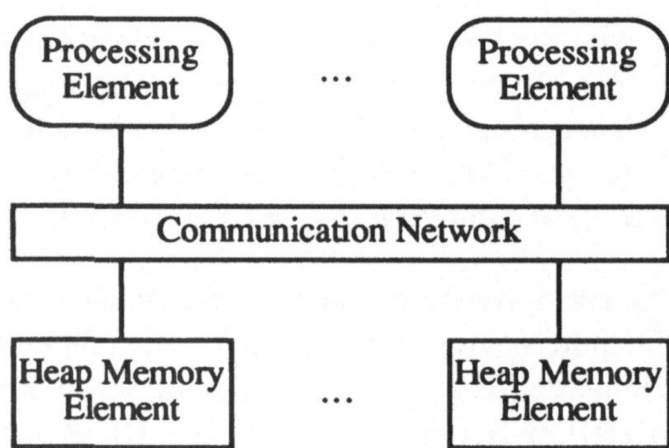


Abb. 5.2-5 Gesamtstruktur der P-RISC-Architektur

Die wichtigsten Entwurfsentscheidungen der P-RISC-Architektur lassen sich folgendermaßen charakterisieren:

- Verwendung eines RISC-ähnlichen Maschinenbefehlssatzes (Load/Store-Architektur),
- nebenläufige Verarbeitung mehrerer Kontrollfäden (Multithreaded Computation) in jedem Verarbeitungselement (allerdings ohne die Möglichkeit, Register zu nutzen),
- Synchronisation paralleler Kontrollfäden durch explizite *fork*- und *join*-Befehle,
- Implementierung der Strukturspeicherelemente als I-Strukturspeicher und
- Implementierung der Lade/Speicher-Befehle so, daß sie in versetzten Phasen (Split-Phase) ausgeführt werden.

Die arithmetisch-logischen Befehle können bei der P-RISC-Architektur nur auf den lokalen Speicher des Verarbeitungselements zugreifen. Lade/Speicher-Befehle sind in der P-RISC-Architektur die einzigen Befehle, die auf den globalen Speicher zugreifen, der durch die Strukturspeicherelemente realisiert wird. Dies realisiert eine Load/Store-Architektur, die ähnlich wie bei RISC-Prozessoren arbeitet. Allerdings übertragen die Lade- und Speicherbefehle bei einem RISC-Prozessor Daten zwischen dem (lokalen) Speicher des Prozessors und seinen Registern, während die Lade- und Speicherbefehle der P-RISC-Architektur Daten zwischen dem lokalen und dem globalen Speicher übertragen.

Weitere typische Eigenschaften der RISC-Prozessoren wie eine feste Befehlslänge und, abgesehen von den Lade- und Speicher-Befehlen, die Befehlsausführung in einem Maschinenzyklus finden ebenfalls Anwendung. Diese beiden Eigenschaften erleichtern die Implementierung einer einfachen vierstufigen Befehlspipeline.

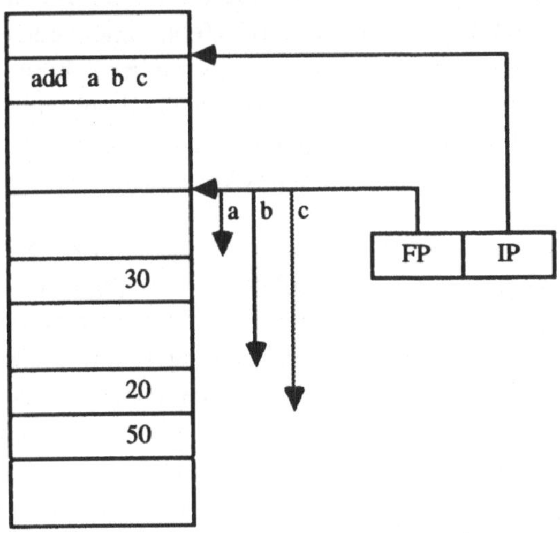


Abb. 5.2-6 Adressierung des lokalen Speichers eines Verarbeitungselements in der P-RISC-Architektur

Anstelle der für Datenflußrechner üblichen Vergleichseinheit wird bei der P-RISC Architektur folgendes Schema angewandt: Alle Operanden, die zu einer sequentiellen Folge von Befehlen gehören, werden in einem Speicherrahmen im lokalen Speicher gehalten. Jede Aktivität wird zur Identifikation mit einer *Befehlsadresse* (*Instruction Pointer IP*) und einer *Rahmenadresse* (*Frame Pointer FP*) versehen. Wie in Abb. 5.2-6 dargestellt, adressiert die Befehlsadresse einen Befehl im lokalen Speicher des Verarbeitungselements und die Rahmenadresse den Anfang des zugehörigen Rahmens in demselben Speicher. Die Befehlsadresse wird zum Holen des nächsten Befehls und die Rahmenadresse wird als Basisadresse für den Zugriff auf die Operanden benutzt. *IP* übernimmt somit die Funktion des Befehlszählers in einem von-Neumann-Rechner, und *FP* entspricht der Operandenbasisadresse.

Um nun die P-RISC-Architektur zur überlappenden Verarbeitung von Befehlen aus mehreren Kontrollfäden zu befähigen, muß der Laufzeit-Stack, der in einem sequentiellen RISC-Prozessor benutzt wird, um den Kontext einer sequentiellen Verarbeitung zu speichern, zu einer Baumstruktur von Rahmen verallgemeinert werden. Bei einem RISC-Prozessor, der nur einem einzigen sequentiellen Kontrollfaden folgen kann, greifen die Befehle nur auf den obersten Rahmen auf dem Stack zu. Im Falle einer baumartigen Stack-Struktur („Kaktus-Stack“) können Befehle aus parallelen Kontrollfäden auf verschiedene Zweige des Baumes zugreifen und damit gleichzeitig aktiv sein.

Eine weitere Anforderung für die überlappende Verarbeitung von Befehlen mehrerer Kontrollfäden ist, das Konzept eines einzigen Befehlszählers und eines einzigen Operandenbasisregisters auf mehrere auszuweiten. Dies wird dadurch erreicht, daß jedem Kontrollfaden ein separates Adreßpaar *<IP.FP>* zugeordnet wird. Ein *<IP.FP>*-Paar wird Fortsetzungstoken (Continuation) genannt und entspricht dem Tagteil eines Token in einem Datenflußrechner. Fortsetzungstokens tragen somit keine Datenwerte.

Die Grundstruktur eines Verarbeitungselements ist in Abb. 5.2-7 dargestellt. Die Fortsetzungstokens aller aktiven Kontrollfäden werden in einem speziellen Token-Puffer (Token Queue) gespeichert. In jedem Maschinenzyklus wird diesem ein Fortsetzungstoken entnommen und in eine Pipeline eingefüttert, die aus einer Befehlsbereitstellungs- (Instruction Fetch Unit), einer Operandenbereitstellungs- (Operand Fetch Unit), einer Verarbeitungs- (ALU) und einer Operandenspeichereinheit (Operand Store Unit) besteht. Das Fortsetzungstoken wird zunächst von der Befehlsbereitstellungseinheit verarbeitet, die den Maschinenbefehl holt, der durch *IP* bezeichnet wird. Danach werden die Operanden gemäß der Relativadressen in dem Befehl und relativ zum *FP* geholt. Das ausführbare Paket wird zur Verarbeitungseinheit oder, im Falle eines nicht-lokalen Speicherzugriffs, zur Lade/Speichereinheit (Load/Store Unit) übertragen. Die Verarbeitungseinheit produziert Resultatwerte und neue Fortsetzungstokens. Die Resultatwerte werden von der Operandenspeichereinheit im entsprechenden Rahmen im lokalen Speicher abgelegt. Die Fortsetzungstokens sind neue *<IP.FP>*-Paare, die durch Inkrementieren des *IP*-Werts oder bei einem Sprungbefehl durch Ersetzen des *IP*-Werts durch die im Sprungbefehl angegebene Adresse erzielt werden. Die neuen Fortsetzungstokens werden dann im Token-Puffer des lokalen Verarbeitungselements abgelegt.

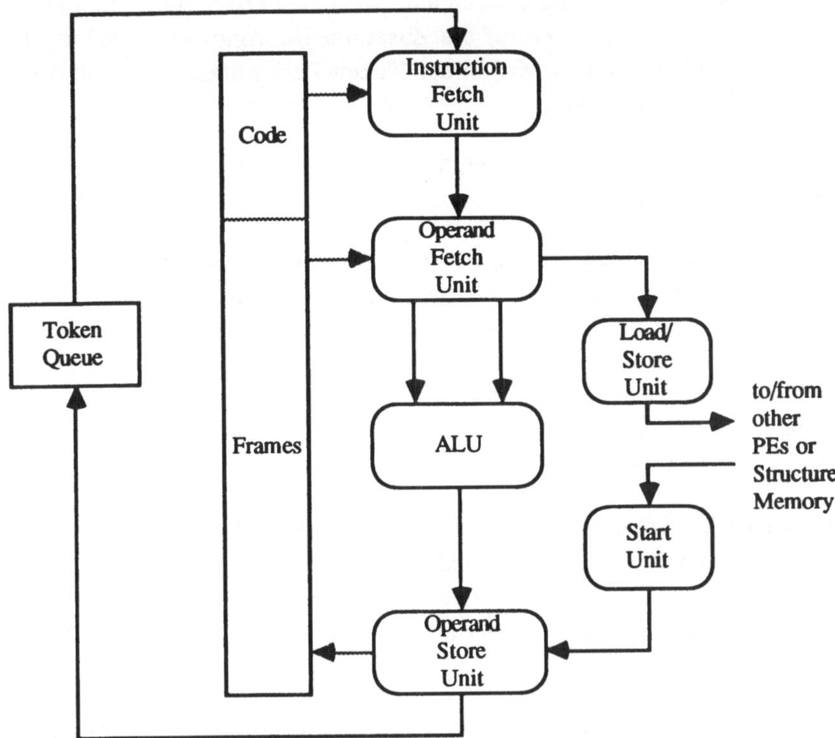


Abb. 5.2-7 Verarbeitungselement der P-RISC-Architektur

Da die Fortsetzungstokens vieler verschiedener Kontrollfäden in beliebiger Reihenfolge im Token-Puffer vorkommen können, kann die P-RISC-Architektur Befehle aus mehreren Kontrollfäden nebenläufig ausführen.

Parallele Kontrollfäden werden explizit durch *fork*-Befehle initiiert und durch *join*-Befehle synchronisiert. Jeder *fork*-Befehl spezifiziert eine neue Befehlsadresse *IPt*. Dies führt zur Erzeugung eines Fortsetzungstoken *<IPt.FP>*, das zusätzlich zum Fortsetzungstoken *<IP+1.FP>* des aktuellen Kontrollfadens in den Token-Puffer eingefügt wird.

Ein *join*-Befehl führt zwei separate Kontrollfäden wieder zusammen. Der Befehl benutzt eine gegebene Rahmenspeicherstelle mit der Adresse *FP+x*, wobei *x* der im *join*-Befehl angegebene Operand ist. Je nach Inhalt dieser Speicherstelle wird folgendermaßen verfahren:

- Falls diese Speicherstelle eine Eins enthält, wird ein Fortsetzungstoken generiert, das den Befehl adressiert, der auf die Zusammenführung beider Kontrollfäden folgt. Das Fortsetzungstoken wird in den Token-Puffer übertragen und die Speicherstelle wieder auf Null gesetzt.

- Falls die Speicherstelle eine Null enthält, wird sie auf Eins gesetzt und es wird kein Fortsetzungstoken produziert.

Um Datenstrukturen, die unabhängig von Speicherrahmen existieren, für alle Verarbeitungselemente gemeinsam zu verwalten, wird ein globaler Speicher, bestehend aus einer Anzahl von Strukturspeicherelementen, benutzt. Dort werden alle Datenstrukturen in Form von Heap-Strukturen verwaltet. Diese können aus verschiedenen Speicherrahmen von verschiedenen Verarbeitungselementen adressiert werden. Um den gemeinsamen Zugriff zu synchronisieren, werden die Strukturspeicher als I-Strukturspeicher (siehe Abschnitt 4.3.4) implementiert.

Um das Speicherlatenzproblem zu lösen, werden die Lade/Speicherbefehle mit versetzten Phasen (Split-Phase) realisiert. Jeder derartige Befehl spezifiziert zwei lokale Speicheradressen $x$ und $y$ als Operanden; $x$ verweist auf eine Heap-Adresse und $y$ auf den zwischen dem Strukturspeicher und dem lokalen Speicher zu übertragenden Datenwert.

Bei einem Speicherbefehl (*store*) wird die Heap-Adresse $h$ von der Rahmenspeicherstelle $FP+x$ geholt und der Wert $v$ aus $FP+y$ gelesen. Eine Nachricht der Form *<WRITE,h,v>* wird dann von der Lade/Speichereinheit an das betroffene Strukturspeicherelement gesandt. Ein neues Fortsetzungstoken *<IP+1.FP>* wird erzeugt und im Token-Puffer abgelegt.

Bei einem Ladebefehl (*load*) wird die Heap-Adresse $h$ aus der Rahmenspeicherstelle $FP+x$ geholt und eine Nachricht der Form *<READ,h,IP+1.FP,y>* von der Lade/Speichereinheit an den Strukturspeicher gesandt. Diesmal wird kein Fortsetzungstoken erzeugt. Das Verarbeitungselement schreitet mit der Verarbeitung des nächsten Fortsetzungstoken aus dem Token-Puffer fort und ist somit nicht durch Warten auf das Resultat der Ladeoperation blockiert.

In der nächsten Phase wird die *READ*-Nachricht von dem betroffenen Strukturspeicherelement verarbeitet. Dieses antwortet mit einer Nachricht der Form *<START,v,IP+1.FP,y>*, die von der Starteinheit (Start Unit) des Verarbeitungselements empfangen wird. Der Wert $v$ wird von der Operandenspeichereinheit an der Speicherstelle $FP+y$ abgelegt und ein neues Fortsetzungstoken *<IP+1.FP>* erzeugt, das den Kontrollfaden reaktiviert, der die Ladeoperation veranlaßt hat.

Auf diese Weise werden die Ladebefehle so in zwei versetzten Phasen verarbeitet, daß Speicherverzögerungen nicht zum Leerlauf des Verarbeitungselements führen. Außerdem kann mehr als eine Ladeanforderung ausgegeben werden, bevor überhaupt eine Antwort angekommen ist. Weiterhin kann das Verarbeitungselement Speicherantworten verarbeiten, die in einer anderen Reihenfolge ankommen, als sie ausgegeben wurden. Dies kann bei Verwendung eines asynchronen Kommunikationsnetzwerks auftreten.

Da es beim P-RISC-Modell keine Möglichkeit gibt, die Befehle eines Kontrollfaden direkt aufeinanderfolgend auszuführen, ist die Benutzung von Registern als Zwischenspeicher für Resultate nicht möglich.

Auf dem P-RISC-Modell baut das abstrakte Maschinenmodell *TAM* (*Threaded Abstract Machine*; siehe [Culler et al. 91], [Schauser et al. 91]) auf. Dieses wird als Zwischencode für den Monsoon-Compiler [Traub 91] benutzt. TAM ermöglicht die Nutzung von Registern, die direkt aufeinanderfolgende Ausführung der Befehle einer sequentiellen Befehlsfolge und ein explizites Scheduling der Befehlsfolgen durch den Compiler.

### 5.2.5 *T

**T* ist der neueste Architekturentwurf der Arvind-Forschungsgruppe. Die Erfahrungen mit der Tagged-Token Dataflow Architecture, dem Monsoon-Rechner und dem P-RISC-Entwurf sind für den *T-Entwurf[4] maßgebend.

Der *T-Prozessor soll als Knotenprozessor in einem großen, speichergekoppelten Multiprozessorsystem Verwendung finden. Wichtigstes Entwurfsziel ist es deshalb, die Wartezeit, die durch einen entfernten Speicherzugriff oder bei der Synchronisation von Kontrollfäden entsteht, durch einen raschen Kontextwechsel zu überbrücken. Somit müssen mehrere Kontrollfäden pro Prozessor zur Ausführung bereitgehalten werden. Da bei entfernten Speicherzugriffen die Daten in anderer Reihenfolge als die Reihenfolge der Anforderungen zurückkommen können, müssen die Speicheranforderungen Kontextidentifikationen tragen, so daß zurückgelieferte Datenwerte den Kontrollfäden zugeordnet werden können. Diese Eigenschaften sind bei dynamischen Datenflußarchitekturen durch die Tags der Token gegeben. Mit dem *T

---

4 *T ist ein Akronym für *Multi-* (*) *Threaded* (T) und wird „Start" gesprochen. Beschrieben ist die *T-Architektur in [Nikhil, Papadopoulos, Arvind 92].

sollen jedoch auch einige Nachteile dynamischer Datenflußrechner vermieden werden.

Einer dieser Nachteile ist die schlechte Leistung dynamischer Datenflußrechner bei Ausführung sequentieller Kontrollfäden. Auch die Cycle-by-Cycle-Interleaving-Technik des Monsoon-Rechners bietet keine befriedigende Lösung, da der nächste Befehl einer Befehlsfolge erst ausgeführt werden kann, wenn der Vorgängerbefehl alle Stufen der Datenflußpipeline durchlaufen hat. *T wendet deshalb eine Block-Multithreading-Technik an.

Weiterhin besitzen dynamische Datenflußrechner keine Möglichkeit, die Zuteilung von Kontrollfäden durch den Compiler vorzunehmen, was für Betriebssystemaufgaben wichtig wäre. Die *T-Architektur erlaubt es, Zuteilungsverfahren wie bei konventionellen Prozessoren zu verwenden. Die Kompatibilität des *T mit konventionellen Mikroprozessoren wird mit der Anwendung des Multithreading und mit einer Datenflußsynchronisation verknüpft.

Ein dritter Punkt ist die geringe Chance für Datenflußrechner auf dem kommerziellen Rechnermarkt zu bestehen, da kommerzielle Mikroprozessoren hoch optimiert und unter hohen Entwicklungskosten entstanden sind. Beides ist für den Entwurf eines Datenflußprozessors nicht zu leisten. Außerdem müssen für einen Datenflußrechner Betriebssystem, Ein/Ausgabe-Funktionen und Standard-Bibliotheken vollständig neu erstellt werden. Die *T-Architektur verwendet deshalb einen konventionellen Mikroprozessor für die Ausführung der üblichen arithmetischen Befehle.

Das abstrakte Maschinenmodell des *T-Prozessors ist in Abb. 5.2-8 dargestellt. Der Prozessor ist als Knotenprozessor eines speichergekoppelten Multiprozessorsystems entworfen. Die Speichereinheiten sind physikalisch auf die Knotenprozessoren verteilt, bilden aber einen globalen Adreßraum.

Ein *T-Prozessor besteht aus einem Datenprozessor (Data Processor) und zwei Co-Prozessoren - dem RMem-Prozessor (Remote Memory Request Coprocessor) und dem Start-Prozessor (auch Synchronization Coprocessor sP genannt) -, aus einer Anzahl von FIFO-Puffer-Speichern und einer Schnittstelle zum Verbindungsnetz.

Der *Datenprozessor* ist ein konventioneller RISC-Prozessor, der die sequentiellen Kontrollfäden ausführt, die ihm vom Start-Prozessor bezeichnet werden. Die Continuation Queue enthält Fortsetzungstokens (Continuations), d. h. *<IP,FP>*-Paare, wobei *FP* den Kontrollfaden und *IP* den Befehlszähler bezeichnet.

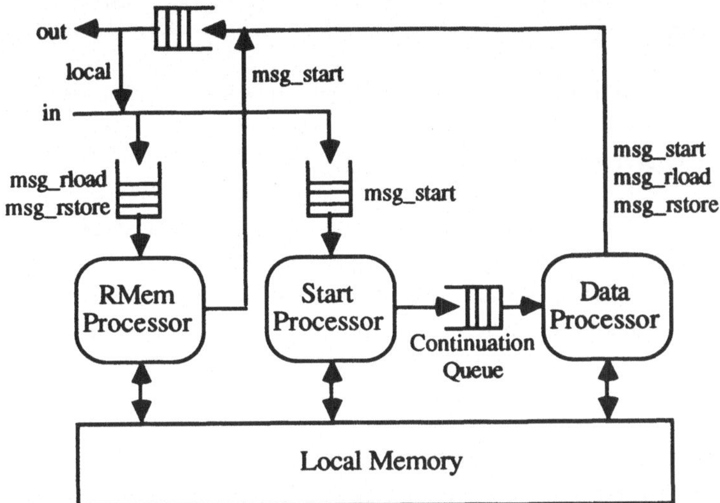


Abb. 5.2-8 *T-Prozessorarchitektur

Der Befehlssatz des Datenprozessors kann neben den Befehlen des RISC-Prozessors noch vier zusätzliche Befehle ausführen:

- Der *start*-Befehl startet einen neuen Kontrollfaden entweder lokal oder auf einem entfernten Knotenprozessor. Die erzeugte *msg_start*-Nachricht besteht aus dem *<IP,FP>*-Paar des neuen Kontrollfadens und einem Wert, der als Parameter übergeben wird. Die *msg_start*-Nachricht ist somit dem Token eines dynamischen Datenflußrechners vergleichbar.

- Der *next*-Befehl beendet die Ausführung eines Kontrollfadens, lädt das nächste Fortsetzungstoken aus der Continuation Queue und setzt die Ausführung mit dem bezeichneten Kontrollfaden fort.

- Der *rload*-Befehl schickt eine Speicheranforderung in Form einer *msg_rload*-Nachricht an einen entfernten Knotenprozessor ab.

- Der *rstore*-Befehl überträgt einen Datenwert in Form einer *msg_rstore*-Nachricht an einen entfernten Knotenprozessor.

Wenn der Datenprozessor einen entfernten Speicherzugriff vornehmen will, schickt er eine *msg_rload*-Nachricht an den entfernten Knotenprozessor und fährt mit der Ausführung des Kontrollfadens fort, ohne auf die Bereitstellung des Datums zu warten. Die Ausführung des Kontrollfadens wird erst mit der Ausführung eines *next*-Befehls beendet.

Die *msg_rload*-Nachricht enthält neben der Zieladresse ein Fortsetzungstoken *<IP,FP>*, wobei *FP* den Kontrollfaden und *IP* den Stand des Befehlszählers an der Stelle des Speicherzugriffsbefehls bezeichnet.

Wenn die *msg_rload*-Nachricht beim entfernten Knotenprozessor ankommt, wird der Speicherzugriff vom *RMem-Prozessor* ausgeführt und als *msg_start*-Nachricht zurückgesandt. Der Datenprozessor des entfernten Knotenprozessors wird von der Ausführung der Speicheranforderung nicht betroffen. Die *msg_start*-Nachricht enthält den geforderten Datenwert und das Fortsetzungstoken aus der *msg_rload*-Nachricht.

Bei Ankunft der *msg_start*-Nachricht beim anfordernden Knotenprozessor wird die Nachricht vom *Start-Prozessor* empfangen, der Datenwert im Speicher eingetragen und das Fortsetzungstoken in die Continuation Queue geschrieben. Eine weitere Aufgabe des Start-Prozessors ist die Ausführung von *join*-Befehlen zur Synchronisation zweier Kontrollfäden. Auch deren Ausführung geschieht, ohne daß der Datenprozessor beteiligt ist.

Die Realisierung eines *T-Multiprozessors ist in Zusammenarbeit der Arvind-Gruppe mit Motorola geplant. Im Frühjahr 1991 wurde ein vorläufiger Prototyp eines *T-Prozesssors entworfen, dessen Datenprozessor und Start-Prozessor durch Motorola-88200-Prozessoren implementiert werden.

## 5.3 Large-Grain-Datenflußarchitekturen

### 5.3.1 Überblick

Feinkörnige Datenflußrechner sind nicht gut für die Ausführung sequentieller Befehlsfolgen geeignet. Die Gründe dafür liegen, wie schon erwähnt, im Aufwand, der durch die vor jeder Befehlsausführung notwendige Vergleichsoperation entsteht, und in der Tatsache, daß jedesmal ein Token alle Verarbeitungsstufen durchlaufen muß, bevor der nächste Befehl verarbeitet werden kann. Ideal wäre ein Rechner der sequentielle Programmteile genauso effizient wie ein von-Neumann-Rechner verarbeitet. Dies ist die Motivation für die *Large-Grain-Datenflußarchitekturen*, bei denen das Datenflußprinzip auf sequentielle Codeblöcke (Prozesse, sequentielle Befehlsfolgen) angewendet wird.

Sequentielle Codeblöcke werden als Makroknoten eines Datenflußgraphen definiert. Die Befehle innerhalb eines Codeblocks werden nach dem von-Neumann-Prinzip, also sequentiell und per Befehlszähler gesteuert, ausgeführt. Damit lassen sich die bei modernen von-Neumann-Prozessoren hochentwickelten Techniken zur Ausnutzung der Lokalität der Daten innerhalb einer sequentiellen Befehlsfolge anwenden. Dazu gehört die Verwendung von Registern und Cache-Speichern, Befehlspipelining, usw. Somit wird explizit versucht, die Lokalität der Daten innerhalb einer Befehlsfolge zu nutzen, auch wenn dadurch ein Teil der im Datenflußgraphen vorhandenen Parallelität für die Parallelarbeit verloren geht. Die Aktivierung der Befehlsfolgen selbst geschieht nach dem Datenflußprinzip.

Der wohl älteste und in der Literatur kaum beachtete Vorschlag einer Large-Grain-Datenflußarchitektur findet sich bereits in [Komp, Muchnik 79]. Wie schon in Abschnitt 3.4 erwähnt, schlagen Komp und Muchnik als Erweiterung für das LAU-System vor, die Vergleichsoperation nicht mehr bei jedem Befehl, sondern auf sequentielle Codeblöcke anzuwenden.

Die meisten Large-Grain-Datenflußarchitekturen wurden jedoch in der zweiten Hälfte der 80er Jahre entwickelt. Diese sind allesamt stark von den Erfahrungen mit dem HEP-Rechner sowie von Buehrer/Ekanadhams Entwurf und der VNDF-Architektur beeinflußt.

In den nun folgenden Abschnitten 5.3.1 bis 5.3.5 werden einige Beispiele von Large-Grain-Datenflußarchitekturen vorgestellt. Die Architekturen in den Abschnitten 5.4.2 bis 5.4.5 kombinieren das Large-Grain-Datenflußprinzip mit der Verwendung komplexer Maschinenbefehle.

Der in Abschnitt 5.3.2 beschriebene Loral Dataflo LDF 100 ist ein kommerzieller Datenflußmultiprozessor mit einem statischen Large-Grain-Datenflußprinzip. Die Programme für die sequentiellen Codeblöcke werden in einer imperativen Programmiersprache geschrieben. Die Kommunikationsstruktur zwischen den Codeblöcken wird in einer Spezialsprache programmiert und in einen Maschinendatenflußgraphen übersetzt.

Bei der in Abschnitt 5.3.3 vorgestellten *PODS-Architektur* (Process Oriented Data Flow) wird ein Datenflußgraph in sequentielle Codesegmente zerlegt, die zur Laufzeit wie Prozesse behandelt werden. Die Feststellung, wann ein Prozeß ausführbereit ist, geschieht datengesteuert. Da der Aufwand zur Synchronisation und Steuerung der Parallelverarbeitung nicht bei jedem Befehl, sondern nur beim Einrichten eines Prozesses nötig ist, ergibt sich insgesamt ein grobkörniges Datenflußprinzip, von dem eine effizientere Ausführung von Datenflußprogrammen als beim üblichen feinkörnigen Datenflußprinzip erwartet wird. Die PODS-Architektur wurde an der University of California in Irvine in Software simuliert.

Die *Argument Flow Architecture* (Abschnitt 5.3.4) kombiniert ebenfalls das von-Neumann- und das dynamische Datenflußprinzip. Innerhalb eines Verarbeitungselements der Argument Flow Architecture kommunizieren eine Datenflußeinheit und ein von-Neumann-Prozessor über zwei Speicherbänke. Während der von-Neumann-Prozessor eine Prozedur ausführt, die in der ersten Speicherbank steht, lädt die Datenflußeinheit eine andere, ausführbare Prozedur mit ihren Argumenten in die zweite Speicherbank. Sobald der von-Neumann-Prozessor die Ausführung einer Prozedur beendet hat, schaltet er auf die andere Speicherbank um und führt ohne Verzögerung die dort geladene Prozedur aus.

Die *Argument Fetch Dataflow Hybrid Architecture* erweitert die *Argument Fetch Dataflow Architecture*, die auf einem feinkörnigen, statischen Datenflußprinzip beruht, derart, daß das statische Datenflußprinzip auf Befehlsfolgen statt auf einzelne Befehle angewandt wird. Die Hybridarchitektur kann letztendlich als eine Hybrid-Version der MIT Static Dataflow Architecture (Abschnitt 3.2.3 bis 3.2.5) betrachtet werden. Die Argument Fetch Dataflow Architecture und die Argument Fetch Dataflow Hybrid Architecture werden beide in Abschnitt 5.3.5 vorgestellt.

### 5.3.2 Loral Dataflo LDF 100

Der *Loral Dataflo LDF 100* ([Kaplan 87], [LORAL 88]) wurde von der Firma Loral Instrumentation in San Diego als kommerzieller Datenflußrechner entwickelt. Er läßt sich als Multiprozessorsystem mit 10 bis 256 Datenflußprozessoren ohne gemeinsamen Speicher charakterisieren. Es wird ein statisches Large-Grain-Datenflußprinzip auf Taskebene angewandt. Prozesse werden ausführbereit, sobald ihre Argumente vorhanden sind. Die Prozesse werden in einer imperativen Programmiersprache, wie beispielsweise C oder FORTRAN 77, die Datenwege zwischen den Prozessen werden in der Sprache *DGL* (*Loral Data Graph Language*) programmiert. Ein DGL-Programm erzeugt einen Makrodatenflußgraph, dessen Knoten Prozesse repräsentieren.

Die Gesamtsicht der Architektur (siehe Abb. 5.3-1) besteht aus einem Vorrechner unter 4.1 BSD UNIX (UNIX Processor), der über den LDFbus mit Knotenprozessoren und einem FLObus Interface Prozessor verbunden ist. Die Knotenprozessoren kommunizieren untereinander über den 32 Bit breiten FLObus. Da die Anforderungen an das Übertragungsmedium beim Large-Grain-Datenflußprinzip geringer als bei feinkörnigen Datenflußrechnern ist, wurde statt eines Verbindungsnetzwerks eine Busverbindung gewählt.

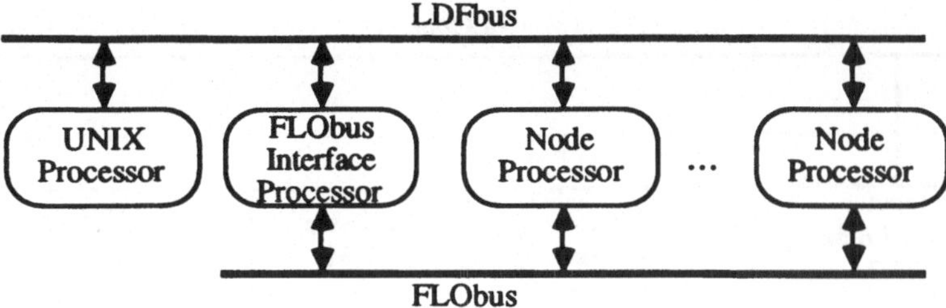


Abb. 5.3-1 Gesamtstruktur eines LDF-100-Rechners

Der LDFbus dient als Kommunikationsverbindung für die verschiedenen unter UNIX betriebenen Komponenten des Vorrechners; das betrifft periphere Geräte-Controller, Ethernet-Controller, SCS-Bus-Adapter etc. Weiterhin dient der LDFbus dem Zugriff der Knotenprozessoren auf eventuelle gemeinsame Speicherbereiche in Form von Speichererweiterungs-Boards. Der LDFbus ist ein dem IEEE 796 Multibus ähnlicher Geräte-Bus.

Der FLObus dient als Datenfluß-Bus der Übertragung von Tokens, er ist außerdem für eine Broadcast-Übertragung von Tokens ausgelegt. Ein Token besteht aus einer 16 Bit breiten Knotenprozessoradresse und einem 16 Bit breiten Datenfeld. Nachrichten, die länger sind, müssen für ihre Übertragung auf dem FLObus in eine Anzahl solcher Tokens unterteilt werden.

Der FLObus Interface Prozessor ist für die Übertragung zwischen dem Vorrechner und dem FLObus zuständig. Er besteht wie der Vorrechner aus einem NS32016-Mikroprozessor mit lokalem Speicher, besitzt jedoch zusätzlich einen 4 K Token großen FIFO-Speicher zur Pufferung von Tokens, die zwischen Vorrechner und FLObus übertragen werden sollen.

Ein Knotenprozessor (siehe Abb. 5.3-2) besteht aus einem Tokenverarbeitungsteil (Token Processing Section TPS) und einem Knotenverarbeitungsteil (Node Processing Section NPS). Jeder dieser Teile besteht ebenfalls aus einem NS32016-Prozessor, einem 16 KByte großen ROM-Speicher und einem 32 K Byte bis 128 KByte großen Static-RAM-Speicher. Die ROM-Speicher dienen zur Aufnahme der Kernel-Programme, welche das Datenflußprinzip realisieren.

Der Tokenverarbeitungsteil bildet die Schnittstelle zum FLObus, d. h., er sendet und empfängt Tokens, und fügt die Tokens zu Datenpaketen für die auf dem Knotenverarbeitungsteil laufenden Prozesse zusammen. Der Knotenverarbeitungsteil führt die Prozesse aus. Beide Teile kommunizieren miteinander über den gemeinsam zugreifbaren 16 KByte großen Zwischenspeicher (Dual Ported RAM).

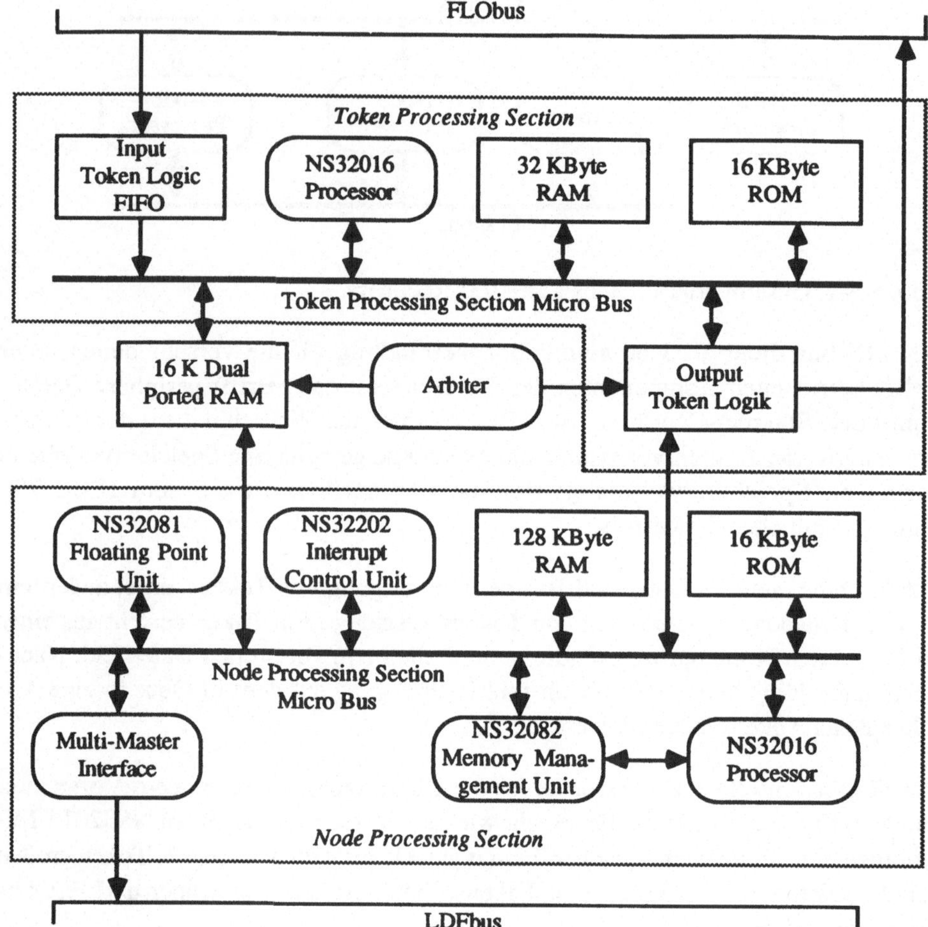


Abb. 5.3-2 Knotenprozessor eines LDF-100-Rechners

Der Tokenverarbeitungsteil enthält zusätzlich einen Eingabepuffer (Input Token Logic FIFO) zum FLObus sowie eine Ausgabeeinheit (Output Token Logic). Diese verwaltet eine FIFO-Speicherstruktur im Zwischenspeicher, in die der Knotenverarbeitungsteil die Resultattokens ablegt. Der Arbiter sichert gegenseitigen Ausschluß bei Lese-/Schreib-Operationen auf dem Zwischenspeicher [LORAL 88].

Der Tokenverarbeitungsteil speichert Tokens im Eingabepuffer. Er fügt die Datenfelder zu Datenpaketen zusammen, die den (abstrakten) Datenflußtokens auf den Kanten des Makrodatenflußgraphen entsprechen. Ein vollständig zusammengefügtes Datenpaket wird in den Zwischenspeicher geschrieben.

Immer wenn der *Knotenverarbeitungsteil* einen Prozeß vollständig beendet hat, wird der Zwischenspeicher nach derartigen Datenpaketen durchsucht und die Datenpakete in dafür vorgesehene Speicherbereiche in den lokalen RAM-Speicher des Knotenverarbeitungsteils übertragen.

Wenn alle zur Ausführung eines Makrodatenflußknotens (d. h. eines Prozesses) notwendigen Datenpakete vollständig vorhanden sind, wird der Knotenverarbeitungsteil ebenfalls vom Tokenverarbeitungsteil über den Zwischenspeicher informiert. Danach wird der Prozeß vom Knotenverarbeitungsteil in einer FIFO-Speicherstruktur, welche die ausführbereiten Prozesse enthält, abgelegt. Der Knotenverarbeitungsteil führt immer den gemäß der FIFO-Struktur nächsten Prozeß aus. Sobald ein Prozeß in der Ausführung begriffen ist, kann er, außer bei Fehlern, nicht mehr von einem anderen Prozeß unterbrochen werden.

Die Prozesse werden bei Programmstart über den FLObus auf die Knotenprozessoren geladen. Dabei werden sie vom Tokenverarbeitungsteil über den FLObus empfangen und in den lokalen RAM-Speicher des Knotenverarbeitungsteils übertragen.

Bei einer konkreten Implementierung des Rechners sind bis zu 16 Platinen (Boards) in einem Gehäuse (Rack) untergebracht. Größere Rechnerkonfigurationen können mehrere Gehäuse verwenden, wobei die FLObusse der einzelnen Gehäuse über FLObus Network Interfaces verbunden werden. Diese sorgen dafür, daß nur Tokens, die zwischen den Gehäusen fließen müssen, über die Gehäuse hinweg übertragen werden.

Kaplan bemerkt, daß ein großer, gemeinsamer Speicher für beide Teile eines Prozessorknotens das zeitaufwendige Kopieren vom Zwischenspeicher in den lokalen Speicher des Knotenverarbeitungsteils verhindern und damit zu einer effizienteren Verarbeitung beitragen würde [Kaplan 87]. Einen weiteren Engpaß sieht er in der Größe des Eingabepuffers im Tokenverarbeitungsteil. Dieser kann nur 64 Tokens aufnehmen. Sobald er halbvoll ist, unterbricht die FIFO-Logik den Prozessor des Tokenverarbeitungsteils, der daraufhin den Inhalt des per Hardware verwalteten FIFO-Speichers in eine softwaremäßig realisierte FIFO-Speicherstruktur umspeichert. Wenn nun Tokens mit einer hohen Übertragungsrate beim Hardware-FIFO-Speicher ankommen, geschieht ein sehr häufiges Unterbrechen des Prozessors und Umspeichern. Das führt dazu, daß der Tokenverarbeitungsteil einen Großteil seiner Zeit mit Umspeichern von FIFO-Inhalten verbringt. Deshalb sollte entweder der Hardware-FIFO-Speicher vergrößert oder die Verarbeitungsgeschwindigkeit des Tokenverarbeitungsteils erhöht werden.

Der FLObus selbst, der mit 4 MHz arbeitet, wird nicht als möglicher Engpaß eingeschätzt, da ein Prozessor zwar 50 K Token pro Sekunde auf den Bus legen, jedoch nur 2 K Token pro Sekunde vom Bus lesen kann.

Der LORAL Dataflo LDF 100 ist der erste kommerziell verfügbare Datenflußrechner. Sowohl Kaplan als auch DiNucci (siehe in [Babb 88]) sind der Ansicht, daß, trotz der relativ guten Softwareumgebung, die der Rechner bietet, die Softwareerstellung doch schwieriger ist, als bei vergleichbaren konventionellen Multiprozessoren.

Während feinkörnige Datenflußrechner üblicherweise in einer Datenflußsprache und in Form eines einzigen Programms programmiert werden, ist die Programmentwicklung auf dem LORAL Dataflo eher derjenigen auf einem konventionellen, nachrichtengekoppelten Multiprozessorsystem vergleichbar. Ein Anwendungsprogramm wird nach DiNucci in den folgenden Schritten entwickelt:

1. Zunächst wird ein Makrodatenflußgraph für das Anwenderprogramm entworfen. Dieser gibt die Kommunikationsstruktur der einzelnen Knotenprogramme wieder. An die Kanten werden alphanumerische Namen angetragen, die im nachfolgenden Schritt benutzt werden.

2. Dann wird der Datenflußgraph in der LORAL Data Graph Language codiert. Das erzeugte DGL-Programm beschreibt die Knoten des Makrodatenflußgraphen sowie ihre ein- und ausgehenden Kanten in Export- und Importlisten.

3. Als nächstes müssen Programme für die einzelnen Knotenprozesse geschrieben werden. Für jeden der Prozesse wird ein eigenes Hauptprogramm in C oder FORTRAN erstellt. Um von einer Kante zu lesen, muß ein `floread`-Aufruf, für das Schreiben ein `flowrite`-Aufruf eingefügt werden.

4. Das DGL-Programm und die Knotenprogramme werden compiliert und die erzeugten Objektfiles gebunden. Das Programmerstellen, Übersetzen und Binden geschieht auf dem Vorrechner.

5. Zuletzt wird das gesamte Anwenderprogramm geladen und ausgeführt. Das Laden auf die Knotenprozessoren sowie die Ein- und Ausgabe wird vom FLObus Interface Processor durchgeführt.

Wie bei nachrichtengekoppelten Multiprozessoren müssen somit für jeden Knotenprozessor ein bis mehrere Programme in einer imperativen Programmiersprache geschrieben werden, wobei die Kommunikation zwischen den einzelnen Knotenprogrammen in dem Datenflußgraphenprogramm festgelegt wird. Diese Kommunikation ist jedoch bei den Prozessen des LORAL-Dataflo-Rechners nur zu Anfang und zu Ende eines Programms möglich. Das steht im Gegensatz zu den kommunizierenden Prozessen bei nachrichtengekoppelten Multiprozessoren, bei denen eine Synchronisation und Kommunikation durch send-/receive-Anweisungen auch innerhalb von Prozessen möglich ist. Das gleiche gilt für speichergekoppelte Multiprozessoren, bei denen die Synchronisation und Kommunikation über gemeinsame Variablen (beispielsweise Semaphore zur Synchronisation) geschieht.

Weiterhin wird ein Prozeß beim LORAL-Dataflo-Rechner erst dann ausgeführt, wenn alle Datentokens angekommen sind. Bei konventionellen Multiprozessoren werden bei Programmstart üblicherweise alle Prozesse gleichzeitig und eventuell nebenläufig gestartet, auch wenn sie erst später ausgeführt werden können. Um das beim LORAL-Dataflo-Rechner angewandte Verfahren bei nachrichtengekoppelten Multiprozessoren erreichen zu können, müßte entweder ein Supervisor-Prozeß pro Knoten eingeführt werden, oder alle Prozesse starten gleichzeitig und es wird Busy Waiting mit Kontextwechseln durchgeführt, bis die ersten receive-Anweisungen ausgeführt sind.

Bei feinkörnigen Datenflußrechnern dagegen wird ein Anwenderprogramm in einer Datenflußsprache geschrieben. Dies geschieht auch bei allen in den folgenden Abschnitten beschriebenen Large-Grain-Datenflußarchitekturen. Sequentielle Codesegmente werden bei diesen Rechnern automatisch aus dem Maschinendatenflußgraphen erzeugt.

Insgesamt urteilt DiNucci, daß die Verarbeitungsgeschwindigkeit der Maschine mit einigen der verglichenen konventionellen Multiprozessoren nicht mithält, jedoch der Programmierer von einem Teil der Synchronisationskomplexität der Programmiermodelle konventioneller Multiprozessoren freigehalten wird und sich stärker auf die Algorithmen zur Lösung seines Anwenderproblems konzentrieren kann [Babb 88].

### 5.3.3 PODS-Architektur

Die *PODS-Architektur* (*Process Oriented Data Flow*; siehe [Bic 87/ 90], [Bic, Nagel, Roy 89, 89/91, 91]) stimmt mit der VNDF-Hybridarchitektur (Abschnitt 5.2.3) darin überein, daß ein Datenflußprogramm in Anweisungsfolgen zerlegt wird, die als voneinander unabhängige Aktivitäten, sogenannte *subkompakte Prozesse* (*Subcompact Processes SPs*), ausgeführt werden. Jedoch werden bei der PODS-Architektur alle für das reine Datenflußprinzip grundlegenden Konzepte beibehalten, eingeschlossen der Vergleichsoperation. Dabei wird darauf geachtet, einen Großteil des bei Datenflußrechnern üblichen Aufwands zur Synchronisation paralleler Aktivitäten zu eliminieren. Im Gegensatz zum LORAL-Dataflo-Rechner können in Ausführung befindliche, subkompakte Prozesse zur Synchronisation über Tokens unterbrochen werden. Im Spektrum möglicher Architekturen zwischen von-Neumann- und Datenflußrechnern ist die PODS-Architektur nahe bei den Datenflußrechnern angesiedelt.

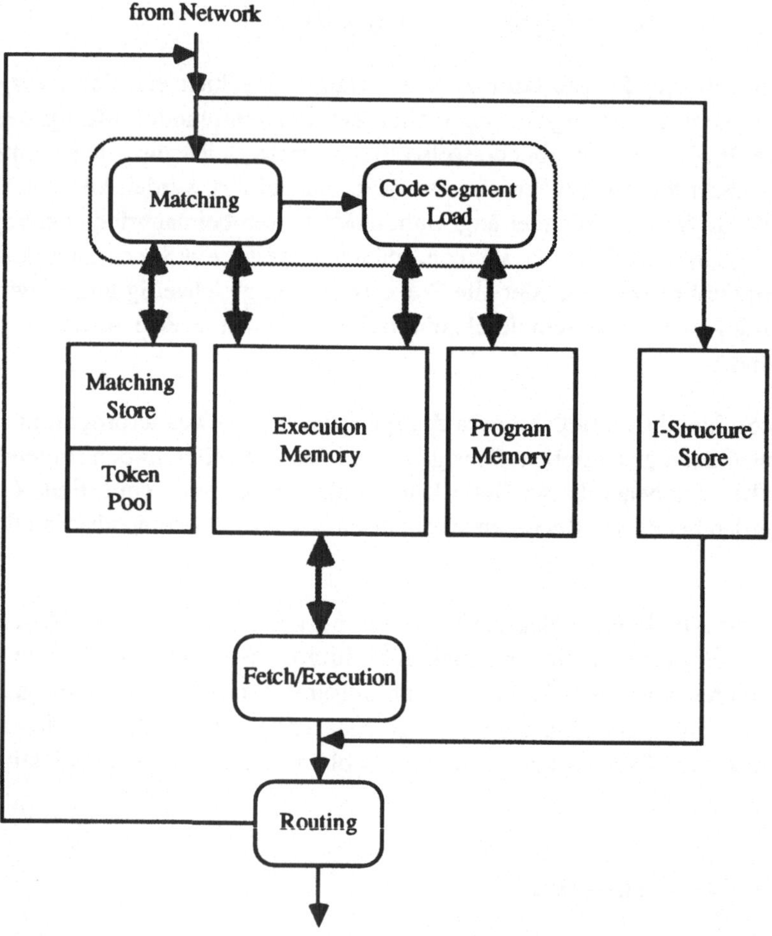


Abb. 5.3-3 Verarbeitungselement der PODS-Architektur

Die Architektur besteht aus einer Anzahl von Verarbeitungselementen, die durch ein Kommunikationsnetzwerk verbunden sind. Die grundlegende Struktur eines Verarbeitungselements ist in Abb. 5.3-3 dargestellt. Die aktiven Funktionseinheiten sind die Verarbeitungseinheit (Fetch/Execute Unit), die Vergleichseinheit (Matching Unit), die Codesegment-Ladeeinheit (Code Segment Load Unit) und die I-Struktureinheit

(I-Structure Memory). Weiterhin gibt es drei Speicher: einen Ausführungsspeicher (Execution Memory), einen Token-Speicher (Matching Store und Token Pool) und einen Programmspeicher (Program Memory).

Ausgehend von der Beobachtung, daß in einem Datenflußgraphen oft Folgen von Anweisungen existieren, die nur sequentiell ausgeführt werden können, wird ein gegebener Datenflußgraph in solche Folgen von sequentiell ausführbaren Befehlen zerlegt. Diese werden *sequentielle Codesegmente* (*Sequential Code Segments SCSs*) genannt. Als Beispiel sollen die sequentiellen Codesegmente in Abb. 5.3-4 dienen, die aus dem Datenflußgraphen zur Approximation von *cos*(*x*), vgl. Abb. 1.3-1, gewonnen wurden.

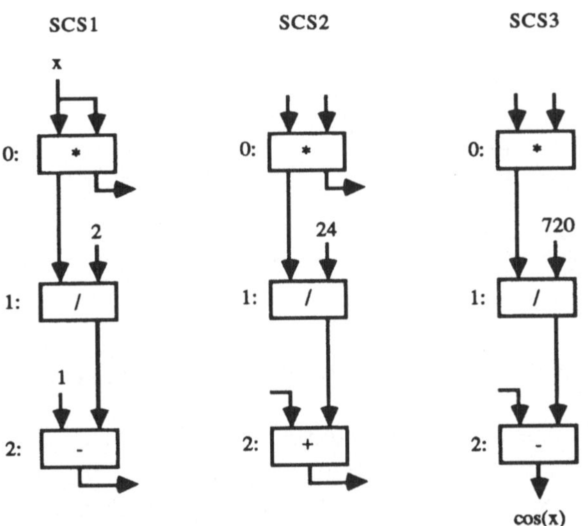


Abb. 5.3-4 Sequentielle Codesegmente

Anstatt nun die schaltbereiten Knoten eines Datenflußgraphen einzeln den Verarbeitungseinheiten zur Ausführung zuzuordnen, geschieht diese Zuordnung auf der Basis sequentieller Codesegmente.

Ein sequentielles Codesegment ist 'passiv', solange sein erster Knoten noch nicht schaltbereit ist, d. h. noch Operanden zur Ausführbarkeit des ersten Knotenbefehls fehlen. Ein passives sequentielles Codesegment steht im Programmspeicher.

Wenn alle Operanden des ersten Knotenbefehls vorhanden sind, wird das sequentielle Codesegment 'aktiviert', d. h., es wird zu einem subkompakten Prozeß. Dazu wird das sequentielle Codesegment in den Ausführungsspeicher (Execution Memory) geladen und ein sehr einfacher Prozeßkontrollblock (Process Control Block PCB) geschaffen. Dieser besteht aus der Startadresse des sequentiellen Codesegments im Speicher, einem Befehlszähler und einem Statusfeld, das die Prozeßzustände 'in Ausführung' (running), 'bereit' (ready) oder 'blockiert' (blocked) annehmen kann.

Dabei heißt ein subkompakter Prozeß 'in Ausführung', wenn Befehle des subkompakten Prozesses gerade von einem Verarbeitungselement ausgeführt werden. Ein subkompakter Prozeß heißt 'bereit', wenn der vom Befehlszähler adressierte Befehl ausführbereit ist, jedoch kein freies Verarbeitungselement zu seiner Ausführung zur Verfügung steht. Ein subkompakter Prozeß heißt 'blockiert', wenn der vom Befehlszähler adressierte Befehl nicht ausführbereit ist. Ein Zustandsübergangsdiagramm ist in Abb. 5.3-5 dargestellt.

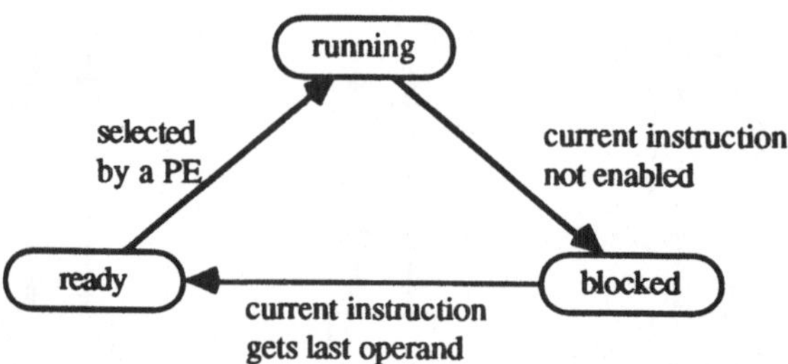


Abb. 5.3-5 Zustandsübergangsdiagramm für subkompakte Prozesse

Zu Beginn seiner Ausführung wird ein subkompakter Prozeß, der sich im Zustand 'bereit' befindet, in den Ausführungsspeicher geladen. Immer wenn ein Verarbeitungselement frei wird, beginnt es, einen der subkompakten Prozesse aus seinem Ausführungsspeicher auszuführen, das sich im Zustand 'bereit' befindet. Dabei wird der Zustand des ausgewählten subkompakten Prozesses von 'bereit' auf 'in Ausführung' geändert. Das Verarbeitungselement fährt solange mit der Ausführung des subkompakten Prozesses fort, bis das Ende des subkompakten Prozesses erreicht ist oder bis ein Befehl angetroffen wird, für den nicht alle Operandenwerte bereitstehen. Im letzten Fall wird der subkompakte Prozeß in den Zustand 'blockiert' überführt, und das Verarbeitungselement widmet sich einem anderen ausführbaren subkompakten Prozeß. Sobald der fehlende Operandenwert vorhanden ist, wird der Zustand des blockierten subkompakten Prozesses wieder auf 'bereit' gesetzt.

Diese prozeßorientierte Sicht erlaubt es, ein Datenflußprogramm als eine Anzahl kommunizierender, subkompakter Prozesse auszuführen. Ein gegebenes Datenflußprogramm wird in ein oder mehrere subkompakte Prozesse transformiert und auf die verfügbaren Verarbeitungselemente abgebildet. Jeder subkompakte Prozeß fährt so lange mit der Ausführung fort, wie alle Operanden des gerade betrachteten Befehls vorhanden sind. Wenn eine Operation ein Resultattoken für eine nachfolgende Operation innerhalb desselben subkompakten Prozesses erzielt, wird das Token direkt an der entsprechenden Operandenspeicherstelle abgelegt, d. h., nur ein einfacher Speicherzugriff ist nötig. Nur wenn das Token für einen anderen subkompakten Prozeß bestimmt ist, muß es durch den Verarbeitungsring (und damit die Vergleichseinheit) desselben Verarbeitungselements, oder sogar durch das Kommunikationsnetz zu einem anderen Verarbeitungselement gesandt werden.

Bei der Implementierung besteht das sequentielle Codesegment eines subkompakten Prozesses aus einer Folge von Maschinenbefehlen, die jeweils aus einem Operationscode, Operandenspeicherstellen (Operand Slots) und Zieladressen für den Resultatwert zusammengesetzt sind. Abb. 5.3-6 zeigt die Maschinenrepräsentation der sequentiellen Codesegmente aus Abb. 5.3-4. Konstanten werden immer an allen entsprechenden Operandenspeicherstellen gespeichert.

SCS1

| instruction# | opcode | operand slots | | destination addresses | | | |
|---|---|---|---|---|---|---|---|
| 0: | MUL | x | x | *,1(l) | SCS2,0(l) | SCS2,0(r) | SCS3,0(r) |
| 1: | DIV | | 2 | *,2(r) | | | |
| 2: | MINUS | 1 | | SCS2,2(l) | | | |

SCS2

| instruction# | opcode | operand slots | | destination addresses | |
|---|---|---|---|---|---|
| 0: | MUL | | | *,1(l) | SCS3,0(l) |
| 1: | DIV | | 24 | *,2(r) | |
| 2: | PLUS | | | SCS3,2(l) | |

SCS3

| instruction# | opcode | operand slots | | destination addresses | |
|---|---|---|---|---|---|
| 0: | MUL | | | *,1(l) | |
| 1: | DIV | | 720 | *,2(r) | |
| 2: | MINUS | | | ... | |

Abb. 5.3-6 Maschinenrepräsentation der sequentiellen Codesegmente aus Abb. 5.3-4

Ein Resultattoken kann maximal zwei Befehle als Ziele haben. Befehle werden durch den Namen ihres sequentiellen Codesegments und durch einen Offset innerhalb des sequentiellen Codesegments identifiziert. *l* und *r* bezeichnen die Operandenspeicherstelle (links oder rechts), in der der Resultatwert gespeichert werden soll. *l* und *r* werden „Port-Identifikationen" genannt.

Jede Aktivität in einem Datenflußgraphen besitzt zu ihrer eindeutigen Identifikation einen Aktivitätsnamen. Beim U-Interpreter (Abschnitt 4.3.2), der die Grundlage der Implementierungen der Datenflußsprache Id (Abschnitt 1.2.2) bildet, hat jeder Aktivitätsname die Form (*u.c.s.i*), wobei die einzelnen Komponenten die folgenden Bedeutungen besitzen:

- *i* ist die Iterationsnummer, d. h., falls eine Aktivität Teil einer Schleifen ist, bezeichnet *i* die Iteration zu der die Aktivität gehört,
- *s* ist die Befehlsidentifikation (Statement Number), die innerhalb einer Prozedur eindeutig einen Befehl bezeichnet;
- *c* identifiziert die Prozedur und
- *u* bezeichnet die augenblickliche Umgebung (Context) der Aktivität.

Bei einem Prozeduraufruf wird der Aktivitätsname der aufrufenden Prozedur in das Kontextfeld *u* der aufgerufenen Prozedur eingetragen. Das gleiche geschieht beim Eintritt in eine neue Schleife. Wenn die Prozedur oder die Schleife terminiert ist, wird der ursprüngliche Kontext wiederhergestellt.

Bei der PODS-Architektur wird das Schema der Aktivitätsnamen des U-Interpreter folgendermaßen modifiziert: Die Befehlsidentifikation *s* wird in zwei Teile, *s1* und *s2*, geteilt, wobei *s1* das sequentielle Codesegment und *s2* den Offset innerhalb des sequentiellen Codesegments bezeichnen. *s1* und *s2* identifizieren daher zusammen in der gleichen Weise einen einzelnen Befehl, ähnlich wie beim U-Interpreter die Befehlsidentifikation *s*.

Die Matching-Operation geschieht dann folgendermaßen:

- Zwei Tokens gehören genau dann zur selben Aktivität, wenn ihre Aktivitätsnamen vollständig übereinstimmen.
- Falls die Aktivitätsnamen zweier Tokens sich nur in der Komponente *s2* unterscheiden, gehören beide Tokens zur selben sequentiellen Codesegment-Aktivität.

Jeder Eintrag im Token-Speicher besteht aus drei Komponenten:

- einer eindeutigen Identifikation (*u.c.s1.*.i*) einer sequentiellen Codesegment-Aktivität,
- einem Zähler *t*, der die Anzahl der noch fehlenden Tokens für den ersten Befehl (d. h. *s2* = 0) der sequentiellen Codesegment-Aktivität angibt, und
- einem Zeiger *p*, der eine zur sequentiellen Codesegment-Aktivität gehörende Liste von Tokens im *Token Pool* adressiert.

Solange der Zähler $t$ größer als Null ist, ist die sequentielle Codesegment-Aktivität im Zustand 'passiv'. In diesem Zustand werden alle Tokens, die zu dieser sequentiellen Codesegment-Aktivität gehören, im Token Pool in Form einer linearen Liste abgelegt, die der Zeiger $p$ adressiert.

Falls der Zähler $t$ zu Null wird, geht die sequentielle Codesegment-Aktivität in den Zustand 'aktiviert' über. Das führt zur Erschaffung eines neuen subkompakten Prozesses für das sequentielle Codesegment.

Die Operationen der Vergleichseinheit und der Codesegment-Ladeeinheit laufen folgendermaßen ab: Das sequentielle Codesegment wird von der Codesegment-Ladeeinheit aus dem Programmspeicher in den Ausführungsspeicher geladen. Alle Tokens werden in in die entsprechenden Speicherstellen der Token-Liste des sequentiellen Codesegments eingefügt, die vom Zeiger $p$ der aktivierten sequentiellen Codesegment-Aktivität adressiert wird. Die Token-Liste ist nun leer. Der Zeiger $p$ im Vergleichsspeicher wird so abgeändert, daß er die sequentielle Codesegment-Aktivität im Ausführungsspeicher adressiert. Ein Prozeßkontrollblock wird für den neuen Prozeß geschaffen und in eines der Prozeßkontrollblock-Register der Verarbeitungseinheit eingefügt.

Dieser Prozeßkontrollblock besteht aus:

- einem Zeiger auf die Startadresse der sequentiellen Codesegment-Aktivität im Ausführungsspeicher,
- einem Befehlszähler, der auf den ersten Befehl innerhalb der sequentiellen Codesegment-Aktivität zeigt, und
- einem Statusfeld mit dem Status 'bereit'.

Die Verarbeitungseinheit besteht aus einem konventionellen Prozessor, der für die Ausführung der aktivierten sequentiellen Codesegmente im Ausführungsspeicher verantwortlich ist. Jedes aktivierte sequentielle Codesegment wird als ein subkompakter Prozeß betrachtet, der 'in Ausführung', 'bereit' oder 'blockiert' sein kann. Die Prozeßkontrollblöcke der Prozesse können in einem Array von Registern in der Verarbeitungseinheit gehalten werden.

Die Verarbeitungseinheit muß nun den nächsten Prozeß finden, der sich im Zustand 'bereit' befindet. Dann wird der Befehl geholt, auf den der Befehlszähler im entsprechenden Prozeßkontrollblock zeigt. Dieser wird ausgeführt.

Für jedes Resultattoken wird festgestellt, ob sein Aktivitätsname sich nur im Feld $s2$ von demjenigen der gerade ausgeführten Aktivität unterscheidet. Falls dies der Fall ist, wird das Token direkt in der laufenden sequentiellen Codesegment-Aktivität beim Offset *s2* abgelegt, andernfalls wird es zur Routing Unit gesandt.

Der Befehlszähler wird inkrementiert. Falls das Ende des sequentiellen Codesegments erreicht ist, wird der Prozeß beendet und zum nächsten Prozeß, der sich im Zustand 'bereit' befindet, weitergeschritten. Andernfalls wird der nächste Befehl geholt. Falls dieser bereit ist, wird wie oben beschrieben verfahren. Dies geht so lange, bis ein Befehl, dem noch Operanden zu seiner Ausführung fehlen, angetroffen wird. In diesem Falle wird der Prozeßstatus auf 'blockiert' gesetzt und zum nächsten Prozeß, der sich im Zustand 'bereit' befindet, weitergegangen.

Die Routing Unit erhält alle Tokens, die sich in ihrem Aktivitätsnamen von demjenigen der gerade bearbeiteten sequentiellen Codesegment-Aktivität unterscheiden. Die Zieladresse bezeichnet ein sequentielles Codesegment, das im selben Verarbeitungselement oder in einem anderen gespeichert ist, oder sie bezeichnet eine I-Strukturoperation, die von einem I-Strukturspeicher im selben oder einem anderen Verarbeitungselement ausgeführt wird. Im ersten Fall wird das Token zur Vergleichseinheit weitergereicht, im zweiten und vierten Fall durch das Kommunikationsnetz zum Zielverarbeitungselement gesandt und im dritten Fall an den lokalen I-Strukturspeicher weitergegeben. Dieser ist wie beim Monsoon-Rechner organisiert.

Abgesehen von der Definition der hier beschriebenen Large-Grain-Datenflußarchitektur wird das Operationsprinzip der PODS-Architektur auch zur Ausführung von Id-Programmen auf nachrichtengekoppelten Multiprozessorsystemen verwendet. Bei Ausführung eines komplexen numerischen Programmpakets, des SIMPLE-Programms, nach dem PODS-Prinzip wurde ein Speed-Up von 19 auf einem Intel iPSC/2-Rechner mit 32 Prozessoren erzielt [Bic, Nagel, Roy 91].

### 5.3.4 Argument Flow Architecture

Bei der am E.S.A.T. Laboratorium der Katholieke Universiteit Leuven in Heverlee, Belgien, entworfenen Hybridarchitektur [Lauwereins, Peperstraete 87] wird mit dem Begriff *Argument Flow* eine Kombination aus von-Neumann- und dynamischem Datenflußprinzip bezeichnet.

Beim Argument-Flow-Prinzip wird ein Programm in Prozeduren unterteilt, die jeweils mehrere Befehle auf hoher Ebene umfassen. Leider wird nicht weiter ausgeführt, was mit „Befehl auf hoher Ebene“ gemeint ist. Die Argumente werden wie beim Datenflußprinzip zwischen den Prozeduren übergeben. Eine Prozedur ist ausführbereit, sobald alle ihre Argumente angekommen sind. Die Prozedur selbst wird dann auf einem konventionellen Prozessor nach dem von-Neumann-Prinzip ausgeführt. Somit wird die Kommunikation gegenüber dem reinen Datenflußprinzip verringert und sequentielle Codeteile, die in einer Prozedur gekapselt werden, können effizient ausgeführt werden.

Die Architektur selbst besteht aus einem nachrichtengekoppelten Multiprozessorsystem, aufgebaut aus speziellen Argument-Flow-Prozessorknoten. Zur Kommunikation zwischen den Prozessorknoten wurden eine neuartige Verbindungsstruktur und ein Wegefindungsalgorithmus entwickelt, die den Anforderungen einer hohen Übertragungsbandbreite, einer modularen Erweiterbarkeit und einer fehlertoleranten Kommunikation genügen sollen.

Die Verbindungsstruktur, die als NETREMIS (NEar TRee Modular Expandable Multiprocessor Interconnection System) bezeichnet wird, geht von dem Theorem aus, daß in einem Verbindungsnetz mit gerichteten Verbindungen zwischen den Knoten und einer fester Anzahl $L$ von Verbindungen pro Knoten der minimale Durchmesser genau dann erreicht wird, wenn jeder Knoten als Wurzel eines Baumes mit $L$ Ästen pro Knoten betrachtet werden kann. Die NETREMIS-Verbindungsstruktur wird nach der Formel:

$$d = (L*s + i) \bmod n$$

gebildet, wobei $L$ die Anzahl der gerichteten Verbindungen pro Knoten, $n$ die Anzahl der Knoten, $s$ und $d$ Knotennummern $(0,...,n\text{-}1)$ und $i$ eine Verbindungsnummer $(0,...,L\text{-}1)$ bezeichnen. Ein Beispiel für eine derartige Verbindungsstruktur mit $n = 6$ Knoten und $L = 2$ Verbindungen pro Knoten ist in Abb. 5.3-7 dargestellt. Daraus folgt, daß Knoten $s$ direkt über Verbindung $i$ nach Knoten $d$ senden kann, jedoch nicht umgekehrt.

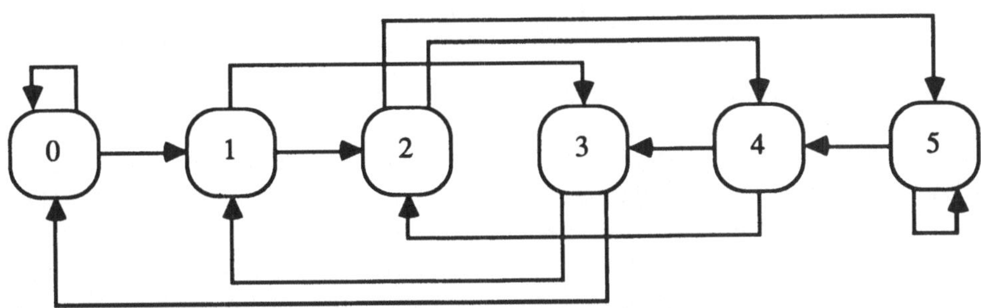


Abb. 5.3-7 Beispiel für eine NETREMIS-Verbindungsstruktur

Der Wegefindungsalgorithmus löst die Gleichung:

$q = (d_m - L^m * s) \bmod n$ mit $0 \leq q < L^m$,

wobei $m$ die Distanz zwischen dem Quellknoten $s$ und dem Zielknoten $d_m$ und die $m$-Koordinate von $q$ die Verbindungsnummer angibt, über die eine Nachricht geschickt wird.

Ein Prozessorknoten der Argument Flow Architecture (siehe Abb. 5.3-8) besteht aus einer Verarbeitungseinheit (Computation Processor CP), einer Kommunikations-/Vergleichseinheit (Communication-Matching Processor CMP) und einer Verbindungseinheit (Network Connection).

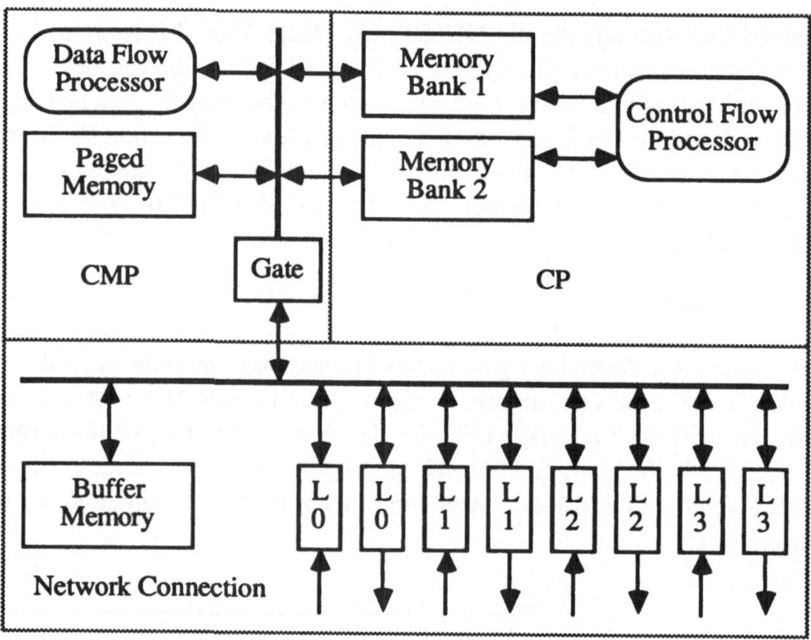


Abb. 5.3-8 Prozessorknoten der Argument Flow Architecture

Die Verarbeitungseinheit ist ein von-Neumann-Prozessor, der die sequentielle Ausführung der Prozeduren übernimmt. Der (lokale) Speicher der Verarbeitungseinheit ist in zwei Speicherbänke unterteilt. Während die Verarbeitungseinheit die Prozedur ausführt, die in der ersten Speicherbank steht, liest die Kommunikations/Vergleichseinheit die Resultate der vorherigen Prozedurausführung, die in der zweiten Speicherbank stehen. Danach lädt die Kommunikations-/Vergleichseinheit eine andere, ausführbare Prozedur mit ihren Argumenten in die zweite Speicherbank. Sobald die Verarbeitungseinheit die Ausführung einer Prozedur beendet hat, schaltet sie auf die andere Speicherbank um und führt ohne Verzögerung die dort geladene Prozedur aus.

Die Kommunikations-/Vergleichseinheit führt die Datenflußaufgaben des Argument-Flow-Prinzips aus. Sie besteht aus einem Datenflußprozessor, einem großen, in Seiten eingeteilten Speicher und einem Gateway zur Verbindungseinheit. Sobald die Verarbeitungseinheit eine Prozedur beendet hat, liest die Kommunikations-/Vergleichseinheit die Resultate und bestimmt den Zielknoten eines jeden Resultats. Falls das Ziel eine lokale Prozedur ist, wird das Resultat im Speicher an entsprechender Stelle abgelegt. Danach wird überprüft, ob die zugehörige Prozedur nun ausführbereit ist und, falls dies zutrifft, in eine Liste ausführbereiter Prozeduren eingefügt. Bei einem entfernten Zielknoten wird der Weg berechnet und das Resultatpaket der Verbindungseinheit übergeben. Danach wird die als nächstes ausführbare Prozedur in die entsprechende Speicherbank der Verarbeitungseinheit geladen. Wenn Resultatpakete vom Netz kommen, werden sie wie oben beschrieben behandelt.

Die Verbindungseinheit besteht aus Pufferspeichern und mehreren Paaren von gerichteten Verbindungen. Sie überträgt Pakete zwischen benachbarten Knoten.

Von dieser Architektur wurde an der Katholieke Universiteit Leuven ein kleiner Prototyp gebaut und eine graphische Softwareumgebung geschaffen.

### 5.3.5 Argument Fetch Dataflow Hybrid Architecture

Die an der McGill University in Montreal entworfene Hybridarchitektur basiert auf der feinkörnigen, statischen Datenflußarchitektur mit Argument-Fetch-Mechanismus, der *Argument Fetch Dataflow Architecture* [Dennis, Gao 88]. Diese Architektur wird durch die *Argument Fetch Dataflow Hybrid Architecture*[5] so erweitert, daß eine sequentielle Verarbeitung, die auf einem Befehlszählermechanismus beruht, unterstützt wird. Ein Kontrollfaden kann sequentiell, durch einen eigenen Befehlszähler gesteuert, ausgeführt werden, wohingegen die Aktivierung und Synchronisation der Kontrollfäden durch das Datenflußprinzip geschieht.

---

5 Zur *Argument Fetch Dataflow Hybrid Architecture* siehe [Gao 90, 89/91], [Gao, Hum, Wong 90], [Gao, Hum, Monti 91] und [Hum, Gao 91, 92]. Die Beschreibung im vorliegenden Abschnitt richtet sich im wesentlichen nach [Gao 89/91].

Zuerst wird nun die *Argument Fetch Dataflow Architecture* [Dennis, Gao 88] dargestellt, welche die Grundlage der danach beschriebenen Hybridarchitektur ist. Die Argument Fetch Dataflow Architecture ist eine feinkörnige, statische Datenflußarchitektur, die bezüglich des Datenflußprinzips auf der in Abschnitt 3.2.2 beschriebenen Rückkopplungsmethode basiert. Die Datenflußgraphen benötigen Bestätigungskanten, um eine statische Schaltregel zu realisieren. Der Unterschied zu den Versionen der MIT Static Dataflow Architecture (Abschnitt 3.2.3 bis 3.2.5) besteht darin, daß die Tokens keine Daten tragen, sondern die Daten im Datenspeicher bleiben und erst bei der Verarbeitung durch eine Operandenbereitstellungseinheit geholt werden. Es wird deshalb auch nicht mehr von Tokens, sondern von „Signalen" gesprochen. Desgleichen enthalten die Aktivitätseinträge keine Befehle mehr, sondern nur Referenzen auf Befehle. Die Befehle selbst stehen in einem Programmspeicher und werden erst direkt vor ihrer Ausführung bereitgestellt.

Ein Aktivitätseintrag besteht somit aus:

- einer Referenz auf einen Befehl,
- Zieladreßfeldern,
- einem Zählfeld (Enable Count), das die Anzahl der Signale repräsentiert, die noch ausstehen, bis die Aktivität schaltbereit ist (dies ist der Fall, sobald das Zählfeld auf Null steht),
- einem Reset-Feld (Reset Count), das den Zählerwert für die Rücksetzung bei mehrfacher Ausführung der Aktivität enthält, d. h. die Gesamtzahl der Signale, welche die Aktivität als Ziel besitzen, einschließlich der Bestätigungssignale.

Ein statischer Datenflußgraph mit Rückkopplungskanten, der aus derartigen Aktivitätseinträgen aufgebaut ist, wird *Signalgraph* genannt und durch eine Liste von Aktivitätseinträgen repräsentiert.

Die Argument Fetch Dataflow Architecture (siehe Abb. 5.3-9) besteht aus zwei grundlegenden Komponenten:

- einem *Befehlszuweisungsteil* (Dataflow Instruction Scheduling Unit DISU), der Aktivitätslisten enthält und die Befehlsausführung steuert und
- einem *Befehlsausführungsteil* (Pipelined Instruction Processing Unit PIPU), der die Befehle ausführt.

Beide arbeiten asynchron zueinander und sind über zwei Verbindungen gekoppelt. Schaltsignale (Fire Signals), die jeweis die Adresse eines nun ausführbaren Befehls sowie eine Aktivierungsrahmenadresse enthalten, werden vom Befehlszuweisungsteil an den Befehlsausführungsteil gesandt, dieser schickt nach einer Befehlsausführung Fertig-Signale (Done Signals) zurück. Fertig-Signale enthalten die Adresse des

Befehls, der vollständig ausgeführt ist, die Aktivierungsrahmenadresse und einen Wahrheitswert für die Steuerung von Alternativbefehlen.

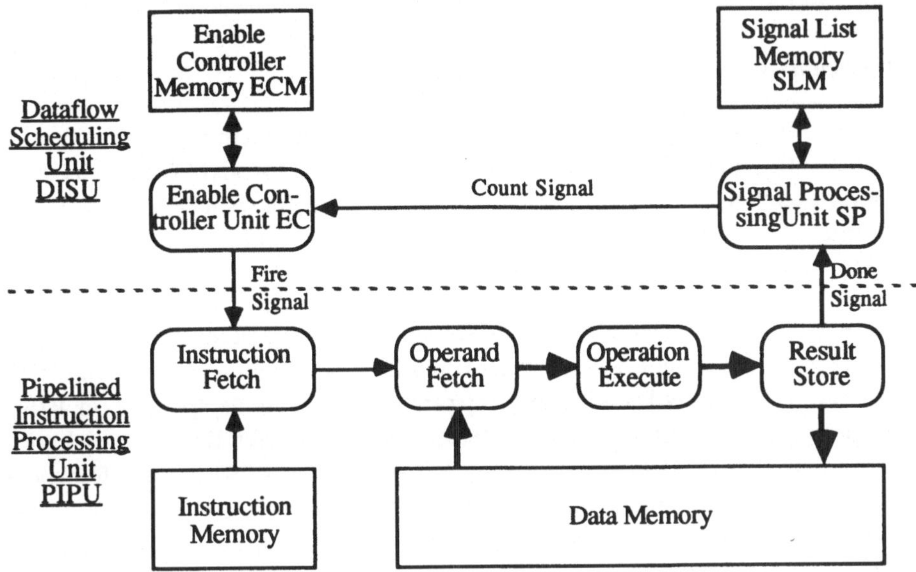


Abb. 5.3-9 Argument Fetch Dataflow Architecture

Der *Befehlszuweisungsteil* besteht aus einer Schaltsteuereinheit (Enable Controller Unit EC) mit Zugriff auf einen Schaltsteuerspeicher (Enable Controller Memory ECM) und einer Signalverarbeitungseinheit (Signal Processing Unit SP) mit Zugriff auf einen Signallistenspeicher (Signal List Memory SLM). Ein Signalgraph wird im Befehlszuweisungsteil folgendermaßen auf die beiden Speichereinheiten aufgeteilt:

- Im Signallistenspeicher steht für jeden Knoten des Signalgraphen eine Signalliste, welche die Signalkanten repräsentiert, die den betreffenden Knoten als Quelle besitzen, d. h. die Zieladreßfelder der Aktivität, während
- im Schaltsteuerspeicher die zugehörigen Zähl- und Reset-Felder der Aktivitäten stehen.

Nach Ankunft eines Fertig-Signals bei der Signalverarbeitungseinheit, liest diese die zugehörige Signalliste und schickt für jeden Aktivitätseintrag in dieser Liste ein Zählsignal (Count Signal) an die Schaltsteuereinheit. Diese dekrementiert nach Erhalt eines Zählsignals das Zählfeld der referierten Aktivität und führt einen Test auf Null durch. Falls das Zählfeld nun auf Null steht, wird ein Enable Flag auf 'schaltbereit' gesetzt und in das Zählfeld der Reset-Wert eingetragen. Die Schaltsteuereinheit überprüft kontinuierlich alle Enable Flags und generiert für schaltbereite Aktivitäten Schaltsignale, die an den Befehlsausführungsteil geschickt werden.

Zur Realisierung der Schaltsteuereinheit mit der oben beschriebenen Funktion wurde am MIT ein Chip entwickelt, der für 128 Aktivitäten einen assoziativen Zugriff erlaubt ([Dennis, Gao 88]).

Der *Befehlsverarbeitungsteil* besteht aus einer Befehlsbereitstellungseinheit (Instruction Fetch Unit), einer Operandenbereitstellungseinheit (Operand Fetch Unit), einer Ausführungseinheit (Operand Execute Unit), einer Resultatspeichereinheit (Result Store Unit) sowie einem Befehls- (Instruction Memory) und einem Datenspeicher (Data Memory). Die Einheiten bilden eine Pipeline.

Die Befehlsbereitstellungseinheit erhält Schaltsignale vom Befehlszuweisungsteil, stellt den referierten Befehl (jeweils Drei-Adreß-Befehle) bereit und führt Adreßrechnungen durch. Die Befehlsausführung entspricht der in Befehlspipelines für RISC-Prozessoren üblichen, mit dem einen Unterschied, daß nach der Resultatspeicherung ein Fertig-Signal an den Befehlszuweisungsteil zurückgesandt wird. Da aufeinanderfolgende Befehle von verschiedenen Kontrollfäden stammen, enthält der Verarbeitungsstrom der Pipeline keine Blasen, und die Pipeline arbeitet ohne Blockierungen, solange der Befehlszuweisungsteil genügend Schaltsignale liefert.

Das Laufzeitspeichermodell beruht auf Aktivierungsrahmen, die bei Funktionsaufrufen alloziert werden. Ein Aktivierungsrahmen besteht aus zwei Teilen:

- einem Steuerungsteil, der im Schaltsteuerspeicher des Befehlszuweisungsteils steht, und
- dem Teil für Operanden und Resultatwerte, der im Datenspeicher steht.

Für beide Teile wird die gleiche Basisadresse benutzt, die als Aktivitätsadresse Teil des Schalt- und des Fertig-Signals ist. Innerhalb eines Aktivitätsrahmens wird über Offset-Adressen zugegriffen. Die zugehörigen Befehlsblöcke werden nicht neu alloziert, sondern für alle Aktivitätsrahmen derselben Funktion gemeinsam adressiert. Dies geschieht mittels einer Befehlsadresse, die ebenfalls Teil des Schalt- und des Fertig-Signals ist.

Die Architektur wird an der McGill Universiy in Software simuliert. Als Programmiersprache ist Val vorgesehen.

Man beachte, daß wegen des statischen Datenflußprinzips die parallele Verarbeitung eingeschränkt ist. Insbesondere können parallele Schleifeniterationen nur überlappend verarbeitet werden.

Es gibt keine Ausnutzung von Vektorverarbeitung oder anderen Formen von grobkörniger Verarbeitung in der oben beschriebenen Argument Fetch Dataflow Architecture. Die in [Gao 89] vorgestellte Hybridarchitektur erweitert den obigen Ansatz in doppelter Hinsicht. Zum einen wird von einer Architekturstruktur ausgegangen, bei der ein Befehlszuweisungsteil mehrere Befehlsverarbeitungsteile steuert (siehe Abb. 5.3-10), zum anderen aktiviert ein Schaltsignal in der Hybridarchitektur nicht einen einzelnen Befehl, sondern kann eine Befehlsfolge aktivieren, die dann, durch einen Befehlszähler gesteuert, ausgeführt wird.

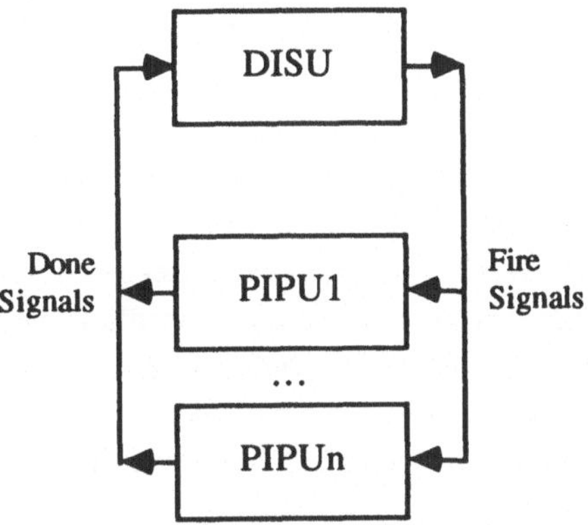


Abb. 5.3-10 Grundlegende Struktur der Hybridarchitektur

Jeder Befehl im Befehlsspeicher wird um einen sogenannten $\nu$-Tag erweitert, der angibt, ob die Steuerung des nächsten Befehls datenflußgesteuert (auf oben beschriebene Weise, falls $\nu$-Tag = 0; D-Mode) oder mittels eines Befehlszählers gesteuert ($\nu$-Tag = 1; V-Mode) aktiviert wird. Im zweiten Fall wird die inkrementierte Befehlsadresse des aktuellen Befehls als Adresse des Nachfolgebefehls generiert. Dieser Nachfolgebefehl wird erst dann ausgeführt, wenn der Vorgängerbefehl vollständig bearbeitet ist. Das geschieht so, daß nach Beendigung der Ausführung des Vorgängerbefehls im V-Modus kein Fertig-Signal, sondern erneut ein Schaltsignal mit der inkrementierten Befehlsadresse erzeugt und direkt unter Umgehung des Befehlszuweisungsteils an die Befehlsbereitstellungseinheit geliefert wird.

Die Hybridarchitektur wurde in Software simuliert [Gao 89, 91]. Zielsprache des Simulators ist die Datenflußsprache Sisal. Der Simulator sollte insbesondere eine Balance zwischen der Geschwindigkeit der Signalerzeugung im Befehlszuweisungsteil und der Datenverarbeitung durch die Anzahl zugeordneter Befehlsausführungsteile bestimmen. Parameter des Simulators sind deshalb die Anzahl der Befehlsausführungsteile sowie die Anzahl der Zählsignale, die von der Signalverarbeitungseinheit an die Schaltsteuereinheit geliefert werden.

Simulationen wurden für verschiedene Maschinenkonfigurationen jedoch nur anhand der Lawrence Livermore Loop Nr. 7 durchgeführt. Dabei zeigte sich bei fester, kleiner Signalerzeugungskapazität und Erhöhung der Anzahl der Befehlsausführungsteile ein konstanter Speed-Up. Wenn die Signalerzeugungskapazität groß ist, erhöht sich mit einer größeren Zahl von Befehlsausführungseinheiten auch der Speed-Up, jedoch nur bis zu einem Schwellenwert von in diesem Fall 15.2. Gao schließt aus den Simulationsstudien, daß für jedes Programm eine eigene, optimale Maschinenkonfiguration existiert. Signalerzeugungskapazität und Anzahl der Befehlsausführungsteile sollten deshalb wichtige Parameter für die Codeerzeugung durch den Compiler sein. Durch Ausnutzung der V- und D-Modi, die für jeden Befehl möglich sind, kann ein Compiler den erzeugten Code auf eine spezielle Maschinenkonfiguration optimieren. Insgesamt läßt sich feststellen, daß die Signalerzeugungskapazität mindestens so groß sein sollte wie das Produkt aus der Anzahl der Befehlsausführungsteile multipliziert mit der Anzahl von Signalen, die durchschnittlich fürs Schalten eines Befehls benötigt werden (dies entspricht dem arithmetischen Mittel über die Reset-Zähler). Man beachte, daß wegen der für das statische Datenflußprinzip nötigen Bestätigungskanten die Anzahl von Signalen doppelt so hoch wie beim dynamischen Datenflußprinzip ist.

## 5.4 Large-Grain-Datenflußarchitekturen mit komplexen Maschinenbefehlen

### 5.4.1 Überblick

Large-Grain-Datenflußarchitekturen verwenden sequentielle Befehlsfolgen als Makroknoten des Maschinendatenflußgraphen, führen die sequentiellen Befehlsfolgen nach dem von-Neumann-Prinzip aus und bestimmen die Ausführbarkeit der Makroknoten nach dem Datenflußprinzip. Durch das Vermeiden der Token-Matching-Operation auf der Anweisungsebene wird der Synchronisationsaufwand veringert, jedoch auch ein Teil der zur Verfügung stehenden, feinkörnigen Parallelität nicht genutzt.

Eine andere Möglichkeit, die Granularität der parallelen Aktivitäten zu erhöhen, ist, die Maschinenbefehle des Befehlssatzes komplexer zu gestalten und als Makroknoten des Maschinendatenflußgraphen komplexe Maschinenbefehle zuzulassen. Die Einführung komplexer Datenstrukturen und Operationen auf der Maschinenebene erlaubt es außerdem, Parallelarbeit auf der Suboperationsebene durch Hardwaremechanismen wie beispielsweise Vektorpipelining zu nutzen.

In den nun folgenden Abschnitten 5.4.2 bis 5.4.4 werden Datenflußarchitekturen beschrieben, die beide Techniken kombinieren: Das Large-Grain-Datenflußprinzip erlaubt die Nutzung von Block- und Taskebenenparallelität, komplexe Maschinenbefehle können für Parallelarbeit auf Suboperationsebene angewendet werden. Oft ist außerdem eine variable Körnigkeit möglich: Sequentielle Befehlsblöcke, komplexe und einfache Maschinenbefehle können gemischt in einem Maschinendatenflußgraphen vorkommen.

Die *Decoupled Graph/Computation Architecture* (Abschnitt 5.4.2) wendet das dynamische Datenflußprinzip auf Makroknoten an, die komplexe Maschinenbefehle oder Folgen von einfachen und komplexen Maschinenbefehlen sein können. Der Datenflußgraphanteil eines Maschinenprogramms dient der Programmflußsteuerung und wird in der Hardware von den Funktionseinheiten, welche die Makroknoten ausführen, entkoppelt. Beide Teile können asynchron parallel zueinander arbeiten und kommunizieren über FIFO-Speicher.

In ähnlicher Weise geht die *LGDG-Architektur* (Abschnitt 5.4.3) vor, bei der die verzweigungsfreie Struktur der sequentiellen Befehlsfolgen auf das Befehlspipelining von RISC-Prozessoren zugeschnitten ist. Der Programmflußsteuerungsteil ist ebenfalls von den Prozessormodulen entkoppelt, welche die Befehlsfolgen ausführen und von-Neumann-Prozessoren sein können. Für strukturierte Daten sind komplexe Maschinendatentypen vorgesehen, auf die nach dem DRAMA-Prinzip [Giloi 79] zugegriffen wird.

Die *Stollmann Data Flow Machine* (Abschnitt 5.4.4) ist auf die Unterstützung von Datenbankoperationen relationaler Datenbanksysteme durch sequentielle Codeblöcke und komplexe Maschinenoperationen ausgerichtet.

Die Abschnitte 5.4.5 und 5.4.6 beschreiben Datenflußarchitekturen, welche die Technik der komplexen Maschinenbefehle mit dem Datenflußprinzip kombinieren. Das Large-Grain-Datenflußprinzip wird nicht angewandt, ist jedoch in beiden Architekturen als Erweiterung vorgesehen.

Das *ASTOR-Projekt* (Abschnitt 5.4.5) besteht aus Entwurf, Simulation und Bewertung einer parallelen Programmiersprache - der ASTOR-Sprache - und einer darauf abgestimmten parallelen Rechnerarchitektur - der ASTOR-Architektur.

Die *ASTOR-Architektur* läßt sich als nachrichtengekoppelte Multiprozessorarchitektur mit einer Entkopplung von Ablaufsteuerung und Datenverarbeitung charakterisieren. Der Programmablauf wird durch eine Token-Matching-Operation gesteuert. Gemäß der Entwurfsmethode der „Strukturorientierung" wurde mit der ASTOR-Architektur eine strukturerhaltende Datenflußarchitektur entwickelt. Der Architekturansatz beruht auf der Analyse, daß bei den meisten Datenflußrechnern die sehr feine Granularität der Datenflußmaschinenbefehle zu sehr langen und unübersichtlichen Maschinenprogrammen und zu einer großen Anzahl von Duplizier-, Komprimier- und Steuerbefehlen führt, die jeweils wie Datenbefehle die Verarbeitungseinheit der Token-Pipeline durchlaufen müssen. Es werden deshalb komplexe Maschinenbefehle in der Architektur vorgesehen. Die Ablaufsteuerung wird von der Datenverarbeitung durch FIFO-Speicher entkoppelt, um ein weitgehend überlappendes Arbeiten von Ablaufsteuerung und Datenverarbeitung zu ermöglichen.

Ausgehend von der Idee der strukturerhaltenden Datenflußarchitektur wurde im Anschluß an das ASTOR-Projekt die *Reka-Architektur* (Abschnitt 5.4.6) entwickelt - eine Datenflußarchitektur, die Vektoroperationen als Beispiele komplexer Maschinenbefehle enthält. Die Reka-Architektur zeichnet sich wie die ASTOR-Architektur durch eine Entkopplung von Ablaufsteuerung und Datenverarbeitung aus, wobei die Ausführung von Steuerbefehlen weitestgehend auf die Programmflußsteuerwerke beschränkt ist und die Rechenwerke nicht mehr belastet. Ähnlich wie bei der ASTOR-Architektur werden nicht nur komplexe Maschinenoperationen in die Architektur eingeführt, sondern auch die wichtigsten Kontrollkonstrukte der Sprache auf der Maschinenebene beibehalten.

### 5.4.2 Decoupled Graph/Computation Architecture

Die *Decoupled Graph/Computation* (*DGC*) *Architecture*[1] wurde an der University of Southern California entworfen und in Software simuliert. Sie basiert auf einem Makrodatenflußmodell, bei dem sogenannte Makroaktoren auf höherer Körnigkeitsebene durch ein dynamisches Datenflußprinzip gesteuert werden, während innerhalb eines Makroaktors Kontrollflußprinzipien (bzw. statische Datenflußprinzipien in der älteren Version [Najjar, Gaudiot 87]) Anwendung finden. Makroaktoren können komplexe Maschinenbefehle oder Folgen von einfachen und komplexen Maschinenbefehlen sein. Die DGC-Architektur entkoppelt den Graphanteil, d. h. die Programmflußsteuerung, vom Datenverarbeitungsteil. Beide Teile können asynchron parallel zueinander arbeiten. Die Kommunikation geschieht über FIFO-Speicher.

---

1 Zur *Decoupled Graph/Computation Architecture* siehe [Najjar, Gaudiot 87], [Gaudiot, Evripidou 89] und [Evripidou, Gaudiot 90, 91].

Das Aktormodell unterscheidet drei Typen von Aktoren, die verschiedene Körnigkeitsebenen repräsentieren:

- *Typ 0 Aktoren* (*skalare Aktoren*): Diese sind die einfachen Maschinenoperationen, wie sie bei feinkörnigen Datenflußarchitekturen üblich sind.

- *Typ 1 Aktoren* (*Vektor-Makroaktoren*): Entsprechend der Erfahrung, daß eine Vektorverarbeitung bei vektorisierbarem Code schneller läuft als eine Verarbeitung nach einem reinen Datenflußmodell, da der Aufwand für die Tag-Verarbeitung wegfällt, werden Vektorbefehle und komplexe Indizierbefehle als Makroaktoren bereitgestellt. Diese Makroaktoren werden auf der Maschine mikroprogrammiert ausgeführt. Ihre Maschinenrepräsentation wird jedoch nicht angegeben. Die Version in V-Sisal (Sisal mit Vektorerweiterung) wird weiter unten beschrieben.

- *Typ 2 Aktoren* (*Verbund-Makroaktoren*; Compound Macro Actors): Auf dieser göbsten Körnigkeitsebene gruppiert der Compiler skalare Aktoren und Vektor-Makroaktoren zu sogenannten Verbund-Makroaktoren zusammen. Durch Kombination skalarer Aktoren läßt sich eine grobe Körnigkeit auch für einen nicht vektorisierbaren Code erzeugen. Durch Kombination von Vektor-Makroaktoren läßt sich eine Verkettung von Vektorbefehlen erreichen. Bei der Partition eines Datenflußgraphen in Verbund-Makroaktoren müssen folgende Optimierungskriterien beachtet werden: Maximierung der Parallelität und der Ausnutzung von Maschinen-Ressourcen, Minimierung der Anzahl der Kontextwechsel und der Kommunikation zwischen den Aktoren sowie Vermeidung von Verklemmungen.

Die Operationen eines Datenflußrechners lassen sich in zwei Klassen einteilen:

- *Graphoperationen*: Das sind die Operationen, die Tags erzeugen oder manipulieren, d. h. Operationen, die für die korrekte Ausführbarkeit der Verarbeitungsoperationen bezüglich ihres Kontexts notwendig sind.

- *Verarbeitungsoperationen*: Das sind die üblichen Datenbefehle wie Laden, Speichern von Operanden und arithmetisch-logische Operationen.

Die DGC-Architektur separiert den Graphanteil eines Programms von seinem Verarbeitungsanteil. Graphoperationen werden von der Grapheinheit (Graph Unit) und Verarbeitungsoperationen von der Verarbeitungseinheit (Computation Unit) ausgeführt. Beide Einheiten arbeiten asynchron parallel zueinander und kommunizieren über FIFO-Speicher (Abb. 5.4-1). Abbildung 5.4-2 zeigt die gesamte DGC-Architektur als Multiprozessorsystem.

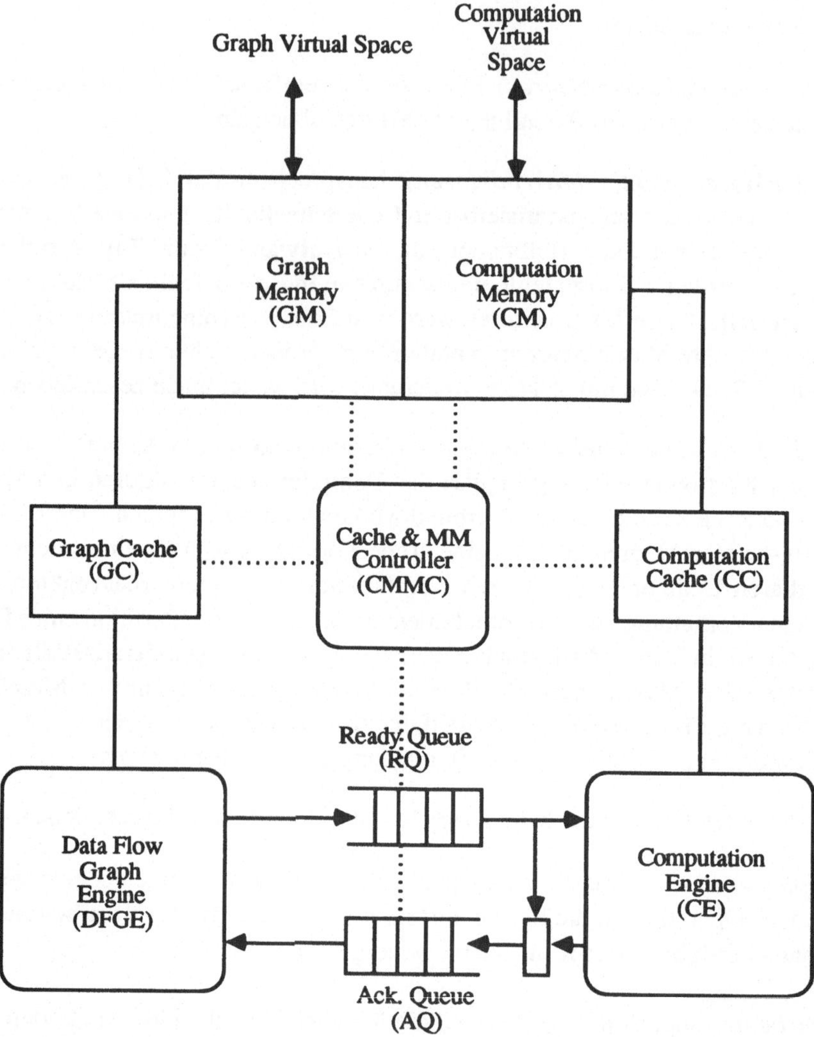


Abb. 5.4-1 Verarbeitungselement der DGC-Architektur

Die DGC-Multiprozessorarchitektur besteht aus einer Anzahl von Clustern mit einem globalen virtuellen Adreßraum für die Graphspeicher (Cluster Graph Memory) und einem solchen für die Verarbeitungsspeicher (Cluster Computation Memory). Die Cluster-Graphspeicher sind über ein Graph-Kommunikationsnetz (Graph Virtual Space Communication Medium) und die Cluster-Verarbeitungsspeicher über ein Verarbeitungs-Kommunikationsnetz (Computation Virtual Space Communication Medium) verbunden. Jedes dieser Kommunikationsnetze erlaubt Lese- und Schreibzugriffe über Clustergrenzen hinweg.

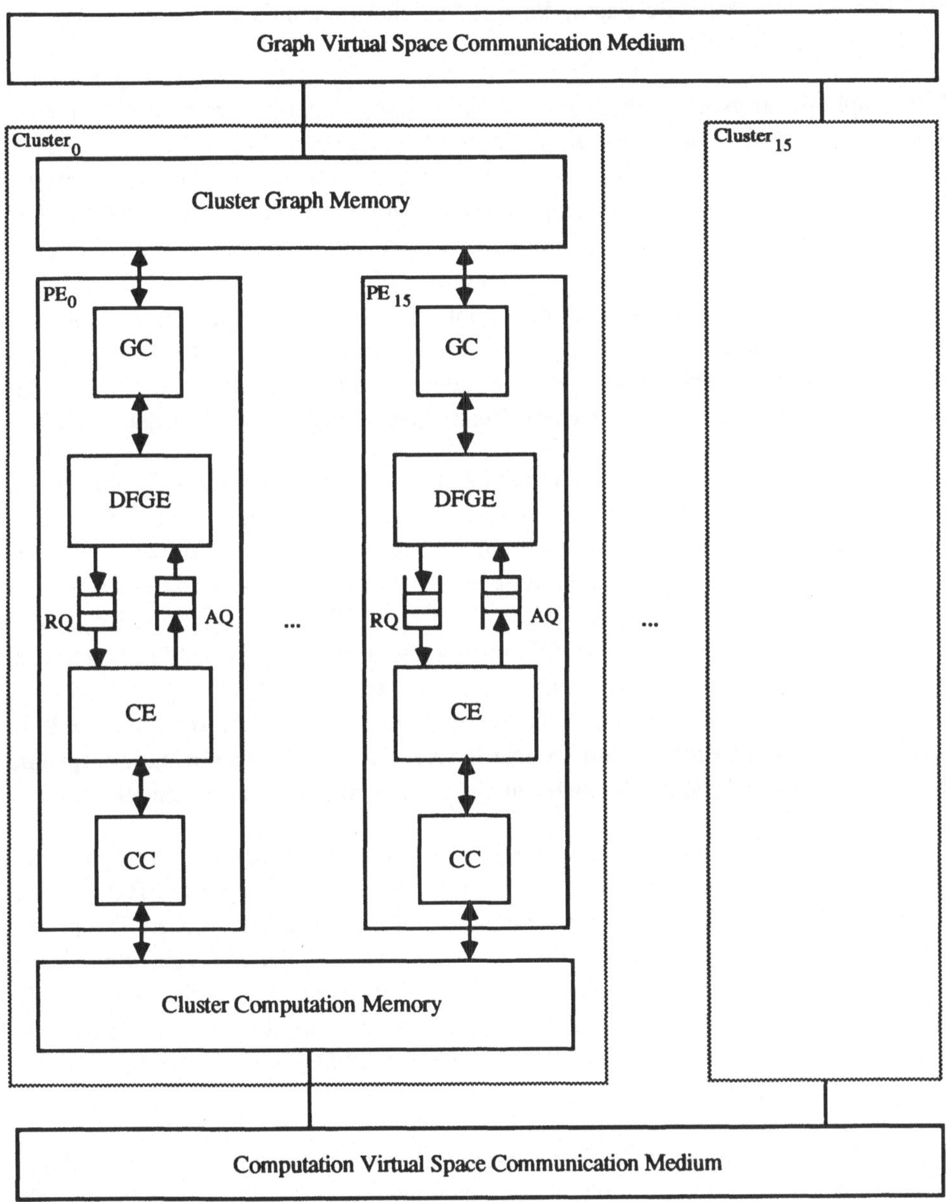


Abb. 5.4-2 DGC-Multiprozessorarchitektur

Ein gesamter, entschachtelter Datenflußgraph wird in den globalen, virtuellen Graphadreßraum abgebildet. Die Adreßumsetzung von virtuellen in reale Adressen, die jeweils aus einer Aktor- und einer Kontextidentifikation bestehen, geschieht automatisch über eine injektive Funktion, die eine Speicherhierarchisierung erlaubt, wie sie von konventionellen Rechnern her bekannt ist.

Alle Graphoperationen innerhalb eines Verarbeitungselements werden von der Datenfluß-Graph-Einheit (Data-Flow Graph Engine DFGE) bearbeitet, während die Verarbeitungseinheit (Computation Engine CE) die Datenverarbeitungsoperationen des Graphen ausführt. Die Verarbeitungseinheit besteht aus einem konventionellen Prozessor, der mit einem üblichen Befehlszählermechanismus arbeitet. Befehle und Operanden werden aus dem Verarbeitungsspeicher geholt und Resultate zurückgespeichert, wie in einer Einprozessormaschine üblich, so daß konventionelle Technologie verwendet werden kann. Die einzig notwendige Modifikation ist, daß nach Ausführung des letzten Befehls eines Aktors mittels des Befehlszählers die Adresse des nächsten Aktors aus dem RQ-Speicher (Ready Queue RQ) geladen werden muß.

Die Aufgabe der Datenflußgraph-Einheit ist, nach einem dynamischen Datenflußmodell zu entscheiden, welcher der Aktoren ausführbereit ist, um dann dessen Aktivitätsidentifikation (Aktor-Id, Kontext-Id) in den RQ-Speicher zu schreiben. Wenn die Verarbeitungseinheit mit der Ausführung eines Aktors fertig ist, wird dessen Aktivitätsidentifikation als Bestätigungssignal in den AQ-Speicher (Acknowledgement Queue AQ) geschrieben. Die Datenflußgraph-Einheit erhält ein Bestätigungssignal aus dem AQ-Speicher und ändert den Datenflußgraphen entsprechend ab. Durch die Bestätigungssignale wird die Verfügbarkeit von Operanden für Aktoren mitgeteilt. In der Datenflußgraph-Einheit sind Operandenvergleichs-, Token-Formatierung- und Routing-Stufen des Datenflußmodells zu einer einzigen Stufe zusammengefaßt.

Für das entkoppelte Verarbeitungsmodell wurden neue Caching-Strategien entwickelt. Caching kann durch Überwachung der beiden FIFO-Speicher RQ und AQ durch den Cache- und Speicherverwaltungs-Controller gesteuert werden. Die grundlegende Caching-Strategie ist, für alle Befehle im RQ-Speicher alle Kontextblöcke im Verarbeitungs-Cache-Speicher bereit zu stellen. Falls dies nicht möglich ist, kann die Reihenfolge der Signale in den FIFO-Speichern auch so abgeändert werden, daß zunächst Aktoren vorgezogen werden, deren Kontextblöcke im Cache-Speicher bereits vorhanden sind.

Bezüglich der notwendigen Laufzeitrahmen wird zwischen dem statischen und dem dynamischen Anteil eines Graphen unterschieden. Der statische Graph enthält alle Graphinformationen, die während der Ausführung unverändert bleiben. Die grundlegende Komponente des statischen Graphen ist der Graphblock (Graph-Block). Der dynamische Graph wird zur Laufzeit erzeugt; grundlegende Komponente ist der Kontextblock (Context-Block). Zu einem Graphblock können zur Laufzeit beliebig viele Kontextblöcke erzeugt werden. Ein Kontextblock besteht aus sogenannten Aktoreinträgen (Actor Templates).

Die grundlegende Struktur eines Aktoreintrags ist in Abb. 5.4-3 dargestellt. Das erste Feld identifiziert den Aktor eindeutig im Graphen durch eine Aktoridentifikation (Actor ID). Das zweite Feld identifiziert den Kontext des Aktors. Das Tupel aus Aktoridentifikation und Kontextfeld identifiziert eindeutig eine spezielle Inkarnation eines Aktors. Bei der Implementierung nehmen die ersten beiden Felder keinen Speicherplatz im Aktoreintrag ein, sondern werden als Schlüssel benutzt, um den Aktoreintrag vom Graphraum in den virtuellen Raum abzubilden. Das nächste Feld ist das Statuswort des Aktors. Dieses wird auf die Zahl der benötigten Operanden initialisiert und jedesmal, wenn ein Operand bereit ist, dekrementiert. Sobald es auf Null steht, ist der Aktor schaltbereit. Das letzte Feld ist die Zielliste. Weitere Felder enthalten den internen Graph des Makroaktors sowie Zeiger auf die zu holenden Operanden und Speicherplatz für die Resultate. Ein Teil des Aktoreintrags steht im Graphspeicher (GM), der andere Teil im Verarbeitungsspeicher (Computational Memory CM). Der Teil des Aktoreintrags, der im Graphspeicher steht, enthält als Zeiger auf den zugehörigen Teil im Verarbeitungsspeicher dessen physikalische Adresse. Diese Adresse wird, sobald ein Aktor ausführbar ist, in den RQ-FIFO-Speicher geschrieben.

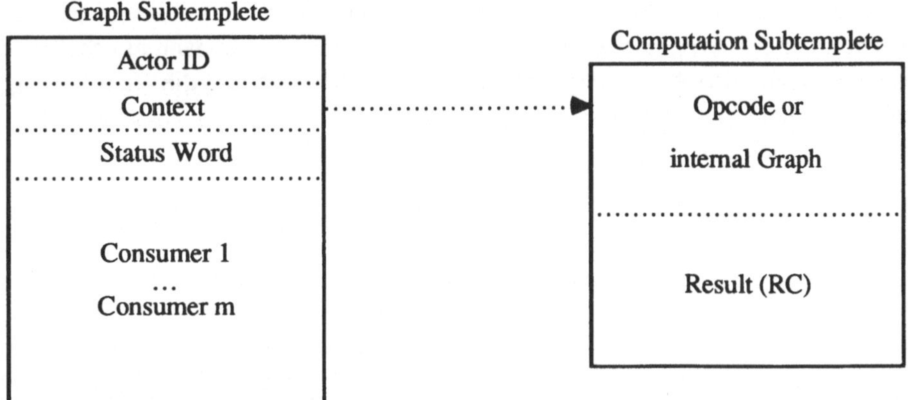


Abb. 5.4-3 Struktur eines Aktoreintrags

Das entkoppelte Verarbeitungsmodell besitzt zwei Vergleichsregeln (Matching Rules):

- Tokens, die zum selben Kontextblock gehören, müssen für ein Zusammenfügen (Matching) identische Tags besitzen.
- Tokens, die zu einem höheren Kontextblock gehören ($i_{[c.ij]}$), passen mit Tokens niedrigerer Kontextblöcke ($j_{[c.i.j]}$) zusammen, falls die Iteratoridentifikatoren ($i$) der Tags identisch sind.

Die zweite Vergleichsregel gestattet, daß Tokens einer höheren Kontextstufe mehr als einmal verglichen werden. Dies wird von einem Referenzzähler (Reference Count Flag) im Aktoreintrag gesteuert und entspricht konzeptionell dem Sticky-Token-Mechanismus feinkörniger Datenflußrechner. Während jedoch der Sticky-Token-Mechanismus die Vergleichseinheit komplexer gestaltet und die Speicherbereinigung nach einer Schleifenterminierung erschwert, sind beim oben beschriebenen Mechanismus beide Vergleichsregeln gleichermaßen implementiert.

Das Operationsprinzip kann folgendermaßen beschrieben werden: Zur Ausführungszeit werden die Adressen von ausführbereiten Aktoren in den RQ-Speicher geschrieben. Die Verarbeitungseinheit entnimmt diesem Speicher eine Zeigeradresse, führt alle Befehle des betreffenden Aktors aus und schreibt die Zeigeradresse in den AQ-Speicher. Resultate werden im Resultatfeld des produzierenden Aktors abgelegt. Alle konsumierenden Aktoren besitzen einen Zeiger auf das Resultatfeld.

Die Datenflußgraph-Einheit entnimmt dem AQ-Speicher die Adresse eines ausgeführten Aktors und versucht, diese virtuelle Adresse in eine physikalische Speicheradresse zu übersetzen. Falls die Übersetzung nicht gelingt, bedeutet dies, daß der Kontextblock des betreffenden Aktors noch nicht alloziert ist. In diesem Fall wird Speicherplatz für den gesamten Kontextblock bereitgestellt und dann das Statuswort des konsumierenden Aktors angepaßt. Auf diese Weise arbeitet die Verarbeitungseinheit immer auf einem Teil des Graphen, der sich bereits im (physikalischen) Verarbeitungsspeicher befindet - Paging-Fehler können nicht auftreten.

Durch die Hybridstruktur der Architektur können sowohl Datenflußsprachen wie auch imperative Sprachen implementiert werden, sofern bei den letzteren Seiteneffekte auf Makro- oder Verbundaktoren begrenzt sind.

Der Compilationsprozeß läuft folgendermaßen ab: Sisal-Programme werden zunächst in V-Sisal und danach in die Zwischensprache IF1 [Evripidou, Najjar, Gaudiot 89] übersetzt. IF1-Graphen werden in dynamische Datenflußgraphen (USC-DF Assembly Format) transformiert, worauf die Codegenerierung für die Zielmaschine erfolgt. IF1 stellt eine sprach- und maschinenunabhängige Zwischenstufe dar.

Die Sprache V-Sisal erweitert Sisal um explizite, arithmetische und logische Vektoroperationen. Diese sind:

- zweistellige Vektorbefehle mit einem Resultatvektor, wie Vektoraddition (Vadd), Vektormultiplikation (Vmpy) und komponentenweiser Vektorvergleich (Vgt),
- zweistellige Vektorbefehle mit einem skalaren Resultat, wie Addition, Subtraktion und Vergleich eines Vektors mit einem skalaren Element (Sadd, Ssub und Sgt),
- einstellige Vektoroperationen mit einem Vektor als Resultat, wie die Quadratwurzelbildung (Vsqrt),
- einstellige Vektoroperationen mit einem skalaren Resultat, wie die Bestimmung des minimalen Elements eines Vektors (Vmin) und wie das Skalarprodukt (Vsum), und
- Vektormaskierungsbefehle (Vmsk).

Bislang wurden Simulationen des Architekturmodells mit numerischen (Lösung partieller Differentialgleichungen, chaotische Relaxation, Multigrid-Verfahren) und nicht-numerischen Algorithmen (Produktionssysteme) durchgeführt. Diese haben gezeigt, daß eine gute Performance für die Decoupled Graph/Computation Architecture zu erwarten ist.

### 5.4.3 LGDG-Architektur

Die *LGDG-Architektur*[2] (*Large-Grain Dataflow Graph*) wurde am GMD-Forschungszentrum für Innovative Computersysteme in Berlin entwickelt. Auch diese Architektur geht von der Analyse aus, daß die potentielle Parallelität auf der Anweisungsebene gering ist und am effizientesten durch Pipelining ausgenutzt wird [Kuck u.a. 86], während das dynamische Datenflußprinzip auf einer gröberen Körnigkeitsebene auf sequentielle Codeblöcke effizient anwendbar ist.

Die LGDG-Architektur verwendet von-Neumann-Prozessoren als sogenannte Prozessormodule zur Ausführung sequentieller Codeblöcke, wobei durch die spezielle Struktur der Codeblöcke das Befehlspipelining von RISC-Prozessoren unterstützt wird. Der Zeitpunkt der Ausführung eines Codeblocks durch ein Prozessormodul wird durch eine sogenannte Graphebene nach dem dynamischen Datenflußprinzip gesteuert. Für strukturierte Daten sind komplexe Maschinendatentypen vorgesehen, die in einem globalen Strukturspeicher untergebracht sind. Der Zugriff auf strukturierte Daten geschieht nach dem DRAMA-Prinzip [Giloi 79].

---

2 Zur *LGDF-Architektur* siehe [Dai 88, 90] sowie [Dai, Giloi 89, 90, 91].

Programmiert wird die LGDG-Maschine in einer an MODULA-2 orientierten, imperativen Sprache, die folgenden Einschränkungen unterliegt:

- keine geschachtelten Prozedur- oder Funktionsdeklarationen [Dai, Giloi 91],
- keine *goto*-Anweisungen,
- keine Funktionen als Parameter von Prozeduren oder Funktionen und
- keine strukturierten Daten als Wertparameter von Prozeduren oder Funktionen.

Ein LGDG-Programm besteht aus O-Knoten (Operation Nodes) zur Datenmanipulation und C-Knoten (Control Nodes) zur Verarbeitungssteuerung. Ein O-Knoten ist ein sogenannter Basisblock von Befehlen, der immer zu Beginn betreten und dann sequentiell bis zum Ende abgearbeitet wird. Der Basisblock kann nicht durch eine Sprunganweisung verlassen werden. Bedingte Befehle sind innerhalb der Befehlsfolge eines O-Knotens nicht erlaubt. Die Berechnung der Bedingung erfolgt im Basisblock eines O-Knotens, und am Ende des Basisblocks wird der errechnete Wahrheitswert an einen C-Knoten (*switch*-Knoten) gesandt, der dann entsprechend der Verzweigung einen anderen O-Knoten aktiviert. C-Knoten entsprechen den Steuerbefehlen in einem Programm, d. h., sie steuern den Token-Fluß (*switch-*, *merge-* and *distribute*-Knoten) oder führen Kontextbefehle aus (*return_func*-Knoten).

Durch die verzweigungsfreie Struktur der Basisblöcke wird ein effizientes und einfaches Befehlspipelining für die Verarbeitung durch von-Neumann-Prozessoren unterstützt. Durch Verteilung von O-Knoten auf verschiedene Prozessoren und deren Aktivierung nach einem dynamischen Datenflußprinzip wird Parallelität auf Blockebene erzielt.

Alle Inkarnationen eines O-Knotens (im folgenden Aktivitäten genannt) arbeiten auf demselben Codesegment, jedoch ist jeder Aktivität ein eigener Aktivierungsrahmen zugeordnet. Jede Aktivität ist eindeutig bestimmt durch den Aktivitätsnamen, der aus der Basisadresse des Aktivierungsrahmens (B Part) und dem Befehlszähler (PC) besteht, der relativ zum Codesegment adressiert wird. Die fünf weniger signifikanten Bits einer Basisadresse bezeichnen die Prozessornummer. Der Aktivitätsname ersetzt den Tag dynamischer Datenflußrechner und entspricht dem Fortsetzungstoken (Continuation) in der P-RISC-Architektur (Abschnitt 5.2.4). Tokens selbst sind entweder sogenannte Dummy-Tokens, die nur einen Zielaktivitätsnamen tragen, oder Boolesche Tokens, die zusätzlich einen Booleschen Wert übermitteln.

Ein *Aktivierungsrahmen* (Activation Record, Abb. 5.4-4) besteht aus einem Kopfteil (die ersten 7 Langworte) sowie Speicherplätzen für Parameter, lokale Variablen und Resultatwerte von Funktionsaufrufen, die aus dem zum Aktivierungsrahmen gehörenden Code erfolgen. Dabei wird für jeden im zugehörigen Code vorkommenden Funktionsaufruf ein eigener Speicherplatz im Aktivierungsrahmen für den Resultatwert bereitgestellt. Lokale Datenstrukturen werden in einem globalen Cluster-Speicher gespeichert und nur ihre Deskriptoren im Aktivierungsrahmen eingetragen.

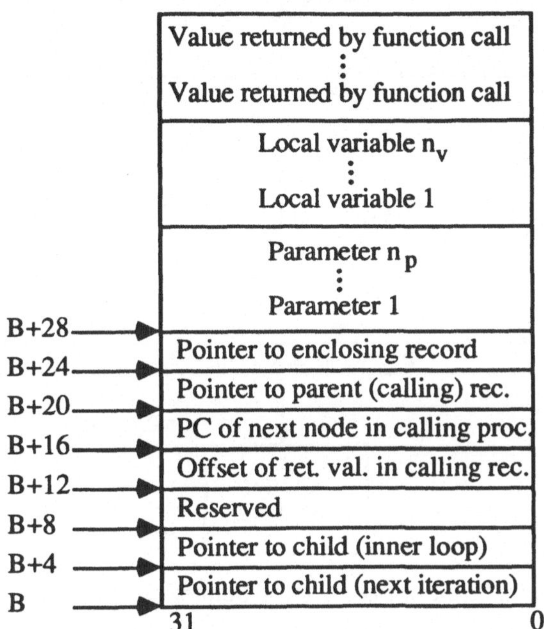


Abb. 5.4-4 Struktur eines Aktivierungsrahmens

Die LGDG-Architektur (Abb. 5.4-5) zerfällt in zwei Teile: die *Graphebene* (Graph Level Unit) und die *Knotenebene* (Node Level Unit). Letztere besteht aus bis zu 16 Prozessormodulen, die über einen Token-Bus mit der Graphebenen-Einheit verbunden sind. Die Prozessormodule der Knotenebene sind außerdem über ein Verbindungsnetz mit einem Cluster-Speicher verbunden.

Auf der Knotenebene werden O-Knoten (also Basisblöcke von Befehlen) nach dem von-Neumann-Prinzip ausgeführt, während auf der Graphebene eine Token-Matching-Operation stattfindet. Bei Beendigung der Ausführung eines O-Knotens durch ein Prozessormodul werden Tokens (Dummy- oder Boolesche Tokens) an die Graphebene gesandt. Diese führt die Token-Matching-Operation durch, führt switch-Operationen aus und sendet, falls weitere O-Knoten ausführbar sind, Dummy-Tokens an ein Prozessormodul. Zur Pufferung der Tokens enthalten sowohl die Graphebene als auch die Prozessormodule der Knotenebene FIFO-Pufferspeicher.

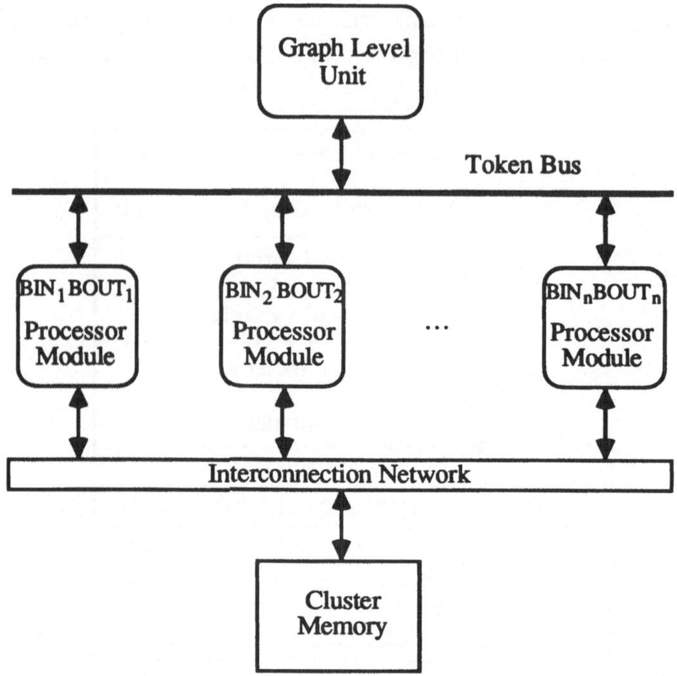


Abb. 5.4-5 Prinzipielle Struktur der LGDG-Architektur

Jedes *Prozessormodul* (Node Processor, Abb. 5.4-6) besteht aus einem Befehlsprozessor (Instruction Processor), mehreren Coprozessoren, einem lokalen Datenspeicher zur Speicherung der Aktivierungsrahmen und zur Pufferung strukturierter Daten, einer Befehlsbereitstellungseinheit (Instruction Prefetch), einem Befehlsspeicher für O-Knoten und verschiedenen FIFO-Puffern.

Die *Befehlsbereitstellungseinheit* liest aus dem Dummy-Token-Puffer (BIN) ein Token, d. h. einen Aktivitätsnamen, der sich der Basisadresse B des Aktivierungsrahmens und dem Befehlszähler PC zusammensetzt. Zunächst erzeugt die Befehlsbereitstellungseinheit einen Befehl, der die Basisadresse des Befehlsprozessors auf die gelesene Basisadresse B setzt. Dieser dynamisch erzeugte Befehl wird als erster Befehl des O-Knotens in den Befehlspuffer (Instruction Queue) gegeben, damit ein Kontextwechsel auf den neuen Kontext ausgeführt wird. Danach werden die Basisblockbefehle des O-Knotens, adressiert durch den PC-Teil des Token, in einem Burst-Modus aus dem Befehlsspeicher ausgelesen und in den Befehlspuffer gegeben. Das Ende eines derartigen Basisblocks wird von einem *O_end*-Befehl bezeichnet.

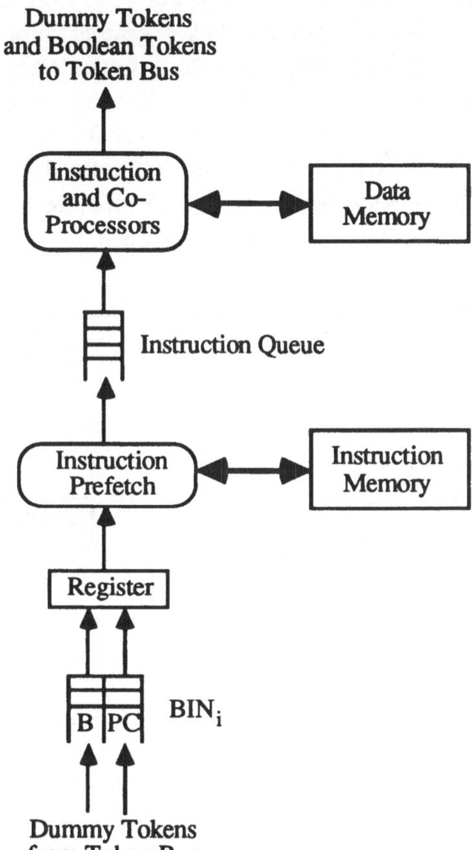


Abb. 5.4-6 Struktur eines Prozessormoduls der Knotenebene

Der *Befehlsprozessor* liest die Befehle aus dem Befehlspuffer und führt sie aus, falls es sich um arithmetische oder Lade-/Speicher-Befehle handelt. Da der Befehlsstrom verzweigungslos ist, kann hier besonders gut RISC-Prozessortechnologie eingesetzt werden. Dieser Kern des Knotenprozessors wird deshalb auch als *N-RISC Processor Kernel* bezeichnet. Gleitpunktoperationen sowie das Einrichten und Freigeben der Speicherbereiche von Aktivierungsrahmen wird von Coprozessoren besorgt (siehe weiter unten). Das Versenden der für die *switch*-Operation notwendigen Booleschen Tokens an die Graphebene, wird durch einen *send_B*-Befehl ausgelöst. Der *O_end*-Befehl löst das Versenden eines Dummy-Token aus.

Die *Graphebene* (Abb. 5.4-7) besteht aus einer Vergleichseinheit (Matching Unit), einem OR-Schalter, einem Befehlsspeicher für C-Knotenbefehle und verschiedenen

FIFO-Speichern. Von Seiten der Knotenebene können Boolesche oder Dummy-Tokens zur Graphebene gesandt werden. Ein Token besteht somit wieder aus dem Aktivitätsnamen (B, PC) und eventuell einem Booleschen Wert. Deshalb besteht der Eingangstoken-Puffer der Graphebene für jeden Eintrag aus einem 64-Bit-Feld für den Aktivitätsnamen (B, PC), erweitert um ein zwei Bit breites Wertfeld ($v_2$). Das höherwertige Bit zeigt die Art des Token an (1 für Boolesche Tokens und 0 für Dummy-Tokens) und das niederwertige Bit enthält im Falle eines Booleschen Token dessen Wert, im Falle eines Dummy-Token den Wert 0.

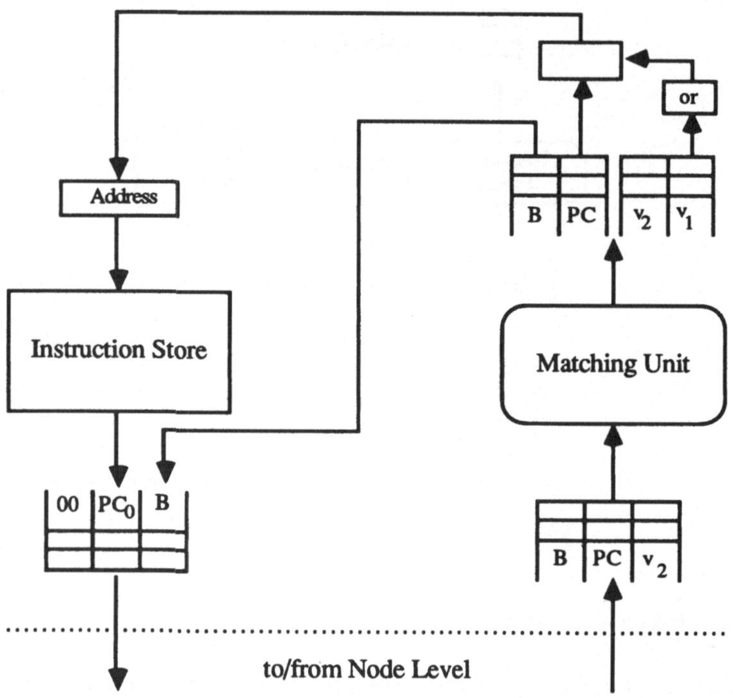


Abb. 5.4-7 Struktur der Graphebene

Die Vergleichseinheit ist als pseudo-assoziativer Speicher implementiert und führt eine Hash-Funktion auf dem Aktivitätsnamen aus. Liegt kein passendes Partnertoken vor, wird das Token zwischengespeichert. Jeder Befehl der Graphebene kann maximal zwei Eingangstokens benötigen. Falls das passende Partnertoken gefunden wurde, wird der gemeinsame Aktivitätsname und die zwei Wertfelder in den Ausgabepuffer der Vergleichseinheit gegeben.

Als nächstes wird eine OR-Operation auf den beiden Bits der beiden Wertfelder durchgeführt und damit der C-Knotenbefehl bestimmt: Ist das höherwertige Bit 1, handelt es sich um einen *switch*-Befehl und das niedrigerwertige Bit gibt den Booleschen Wert an; ist das höherwertige Bit 0, handelt es sich um einen O-Knoten-Aktivierungsbefehl.

Bei einem O-Knoten-Aktivierungsbefehl wird der PC aus dem Aktivierungsnamen an den Befehlsspeicher gesandt. Das gleiche geschieht bei einem Booleschen Token, falls das niederwertige Bit 1 ist. Bei einem Booleschen Token mit niederwertigem Bit 0 wird die Adresse PC+4 im Befehlsspeicher ausgewählt. Dieser erzeugt aus dem Inhalt der angewählten Adresse zusammen mit dem B-Teil des Eingabetoken ein neues Dummy-Token, das zu einem Prozessormodul der Knotenebene gesandt wird. Das Wertfeld wird dabei auf 00 (zur Bezeichnung eines Dummy-Token) gesetzt.

Die Graphebene ist somit kein wirklicher Prozessor, sondern im wesentlichen ein Speicher mit einigen zusätzlichen, einfachen Hardwareschaltungen.

Zur Verarbeitung von Schleifen [Tolksdorf 90] wird für die Inkarnation der Schleife bzw. deren erster Iteration mittels eines *init_loop*-Befehls ein neuer Aktivierungsrahmen geschaffen. Der *init_loop*-Befehl enthält den PC des ersten Knotens des Schleifencodes, die Größe des benötigten Aktivierungsrahmens und einen Zeiger auf eine Liste von Offset-Adressen als Parameter. Die Offset-Adressen beziehen sich auf den gerade aktuellen Aktivierungsrahmen und beschreiben die Positionen der Werte, die der Schleifenkörper verwendet und die in den neuen Aktivierungsrahmen kopiert werden müssen. Der *init_loop*-Befehl erzeugt nun einen entsprechenden Aktivierungsrahmen, vermerkt dessen Basisadresse B im Verwaltungsteil des aktuellen Aktivierungsrahmens und kopiert die Werte anhand der Offset-Liste. Damit später Resultatwerte der Schleife in den aktuellen Aktivierungsrahmen zurückgeliefert werden können, wird im neuen Aktivierungsrahmen auch die Basisadresse B des aktuellen Aktivierungsrahmens vermerkt. Danach kann die Ausführung der Schleife durch ein entsprechendes Token angestoßen werden.

Für eine neue Schleifeniteration wird mittels eines *init_iter*-Befehls ein neuer Aktivierungsrahmen erzeugt. Dazu werden die gleichen Parameter wie bei *init_loop* verwendet und die in der aktuellen Iteration errechneten Eingabewerte für die nächste Iteration kopiert. Gleichzeitig wird die neue Iteration als Schleifeninkarnation im Aktivierungsrahmen, aus dem heraus die Schleife gestartet wurde, vermerkt und durch ein Token die neue Iteration angestoßen. Im Aktivierungsrahmen der aktuellen Iteration wird ein Zeiger auf den Aktivierungsrahmen der nächsten Iteration vermerkt.

Eine Iteration wird mittels eines *end_iter*-Befehls beendet. Dieser Befehl kopiert die Resultatwerte der Iteration in die nächste Iteration und stößt mittels eines Token einen Knoten in ihr an. Abschließend kann der Speicherbereich für den Aktivierungsrahmen der zu beendenden Iteration freigegeben werden. Eine Iteration kann also so früh als möglich die nächste Iteration mittels *init_iter* und den benötigten Eingabewerten anstoßen und dann an den von der neuen Iteration nicht benötigten Werten weiterrechnen und diese dann mittels *end_iter* nachschieben.

Eine Schleife wird mittels eines *end_loop*-Befehls beendet. Dieser Befehl kopiert die Resultatwerte der Schleife in den umgebenden Aktivierungsrahmen und gibt den Speicherbereich für den Aktivierungsrahmen der Schleife frei.

Bei geschachtelten Schleifen wird mittels eines *init_inner*-Befehls in einem weiteren Verwaltungsfeld des aktuellen Aktivierungsrahmens die Inkarnation einer inneren Schleife durch Ablage der entsprechenden Basisadresse B vermerkt und ansonsten wie bei *init_loop* verfahren. Dadurch werden beliebig geschachtelte Schleifen möglich.

Diese Schleifenverwaltungsbefehle werden - wie auch diejenigen für den Prozeduraufruf - nicht vom Befehlsprozessor, sondern von einem AL genannten Coprozessor durchgeführt. Dieser ist insbesondere für das Einrichten von Aktivierungsrahmen zuständig. Der Befehlsprozessor kommuniziert mit dem AL-Prozessor über Anforderungen, durch die die betreffenden Verwaltungsbefehle implementiert sind. Erhält der Befehlsprozessor beispielsweise einen *init_loop*-Befehl, dann schickt er eine Anforderung, der neben den vorhandenen Parametern noch die aktuelle Basisadresse B mitgegeben wird, an den AL-Prozessor. Danach arbeitet der Befehlsprozessor mit dem nächsten O-Knotenbefehl weiter.

Der AL-Prozessor richtet einen neuen Speicherbereich für den Aktivierungsrahmen ein, überläßt jedoch das Kopieren der verwendeten Variablen in den neuen Aktivierungsrahmen einem DMA-Baustein, dem der zu kopierende Speicherbereich mitgeteilt wird. Der AL-Prozessor wartet nicht auf die Beendigung der Kopieroperation, sondern fügt den PC und die neue Basisadresse B in einen FIFO-Speicher ein und fährt mit der nächsten vorliegenden Anforderung vom Befehlsprozessor fort.

Hat der DMA-Baustein die Werte kopiert, unterbricht er den AL-Prozessor. Dieser liest dann aus dem FIFO-Speicher die vorher gesicherten PC- und B-Werte und fügt sie zu einem Dummy-Token zusammen, das an die Graphebene gesandt wird.

Eine Prozedur wird mittels eines *call*-Befehls aufgerufen. Dieser Befehl enthält die Größe des benötigten Aktivierungsrahmens, die Anzahl bzw. die Gesamtgröße der Argumente, die Adresse des ersten Knotenbefehls in der Prozedur und die Rückkehradresse als Parameter.

Der *call*-Befehl erzeugt wiederum eine Anforderung an den AL-Prozessor, der einen neuen Aktivierungsrahmen einrichtet, die Rückkehradresse vermerkt, die Parameter aus dem Aktivierungsrahmen der aufrufenden Prozedur kopiert und die Prozedur durch ein Dummy-Token anstößt. Die Parameterübergabe geschieht auf einem eigenen Parameter-Stack. Dazu erweitert der AL-Prozessor den angeforderten Aktivierungsrahmen auf eine bestimmte Seitengröße und legt den Parameter-Stack am Ende der Seite an.

Funktionen werden mittels eines *call_func*-Befehls aufgerufen, der in einem zusätzlichen Parameter die Offset-Adresse der Speicherstelle im Aktivierungsrahmen der aufrufenden Funktion oder Prozedur vermerkt, an der das Funktionsresultat abgelegt werden soll.

Der erste Befehl einer Prozedur oder einer Funktion ist immer ein *begin*-Befehl, der über eine Anforderung an den AL-Prozessor zum Einrichten von Datenstrukturen im Cluster-Speicher und zur Aktivierung ausführbarer O-Knoten durch entsprechende Tokens führt.

Mittels eines *return*-Befehls wird eine Prozedur beendet. Die aufrufende Funktion oder Prozedur wird danach mittels eines Dummy-Token aktiviert und anschließend der Speicherbereich für den Aktivierungsrahmen der Prozedur wieder freigegeben. Bei einer Funktion schreibt der *return_func*-Befehl vorher noch das Funktionsresultat in den Aktivierungsrahmen der aufrufenden Funktion oder Prozedur.

Beim Laden eines Programms werden alle Knotenprozessoren mit dem gesamten Code der O-Knoten versorgt. Damit kann jeder O-Knoten auf jedem Prozessor ausgeführt werden, ohne daß der Code beim Aufruf kopiert werden muß. Das Einrichten eines Aktivierungsrahmens durch einen AL-Prozessor legt den Knotenprozessor fest, auf dem der O-Knoten ausgeführt wird. Falls ein O-Knoten auf einem anderen Knotenprozessor ausgeführt werden soll, sendet der AL-Prozessor eine entsprechende Mitteilung an den AL-Prozessor des Knotenprozessors, der für die Ausführung bestimmt wird. Dieser richtet einen Aktivierungsrahmen ein und sendet die Basisadresse B zurück. Daraufhin sendet der AL-Prozessor ein Dummy-Token mit dem erhaltenen B-Wert und dem gewünschten PC aus, das die Ausführung des O-Knotens auf dem anderen Knotenprozessor anstößt.

Die Auswahl eines Knotenprozessors geschieht nach einem Last-Recently-Used-Verfahren unter Zugriff auf eine globale Variable *LAST*, die von den AL-Prozessoren manipuliert wird. Beim Einrichten eines Aktivierungsrahmens liest ein AL-Prozessor diese Variable, interpretiert den Wert als Nummer des Knotenprozessors, der für die Ausführung des O-Knotens bestimmt wird, und berechnet (*LAST*+1) *mod Anzahl_Prozessoren* als neuen Wert der *LAST*-Variablen.

Der Clusterspeicher dient der Speicherung von globalen Werten und von Datenstrukturen. Er ist als Datenstrukturarchitektur nach dem DRAMA-Prinzip organisiert.

Beim Konzept der Datenstrukturarchitektur (Abschnitt 2.5.2) wird auf Datenobjekte nicht mehr direkt über eine Speicheradresse, sondern auf der Maschinenebene durch Anwendung von geeigneten Zugriffsfunktionen zugegriffen. Auch ein komplexes Datenobjekt wird somit als Ganzes adressiert und nicht als eine Anzahl von einzeln adressierten Speicherplätzen betrachtet, wie es bei von-Neumann-Rechnern üblich ist. Durch Anwendung dieses Prinzips beim STARLET-Rechner [Giloi, Gueth 82] konnten bereits umfangreiche Erfahrungen gesammelt werden. Eng damit verwandt ist das Prinzip des Zugriffs über Deskriptoren und eigene autonom arbeitende Hardwareeinheiten, das als *DRAMA* (*Descriptor Referenced Autonomous Memory Access*) bezeichnet wird [Giloi 79]. Diese Hardwareeinheiten, die als Adreßgeneratoren wirken, können als intelligente DMA-Controller aufgefaßt werden. Sie werden im folgenden als Datenprozessoren bezeichnet.

Der Zugriff auf Datenstrukturen im Clusterspeicher erfolgt durch einen Datenprozessor, der auf Datenstrukturen hardwareunterstützt zugreift ([Dai 88], [Tolksdorf 90]). Eine Datenstruktur wird durch einen symbolischen Namen identifiziert, der sich auf die Struktur als Ganzes bezieht. Die Datenstrukturen können zusammengesetzt sein. Der Datenprozessor stellt deshalb eine Anzahl von Zugriffs- und Verarbeitungsoperationen zur Verfügung, die es ermöglichen, daß der Datenprozessor selbständig nach einer Zugriffsoperation eine Folge von Werten liefert. Im Gegensatz zu I-Strukturen ist ein Lesezugriff vor einem Schreibzugriff nicht erlaubt.

Zum Einbau einer Datenstrukturarchitektur in die LGDG-Maschine muß eine Modifikation vorgenommen werden. Ein Datenstrukturbefehl wird vom Befehlsprozessor wie bei einem Coprozessorbefehl in eine Anforderung an den Datenprozessor umgesetzt. Da beim Zugriff auf den Cluster-Speicher eine Antwortverzögerung entsteht, wird bei der Codeerzeugung ein O-Knoten direkt nach einem Datenstrukturbefehl in zwei verschiedene O-Knoten geteilt. Um sofort nach Eintreffen der gewünschten Daten mit dem neuen O-Knoten fortfahren zu können, wird der Aktivierungsname des nachfolgenden O-Knotens einer Datenstrukturanforderung als Parameter mitgegeben. Damit wird verhindert, daß der Befehlsprozessor auf das Eintreffen der gewünschten Daten vom Clusterspeicher warten muß.

Das Datenflußprinzip wird somit zur Realisierung eines Zugriffs mit versetzten Phasen genutzt. Dies geschieht in ähnlicher Weise wie bei I-Strukturoperationen, wobei jedoch Datenstrukturanforderungen ganze Datenströme initiieren können, während sich I-Strukturoperationen immer nur auf ein einzelnes Datenelement beziehen. Jedoch benötigt das Fortfahren mit einem neuen O-Knoten einen Kontextwechsel mit

Einrichten eines neuen Aktivierungsrahmens. Dies ist zur Implementierung von I-Strukturoperationen nicht notwendig.

### 5.4.4 Stollmann Data Flow Machine

Die *Stollmann Data Flow Machine* (*SDFM*)[3], die im ESPRIT-Projekt 415-E bei der Stollmann GmbH entwickelt wurde, ist eine Datenflußarchitektur, die kommerzielle Anwendungen insbesondere im Datenbankbereich unterstützt. Eine Prototypimplementierung auf einem VME-Bussystem war im Oktober 1988 lauffähig.

Die spezielle Ausrichtung auf Datenbanken geschieht durch komplexe Operatoren zur Manipulation von Tupeln relationaler Datenbanksysteme. Diese Operationen können durch Mikroprogramme realisiert werden. Die „Mikroprogramme" werden als sogenannte „benutzerdefinierte Befehle" in einer höheren Programmiersprache geschrieben, übersetzt und wie Makroknoten in einem Datenflußgraphen aufgerufen. Sie entsprechen somit den sequentiellen Codeblöcken beim Large-Grain-Datenflußprinzip.

Daneben gibt es noch komplexe Maschinenbefehle, die als generische Befehle bezeichnet werden, da sie eine variable Anzahl von Operanden besitzen können. Als Beispiele werden arithmetische Befehle auf Vektoren genannt [Glück-Hiltrop et al. 88].

Durch die Mischung aus komplexen und normalen Maschinenbefehlen wird eine variable Körnigkeit der Befehle innerhalb des Befehlssatzes erreicht. Darüber hinaus ist der Maschinenbefehlssatz als „offen" entworfen, d. h., in Abhängigkeit von der jeweiligen Anwendung können weitere Maschinenbefehle hinzugefügt werden.

Die Architektur der Stollmann Data Flow Machine (Abb. 5.4-8) besteht aus einer Anzahl von Verarbeitungseinheiten (Execution Units EUs), Schaltsteuereinheiten (Firing Control Units FCs) und Überwachungseinheiten (Administration Units), die alle auf einen global adressierten Speicher zugreifen. Jeder dieser Einheiten ist ein sogenanntes Bucket zugeordnet, das jeweils aus einem priorisierten (expedited entry) und einem normalen (normal entry) FIFO-Speicher besteht.

---

3 Zur *Stollmann Data Flow Machine* siehe [Jipp u.a. 87], [Glück-Hiltrop 88] und [Glück-Hilltrop et al. 88, 89].

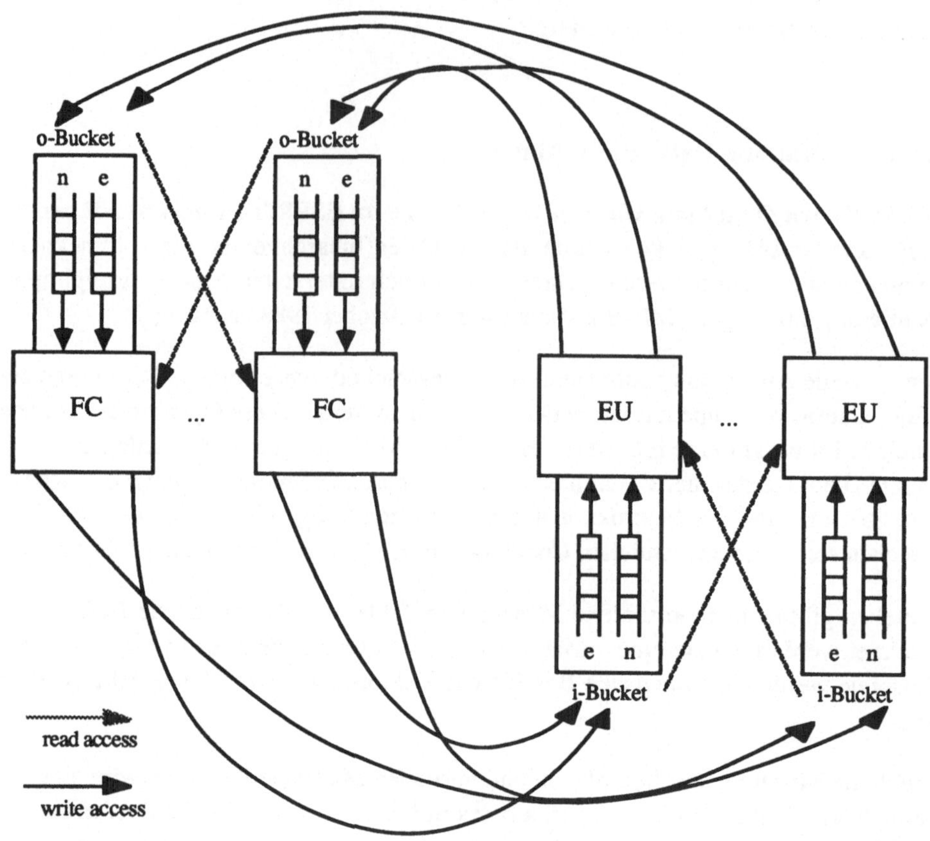


Abb. 5.4-8 Stollmann Data Flow Machine

Eine Einheit besitzt exklusiven Lesezugriff auf den priorisierten FIFO-Speicher ihres Bucket und einen bevorzugten Lesezugriff zum normalen FIFO-Speicher ihres Bucket. Durch die Verschiedenartigkeit der FIFO-Speicher läßt sich zum einen die Lokalität bei der Verarbeitung erzwingen, zum anderen können Fehlerbehandlungen einfacher durchgeführt werden.

Jede Einheit greift lesend auf den priorisierten FIFO-Speicher ihres Bucket zu. Falls dieser leer ist, wird der normale FIFO-Speicher des eigenen Bucket abgearbeitet. Falls dieser ebenfalls leer ist, kann auf die normalen FIFO-Speicher von Buckets anderer Einheiten lesend in LIFO-Weise (Last in First out) zugegriffen werden, jedoch natürlich nur von Einheiten des gleichen Typs. Diese Form der Auftragsanziehung führt zu einer automatischen Lastverteilung im System. Bei einem Schreibzugriff wird, um die Lokalität zu wahren, immer zunächst versucht, in das Bucket derjenigen Einheit zu schreiben, welche die zugehörigen Daten gespeichert hat. Falls ein zunächst vorgesehenes Bucket sich als voll erweist, kann auch auf ein Bucket einer anderen Einheit ausgewichen werden.

Den *Schaltsteuereinheiten* sind sogenannte *o-Buckets* (Operand-Buckets) zugeordnet, die Operandenworte mit bereits verfügbaren Operandenwerten enthalten. Ein Operandenwort entspricht einem Datentoken dynamischer Datenflußrechner und besteht aus den folgenden Einträgen:

- einer Identifikation des Funktionsaufrufs, zu dem der Operand gehört (Runtime Update Part Address),
- der Befehlsnummer zur Identifikation des Maschinenbefehls, zu dem der Operand gehört,
- der Nummer des Eingabe-Ports relativ zum Befehl und
- dem Operandenwert selbst, falls er klein genug ist, bzw. der Adresse des Operandenwerts.

Eine Schaltsteuereinheit - sie entspricht der Vergleichseinheit dynamischer Datenflußrechner - liest ein Operandenwort und bearbeitet den zugehörigen Aktivitätseintrag im Laufzeitrahmen (siehe unten), d. h., sie trägt die Verfügbarkeit des Operanden ein und überprüft, ob alle Eingabeoperanden der zugehörigen Aktivität vorhanden sind. Wenn dies der Fall ist, wird ein sogenanntes *Schaltwort* (Firing Word) erzeugt, das aus der Identifikation des Funktionsaufrufs und der Befehlsnummer besteht. Das Schaltwort wird in das *i-Bucket* (Instruction Bucket) einer Verarbeitungseinheit geschrieben.

Eine *Verarbeitungseinheit* liest ein Schaltwort aus einem i-Bucket, holt die benötigten Operanden aus dem Speicher, führt den Befehl aus und erzeugt ein Operandenwort für jeden Befehl, der den Resultatwert als Operand benötigt. Die Operandenworte werden in die o-Buckets der Schaltsteuereinheiten geschrieben.

Die *Überwachungseinheiten* (in Abb. 5.4-8 nicht gezeigt) besitzen zur Fehlererkennung und -behandlung Schreibzugriff auf alle Buckets im System. Betriebssystemaufrufe des zugehörigen Vorrechners können von den Einheiten durch Einträge in die Buckets der Überwachungseinheiten hervorgerufen werden.

Der Objektcode eines Programms wird in einem sogenannten Nur-Lese-Teil (Read Only Part ROP) und die Ausführungszustände werden in Laufzeitrahmen (Runtime Update Parts RUPs) gespeichert (siehe Abb. 5.4-9). Der Nur-Lese-Teil kann als logische Struktur eines Programmspeichers und die Gesamtheit der Laufzeitrahmen als Vergleichsspeicher betrachtet werden. Die Verarbeitungseinheiten greifen auf die

Nur-Lese-Teile zu, während auf die Laufzeitrahmen von den Schaltsteuereinheiten (entsprechend den Vergleichseinheiten) zugegriffen wird.

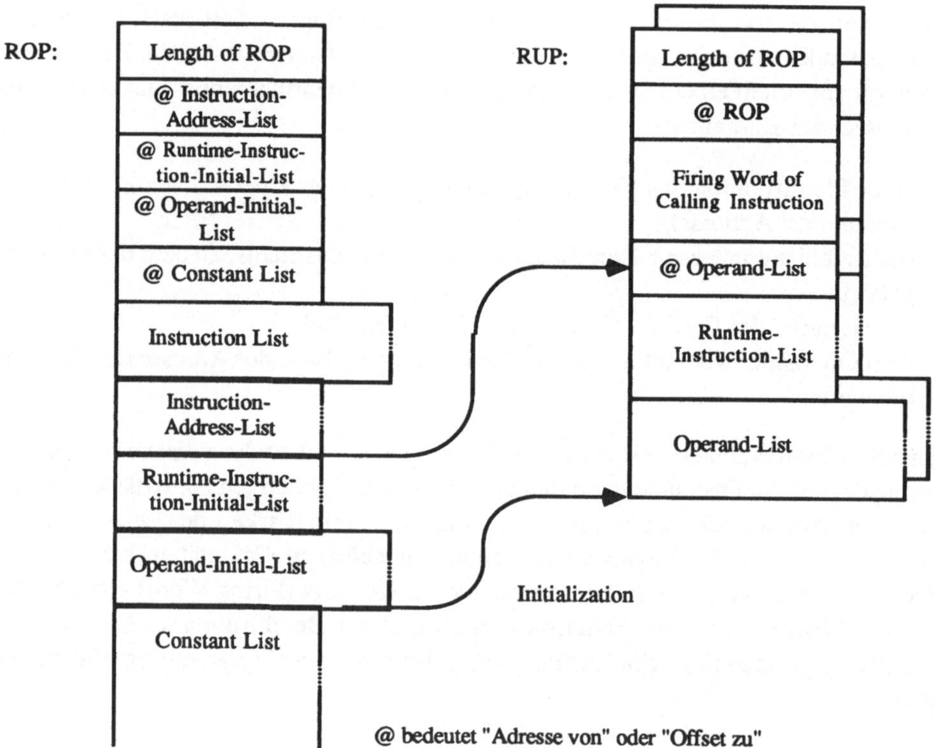


Abb. 5.4-9 Grundlegende Kontrollstruktur der Stollmann Data Flow Machine

Für jede Funktion eines Programms wird ein Nur-Lese-Teil erzeugt, der die Maschinenbefehle und den Rumpf eines Laufzeitrahmens enthält. Zur Laufzeit wird der Nur-Lese-Teil einmal in den Speicher geladen. Er ist reentrant.

Aus dem Laufzeitrahmen-Rumpf wird bei jedem Funktionsaufruf zum Zeitpunkt der Funktionsaktivierung ein Laufzeitrahmen erzeugt, der die Statusinformationen über den Fortgang der Ausführung des Funktionsaufrufs enthält. Diese sind der Status der Aktivitäten (Befehle) und die Adressen der Operanden im Speicher bzw. die Operanden selbst.

Durch die Laufzeitrahmen wird ein dynamisches Datenflußprinzip in Form einer Kombination von Code-Copying und Tagged-Token realisiert.

Die SDFM-Architektur benutzt einen global adressierbaren Speicher, der logisch in drei Teile zerfällt:

- einen Programmspeicher, der die Nur-Lese-Teile und eine Laufzeitrahmen-Ladetabelle enthält,
- einen Laufzeitspeicher mit den Laufzeitrahmen und
- einen Datenspeicher für die Operandenwerte.

Die derzeit gewählte Testimplementierung dieser Architektur (Abb. 5.4-10) besteht aus vier 68020 Prozessor-Boards mit je 4 MByte Dual-Port-Speicher besteht. Die Prozessoren sind über einen VME-Bus untereinander und mit peripheren Controllern verbunden. Jeder Prozessor kann direkt auf seinen lokalen Speicher und über den VME-Bus auf die lokalen Speicher der anderen Prozessoren zugreifen, wobei ein globaler Adreßraum gewährleistet wird. Ein Prozessorknoten läuft als Vorrechner unter UNIX V.3, während die anderen drei Prozessorknoten einen Echtzeit-Betriebssystemkern namens SRTX besitzen.

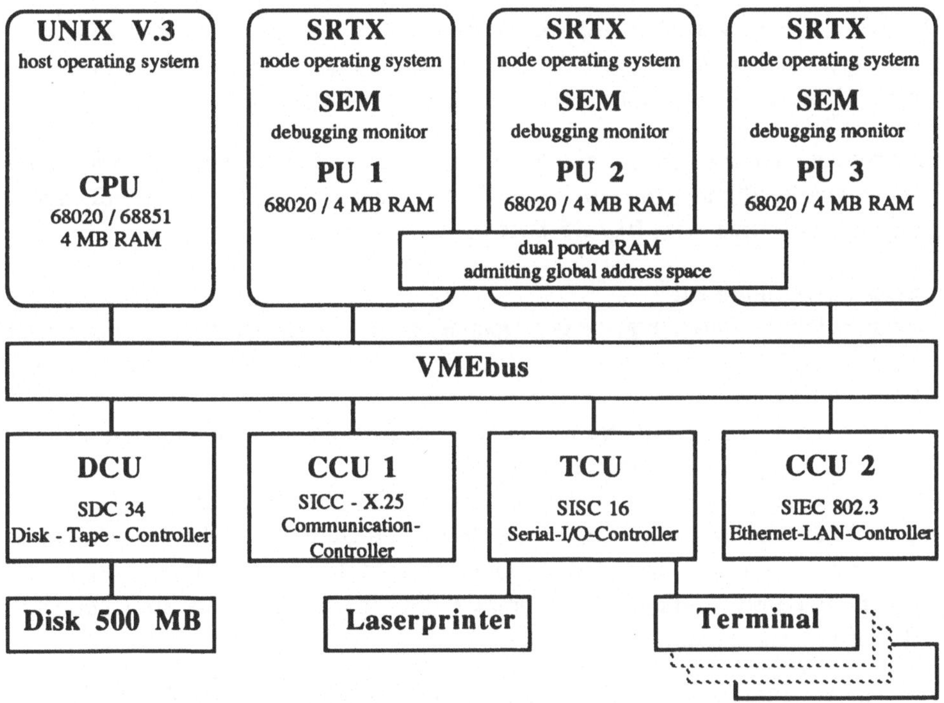


Abb. 5.4-10 Testimplementierung der Stollmann Data Flow Machine

Der global adressierbare Speicher ist auf die verschiedenen Prozessorknoten verteilt. Buckets werden als global zugreifbare FIFO-Speicherstrukturen und die Einheiten als vom Betriebssystem verwaltete Prozesse realisiert. Die Nur-Lese-Teile und die Daten werden im Speicher desjenigen Prozessors gehalten, der auch die Verarbeitungseinheiten, die auf sie zugreifen, realisiert. Die Laufzeitrahmen werden ebenfalls nahe bei den Schaltsteuereinheiten, die auf sie zugreifen, untergebracht.

Um die Lokalität möglichst zu wahren, werden Schaltworte (bzw. die entsprechenden Befehle) der Verarbeitungseinheit zugeordnet, welche die meisten der Eingabedaten des Befehls enthält, während ein Operandenwort derjenigen Schaltsteuereinheit zugeordnet wird, welche die zugehörige Laufzeitrahmen enthält. Neuproduzierte Daten werden dort gespeichert, wo sie erzeugt werden.

Zur Lastverteilung kann jedoch, wie oben beschrieben, ein Schaltwort auch einer anderen Verarbeitungseinheit zugeordnet werden, bzw. eine unbeschäftigte Einheit kann Arbeit an sich ziehen, indem sie Bucket-Einträge fremder Buckets in LIFO-Weise liest.

Mittels des Prototypen soll ein optimales Verhältnis zwischen Schaltsteuer- und Verarbeitungseinheiten, eine angepaßte Bucket-Größe und bei der Lastverteilung eine optimale Körnigkeit der parallelen Ausführung gefunden werden.

Zur Programmierung steht für die SDFM auf unterster Ebene eine *BLASS* genannte Sprache zur Verfügung, die eine textuelle Repräsentation eines Datenflußgraphen darstellt. Das Format eines BLASS-Befehls besteht aus:

- einer Befehlsnummer,
- einer Befehlsbeschreibung, die den Opcode, einen Eintrag der Art der Eingabeoperanden und Information, in welche Buckets der Befehl bei der Ausführung verteilt wird, enthält,
- einer Eingabeoperandenliste, welche die Anzahl der Eingabeoperanden und eine Beschreibung jedes einzelnen enthält,
- einer Resultatoperandenliste (entsprechend der Eingabeoperandenliste) und
- einer Link-Beschreibungsliste, welche für jeden Resultatoperanden eine Link-Liste mit einer beliebigen Anzahl von Zielangaben, d. h. von Befehlen, repräsentiert durch die Befehls- und die Port-Nummer, die den Operanden als Eingabeoperanden benötigen, enthält.

Spezielle BLASS-Befehle unterstützen Funktionsaufrufe und Aufrufe benutzerdefinierter Befehle. Diese sind:

- *CALL* führt einen benutzerdefinierten Befehl aus,

- *INVOCATION* startet einen Funktionsaufruf und verteilt die Resultate nach der Terminierung,
- *IMPORT* übergibt die Eingabeoperanden an einen gerade gestarteten Funktionsaufruf,
- *RETURN* übergibt die Resultate einer Funktionsaktivierung, nachdem sie verfügbar geworden sind, und
- *RESTART* unterstützt Iterationen.

Jede Funktion enthält eine *IMPORT*- und eine *RETURN*-Anweisung.

Als Hochsprache wird ein Sisal-Dialekt benutzt, der als *CLAN* (Coarse-Grain Data Flow Language) bezeichnet wird.

Die SDFM ist im Hinblick auf Datenbankanwendnugen ausgerichtet. Dabei wird von einem relationalen Datenbanksystem ausgegangen, dessen Anfragen in relationale Anfragebäume (Query Trees) übersetzt werden. Die Knoten eines Anfragebaums bestehen aus den grundlegenden Relationenalgebra-Operationen. Ein solcher Anfragebaum wird als Datenflußgraph betrachtet, wobei die Daten, die entlang der Kanten fließen, Relationen sind, die von den Relationenalgebra-Operationen konsumiert werden und neue Relationen erzeugen. Um mehr Parallelität zu erhalten als zwischen den Operationen des Anfragebaumes besteht, werden die Relationen in Datenblöcke (Unterrelationen gleicher Größe) und die Operationen auf den Relationen in mehrere Ausprägungen derselben Operation implementiert, welche auf die entsprechenden Datenblöcke zugreifen.

Eine Relationenalgebra-Operation wird auf der SDFM durch eine Anzahl von benutzerdefinierten Befehlen implementiert. Die wesentliche Datenstruktur, auf die diese Operationen zugreifen, ist die Relation. Diese wird durch eine Relationsbeschreibung und die zugehörigen Datenblöcke implementiert. Weiterhin steht ein Unterrelations-Deskriptor zur Verfügung, der eine Untermenge von Datenblöcken einer existierenden Relation bezeichnet.

Relationenalgebra-Operationen werden auf der SDFM-Architektur mittels benutzerdefinierter Befehle realisiert. Dabei werden folgende Arten unterschieden:

- Bei administrativen Befehlen wie beispielsweise *RSPLIT* wird eine Relation oder Unterrelation gemäß eines im Befehl angegebenen Zerlegungsmodus in weitere Teile zerlegt. Weiterhin existieren Befehle zum Verketten und zum Konvertieren oder zur Größenbestimmung von Relationen oder Unterrelationen.

- Für jede Relationenalgebra-Operation wird weiterhin eine Anzahl von Verarbeitungsbefehlen definiert, die auf einen oder zwei Datenblöcke zugreifen und diese verarbeiten. Beispielsweise führt ein *REPRO*-Befehl eine Restriktion (Filterung gemäß einer Restriktionsbedingung) auf den Tupeln eines Datenblocks durch, speichert die Resultate gemäß einer Projektionsbedingung in einem weiteren Datenblock und eliminiert Duplikate. Ein *COMPRESS*-Befehl komprimiert zwei nicht vollständig gefüllte Datenblöcke zu einem einzigen Datenblock oder zu zwei komprimierten Datenblöcken. Der *PSORT*-Befehl sortiert die Tupel eines Datenblocks gemäß einer Sortierbedingung und *PMERGE* verschmilzt Datenblöcke in gleicher Weise. Mittels dieser benutzerdefinierten Befehle können Datenflußprogramme geschrieben werden, die eine kombinierte Restriktions-/Projektions-Operation implementieren.

Auf diese Weise wird bei der Implementierung einer Relationenalgebra-Operation eine Trennung von administrativen Operationen und Verarbeitungsoperationen durchgeführt. Da diese Operationen auf Datenblöcken als Unterrelationen einer Relation arbeiten, läßt sich die Ausführung einer Relationenalgebra-Operation auf mehrere Verarbeitungseinheiten verteilen und trotzdem eine grobkörnige Datenflußsteuerung realisieren.

### 5.4.5 ASTOR-Projekt

#### 5.4.5.1 Zielsetzungen des ASTOR-Projekts

Im Rahmen des ASTOR-Projekts[4] wurde in der Zeit von 1984 bis 1991 an der Universität Augsburg eine parallele Programmiersprache - die *ASTOR-Sprache*- und eine darauf abgestimmte Rechnerarchitektur - die *ASTOR-Architektur* - entwickelt.

Das prinzipielle Ziel des Projekts war, eine problemorientierte Sprache zu entwickeln und eine Architektur auf die Sprache so abzustimmen, daß eine hohe Rechenleistung mit sicherer Programmausführung verbunden wird. Problemorientierung beim Sprachentwurf bedeutet, daß die Konzepte der Programmiersprache die Struktur eines Problems auf einer möglichst hohen Abstraktionsebene erhalten sollen. Unter einer sicheren Programmausführung wird ein sofortiges Erkennen und genaues Loka-

---

4 Zwischenstände des Projekts sind in [Töpfer, Ungerer, Zehendner 85], [Zehendner, Ungerer 87, 88, 89, 92], [Ungerer, Zehendner 88, 89, 92a, 92b] und [Ungerer 86, 88 und 89] dokumentiert. Die Beschreibung im vorliegenden Abschnitt gibt den Stand von [Ungerer, Zehendner 92a] wieder. Die ausführlichste Beschreibung findet sich in [Ungerer, Zehendner 90].

lisieren von Programmier- und Laufzeitfehlern sowie das Vermeiden von Fehlerfortpflanzung verstanden.

Die prinzipielle Vorgehensweise im ASTOR-Projekt kann als eine Kombination aus „Language-First Approach" [Kennaway, Sleep 84] und „Top-Down-Architekturentwurf" [Töpfer, Ungerer, Zehendner 88] charakterisiert werden. Ein *Language-First Approach* bedeutet im strengen Sinne, erst eine Sprache zu wählen oder zu entwickeln und dann eine sprachorientierte Architektur zu entwerfen. Um ein System mit hoher Rechenleistung zu erhalten, kommt man jedoch nicht umhin, Sprache und Architektur gemeinsam und aufeinander abgestimmt zu entwickeln. Die ASTOR-Sprache[5] wurde deshalb im Hinblick auf Problemorientierung und unter Beachtung moderner Konzepte des Software-Entwurfs angelegt. Da die ASTOR-Sprache jedoch eine Schnittstelle zwischen Hochsprache und Architektur darstellen soll, gingen von Seiten der nachfolgenden Architekturentwicklung die Forderungen nach einer effizienten Implementierbarkeit auf parallelen Maschinen und nach einer Minimalisierung von Sprachkonzepten und Sprachkonstrukten in den Sprachentwurf mit ein.

Bei einem *Top-Down-Architekturentwurf* werden ausgehend von einer Anforderungsdefinition notwendige Architekturkonzepte definiert, die in den Architekturentwurf eingehen sollen. Diese werden nach ihrer Relevanz geordnet, und dann wird die Architektur von der abstraktesten Architekturebene bis hin zur Ebene konkreter Hardware einer Maschine in mehreren Verfeinerungsstufen entwickelt. Bei jedem Übergang von einer Architekturebene zur nächsten werden Architekturentscheidungen getroffen. Ein strenger Top-Down-Entwurf ist natürlich ebenfalls nicht durchführbar. Auf jeder Entwurfsebene müssen, schon aus Effizienzgründen, Hardwaregesichtspunkte in den Architekturentwurf miteingehen.

Ziel der ASTOR-Architekturentwicklung war es, einen Universalrechner zu entwerfen, der eine hohe Leistung durch Parallelverarbeitung mit einer sicheren Programmausführung kombiniert. Um das letztere auch für Laufzeitfehler zu erreichen, wurde die Methode der *Strukturorientierung* [Zehendner 90] entwickelt und auf die ASTOR-Architektur angewandt. Daraus leitet sich auch der Name ASTOR („*A*ugsburger *St*ruktur*or*ientierung") ab. Dabei wird unterstellt, daß die für eine sichere Programmausführung notwendigen und vom Übersetzer nicht durchführbaren Fehlerprüfungen zur Laufzeit am effizientesten und sichersten durch die Maschine selbst und nicht durch ein bei der Compilation hinzugebundenes Laufzeitsystem durchgeführt werden. Hierzu benötigt die Maschine Kenntnis der prinzipiellen Programm-, Kontroll- und Datenstrukturen der Programmiersprache. Diese sollen somit bei der Abbildung

5 Zur ASTOR-Sprache siehe auch [Ungerer, Zehendner 88, 89] und [Zehendner, Ungerer 88, 89].

auf die Maschine nicht verloren gehen, sondern möglichst weitgehend erhalten bleiben.

Die ASTOR-Architektur läßt sich als nachrichtengekoppelte Multiprozessorarchitektur mit einer Entkopplung von Ablaufsteuerung und Datenverarbeitung charakterisieren. Der Programmablauf wird durch eine Vergleichsoperation gesteuert. Insofern kann die ASTOR-Architektur als eine Datenflußarchitektur mit komplexen Maschinenoperationen eingeordnet werden.

Im nächsten Abschnitt wird die ASTOR-Sprache vorgestellt. Abschnitt 5.4.5.3 behandelt die ASTOR-Architektur, Abschnitt 5.4.5.4 gibt eine Einordnung und Bewertung des ASTOR-Projekts.

#### 5.4.5.2 ASTOR-Sprache

Die ASTOR-Sprache kann als eine den problemorientierten Programmiersprachen nahestehende Zwischensprache betrachtet werden, deren Konstrukte von einer ASTOR-Maschine direkt ausgeführt werden. Um eine umfassende Nutzung von Parallelität in der ASTOR-Architektur zu ermöglichen, müssen sollen sich alle fünf Parallelitätsebenen (Abschnitt 2.1) in der ASTOR-Sprache adäquat ausdrücken lassen.

Da die gebräuchlichsten Programmiersprachen imperativ sind, wurde die ASTOR-Sprache ebenfalls als imperative Sprache mit einem Variablenkonzept angelegt. Ähnlich wie die parallelen imperativen Sprachen besitzt die ASTOR-Sprache explizit parallele Kontrollkonstrukte. Sie verfügt jedoch zusätzlich über komplexe Datenstrukturen und -operationen.

Die Komplexität paralleler Programme stellt besonders hohe Anforderungen an Software-Entwicklung und -pflege. Deshalb unterstützt die ASTOR-Sprache die Konzepte der Modularisierung, Datenkapselung und Datenabstraktion. Da die ASTOR-Sprache als Schnittstelle für die ASTOR-Architektur dient, muß der Sprachumfang knapp gehalten werden. Auf komplexere Konzepte objektorientierter Sprachen wie Klassenhierarchien, parametrisierte Klassen und virtuelle Funktionen wurde deshalb verzichtet. Die ASTOR-Sprache verfügt über ein minimales Modul- und Prozedurkonzept, das die Implementierung von abstrakten Datentypen, von Klassen und Methoden objektorientierter Programmiersprachen und von Funktions-, Prozedur- und Kontrollabstraktionen [Liskov et al. 81] zuläßt.

Jedes *Modul* der ASTOR-Sprache enthält eine Menge von Prozeduren. Der Code eines Moduls ist auf die in ihm deklarierten Prozeduren verteilt. Eine weitere Schachtelung von Modulen und Prozeduren ist in der ASTOR-Sprache nicht möglich, da dies die Implementierung komplizieren würde.

In der ASTOR-Sprache besteht jedes Modul aus einem Schnittstellenteil und einem Implementierungsteil, die unabhängig voneinander übersetzt werden können. Diese Trennung ermöglicht, die Implementierungsteile zu ändern, ohne daß aufrufende Module davon betroffen sind. Eine Programmentwurfsbibliothek enthält die Schnittstellenbeschreibungen der Module. Die ASTOR-Sprache erlaubt getrenntes Übersetzen von Modulen. Zur Gewährleistung einer sicheren Programmausführung läßt die ASTOR-Sprache starke Typenprüfung von Argumenten versus Parametern zu.

Variablen sind in der ASTOR-Sprache lokal zu einem Modul bzw. lokal zu einer Prozedur deklariert (sogenannte *Modulvariablen* bzw. *Prozedurvariablen*). Jede Prozedur hat nur Zugriff zu ihren eigenen Variablen und zu allen Variablen des sie umfassenden Moduls. Variablen können optional als *statisch* deklariert werden, wodurch eine Inkarnation beim Prozeduraufruf unterbleibt. Eine statische Prozedurvariable ist damit allen Inkarnationen der Prozedur zugänglich, eine statische Modulvariable allen Inkarnationen der Prozeduren des Moduls. Alle übrigen Variablen werden *dynamische Variablen* genannt; sie gehören jeweils zu einer bestimmten Inkarnation einer Prozedur bzw. eines Moduls.

Mittels eines *internen Prozeduraufrufs* wird eine Prozedur durch eine Prozedur desselben Moduls aktiviert. Dabei wird eine neue Inkarnation der dynamischen Variablen der aufgerufenen Prozedur geschaffen. Die aufgerufene Prozedur greift aber auf dieselben Modulvariablen zu wie die aufrufende Prozedur.

Der Aufruf einer Prozedur durch eine Prozedur eines anderen Moduls wird *externer Prozeduraufruf* genannt. Durch ihn wird eine neue Inkarnation der dynamischen Variablen der aufgerufenen Prozedur sowie der dynamischen Variablen des sie umfassenden Moduls geschaffen. Bezeichner für dynamische Variablen im Code der aufgerufenen Prozedur beziehen sich stets auf diese beiden Inkarnationen.

Der Datenaustausch zwischen Prozeduren verschiedener Module erfolgt stets über Parameter. Parameter können von beliebigem Typ sein. Für jeden Parameter wird einer der Übergabemodi 'in', 'out', 'inout' oder 'yields' verwendet. Der Übergabemodus 'in' bedeutet, daß der Wert des Arguments an das Modul bzw. an die Prozedur übergeben wird. Parameter vom Übergabemodus 'out' geben einen Wert an eine Argumentvariable zurück, und Parameter vom Übergabemodus 'inout' sind transient. Der Übergabemodus 'yields' wird später im Zusammenhang mit dem Iteratorkonzept erklärt.

Die Prozeduren eines Moduls können sowohl über Parameter als auch über die Modulvariablen kommunizieren. Verschiedene Inkarnationen derselben Prozedur greifen außerdem gemeinsam auf ihre statischen Variablen zu.

Der Code einer Prozedur besteht jeweils aus einer einzigen Anweisung. Anweisungen können Kontrollkonstrukte oder Datenbefehle sein. Kontrollkonstrukte steuern die Ausführung von eingeschachtelten Anweisungen, während Datenbefehle ausschließlich Operationen auf Daten ausführen. Kontrollkonstrukte können in beliebiger Reihenfolge geschachtelt werden. Das unterste Schachtelungsniveau ist mit den Datenbefehlen und den Aufrufkonstrukten erreicht, die nicht weiter geschachtelt werden können.

Die ASTOR-Sprache verfügt über folgende parallele Kontrollkonstrukte: ein Prozeßaufrufkonstrukt, ein paralleles Schleifenkonstrukt, zwei parallele Alternativenkonstrukte und ein Dependenzenkonstrukt. Zugriffskonflikte paralleler Kontrollstränge auf gemeinsame Variablen werden durch ein Synchronisationskonstrukt gelöst. Neben den parallelen Kontrollkonstrukten bietet die ASTOR-Sprache auch verschiedene sequentielle Kontrollkonstrukte an, die in imperativen höheren Programmiersprachen üblich sind: `REPEAT...UNTIL`, `WHILE...DO`, sequentielles `FOR`, interner und externer Prozeduraufruf.

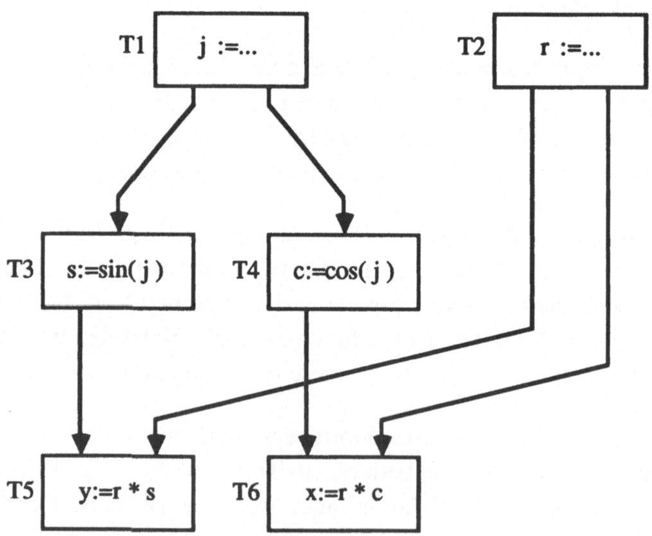


Abb. 5.4-11 Beispiel eines Dependenzgraphen

Ein *Dependenzenkonstrukt* beschreibt die Halbordnung in der Ausführbarkeit von Anweisungen. Es läßt sich durch einen Dependenzgraphen veranschaulichen. Abbildung 5.4-11 zeigt einen Dependenzgraphen zur Umrechnung von Polarkoordinaten in kartesische Koordinaten.

Ein Dependenzgraph unterscheidet sich von einem normalen Datenflußgraphen, bei dem die Knoten stets Elementaroperationen repräsentieren. In diesem Sinne ist der Datenflußgraph eines einzelnen Unterprogramms flach, d. h., er drückt nur Anweisungsparallelität aus. In einem Dependenzgraphen dagegen kann jeder Knoten jede Art von Kontrollkonstrukt oder Datenbefehl bezeichnen, und Kontrollkonstrukte können wiederum Dependenzenkonstrukte enthalten (siehe Programmbeispiel). Das dem Dependenzgraphen aus Abb. 5.4-11 entsprechende Dependenzenkonstrukt lautet:

```
DEPENDENCY
   T1 : T3,T4 : j := ... ;
   T2 : T5,T6 : r := ... ;
   T3 : T5 :    s := sin( j ) ;
   T4 : T6 :    c := cos( j ) ;
   T5 : EXIT :  y := r * s ;
   T6 : EXIT :  x := r * c ;
ENDDEPENDENCY
```

Jede Zeile eines Dependenzenkonstrukts beschreibt einen Knoten durch seinen Namen, einige Verweise und eine Anweisung. Die Verweise innerhalb einer Zeile bezeichnen die Namen all derjenigen Knoten (innerhalb desselben Dependenzenkonstrukts), die von dem in der betreffenden Zeile beschriebenen Knoten abhängen. Der symbolische Verweis `EXIT` bezeichnet einen *Terminierungsknoten*, der angibt, daß keine weiteren Knoten des Dependenzenkonstrukts von diesem Knoten abhängen. Die Reihenfolge der Zeilen innerhalb eines Dependenzenkonstrukts ist beliebig. Zirkuläre Verweise sind nicht erlaubt. Das Dependenzenkonstrukt terminiert, sobald alle Terminierungsknoten ausgeführt sind.

Notationen imperativer Programmiersprachen wie `FORK...JOIN`, `PARBEGIN...PAREND` oder `PAR` (in Occam2) können leicht in Dependenzenkonstrukte übersetzt werden. Der Dependenzgraph in Abb. 5.4-11, der durch keine dieser Notationen ausdrückbar ist, zeigt, daß das Dependenzenkonstrukt ein mächtigeres Sprachmittel ist, d. h., mehr Parallelität zuläßt.

Eine spezielle Form von Dependenzenkonstrukt ist die *Bedingungsdependenz*. Eine Bedingungsdependenz dient zur Berechnung eines Booleschen Werts mit anschließender Weitergabe an das übergeordnete Konstrukt. Eine Bedingungsdependenz besitzt nur einen einzigen Terminierungsknoten. Die zu diesem Knoten gehörige Anweisung muß entweder selbst wieder eine Bedingungsdependenz sein, oder ein Datenbefehl, der ein Boolesches Ergebnis liefert.

Als Verallgemeinerungen der normalen sequentiellen Alternativenkonstrukte wurden zwei *parallele Alternativenkonstrukte* entwickelt.

Ein paralleles Alternativenkonstrukt besteht aus einer Menge von Wächtern und zugehörigen bewachten Anweisungen, zusammen mit einer optionalen ELSE-Anweisung. Ein *Wächter* ist eine Bedingungsdependenz oder ein Datenbefehl, der einen Booleschen Wert liefert. Alle Wächter eines parallelen Alternativenkonstrukts können gleichzeitig ausgewertet werden. Eine Anweisung kann nur dann ausgeführt werden, wenn ihr Wächter den Wert 'wahr' liefert. Wenn keiner der Wächter 'wahr' liefert, wird - sofern vorhanden - die ELSE-Anweisung ausgeführt.

Die beiden parallelen Alternativenkonstrukte unterscheiden sich folgendermaßen:

- GENERAL CASE: Sobald ein Wächter 'wahr' liefert, kann die zugehörige Anweisung sofort ausgeführt werden.

- RESTRICTED CASE: Wenn genau ein Wächter 'wahr' liefert, wird die zugehörige Anweisung ausgeführt. Falls mehrere Wächter 'wahr' liefern, wird ein Fehler angezeigt.

```
RESTRICTEDCASE
   Guard1 : Statement1
        ...
   Guardn :  Statementn
   ELSE Statement
ENDCASE
```

```
GENERALCASE
   Guard1 : Statement1
        ...
   Guardn :  Statementn
   ELSE Statement
ENDCASE
```

Ein Alternativenkonstrukt terminiert, wenn alle Wächter und die bewachten Anweisungen bzw. die ELSE-Anweisung beendet sind.

Sequentielle Alternativenkonstrukte wie IF...THEN, IF...THEN...ELSE oder CASE...DO können durch die parallelen Alternativenkonstrukte ausgedrückt werden.

Der Parallelitätsgrad eines Dependenzenkonstrukts oder parallelen Alternativenkonstrukts ist durch die Zahl der eingeschachtelten Anweisungen beschränkt. Dies erweist sich beispielsweise für parallele Versionen von Backtracking- oder Branch-and-Bound-Algorithmen als hinderlich. Deshalb verfügt die ASTOR-Sprache über weitere parallele Kontrollkonstrukte.

Neben den in imperativen Programmiersprachen üblichen sequentiellen Schleifenkonstrukten besitzt die ASTOR-Sprache noch ein *paralleles Schleifenkonstrukt*. Dieses besteht aus einem Deklarationsteil und einem Schleifenkörper. Der Deklarationsteil spezifiziert entweder eine Liste von Argumenttupeln oder einen Iteratoraufruf.

Diejenigen Argumente eines Iteratoraufrufs, die den Übergabemodus 'yields' besitzen, sind symbolische Namen, die im Schleifenkörper stellvertretend für Variablen benutzt werden.

Der Iterator liefert eine Menge von Argumenttupeln; er wird durch eine Prozedur mit mindestens einem Parameter vom Übergabemodus 'yields' realisiert. Im Code des Iterators wird auf die Parameter mit Übergabemodus 'yields' durch eine oder mehrere YIELD-Anweisungen Bezug genommen. Die Argumente einer YIELD-Anweisung müssen in Anzahl, Reihenfolge und Datentypen mit den Parametern vom Übergabemodus 'yields' übereinstimmen. Bei jeder Ausführung einer YIELD-Anweisung wird ein Argumenttupel erzeugt, einer Iteration des Schleifenkörpers übergeben und die Iteration ausgeführt. Die Schleife terminiert, wenn alle angestoßenen Schleifeniterationen ausgeführt sind.

Der Prozeßbegriff in der ASTOR-Sprache weicht vom üblicherweise verwendeten Prozeßbegriff insofern ab, als mehrere parallele Kontrollfäden innerhalb eines *ASTOR-Prozesses* möglich sind. ASTOR-Prozesse realisieren Parallelität auf der Programm- oder Taskebene; sie kommunizieren über Parameter oder statische Variablen.

Ein Prozeßaufruf ähnelt einem externen Prozeduraufruf. Die gewünschte Prozedur wird wie bei einem externen Prozeduraufruf betreten. Nach Übergabe der Argumente an die Parameter, die alle vom Übergabemodus 'in' sein müssen, fährt der Prozeß fort und terminiert unabhängig von der aufrufenden Prozeduraktivierung. Der Start eines Programms wird durch Aktivieren einer Prozedur seines Startmoduls mittels eines Prozeßaufrufs getätigt. Dadurch kann jede Prozedur neue Programme starten.

Die ASTOR-Sprache erfordert Synchronisationsmechanismen, welche die Konsistenz einer oder mehrerer Variablen (insbesondere von statischen Variablen) auch für den Fall garantieren, daß gleichzeitige Zugriffe aus verschiedenen parallelen Kontrollfäden heraus erfolgen. Deshalb wurde die ASTOR-Sprache mit einem REGION-Konstrukt[6] ausgestattet, das eine Erweiterung des Konzepts der bedingten kritischen Bereiche [Brinch Hansen 72] darstellt.

Die ASTOR-Sprache umfaßt die einfachen Datentypen Boolean, Char, String, Integer und Real und die Typ-Konstruktoren Array, Record, File und List. Die ASTOR-Sprache ist bezüglich der Erweiterung um komplexe Datentypen offen und erlaubt so

---

6 Zum REGION-Konstrukt siehe [Ungerer, Zehendner 92a]. Dort findet sich auch ein ausführliches Programmbeispiel in der ASTOR-Sprache.

verschiedene Dialekte für verschiedene Anwendungen. Als eine mögliche Erweiterung wurden numerische Datentypen definiert, die eine hochgenaue Arithmetik auf Vektoren und Matrizen, ähnlich wie in PASCAL-SC [Bohlender et al. 86], realisieren. Weiterhin sind benutzerdefinierte, abstrakte Datentypen in der ASTOR-Sprache vorhanden.

#### 5.4.5.3 ASTOR-Architektur

Hauptziel der ASTOR-Architekturentwicklung war es, einen Universalrechner zu entwerfen, der eine hohe Verarbeitungsleistung durch Nutzung aller fünf Parallelitätsebenen mit einer sicheren Programmausführung durch umfassende Laufzeitfehlerprüfungen durch die Maschine kombiniert. Die Sprachmittel der ASTOR-Sprache sollten dabei voll ausgeschöpft werden.

Ein weiteres Entwurfsziel war die Skalierbarkeit der Architektur, d. h., die Maschine sollte durch die Vervielfachung von Hardwarekomponenten eine Erhöhung der Rechenleistung erlauben. Der Architekturentwurf sollte so beschaffen sein, daß die Maschine in Funktionsmodule unterteilt ist, die leicht durch Module neuerer Technologie ersetzt und erweitert werden können, ohne daß am Gesamtkonzept der Maschine etwas geändert werden muß.

Die Vorgehensweise beim Entwurf der Architektur kann als Top-Down-Methode mit Anwendung einer hierarchischen Funktionsverteilung [Giloi, Behr 83] charakterisiert werden. Die Beschreibung der ASTOR-Architektur in diesem Abschnitt stellt eine abstrakte Ebene im Sinne eines Top-Down-Architekturentwurfs dar, auf der bestimmte Hardwareentscheidungen noch nicht getroffen sind. Die Methode der *hierarchischen Funktionsverteilung*, die in der Verteilung verschiedenartiger Funktionen auf verschiedene abstrakte Architekturkomponenten in einer gewissen Hierarchie-Ebene eines Top-Down-Architekturentwurfs besteht, wird angewandt, um eine natürliche Dekomposition der Systemkomplexität zu erreichen. Dies führt insbesondere zu einer funktionalen Spezialisierung einzelner Architekturkomponenten.

Zur Charakterisierung einer abstrakten, aktiven Architekturkomponente in der ASTOR-Architektur wird der Begriff *Verwalter* verwendet. Ein Verwalter stellt eine selbständig agierende Komponente dar, die eine spezielle Aufgabe löst. Dies geschieht, indem der Verwalter bestimmte, in ihrer Struktur genau festgelegte Eingabesignale in Ausgabesignale transformiert und über abstrakt definierte Verbindungen an andere Verwalter sendet. Eine (abstrakte) Verbindung ist durch die zwei Verwalter, die sie verbindet, sowie durch die Richtung und die Struktur der Signale definiert.

Um das Entwurfsziel einer hohen Verarbeitungsleistung durch umfassende Ausnutzung der im Programm vorhandenen Parallelität zu erreichen, soll die Maschine Parallelarbeit auf mehreren Ebenen unterstützen. Für die Parallelarbeit auf Programm- und Taskebene erscheint die Struktur eines nachrichtengekoppelten Multiprozessorsystems angemessen, da der Kommunikationsaufwand auf diesen Parallelitätsebenen relativ gering ist. Außerdem ist nur bei nachrichtengekoppelten Multiprozessoren die Skalierbarkeit der Architektur im Prinzip unbegrenzt. Für viele, meist numerische Programme liegt auf der Blockebene durch parallel verarbeitbare Schleifeniterationen die potentiell größte Parallelität vor.

Auf der Anweisungsebene ist der Parallelitätsgrad eher gering, weshalb hier Techniken wie Superscalar, Superpipelining und VLIW (Abschnitte 2.4.1 und 2.4.2) oder das Konzept der Token-Pipeline von Datenflußrechnern angebracht sind.

Suboperationsparallelität bietet in Verbindung mit komplexen Maschinendatentypen und komplexen Maschinenbefehlen, wie beispielsweise Vektor- oder Matrixoperationen, ebenfalls die Möglichkeit, einen hohen Parallelitätsgrad zu erreichen. Was bei konventionellen Rechnern auf der Blockebene durch mehrere geschachtelte Schleifen programmiert werden muß, kann oft durch einen geschickt gewählten, komplexen Maschinenbefehl ausgedrückt und auf der Maschine parallel ausgeführt werden. Falls eine Architektur so entworfen ist, daß Parallelarbeit auf der Suboperationsebene für einen Satz komplexer Maschinenbefehle ausgeführt wird, entfällt ein Großteil der Schleifen und damit ein wesentlicher Anteil der sonst hohen Parallelarbeit auf der Blockebene.

Die ASTOR-Architektur ist deshalb hierarchisch aufgebaut. Auf der obersten Hierarchie-Ebene kommen Programm- und Taskparallelität durch mehrere, über eine Kommunikationseinrichtung verbundene ASTOR-Verarbeitungselemente zum Tragen. Parallelarbeit auf der Suboperationsebene wird durch spezielle Hardwareeinheiten ausgenutzt. Für die Anweisungsparallelität und die nun weniger bedeutende Parallelität auf der Blockebene wird eine Form von *Token-Pipelining* angewandt.

Das zweite Designziel der ASTOR-Architektur - sichere Programmausführung - soll durch Anwendung der Methode der Strukturorientierung erreicht werden. Strukturorientierung ist eine Weiterentwicklung des Konzepts der *Datenstrukturarchitektur* (siehe Abschnitt 2.5.2). In dieser wird auf Datenobjekte nicht mehr direkt über eine Speicheradresse, sondern durch Anwendung geeigneter Zugriffsfunktionen auf der Maschinenebene zugegriffen. Auch ein komplexes Datenobjekt wird somit als Ganzes adressiert und nicht als eine Anzahl von Speicherplätzen betrachtet, wie es bei von-Neumann-Rechnern üblich ist. Bei der ASTOR-Architektur wird dieses Prinzip dahingehend erweitert, daß nicht nur ein einziger komplexer Maschinendatentyp vorgesehen ist, sondern alle komplexen Datentypen der ASTOR-Sprache direkt durch komplexe Maschinendatentypen und Maschinenoperationen realisiert werden. Da die ASTOR-Sprache um komplexe Datentypen erweiterbar ist, muß dies auch für die ASTOR-Architektur bezüglich der Erweiterung um komplexe Maschinendatentypen und -operationen gelten.

Die Methode der *Strukturorientierung* kann man als eine konsequente Weiterführung des Konzepts der Datenstrukturarchitektur ansehen. Dabei ist die zentrale Idee, nicht nur die Datenstrukturen, sondern auch die Programm- und Kontrollstrukturen, die für eine Klasse höherer Programmiersprachen kennzeichnend sind, direkt in die Hardware abzubilden, so daß der Zusammenhang und die Struktur einer repräsentierten Informationseinheit stets erkennbar bleibt. Je mehr von den Strukturen eines Quellprogramms auf der Maschinenebene erhalten bleibt, desto besser können Fehlerprüfungen von der Maschine selbst durchgeführt und damit eine sichere Programmausführung gewährleistet werden. Die Maschine soll Laufzeitfehler sofort erkennen, genau lokalisieren und die Auswirkungen begrenzen können. Strukturorientierung erleichtert somit auch die Konstruktion eines Quellcode-Debuggers. Die Methode der Strukturorientierung wurde im Rahmen des ASTOR-Projekts entwickelt und dort erstmals eingesetzt.

Eine Informationseinheit von Programm-, Kontroll- oder Datenstruktur wird in der ASTOR-Architektur *Objekt* genannt. Objekte enthalten niemals andere Objekte, können aber auf solche verweisen. Ein ASTOR-Programm wird auf der Maschine durch eine Menge von Code- und Datenobjekten repräsentiert. *Codeobjekte* steuern den Ablauf eines Programms, während *Datenobjekte* Struktur, Wert und Zustand von Daten wiedergeben. In der ASTOR-Architektur werden die Codeobjekte von den Datenobjekten getrennt gespeichert und manipuliert.

Das *Deskriptorkonzept* erlaubt es, in der Architektur den Zugriff auf Objekte von deren Verarbeitung abzutrennen. Von [Giloi 79] wird das Prinzip des Zugriffs über Deskriptoren und eigene, autonom arbeitende Hardwareeinheiten als *DRAMA* (*D*escriptor *R*eferenced *A*utonomous *M*emory *A*ccess) bezeichnet. Der Zugriff auf Objekte geschieht bei diesem Konzept nicht über Adressen, sondern über Deskriptorindizes, mit denen Deskriptoren selektiert werden, die Typ, Zustand und Speicherlage der Objekte beschreiben. Die Deskriptoren werden in Deskriptortabellen zusammengefaßt.

Zum Erhalt der Programmstruktur auf Maschinenebene im Sinne der Strukturorientierung wird in der ASTOR-Architektur das DRAMA-Prinzip mittels einer Hierarchie von Deskriptortabellen auf Code- und Datenobjekte angewandt. Diese werden dadurch an ihr Modul und ihre Prozedur gebunden. Der Zugriffsbereich eines Maschinenbefehls wird eng gehalten, so daß Adressierungsfehler damit weitgehend ausgeschlossen werden.

Um die Parallelarbeit auf der Programm- und der Taskebene in der Architektur zu unterstützen, wird die ASTOR-Architektur als nachrichtengekoppeltes Multiprozessorsystem aus miteinander verbundenen ASTOR-Verarbeitungselementen entworfen (Abb. 5.4-12).

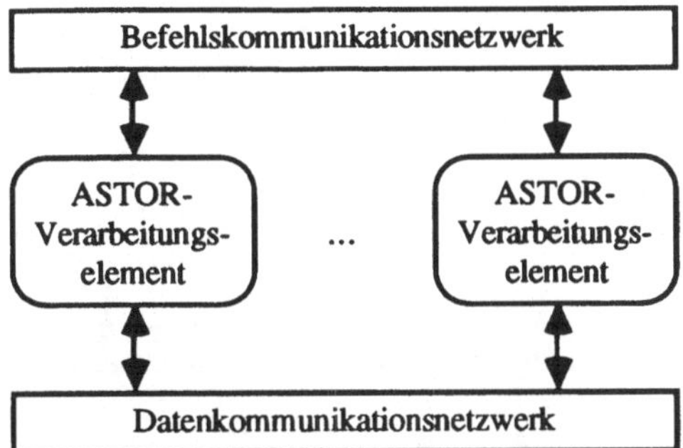


Abb. 5.4-12 ASTOR-Architektur

Die Verbindungsstruktur besteht aus einem Befehlskommunikationsnetzwerk für Prozeß- und externe Prozeduraufrufe und einem Datenkommunikationsnetzwerk zur Übertragung ihrer Argumente. Ein globaler Datenspeicher ist nicht vorgesehen und wegen der Bindung der Datenobjekte an Module auch nicht notwendig. Die Verbindungstopologie dieser Kommunikationsnetzwerke ist auf der hier beschriebenen Ebene des Architekturentwurfs nicht festgelegt.

Die Struktur eines Verarbeitungselements der ASTOR-Architektur ist in Abb. 5.4-13 dargestellt. Jedes ASTOR-Verarbeitungselement besteht gemäß der Trennung von Code- und Datenobjekten aus zwei voneinander entkoppelten Teilen: der Programmflußsteuerung und der Datenobjektverarbeitung.

Der *Programmflußsteuerungsteil* besteht aus dem statischen und dem dynamischen Codespeicher, dem statischen und dem dynamischen Codeverwalter, den ans Befehlskommunikationsnetzwerk angeschlossenen Ein-/Ausgabe-Verwaltern und den Kontrollkonstruktverwaltern (Aufruf-, Schleifen-, Alternativen- und Dependenzenverwalter). Jeder Kontrollkonstruktverwalter ist durch bidirektionale Verbindungen mit dem statischen und mit dem dynamischen Codeverwalter verbunden.

Der *Datenobjektverarbeitungsteil* besteht aus dem Datenspeicher, mehreren Datenverwaltern, einem ans Datenkommunikationsnetzwerk angeschlossenen Ein-/Ausgabe-

Verwalter, (eventuell mehreren) Verarbeitungswerken und dem Rechenstrukturverwalter.

Alle Verwalter und Verarbeitungswerke innerhalb eines ASTOR-Verarbeitungselements arbeiten parallel zueinander. Die Verbindungen zwischen den Verwaltern müssen durch FIFO-Speicher realisiert werden. Dadurch wird ein asynchrones Arbeiten und ein Entkoppeln der einzelnen Verwalter erreicht.

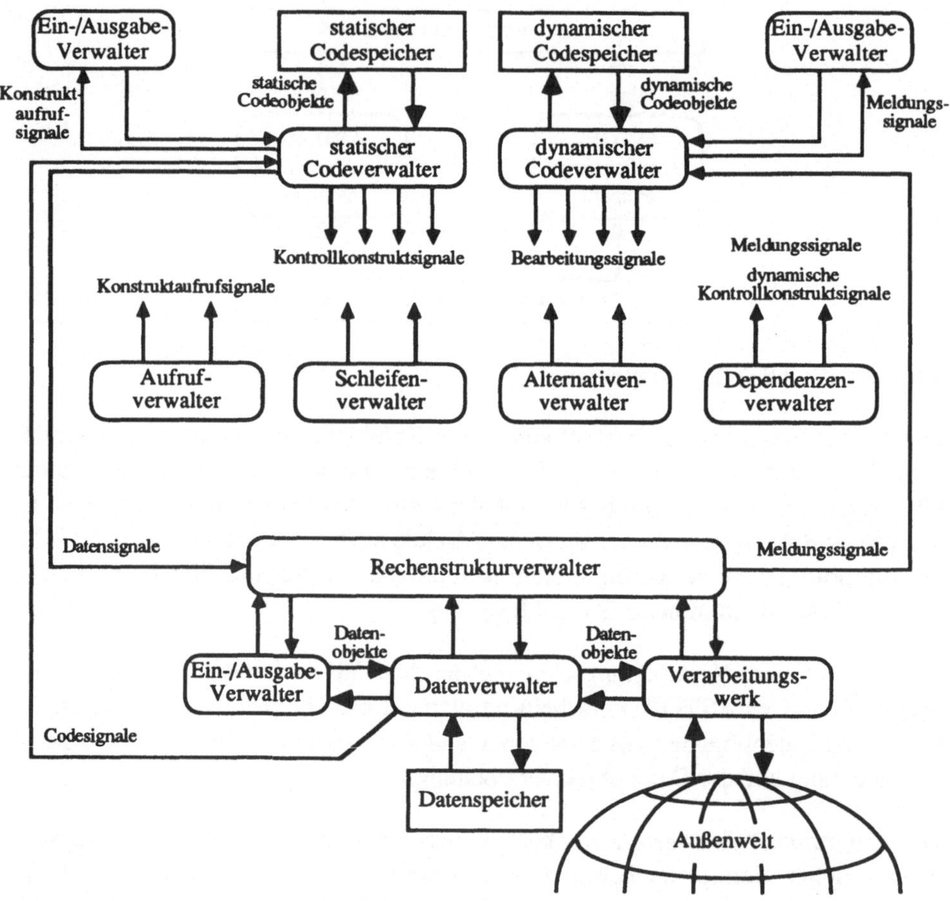


Abb. 5.4-13 ASTOR-Verarbeitungselement

In der Architektur werden statische Codeobjekte, dynamische Codeobjekte und Datenobjekte getrennt gespeichert und manipuliert.

Module, Prozeduren und Konstrukte (Kontrollkonstrukte und Datenbefehle) sind *statische Codeobjekte*. Sie stehen im *statischen Codespeicher*, auf den ausschließlich der *statische Codeverwalter* zugreift. Der logische Aufbau des statischen Codespeichers ist in Abb. 5.4-14 dargestellt.

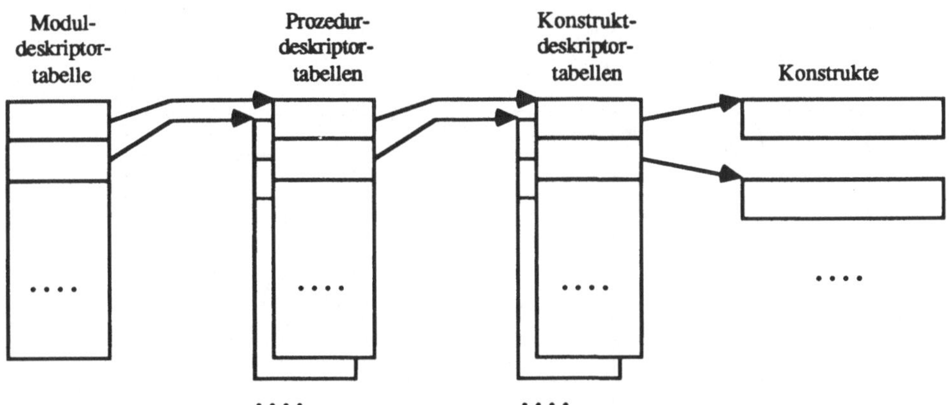


Abb. 5.4-14 Logische Struktur des statischen Codespeichers

Für jedes Modul existiert eine Prozedurdeskriptortabelle und ein Eintrag in der Moduldeskriptortabelle. Für jede Prozedur eines Moduls existiert eine Konstruktdeskriptortabelle und ein Eintrag in der Prozedurdeskriptortabelle des Moduls. Jeder Eintrag einer Konstruktdeskriptortabelle verweist auf ein einzelnes Konstrukt. Der Zugriff auf ein Konstrukt erfolgt in drei Schritten mittels eines eindeutigen Modulindex, eines bezüglich des Moduls eindeutigen Prozedurindex und eines bezüglich der Prozedur eindeutigen Konstruktindex.

Der Code eines Moduls kann von mehreren Prozessen oder mehreren parallelen Kontrollsträngen eines Prozesses gleichzeitig ausgeführt werden und ist während seiner Ausführung gegen Veränderungen geschützt.

*Dynamische Codeobjekte* sind Prozesse und dynamische Kontrollkonstrukte. Ein *dynamisches Kontrollkonstrukt* stellt den Zustand eines in Bearbeitung befindlichen Kontrollkonstrukts während der Laufzeit eines Prozesses dar. Die dynamischen Codeobjekte stehen im *dynamischen Codespeicher*, auf den ausschließlich der *dynamische Codeverwalter* Zugriff hat. Der logische Aufbau des dynamischen Codespeichers ist in Abb. 5.4-15 dargestellt.

Für jeden Prozeß existiert eine dynamische Kontrollkonstruktdeskriptortabelle und ein Eintrag in der Prozeßtabelle, der durch einen eindeutigen Prozeßindex identifiziert wird. Jeder Eintrag der dynamischen Kontrollkonstruktdeskriptortabelle verweist auf ein einzelnes dynamisches Kontrollkonstrukt und wird bezüglich der Tabelle mittels des Konstruktindex sowie eines Prozeduraufrufindex selektiert. Der Prozeduraufrufindex kennzeichnet die Prozeduraktivierung eindeutig.

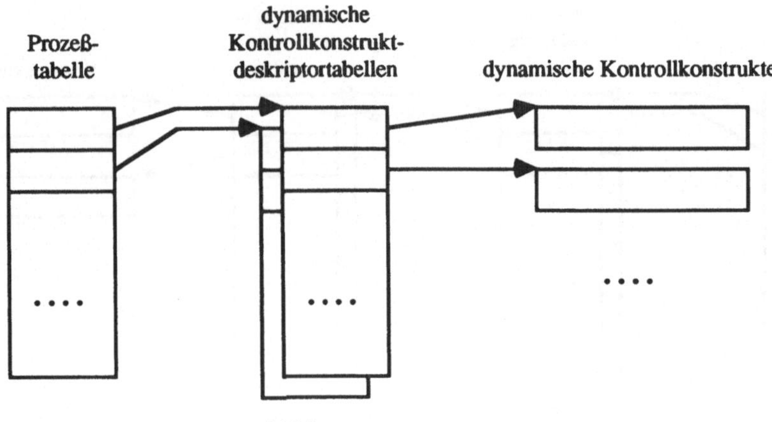


Abb. 5.4-15 Logische Struktur des dynamischen Codespeichers

Datenobjekte stehen im *Datenspeicher*, auf den ausschließlich die *Datenverwalter* Zugriff haben und der ähnlich wie der statische Codespeicher organisiert ist. Separate Datenobjektdeskriptortabellen bestehen jeweils für die statischen Variablen eines Moduls, die statischen Variablen einer Prozedur, die dynamischen Modulvariablen einer externen Prozeduraktivierung sowie die dynamischen Prozedurvariablen einer externen oder internen Prozeduraktivierung.

Für jeden Operanden eines Datenbefehls wird die Art des Datenobjekts (eine der vier oben genannten Kategorien) und ein bezüglich seiner Datenobjektdeskriptortabelle eindeutiger Datenobjektindex angegeben. Die Auswahl der Datenobjektdeskriptortabelle geschieht für die vier oben angegebenen Arten von Datenobjekten jeweils über den Modulindex, über den Modulindex gemeinsam mt dem Prozedurindex, über den Modulaufrufindex oder über den Prozeduraufrufindex. Der Modulaufrufindex identifiziert externe Prozeduraufrufe.

Dynamische Kontrollkonstrukte und die zwischen den Verwaltern ausgetauschten Signale werden mit einem *Etikett* versehen, das aus Prozeßindex, Modulindex, Modulaufrufindex, Prozedurindex, Prozeduraufrufindex und Konstruktindex besteht. Das Etikett bewirkt eine Bindung der Konstrukte und Signale an ihre Laufzeitumgebungen und ist insofern dem Tag dynamischer Datenflußrechner vergleichbar.

Die Kontrollkonstrukte der ASTOR-Sprache werden in der Maschine unter Beibehaltung der Struktur des Konstrukts repräsentiert. Auf eingeschachtelte Konstrukte wird in der Maschinenrepräsentation des Kontrollkonstrukts durch Konstruktindizes verwiesen. Die Kontrollkonstruktverwalter manipulieren Kontrollkonstrukte als komplette Einheiten und realisieren dadurch Strukturorientierung im Bereich der Kontrollstrukturen. Sie sind spezialisiert auf die Verarbeitung jeweils artverwandter Kontrollkonstrukte und darauf ausgelegt, Parallelverarbeitung auf den oberen vier Ebenen der Parallelität im Bereich der Programmflußsteuerung zu organisieren.

Der *Dependenzenverwalter* steuert die Ausführung von Dependenzenkonstrukten. Ein Dependenzenkonstrukt ist auf der Maschine durch eine Tabelle dargestellt. Jede Zeile repräsentiert einen Knoten des Dependenzgraphen durch:

- ein Verweisfeld, das Verweise auf Zeilen enthält, die abhängige Knoten repräsentieren,
- einen Konstruktindex, der das von dem Knoten repräsentierte Konstrukt identifiziert,
- einen Zähler, der die Anzahl der noch nicht ausgeführten Konstrukte beschreibt, von denen das in der Zeile beschriebene Konstrukt direkt abhängt, und
- ein Zustandsfeld, das die Zustände 'noch unaktiviert', 'aktiviert' und 'vollständig bearbeitet' annehmen kann.

Abbildung 5.4-16 gibt die Maschinenrepräsentation eines Dependenzenkonstrukts (gemäß dem Dependenzgraphen in Abb. 5.4-11) als Tabelle wieder.

| Verweise | Konstruktindex | Zähler | Zustand |
|---|---|---|---|
| 3, 4 | xyz1 | 0 | noch unaktiviert |
| 5, 6 | xyz2 | 0 | noch unaktiviert |
| 5 | xyz3 | 1 | noch unaktiviert |
| 6 | xyz4 | 1 | noch unaktiviert |
| - | xyz5 | 2 | noch unaktiviert |
| - | xyz6 | 2 | noch unaktiviert |

Abb. 5.4-16 Maschinenrepräsentation eines Dependenzenkonstrukts

Der Dependenzenverwalter kann diejenigen Konstrukte parallel aktivieren, bei denen in der Dependenzentabelle in den zugeordneten Zeilen die Zähler auf Null stehen und die Zustände 'noch unaktiviert' sind. Bei einer Aktivierung wird der Zustand auf 'aktiviert' gesetzt. Nach Ausführung des aktivierten Konstrukts wird der Zustand auf 'vollständig bearbeitet' gesetzt, die Zähler aller im Verweisfeld des ausgeführten Konstrukts angegebenen Zeilen werden dekrementiert und daraufhin geprüft, ob weitere Konstrukte ausführbar werden.

Der *Aufrufverwalter* führt Prozeßaufrufe, externe und interne Prozeduraufrufe sowie die Verarbeitung des REGION-Konstrukts durch. Er generiert dabei auch die Prozeß-, Modulaufruf- und Prozeduraufrufindizes. Der *Schleifenverwalter* steuert die Ausführung von REPEAT-, WHILE-, FOR- und parallelen FOR-Schleifen, der *Alternativenverwalter* die Ausführung der beiden parallelen Alternativenkonstrukte. Für die Maschinenrepräsentation dieser Kontrollkonstrukte und die Arbeitsweise dieser Kontrollkonstruktverwalter sei auf [Ungerer 86] verwiesen.

Der *Datenobjektverarbeitungsteil* erhält vom Programmflußsteuerungsteil Datensignale, die jeweils aus einem Etikett und einem Datenbefehl besteht. Die Operanden des Datenbefehls können Datenobjekte von komplexen Maschinendatentypen sein, und der Befehl kann eine komplexe Maschinenoperation auf den Datenobjekten auslösen. Ein Datenbefehl führt alle betroffenen Datenobjekte stets wieder in einen konsistenten Zustand über.

Die Transformation eines Datenobjekts wird vom Zugriff abgetrennt und geschieht durch die *Verarbeitungswerke*. Datenverwalter und Verarbeitungswerke werden vom *Rechenstrukturverwalter* konfiguriert und gesteuert; sie können zu einer Pipeline zusammengeschlossen werden, um Parallelarbeit auf der Suboperationsebene zu erreichen. Die Verarbeitungswerke übernehmen auch den Verkehr mit der Außenwelt.

Die Verarbeitungswerke können an die Anwendungsgebiete einer konkreten Maschine angepaßt werden, insbesondere dann, wenn die Architektur um Maschinendatentypen und Datenbefehle erweitert wird. Betroffen ist von derartigen Erweiterungen nur die Datenobjektverarbeitung. Eine weitere Detaillierung der Verarbeitungswerke wird auf dieser Architekturebene nicht behandelt.

Das *Operationsprinzip eines Verarbeitungselements* wird am Beispiel der Ausführung eines Dependenzenkonstrukts beschrieben: Nach Empfang eines Kontrollkonstruktsignals, das aus einem Etikett und einem Dependenzenkonstrukt besteht, schickt der Dependenzenverwalter für jedes aktivierbare, eingeschachtelte Konstrukt ein Konstruktaufrufsignal an den statischen Codeverwalter. Das Konstruktaufrufsignal besteht aus dem Etikett des Kontrollkonstruktsignals, wobei der Konstruktindex des Dependenzenkonstrukts durch denjenigen des zu aktivierenden Konstrukts ersetzt ist. In das Dependenzenkonstrukt werden die Aktivierungen eingetragen. Dann wird das Dependenzenkonstrukt mitsamt seinem Etikett als dynamisches Kontrollkonstruktsignal an den dynamischen Codeverwalter zur Ablage im dynamischen Codespeicher gesandt.

Der statische Codeverwalter kopiert das gesuchte Konstrukt aus dem statischen Codespeicher und sendet es je nach Konstruktart als Kontrollkonstruktsignal an den betreffenden Kontrollkonstruktverwalter bzw. als Datensignal an den Rechenstrukturverwalter.

Das Etikett des Datensignals identifiziert die Umgebung des Datenbefehls. Der Rechenstrukturverwalter selektiert die auszuführende Operation, konfiguriert Datenverwalter und Verarbeitungswerke und startet die Ausführung der Datenoperation. Die Operandenwerte fließen aus dem Datenspeicher über Datenverwalter zu den Verarbeitungswerken, die Resultatwerte über Datenverwalter zurück in den Datenspeicher.

Nach vollständiger Ausführung eines Datenbefehls sendet der Rechenstrukturverwalter ein Meldungssignal an den dynamischen Codeverwalter. Das gleiche geschieht nach vollständiger Ausführung eines Kontrollkonstrukts durch einen Kontrollkonstruktverwalter. Aus dem dynamischen Codespeicher selektiert der dynamische Codeverwalter das dynamische Kontrollkonstrukt, das zuvor dasjenige Konstrukt aktiviert hat, auf das sich das Meldungssignal bezieht. Dieses sendet er zur weiteren Bearbeitung an den betreffenden Kontrollkonstruktverwalter.

Bei der Übersetzung eines Moduls wird der Objektcode im Datenspeicher aufgebaut und dann über einen Datenverwalter und den statischen Codeverwalter in den statischen Codespeicher übermittelt.

Im Bereich der Programmflußsteuerung ist an den statischen und den dynamischen Codeverwalter jeweils ein *Ein-/Ausgabe-Verwalter* angeschlossen, der den Zugang zum Befehlskommunikationsnetzwerk realisiert. Ein weiterer Ein-/Ausgabe-Verwalter ist im Bereich der Datenobjektverarbeitung vorhanden. Dieser stellt die Schnittstelle zum Datenkommunikationsnetzwerk dar.

Parallelität auf der Programm- und der Taskebene soll durch Lastverteilung auf verschiedene ASTOR-Verarbeitungselemente realisiert werden. In der ASTOR-Sprache drückt sich Parallelität auf der Programm- und Taskebene durch Prozeßaufrufe oder externe Prozeduraufrufe aus parallelen Kontrollfäden aus. In Parallelarbeit übersetzt bedeutet dies die Aktivierung eines Prozesses oder eines externen Prozeduraufrufs auf einem anderen ASTOR-Verarbeitungselement - vergleichbar einem Remote Procedure Call. Der Austausch von Konstruktaufruf- und Meldungssignalen geschieht mittels der Ein-/Ausgabe-Verwalter im Programmflußsteuerungsteil über das Befehlskommunikationsnetzwerk.

Die Werte eventuell vorhandener Parameter werden zwischen den Datenobjektverarbeitungsteilen der beiden betroffenen Verarbeitungselemente durch das Datenkommunikationsnetzwerk übertragen. Für Parameter mit Übergabemodus 'in' oder 'inout' erfolgt Datenübertragung beim Aufruf vom aufrufenden zum aufgerufenen Verarbeitungselement. Bei Terminierung eines parallelen externen Prozeduraufrufs erfolgt für Parameter mit Übergabemodus 'out' oder 'inout' Datentransport in umgekehrter Richtung. Für Parameter mit Übergabemodus 'yields' erfolgt Datentransport nach jeder Ausführung eines YIELD-Befehls ebenfalls vom aufgerufenen zum aufrufenden Verarbeitungselement. Bei Verwendung von statischen Variablen innerhalb eines Moduls müssen alle Aufrufe von Prozeduren des Moduls auf einem Verarbeitungselement abgewickelt werden.

Das *Operationsprinzip der Gesamtarchitektur* kann folgendermaßen beschrieben werden: Der statische Codeverwalter entscheidet bei Erhalt eines Konstruktaufrufsignals, das einen Prozeßaufruf oder externen Prozeduraufruf referiert, ob der Aufruf lokal oder auf einem anderen Verarbeitungselement ausgeführt wird. Diese Entscheidung wird zur Laufzeit aufgrund der Kenntnis der Auslastungen des lokalen und der anderen Verarbeitungselemente getroffen. Die Kenntnis der Auslastung kann auch zur Unterdrückung überschüssiger Parallelität genutzt werden, um ein Überschwemmen eines Verarbeitungselements oder der gesamten Maschine mit Zwischenresultaten zu vermeiden. Die Kontrollkonstruktverwalter passen dazu bei der Ausführung paralleler Kontrollkonstrukte die Anzahl der parallelen Aktivierungen eingeschachtelter Anweisungen der Auslastung des Verarbeitungselements oder der gesamten Maschine an.

Falls der Aufruf auf einem anderen Verarbeitungselement durchgeführt werden soll, schickt der statische Codeverwalter das Konstruktaufrufsignal, angereichert um den Verarbeitungselementindex des aufrufenden Verarbeitungselements an den statischen Codeverwalter des aufgerufenen Verarbeitungselements. Dieser empfängt das Konstruktaufrufsignal über seinen Ein-/Ausgabe-Verwalter und führt den externen Prozeduraufruf wie einen lokalen aus, wobei jedoch der Verarbeitungselementindex des aufrufenden Verarbeitungselements über den Aufrufverwalter zum dynamischen Codeverwalter transportiert wird.

Der Rechenstrukturverwalter erhält ein Datensignal, das aus dem Datenbefehl, der die Parameterübergabe durchführt, und einem Etikett besteht; letzteres ist im Gegensatz zu einem lokalen externen Prozeduraufruf um den Verarbeitungselementindex erweitert. Besitzt die aufgerufene Prozedur Parameter mit Übergabemodus 'in' oder 'inout', so erkennt der Rechenstrukturverwalter anhand des Verarbeitungselementindex, daß die Argumente sich im Datenspeicher eines anderen Verarbeitungselements befinden. Der Rechenstrukturverwalter setzt über seinen Ein-/Ausgabe-Verwalter einen Lade-Befehl mit den Argumentindizes an den Rechenstrukturverwalter des aufrufenden Verarbeitungselements ab. Dieser sendet einen Speicherbefehl mit den angeforderten Datenobjekten zurück, so daß die Parameterübergabe durchgeführt werden kann. Das Umgekehrte geschieht bei Ausführung eines YIELD-Befehls mit den

Parametern des Übergabemodus 'yields' sowie am Ende der Prozeduraktivierung mit Parametern vom Übergabemodus 'out' oder 'inout'.

Beim Terminieren des Aufrufs erkennt der dynamische Codeverwalter anhand des Meldungssignals vom Aufrufverwalter, daß das aufrufende Kontrollkonstrukt auf einem anderen Verarbeitungselement lokalisiert ist. Er sendet deshalb über seinen Ein-/Ausgabe-Verwalter ein Meldungssignal an den dynamischen Codeverwalter des aufrufenden Verarbeitungselements zurück. Dieser verfährt wie im Falle der Beendigung eines lokalen Prozeduraufrufs.

Zur Laufzeit können aufgrund der Strukturorientierung der Architektur u.a. folgende Fehlersituationen automatisch durch die Maschine erkannt werden:

- nicht initialisierter Parameter mit Übergabemodus 'in' oder 'inout' bei Prozeduraufruf bzw. Übergabemodus 'out' beim Verlassen einer Prozedur,
- lesender Zugriff auf ein nicht initialisiertes Datenobjekt,
- fehlerhafte Nebenläufigkeit von Datenbefehlen im Falle eines gleichzeitig mit einem anderen Zugriffswunsch auftretenden Schreibzugriffs auf dasselbe Datenobjekt,
- das Auftreten mehrerer zu 'wahr' ausgewerteter Wächter bei `RESTRICTED CASE`-Konstrukten,
- Überschreiten der Bereichsgrenzen bei Arrays und bei komplexen Datenstrukturen und
- unzulässige Datentransformation (zum Beispiel Division durch Null, Overflow und Underflow).

Der folgende Fehlerbehandlungs-Mechanismus wird von der ASTOR-Architektur durchgeführt: Tritt bei der Ausführung eines Datenbefehls ein Fehler im Bereich der Datenobjektverarbeitung auf, so teilt der Rechenstrukturverwalter dem dynamischen Codeverwalter die Art des Fehlers im Meldungssignal mit. Ebenso verfährt ein Kontrollkonstruktverwalter, der bei der Ausführung eines Kontrollkonstrukts auf einen Fehler trifft. Der dynamische Codeverwalter erkennt am Prozeßindex im Etikett des Meldungssignals, welchem Prozeß der fehlerhafte Befehl angehört. Er kennzeichnet diesen Prozeß in der Prozeßtabelle des dynamischen Codespeichers als fehlerhaft.

Schickt nun der dynamische Codeverwalter ein aus dem dynamischen Codespeicher geholtes Kontrollkonstrukt desselben Prozesses zurück an einen Kontrollkonstruktverwalter, so vermerkt er im jeweiligen Bearbeitungssignal, daß das Kontrollkonstrukt zu einem fehlerhaften Prozeß gehört. Der Kontrollkonstruktverwalter erkennt daran, daß keine weiteren abhängigen Konstrukte dieses Kontrollkonstrukts aktiviert werden sollen. Er setzt deshalb den Zustand aller abhängiger Konstrukte, die sich noch nicht in Bearbeitung befinden, auf 'vollständig bearbeitet' und verfährt dann wie üblich. Auf diese Weise können alle zu einem fehlerhaften Prozeß gehörigen Signale, die noch in der Maschine umlaufen, aufgefangen und der Prozeß kontrolliert beendet werden.

Um festzustellen, welche Verwalter Engpässe darstellen und um diese auf der, im Sinne des Top-Down-Architekturentwurfs, nächst tieferen Entwurfsebene beseitigen zu können, wurde eine Software-Simulation eines einzelnen ASTOR-Verarbeitungselements durchgeführt. Dazu wurden mehrere in der ASTOR-Sprache formulierte Musterprobleme für die Simulation aufbereitet und auf dem im Rahmen des Projekts entwickelten Simulator ausgeführt. Komplexe Anwendungsprobleme konnten mit dem Simulator allerdings nicht bearbeitet werden. Wegen des abstrakten Niveaus des Architekturentwurfs wurde darauf verzichtet, das Zeitverhalten der einzelnen Architekturkomponenten so weit aufzulösen, wie es zur quantitativen Einschätzung der erreichbaren Leistung nötig gewesen wäre. Die Simulationsergebnisse lieferten folgende Einsichten über die Auslastung der Architekturkomponenten in einem ASTOR-Verarbeitungselement, die durch theoretische Überlegungen gestützt werden konnten:

- Der dynamische Codeverwalter wird genau doppelt so oft aktiviert wie der statische Codeverwalter.

- Die Zahl der Aktivierungen aller Kontrollkonstruktverwalter liegt zwischen der des statischen und der des dynamischen Codeverwalters.

- Der Rechenstrukturverwalter wird höchstens so oft wie der statische Codeverwalter aktiviert.

Engpässe sind somit beim dynamischen Codeverwalter und eventuell beim Rechenstrukturverwalter zu erwarten. Diese müssen deshalb vervielfacht oder in schnellerer Technologie ausgelegt werden. Eine Vervielfachung ist leicht möglich, da die Verwalter über keine internen Zustände verfügen und die auszuführenden Aufträge im Eingabestrom eines Verwalters voneinander unabhängig sind. Mehrere gleiche Verwalter können sich deshalb aus einem gemeinsamen Eingabestrom bedienen.

Die Simulation hat auch gezeigt, daß die Auslastung der verschiedenen Kontrollkonstruktverwalter stark vom Anwenderprogramm abhängt. Um einen Leerlauf einzelner Kontrollkonstruktverwalter zu verhindern, könnten ihre Funktionalitäten zu einem gemeinsamen Kontrollkonstruktverwalter zusammengefaßt werden. Die Verwendung nur eines einzigen Kontrollkonstruktverwalters läßt sich rechtfertigen, da ein Kontrollkonstruktverwalter, im Gegensatz zu den Codeverwaltern, keine Speicherzugriffe durchführt und die Zahl der Aktivierungen aller Kontrollkonstruktverwalter zusammen zwischen der des statischen und der des dynamischen Codeverwalters liegt.

#### 5.4.5.4 Einordnung des ASTOR-Projekts

Die ASTOR-Architektur basiert auf der Datenstrukturarchitektur STARLET (Abschnitt 2.5.2) und benutzt komplexe Maschinenoperationen in ähnlicher Weise wie die Large-Grain-Datenflußarchitekturen mit komplexen Maschinenbefehlen Decoupled Graph/Computation Architecture (Abschnitt 5.4.2), die LGDG-Architektur (Abschnitt 5.4.3) und die Stollmann Data Flow Machine (Abschnitt 5.4.4). Ein wesentlicher Unterschied zu Datenflußarchitekturen ist, daß die Signale der ASTOR-Architektur, wie beispielsweise auch die Tokens in der LGDG-Architektur, keine Daten tragen (abgesehen von Parameterübertragungen zwischen verschiedenen ASTOR-Verarbeitungselementen).

Das bei Large-Grain-Datenflußarchitekturen übliche Verfahren, die Ausführung sequentieller Befehlsfolgen durch Token Matching anzustoßen, aber nach dem von-Neumann-Prinzip auszuführen, kommt in der hier beschriebenen Version[7] der ASTOR-Architektur noch nicht zur Anwendung.

Ähnlich wie bei Multithreaded-von-Neumann-Architekturen (Kapitel 6) können Befehle mehrerer paralleler Aktivitäten in einem ASTOR-Verarbeitungselement überlappend ausgeführt werden. Bei den Multithreaded-von-Neumann-Architekturen ist die Anzahl der in der Ausführung befindlichen Kontrollfäden durch die Hardware begrenzt. Bei der ASTOR-Architektur können, ähnlich wie bei den in den Abschnitten 5.2.2 bis 5.2.5 vorgestellten Hybridarchitekturen und wie bei praktisch allen Datenflußarchitekturen, beliebig viele Befehlsaktivitäten gleichzeitig aktiviert sein. Da alle Verwalter in der ASTOR-Architektur parallel zueinander arbeiten, können auch innerhalb eines ASTOR-Verarbeitungselements Befehle aus verschiedenen parallelen Aktivitäten gleichzeitig ausgeführt werden. Allerdings können bei der ASTOR-Architektur wie auch bei der P-RISC-Architektur keine Register verwendet werden.

Der durch die Ein-/Ausgabe-Verwalter implementierte Zugriff auf entfernte Daten (d. h. solche, die sich auf einem anderen ASTOR-Verarbeitungselement befinden) läuft ähnlich ab wie ein Speicherzugriff mit versetzten Phasen („Split-Phase", siehe Ab-

---

7 Eine in [Ungerer, Zehendner 92b] beschriebene Modifikation erweitert die ASTOR-Architektur um Makrodatenbefehle, die sequentielle Befehlsfolgen repräsentieren.

schnitt 4.3.4). Dabei kann zwischen der Zugriffsanforderung auf ein entferntes Datum und dem Erhalt des Datums eine beliebige Zeitspanne liegen, ohne daß das anfordernde Verarbeitungselement blockiert wird. Die Reihenfolge der Antworten muß nicht der Reihenfolge der Zugriffsanforderungen entsprechen - oft eine Notwendigkeit für konventionelle Multiprozessoren.

Die prinzipielle Vorgehensweise war die eines Language-First Approach, kombiniert mit einem problemorientierten Sprachentwurf und einem Top-Down-Architekturentwurf. Dabei zeigte sich, daß ein Language-First Approach bzw. ein Top-Down-Architekturentwurf, in strenger Weise nicht durchführbar ist, jedoch beide Vorgehensweisen wichtige Entwurfsmethoden sind, um eine Problemorientierung auf hoher Abstraktionsebene in den Sprach- und den Architekturentwurf miteinzubringen.

Die Methode der hierarchischen Funktionsverteilung ist dem Top-Down-Architekturentwurfsprozeß angepaßt, führt jedoch zur Definition von Architekturkomponenten (hier Verwalter genannt), für die sich das Festlegen einer optimalen Ratio zwischen den Komponenten mittels einer Softwaresimulation als schwierig erweist. Die Methode der Strukturorientierung zeigte sich als eine wichtige Entwurfsmethode zum Erzielen einer sprachorientierten Architektur und zur Ermöglichung von Fehlerprüfungen zur Laufzeit durch die Maschine.

In der ASTOR-Architektur wird ein hoher Grad von Parallelarbeit durch Einbeziehung von drei Stufen von Hardware-Parallelität erreicht, auf welche die fünf Parallelitätsebenen der ASTOR-Sprache abgebildet werden. Parallelarbeit auf der Programm- und der Taskebene ist durch Verteilung externer Prozeduraufrufe auf verschiedene ASTOR-Verarbeitungselemente möglich. In Verbindung mit Auslastungsinformationen kann eine dynamische Lastverteilung erreicht werden. Die durch parallele Kontrollkonstrukte spezifizierte Parallelität der Block- und der Anweisungsebene wird in der ASTOR-Architektur durch Parallelarbeit der Verwalter und durch den Token-Passing-Mechanismus genutzt. Im Datenobjektverarbeitungsteil läßt sich Parallelarbeit auf der Suboperationsebene durch SIMD-Techniken organisieren. Auch die MIMD/SIMD-Rechner (Abschnitt 2.6) nutzen durch ihren Aufbau als Multiprozessoren Programm-, Task- und Blockparallelität und durch die Ausstattung der einzelnen Prozessoren mit Vektorpipelines Suboperationsparallelität. Die Clusterbildung beim SUPRENUM-Rechner und dem CEDAR-System [Kuck et al. 86] führt sogar eine dritte Ebene der Parallelarbeit ein. Anweisungsparallelität kann bei all diesen Rechnern allerdings nicht effizient genutzt werden.

Die Parallelarbeit in der ASTOR-Architektur wurde nicht nur auf die im Programm spezifizierte Parallelität auf allen Parallelitätsebenen angepaßt, sondern durch die überlappte Arbeitsweise zwischen dem Programmflußsteuerungsteil und dem Datenobjektverarbeitungsteil sowie zwischen den Verwaltern des Programmflußsteuerungsteils über den im Programm sichtbaren Grad hinaus gesteigert. Letzteres kann als eine Fortsetzung des Befehlspipelinings heutiger von-Neumann-Prozessoren betrachtet werden.

Insgesamt gelang es mit dem ASTOR-Projekt, Erfahrungen mit der Kombination von Entwurfskonzepten zu sammeln. Es zeigt sich, daß die verwendeten Konzepte gut gegeneinander separiert werden können. Die gewonnenen Erfahrungen können für den Einbau von einzelnen Konzepten oder einer Kombination von Konzepten in neue Sprachen und Rechnerarchitekturen genutzt werden. Nicht zuletzt liegt die Bedeutung des ASTOR-Projekts darin, daß bei der Architekturentwicklung nicht nur die Verarbeitungsgeschwindigkeit im Vordergrund stand, sondern auch eine sichere Programmausführung gewährleistet werden sollte.

### 5.4.6 Reka-Architektur

Ausgehend von einer Datenflußsprache mit Vektoroperationen wird im folgenden eine Datenflußarchitektur beschrieben, die Vektoroperationen durch komplexe Maschinenoperationen realisiert. Eine Softwaresimulation soll das Zahlenverhältnis der einzelnen Architekturelemente optimieren und die Frage klären, ob sich eine Effizienzsteigerung bei Verwendung von komplexen Maschinenoperationen gegenüber einer Realisierung der gleichen Algorithmen mittels paralleler *forall*-Schleifen erreichen läßt. Die Beschreibung dokumentiert den Stand von [Ungerer, Grünewald 92].

Der *Reka*[8] genannte Architekturentwurf verzichtet auf die Erzeugung sequentieller Codeblöcke und geht statt dessen von einer Erweiterung der Ausgangssprache um komplexe Datentypen aus, wie beispielsweise um einen Vektordatentyp mit zugehörigen Vektoroperationen. Komplexe Operationen werden bei der Abbildung auf einen Maschinendatenflußgraphen beibehalten und auf der Maschine als komplexe Maschinenbefehle vorgesehen. Diese können von einer Hardwarepipeline oder durch Aktivierung einer Befehlsfolge implementiert werden.

Vergleichbare Ansätze sind wiederum die in den Abschnitten 5.4.2 bis 5.4.4 beschriebenen Large-Grain-Datenflußarchitekturen mit komplexen Maschinenbefehlen Decoupled Graph/Computation Architecture (Erweiterung von Sisal zu V-Sisal mit Vektoroperationen), LGDG-Architektur (Prinzip der Datenstrukturarchitektur) und

8 Der Name *Reka* entspricht dem russischen Wort für *Fluß* [Grünewald 93].

Stollmann-Datenflußarchitektur (komplexe Maschinenbefehle für relationale Datenbankoperationen). Ein direkter Vorläufer ist die im vorherigen Abschnitt vorgestellte ASTOR-Architektur (Prinzip der Strukturerhaltung).

Die *Glotta*[9] genannte Sprache läßt sich als eine typische Datenflußsprache mit Einmalzuweisungsprinzip und einer Pascal-ähnlichen Notation charakterisieren. Die einzigen Programmstrukturen sind (seiteneffektfreie) Funktionen, die mehrere Resultate zurückgeben können. An Kontrollkonstrukten gibt es den Funktionsaufruf, die Alternative und eine eingeschränkte Form von *forall*-Schleifen. Alle Anweisungen können, wie bei Datenflußsprachen üblich, prinzipiell parallel zueinander ausgeführt werden. Die Parallelität wird nur durch Datenabhängigkeiten eingeschränkt. Abgesehen von den üblichen einfachen Datentypen und den Konstruktoren für *record*- und *array*-Strukturen gibt es, als Beispiel für einen komplexen Datentyp, einen numerischen Datentyp `Vektor` mit zugehörigen Vektoroperationen.

Die Einschränkungen bei den *forall*-Schleifen bestehen darin, daß die Laufvariable nur den Bereich von 1 bis zu einem dynamisch festgelegten Endwert durchlaufen kann, und daß keine Datenabhängigkeiten zwischen den verschiedenen Schleifeniterationen möglich sind. Schleifen sind deshalb so eingeschränkt definiert, weil komplexe Datentypen und Operationen schon eine große Zahl von Programmstücken abdecken, die üblicherweise mit Schleifen realisiert werden (beispielsweise Vektoroperationen). Durch diese Einschränkungen wird die Architektur stark vereinfacht, insbesondere kann auf einen Iterationszähler in den Tags der Tokens verzichtet werden.

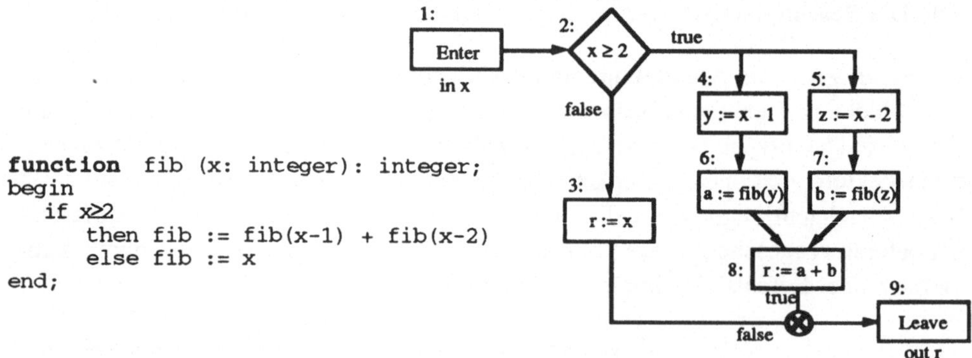


Abb. 5.4-17 Fibonacci-Programm und zugehöriger Datenflußgraph

9 Der Name *Glotta* entspricht dem attischen Wort für *Sprache* [Grünewald 93].

Jede Funktion eines Datenflußprogramms wird in einen Datenflußgraphen und dann direkt in einen Codeblock der Maschinenrepräsentation übersetzt. Abb. 5.4-17 zeigt eine Funktion zur Berechnung der Fibonacci-Zahlen in der Sprachnotation und den zugehörigen Datenflußgraphen. Ein Datenflußgraph wird durch einen *Enter*-Befehl betreten und durch einen *Leave*-Befehl verlassen. Diese Befehle führen die Argumentübergabe, respektive die Übergabe von Funktionswerten, durch.

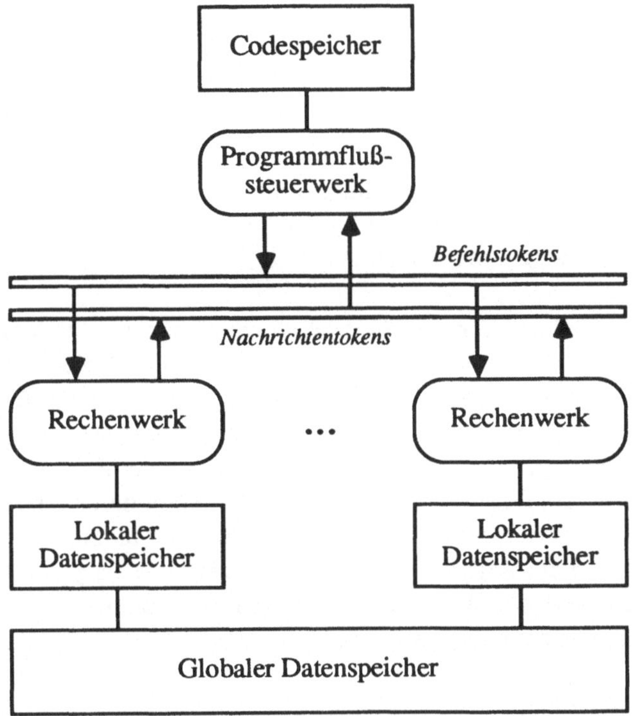


Abb. 5.4-18 Reka-Architektur

Die prinzipielle Struktur der Reka-Architektur ist in Abb. 5.4-18 dargestellt. Sie zerfällt in einen Programmflußsteuerungsteil, der aus dem Programmflußsteuerwerk und dem Codespeicher besteht, und einen Datenverarbeitungsteil, der aus einer Anzahl von Rechenwerken und einem zu allen Rechenwerken globalen Datenspeicher besteht. Der Codespeicher enthält die Maschinenprogramme und die dynamischen Steuerungsinformationen über Programmabläufe. Der Datenspeicher enthält die zugehörigen Daten und die beim Programmablauf entstehenden Zwischenresultate. Die Kommunikation zwischen Programmflußsteuerwerk und den Rechenwerken geschieht über ein bidirektionales Verbindungsnetz, wobei Befehlstokens vom Programmflußsteuerwerk zu den Rechenwerken und Nachrichtentokens in die umgekehrte Richtung fließen.

Der Codespeicher besteht aus einem statischen und einem dynamischen Teil. Im statischen Teil wird jede Funktion durch einen Codeblock repräsentiert, der aus einem Kopfteil mit organisatorischen Einträgen und einer Anzahl von Codeblockzeilen besteht. Jede Codeblockzeile beschreibt einen Maschinenbefehl und seine Abhängigkeiten durch:

- einen Befehlsindex,
- den Maschinenbefehl mit seinen Operandenverweisen,
- ein Flagfeld, das die Werte 'true', 'false' oder 'none' annehmen kann,
- ein Verweisfeld, das innerhalb des Codeblocks Verweise auf Codeblockzeilen, die abhängige Befehle repräsentieren, enthält und
- ein Zählerfeld, das die Anzahl der Befehle angibt, von denen der in der Codeblockzeile stehende Befehl abhängt.

Im dynamischen Teil des Codespeichers wird jede Funktionsaktivierung durch eine Zählerliste repräsentiert, die aus einem Kopfteil und einem Zähler-Array besteht. Im Kopfteil werden beim Funktionsaufruf der Tag des aufrufenden Befehls und die Verweise auf die Argumente der Resultatparameter gespeichert. Der Zähler-Array wird beim Funktionsaufruf mit der Spalte der Zählerfelder des zugehörigen Codeblocks initialisiert. Im Datenspeicher wird jede Funktion durch eine Datenrahmenschablone repräsentiert, die Informationen enthält, um bei einem Funktionsaufruf einen Datenrahmen anzulegen. In einem Datenrahmen ist für jeden Parameter und jede lokale Variable der Funktion ein Speicherplatz vorgesehen. Jeder Speicherplatz ist mit einem Initialisierungsbit versehen.

Abb. 5.4-19 zeigt die Speicherstrukturen einer Aktivierung `fib(2)` der Fibonacci-Funktion (siehe Abb. 5.4-17) zum Zeitpunkt der Ausführung des `add`-Befehls durch ein Rechenwerk.

Die Architektur operiert folgendermaßen: Wenn das Programmflußsteuerwerk auf einen ausführbaren Datenbefehl trifft, wählt es ein Rechenwerk aus und sendet diesem ein Befehlstoken. Der Tag des Befehlstoken besteht aus einem Funktionsindex, einem Aufrufindex und einem Befehlsindex. Der zugehörige Befehl besteht aus dem Opcode und Verweisen auf die Argumente. Der Aufrufindex identifiziert den zugehörigen Datenrahmen im Datenspeicher; die Argumentverweise sind Offset-Adressen relativ zum Beginn des Datenrahmens. Das Rechenwerk führt die im Opcode angegebene Operation auf den durch die Verweise festgelegten Daten aus und sendet dem Programmflußsteuerwerk ein Nachrichtentoken zurück, das aus dem unveränderten

Tag und einer Nachricht über die Befehlsausführung ('true', 'false', 'o.k.', ein Laufvariablenendwert oder ein Fehlercode) besteht. Die Werte 'true' oder 'false' werden nach einer Bedingungsauswertung geschickt, ein Laufvariablenendwert wird zur Bestimmung der Anzahl der auszuführenden Schleifeniterationen vom Programmflußsteuerwerk benötigt, ein Fehlercode wird bei einer fehlerhaften Auswertung und ansonsten wird 'o.k.' übertragen.

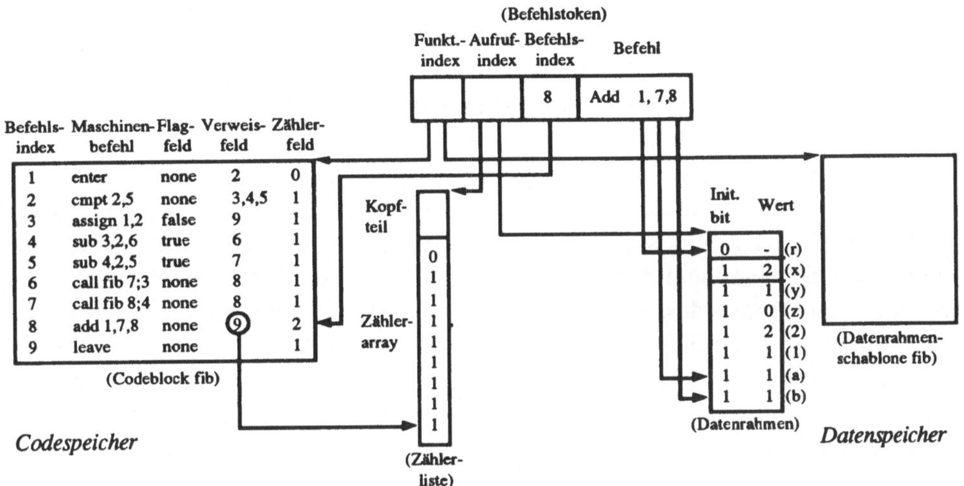


Abb. 5.4-19 Speicherstrukturen bei Ausführung der Fibonacci-Funktion

Der Funktionsindex des Tag des Nachrichtentoken identifiziert den zur Funktion gehörenden Codeblock im Codespeicher, der Aufrufindex die zum Funktionsaufruf gehörende Zählerliste und der Befehlsindex diejenige Zeile im Codeblock, die den Befehl, auf den sich die Nachricht bezieht, ausgelöst hat. Bei Erhalt eines Nachrichtentoken holt das Programmflußsteuerwerk die Einträge im Verweisfeld der bezeichneten Codeblockzeile und die zum Funktionsaufruf gehörende Zählerliste aus dem Codespeicher.

Nun findet eine dem „Token Matching" bei Datenflußrechnern vergleichbare Synchronisationsoperation statt: Jeder Eintrag im Verweisfeld der Codeblockzeile bezeichnet eine Codeblockzeile mit einem abhängigen Befehl und gleichzeitig den aktuellen Zählerwert im Zähler-Array der zum Funktionsaufruf gehörenden Zählerliste. Für jeden Eintrag im Verweisfeld wird der zugehörige Zählerwert im Zähler-Array auf ≤1 geprüft. Falls der Zählerwert >1 ist, wird er dekrementiert. Der zugehörige Befehl kann noch nicht aufgerufen werden. Falls der Zählerwert ≤1 ist, werden der Befehlsindex, der Maschinenbefehl und das Flagfeld der zugehörigen Codeblockzeile geholt. Falls das Flagfeld den Eintrag 'none' enthält (für 'true' und 'false' siehe weiter unten), wird ein Befehlstoken erzeugt und an ein Rechenwerk geschickt. Der Tag des Befehlstoken besteht aus dem Befehlsindex und, sofern es sich nicht um einen *Call-*, *Enter-*, *Leave-* oder *Loop*-Befehl handelt, dem Funktions- und dem Aufrufindex aus dem Tag des aktivierenden Nachrichtentoken.

Ein Funktionsaufruf wird im Maschinencode von einem *Call*-Befehl repräsentiert, der neben seinem Opcode den Funktionsindex der aufzurufenden Funktion und Verweise auf Resultatparameter und Argumente (relativ zum Datenrahmen der aufrufenden Funktion) enthält. In Abb. 5.4-19 werden die Verweise auf die Resultatparameter durch ein Semikolon von den Argumentverweisen abgetrennt. Bei Ausführung eines *Call*-Befehls wird von dem Programmflußsteuerwerk ein neuer Aufrufindex und eine zugehörige neue Zählerliste erzeugt. In den Kopfteil der Zählerliste werden die Verweise auf die Resultatparameter und der Tag des aufrufenden Befehls eingetragen. Der Tag besteht aus dem Funktionsindex, dem Aufrufindex der aufrufenden Funktionsaktivierung und dem Befehlsindex des *Call*-Befehls. Nun wird ein neues Befehlstoken erzeugt, dessen Tag aus dem Funktionsindex der aufgerufenen Funktion, dem neuen Aufrufindex und dem in allen Codeblöcken festen Befehlsindex des *Enter*-Befehls besteht. Der Befehl des Token setzt sich aus dem Opcode des *Enter*-Befehls, dem Aufrufindex der aktivierenden Funktion und den Verweisen auf die Argumente zusammen.

Das Rechenwerk erzeugt bei Ankunft eines Befehlstoken mit einem *Enter*-Befehl einen neuen Datenrahmen aus der Datenrahmenschablone der aufgerufenen Funktion, bindet diesen an den Aufrufindex und führt die Parameterübergabe durch, d. h., kopiert die Werte gemäß den im Befehlstoken mitgelieferten Argumentverweisen aus dem Datenrahmen des aktivierenden Funktionsaufrufs in den Datenrahmen des aktivierten Funktionsaufrufs. Dann wird ein Nachrichtentoken zurück zum Programmflußsteuerwerk geschickt. Das Nachrichtentoken besteht aus dem ungeänderten Tag des Befehlstoken und der Nachricht 'o.k.', sofern kein Fehler aufgetreten ist.

Das Ende einer Funktionsaktivierung wird erreicht, wenn die Programmflußsteuerung auf einen *Leave*-Befehl trifft. Es wird ein Befehlstoken erzeugt und an ein Rechenwerk geschickt. Das Befehlstoken besteht aus einem Tag, dem Opcode des *Leave*-Befehls, dem Aufrufindex der zu verlassenden Funktionsaktivierung und den Verweisen auf die Resultatparameter, die der Zählerliste entnommen werden. Der Tag ist der Return-Tag der Zählerliste. Danach kann die Zählerliste dealloziert werden. Das Rechenwerk führt bei Ankunft eines Befehlstoken mit einem *Leave*-Befehl die Resultatparameterübergabe durch, d. h., kopiert die Werte gemäß den im Befehlstoken mitgelieferten Verweisen aus dem Datenrahmen des aktivierten Funktionsaufrufs in den Datenrahmen des aktivierenden Funktionsaufrufs und schickt ein Nachrichtentoken zurück zum Programmflußsteuerwerk.

Alternativen werden so implementiert, daß am Ende der Bedingungsauswertung mittels eines sogenannten *Transport*-Befehls der erzielte Wahrheitswert als Nachricht eines Nachrichtentoken zum Programmflußsteuerwerk transportiert wird. Die von diesem Befehl direkt abhängigen Befehle haben die Einträge 'true' oder 'false' in ihrem Flagfeld. Das Programmflußsteuerwerk ruft nun diejenigen der direkt abhängigen Befehle auf, die in ihrem Flagfeld den mit dem Wahrheitswert übereinstimmenden Wert haben.

Jede Schleifeniteration einer *forall*-Schleife wird als Funktionsaufruf behandelt. Eine *forall*-Schleife wird im Maschinencode durch zwei Befehle repräsentiert: einen *Transport*-Befehl, der den Endwert $n$ der Laufvariablen zum Programmflußsteuerwerk transportiert und einen davon direkt abhängigen *Loop*-Befehl, der alle im Schleifenkörper vorkommenden Variablen sowie einen Platzhalter für die Laufvariable als Argumente besitzt. Zusätzlich wird für jeden Argumentverweis auf einen Array oder einen Vektor markiert, ob beim $i$-ten Funktionsaufruf nur auf die $i$-te Komponente zugegriffen wird. Die Resultate des *Loop*-Befehls sind immer Arrays oder Vektoren der Dimension $n$. Nach Ankunft des Laufvariablenendwerts $n$ führt das Programmflußsteuerwerk $n$ Funktionsaufrufe durch, die sich einzig im Aufrufindex und in dem Parameterwert der Laufvariablen $(1,...,n)$ unterscheiden. Die Zählerwerte der von dem *Loop*-Befehl direkt abhängenden Befehle werden um $n$-1 erhöht, da diese erst nach Ablauf aller $n$ Funktionsaufrufe aktiviert werden können.

Eine Softwaresimulation der Architektur soll folgende Fragestellungen klären:

- Wie ist das optimale Zahlenverhältnis zwischen Programmflußsteuerwerk(en) und Rechenwerken?
- Wie wirkt sich die Kommunikationsbandbreite zwischen Programmflußsteuerwerk und Rechenwerken auf den Gesamtdurchsatz aus?
- Wie häufig werden komplexe Maschinenbefehle relativ zu einfachen benutzt?
- Ergibt sich eine Effizienzsteigerung bei Verwendung von komplexen Maschinenoperationen gegenüber einer Realisierung der gleichen Algorithmen mittels Schleifen?

Es wurde ein Simulationsprogramm erstellt [Grünewald 93], das die Anzahl der Programmflußsteuerwerke und die Anzahl der Rechenwerke als Simulationsparameter offenhält. Die Gesamtheit der Programmflußsteuerwerke und die Gesamtheit der Rechenwerke greifen jeweils auf eine FIFO-Speicherstruktur für Nachrichtentokens und eine für Befehlstokens zu. Die Wartezeiten der Tokens in den FIFO-Speichern werden berücksichtigt. Die Ausführungszeiten für Befehls- und Nachrichtentokens werden in Abhängigkeit vom spezifischen Token aus den notwendigen Speicherzugriffe und Rechenoperationen berechnet. Diese werden mit einem einheitlichen Simulationstakt von jeweils einer Zeiteinheit gewichtet.

Ein Simulationslauf `fib(8)` des Fibonacci-Programms mit einem Programmflußsteuerwerk und einem Rechenwerk zeigte einen Engpaß beim Programmflußsteuerwerk. Als optimal wurde bei Simulationen mit dem Fibonacci-Programm ein ungefähres Verhältnis von fünf Programmflußsteuerwerken zu zwei Rechenwerken ermittelt. Dafür gibt es folgende Erklärungen:

- Ein Programmflußsteuerwerk muß pro Nachrichtentoken im Durchschnitt etwas mehr Speicherzugriffe und Rechenoperationen ausführen als ein Rechenwerk bei einem Befehlstoken, das eine einfache arithmetische Operation repräsentiert.

- Bei zweistelligen Operationen wird bei Ankunft des ersten Nachrichtentoken, das die Verfügbarkeit des ersten Operanden anzeigt, kein neues Befehlstoken erzeugt. Dieser Effekt ist der gleiche, der die Blasen in der Token-Pipeline eines dynamischen Datenflußprozessors hervorruft. Durch die FIFO-Pufferung der Tokens können in der vorliegenden Datenflußarchitektur keine Blasen vorkommen, doch bei geringer Last und einem schlecht balancierten Verhältnis zwischen Programmflußsteuerwerken und Rechenwerken ist die vorhandene Parallelität nicht ausreichend, um das Rechenwerk beschäftigt zu halten („Starvation Mode", siehe Abschnitt 4.2.3 für den Manchester Prototype Dataflow Computer).

- Weiterhin ist die Mächtigkeit der verwendeten Befehle beim Fibonacci-Programm gering, da keine komplexen Maschinenoperationen vorkommen.

Als noch vorläufiges Ergebnis aus diesen ersten Simulationen sollte ein zumindest zweistufiges Token-Pipelining der Operationen innerhalb eines Programmflußsteuerwerks in Betracht gezogen werden, ähnlich dem Zerlegen der Schalteinheit in eine Vergleichs- und eine Befehlsbereitstellungseinheit bei den dynamischen Datenflußarchitekturen.

Als nächstes wurden Simulationen mit einfachen numerischen Programmen (Skalarprodukt und Matrixmultiplikation unter Verwendung von Vektoroperationen sowie von geschachtelten Schleifen) durchgeführt. Das Ersetzen der innersten Schleife durch Vektoroperationen zeigte sich der Implementierung mit geschachtelten Schleifen als überlegen. Die höhere Effzienz liegt darin begründet, daß ein komplexer Maschinenbefehl von einem einzigen Token ausgelöst und dann die Lokalität der Daten in einem Vektor genutzt wird, während bei der Schleifenimplementierung viele Tokens zwischen Programmflußsteuerwerken und Rechenwerken ausgetauscht werden. Bei langen Vektoren und unter der Annahme des Einsatzes von Vektoroperationen verschiebt sich das Verhältnis von Programmflußsteuerwerken zu Rechenwerken wieder stark hin zu mehr Rechenwerken, da durch Einsatz komplexer Maschinenbefehle die Programmflußsteuerwerke entlastet werden. Ein optimales Zahlenverhältnis zwischen Programmflußsteuerwerken und Rechenwerken kann kaum ermittelt werden, dazu ist dieses Verhältnis zu stark vom Anwenderprogramm abhängig. Es bleibt die Erkenntnis, daß sich der Einsatz komplexer Maschinenbefehle bei entsprechenden Anwendungsproblemen durchaus lohnt.

Die Architektur stellt ein Konzept dar, mit dem die Auswirkung der Verwendung komplexer Maschinenbefehle im Vergleich zu einfachen Maschinenbefehlen auf den Gesamtdurchsatz untersucht werden sollte. Bestimmte Mechanismen sind deshalb noch nicht spezifiziert. Dazu gehört der Zugriff der Rechenwerke auf den globalen Datenspeicher. Insbesondere bietet sich hier eine Lokalisierung der Datenrahmen in lokalen Speichern der Rechenwerke an.

Die Architektur kann folgendermaßen erweitert werden:

- Die eingeschränkte Form der Schleifen kann um Datenflußschleifen erweitert werden, so daß Schleifeniterationen mit Datenabhängigkeiten überlappend ausgeführt werden können.

- Es kann eine Form des Repeat-on-Input-Verfahrens eingeführt werden, so daß Rechenwerke benutzerdefinierte, sequentielle Codeblöcke unter Verwendung von Registern ausführen können. Dies läßt sich durch ein zusätzliches Repeat-Flag im Verweisfeld einer Codeblockzeile erreichen. Das Programmflußsteuerwerk aktiviert dann den gemäß des Verweisfeldes nächsten Befehl, ohne vorher die Ankunft eines Nachrichtentoken abzuwarten und ohne den Zählerwert in der zugehörigen Zählerliste zu prüfen. Alle derart aktivierten Befehle müssen als aufeinanderfolgende Befehlstokens zum selben Rechenwerk gesandt werden. Das Befehlsformat arithmetischer Befehle kann dann so abgeändert werden, daß im Rechenwerk Register zur Aufnahme von Operanden verwendbar sind.

- Alternativ dazu kann eine Form des Large-Grain-Datenflußprinzips eingeführt werden, so daß Rechenwerke benutzerdefinierte, sequentielle Codeblöcke mittels eines Befehlszählermechanismus und unter Verwendung von Registern ausführen können. Die Rechenwerke müssen dann nicht nur Datenbefehle, sondern auch sequentielle Codeblöcke ausführen können, die von einem Befehlstoken angestoßen werden. Ein derartiges Large-Grain-Datenflußprinzip belastet das Kommunikationsnetz weniger als das oben beschriebene Repeat-on-Input-Verfahren, da nur ein

Befehlstoken für die Aktivierung eines Codeblocks und ein Nachrichtentoken nach Beendigung der Ausführung des Codeblocks über das Kommunikationsnetz geschickt werden. Für die Strukturierung der sequentiellen Codeblöcke erscheint das bei der LGDG-Architektur (Abschnitt 5.4.3) angewandte Prinzip, Codeblöcke verzweigungsfrei und ohne Zugriff auf entfernte Daten anzulegen, als besonders vorteilhaft.

- Als letzte Modifikation können alle Rechenwerke als so zusammengeschlossen betrachtet werden, daß sie ihre Befehle synchron von einem Programmflußsteuerwerk erhalten. Eine derartige Struktur würde die Simulationen eines superskalaren oder eines VLIW-Befehlssatzes ermöglichen.

Diese Erweiterungen würden es erlauben, bis zu sechs Verfahren - *forall*-Schleifen, Datenflußschleifen, Repeat-on-Input, Large-Grain-Datenflußprinzip, superskalares Prozessorprinzip und VLIW-Prinzip - gegeneinander abzuwägen.

## 5.5 Leistungsvergleich der Datenfluß-/von-Neumann-Hybridtechniken

Im vorliegenden Abschnitt werden die Ergebnisse von Softwaresimulationen [Beck, Ungerer, Zehender 93] vorgestellt, deren Ziel darin bestand, die Effizienz einiger Datenfluß-/von-Neumann-Hybridtechniken und des feinkörnigen Datenflußprinzips miteinander zu vergleichen. Als Last der Simulationen wurde ein Matrixmultiplikationsalgorithmus verwendet. Der Vergleich der verschiedenen Architekturtechniken geschieht mittels eines einzigen Algorithmus, der nur so weit als nötig auf die einzelnen Techniken angepaßt wurde.

Neben dem feinkörnigen Datenflußprinzip werden folgende Techniken erfaßt: Multithreaded-Datenfluß mit direktem Wiedereinfüttern von Tokens in die Datenflußpipeline (entsprechend der Cycle-by-Cycle-Interleaving-Technik des Monsoon-Rechners), Multithreaded-Datenfluß mit direkt aufeinanderfolgender Ausführung der Befehle eines Kontrollfadens (entsprechend dem Block Multithreading beim Epsilon-2- und beim EM-4-Rechner), Datenfluß mit komplexen Maschinenoperationen (entsprechend des Structure-Flow-Konzepts des SIGMA-1-Rechners) und Large-Grain-Datenfluß unter den Annahmen eines RISC- bzw. eines superskalaren Prozessors als Ausführungsstufe der Datenflußpipeline.

Ziel war es, nicht spezifische Architekturen, sondern die verschiedenen Architekturtechniken zu bewerten. Dem Simulator wurde deshalb ein gemeinsames Architekturmodell zugrundegelegt und die einzelnen Techniken als Modifikationen des gemeinsamen Architekturmodells simuliert. Das gemeinsame Architekturmodell orientiert sich am Monsoon-Rechner und beschreibt ein speichergekoppeltes Multiprozessorsystem, dessen Verarbeitungselemente durch eine achtstufige, zyklische Datenflußpipeline, durch das Modell eines expliziten Token-Speichers für die Durchführung der Vergleichsoperation und durch einen Befehlssatz wie beim Monsoon-Rechner, jedoch mit Erweiterungen zur Implementierung der verschiedenen Datenfluß-Hybridtechniken, charakterisiert sind.

Die Simulationen bestimmen die Gesamtausführungszeiten der Lastprogramme, gemessen in Simulationszeitschritten. Präzise Zeiten für die Verarbeitungsgeschwindigkeiten können wegen der abstrakten Ebene der Simulation nicht gegeben werden. Alle arithmetischen und organisatorischen Befehle werden mit einem Simulationszeitschritt pro Pipelinestufe angesetzt. Der Speicherallozierungsbefehl *get-frame* und alle Befehle, die auf den Strukturspeicher zugreifen oder Tokens auf das Verbindungsnetzwerk schicken, werden mit höherer Zeitverzögerung gewichtet. Jeder *get-frame*-Befehl, der einen Datenrahmen fester Länge im Token-Speicher der Vergleichseinheit alloziert, wird mit 10 Simulationszeitschritten gewichtet.

Verzögerungen, die durch das Netzwerk oder durch Strukturspeicherzugriffe entstehen, sind oft nicht deterministisch. Das Simulationsmodell erfaßt diesen Sachverhalt in vereinfachter Weise dadurch, daß zwar innerhalb eines Simulationslaufs feste Verzögerungen für Netzwerk- und Strukturspeicherzugriffe angenommen, die Verzögerungen aber als Parameter der Simulation über mehrere Simulationsläufe hinweg variiert werden.

Das Simulationsmodell wurde wie folgt an die verschiedenen Datenfluß-Hybridtechniken angepaßt: Das Modell für feinkörnige Datenflußarchitekturen benutzt keine Kontrollfäden und keine Register. Bei den Multithreaded-Datenflußarchitekturen werden zwei Techniken unterschieden: eine achtstufige Cycle-by-Cycle-Interleaving-Technik mit Benutzung von 8 Sätzen mit je 3 Registern wie beim Monsoon-Prozessor sowie die direkt aufeinanderfolgende Ausführung der Befehle eines Kontrollfadens wie bei den Epsilon-Prozessoren und dem EM-4.

Bei der Simulation von Datenflußarchitekturen mit komplexen Maschinenbefehlen wurde das Structure-Flow-Schema des SIGMA-1-Rechners zugrundegelegt. Sobald ein Structure-Flow-Generation-Befehl von einem Verarbeitungselement ausgeführt wird, wird ein einzelnes Trigger-Token zum Strukturspeicher gesandt und der „Structure-Flow", bestehend aus den angeforderten Datenelementen, wird zur Matching-Einheit des Verarbeitungselements zurückgesandt. Der Zweck des Structure-Flow-Schemas ist es, die Ausführungsstufen von SIGMA-1-Verarbeitungselementen um Vektoreinheiten zu erweitern. Das Simulationsmodell nimmt deshalb eine Pipelinehardware bei der Ausführung arithmetischer Operationen auf strukturierten Daten an.

Large-Grain-Datenflußarchitekturen benutzen von-Neumann-Prozessoren als Ausführungsstufen. Die Simulation der Large-Grain-Datenflußtechnik unterscheidet sich bezüglich der Organisation der Prozessorpipeline und bezüglich der Speicherzugriffe vom allgemeinen Simulationsmodell. Es wird angenommen, daß die Daten bereits in die lokalen Speicher der Verarbeitungselemente geladen sind; entfernte Speicherzugriffe werden beim Large-Grain-Datenflußmodell nicht simuliert. Wegen der unterschiedlichen Ausführungszeiten für die verschiedenen Befehlsfolgen wird eine „elastische" Pipeline in der Schaltstufe angenommen, d. h., während die Ausführungsstufe mit der Ausführung einer sequentiellen Befehlsfolge beschäftigt ist, warten die Einheiten in der Schaltstufe. Eine etwas bessere Organisation wäre es, wenn Schalt- und Ausführungsstufe parallel arbeiten und eine FIFO-Pufferung der Tokens, die ausführbare Befehlsfolgen bezeichnen, zwischen Schalt- und Ausführungsstufe erfolgen würde. Der Befehlssatz und die Ausführungszeiten zur Modellierung der Ausführungsstufe sind stark vom Prozessor abhängig, der die Ausführungsstufe realisiert. Im folgenden wird deshalb ein RISC-Befehlssatz und ein superskalarer Befehlssatz entsprechend dem IBM/R6000-Prozessor betrachtet.

Als Lastprogramm der Simulationen wird ein Algorithmus benutzt, der es erlaubt, die Eigenheiten der verschiedenen Datenfluß-Hybridtechniken aufzuzeigen. Die Multiplikation zweier quadratischer $(n \times n)$-Matrizen mittels der Skalarprodukttechnik erscheint hierfür geeignet, da der Programmcode geschachtelte Schleifen und Strukturspeicherzugriffe enthält. Da keine Lese-/Schreibkonflikte beim Zugriff auf die Matrixelemente vorkommen können, werden nur Zugriffe auf strikte Datenstrukturen modelliert.

Die Resultate unserer Simulationen können wie folgt zusammengefaßt werden:

- Ein Split-Phase-Speicherzugriff kombiniert mit schnellem Kontextwechsel, wie bei feinkörnigen Datenfluß- oder bei Datenfluß-Hybridarchitekturen realisiert, erweist sich als geeignet, um Netzwerk- oder Strukturspeicher-Zugriffsverzögerungen zu überbrücken. Dies ist ein starkes Argument für Datenflußtechniken, da die Leistung konventioneller von-Neumann-Prozessoren entweder durch den hohen Aufwand für einen Kontextwechsel oder durch Busy Waiting belastet wird.

- Large-Grain-Datenfluß mit Benutzung eines superskalaren Prozessors als Ausführungsstufe zeigt sich allen anderen Techniken überlegen und ist mit Annahme eines RISC-Prozessors mindestens so effizient wie die anderen Techniken. Dies macht die Large-Grain-Datenflußtechnik zu einem vielversprechenden Ansatz, da die Ausführungsstufe mit handelsüblichen Mikroprozessoren implementiert werden kann und deshalb von Fortschritten in der Mikroprozessortechnologie automatisch partizipieren wird.

- Multithreaded-Datenflußarchitekturen sind eine Verbesserung gegenüber feinkörnigen Datenflußrechnern, leiden jedoch an einem hohen Verwaltungsaufwand und können deshalb keinen besonderen Speed-Up erreichen. Der Verwaltungsaufwand besteht in Ladeoperationen in Register zu Beginn und Speicheroperationen aus den Registern am Ende der sequentiellen Befehlsfolgen. Dieser Aufwand zeigt sich als besonders nachteilig bei der Cycle-by-Cycle-Interleaving-Technik des Monsoon-Rechners, da, den Ideen von [Traub 91] für den Monsoon-Compiler folgend, in der Simulation der Cycle-by-Cycle-Interleaving-Technik relativ kurze Befehlsfolgen erzeugt wurden, um die Pipeline gefüllt zu halten.

- Komplexe Maschinenbefehle benötigen spezialisierte Hardware; dieser Aufwand ist nur schwer durch die erreichte Leistungssteigerung zu rechtfertigen.

- Alle Techniken zeigen eine gute Skalierbarkeit, sofern genügend Last vorhanden ist. Die Epsilon-Technik der Multithreaded-Datenflußarchitekturen skaliert bei geringer Last am besten von allen betrachteten Techniken.

Mit dem Lastprogramm der Simulation können Speicherzugriffskonflikte, Lese-vor-Schreib-Zugriffe bei nicht-strikten Datenstrukturen, Lade-und-Synchronisations-Operationen, Lastbalancierung und Netzwerkkonflikte nicht erfaßt werden. Deshalb ist es erforderlich, weitere Algorithmen als Last zu verwenden. Die hier vorgestellten Ergebnisse sollten insofern mit Vorsicht betrachtet werden.

# 6 Multithreaded-von-Neumann-Architekturen

## 6.1 Überblick

Bei konventionellen Multiprozessorsystemen, deren Verarbeitungselemente von-Neumann-Prozessoren sind, entstehen im Falle eines Zugriffs auf einen globalen Speicher oder bei der Prozeßsynchronisation die schon ausführlich diskutierten Effizienzprobleme (Abschnitte 2.3.5 und 5.1). Die Wartezeit bis ein entferntes Datenelement bereit steht, beziehungsweise bis der andere Prozeß im Falle eines fehlgeschlagenen Synchronisationsversuchs den Synchronisationspunkt erreicht hat, kann bei konventionellen Multiprozessorsystemen nur schwer überbrückt werden. In beiden Fällen bleibt den Prozessoren nur die Möglichkeit, entweder im Busy-Waiting-Zustand ('Spin Lock') zu verharren oder einen Kontextwechsel[1] durchzuführen ('Suspend Lock'). „Busy Waiting" kann bei kurzer Wartezeit tolerierbar sein, bedeutet jedoch bei längerer Wartezeit eine Ressourcenverschwendung. Ein Kontextwechsel erfordert bei konventionellen von-Neumann-Prozessoren einen zeitraubenden Betriebssystemaufruf, um die notwendige Sicherung der Register und des Prozeßzustandes vorzunehmen.

Bei den im vorliegenden Kapitel vorgestellten Prozessorarchitekturen wird folgende Lösung gewählt:

- Anstatt eines einzigen Kontrollfadens sind mehrere Kontrollfäden auf einem Prozessor geladen. Weiterhin wird eine feste Anzahl von Registersätzen im Prozessor vorgesehen, wobei jeder Registersatz einem anderen Kontrollfaden zugeordnet ist.

- Um die Wartezeit auf ein entferntes Datenelement oder im Falle eines fehlgeschlagenen Synchronisationsversuches zu überbrücken, wird hardwaremäßig ein Kontextwechsel durchgeführt. Dies geschieht durch Umschalten auf den Registersatz eines anderen geladenen Kontrollfadens.

---

[1] Wie auch im vorherigen Kapitel werden die Termini *Prozeß*, *Kontrollfaden* (*Thread*), *Kontext* und *Task* in diesem Kapitel weitgehend gleichbedeutend verwendet.

Dieser Kontextwechsel muß sehr schnell, d. h., entweder nach jedem Taktzyklus oder in höchstens 3 bis 12 Taktzyklen, durchführbar sein. Durch den einfachen Wechsel auf einen anderen Registersatz entfällt das bei konventionellen von-Neumann-Prozessoren notwendige Abspeichern der Registerinhalte. Das von-Neumann-Prinzip wird ansonsten weitgehend beibehalten. Der Befehlssatz ist als Load/Store-Architektur ähnlich wie bei RISC-Prozessoren organisiert, d. h., nur die Lade- und die Speicherbefehle greifen auf den globalen Speicher zu. Derartige Prozessorarchitekturen werden als *Rapid-Context-Switching* oder als *Multithreaded-von-Neumann-Architekturen* bezeichnet.

Nach der Art, wie Befehle, die aus mehreren Kontrollfäden stammen, auf einem Prozessor zur Ausführung ausgewählt werden, können die beiden folgenden Techniken unterschieden werden:

Eine Anzahl von Kontrollfäden ist auf dem Prozessor geladen, ein Hardware-Scheduler wählt in jedem Taktzyklus unter den 'ausführbereiten' Kontrollfäden einen zur Ausführung aus. Im Regelfall wird in jedem Maschinenzyklus ein Befehl aus einem anderen Kontrollfaden ausgewählt. Ein Kontrollfaden ist erst dann wieder 'ausführbereit', wenn keiner seiner Befehle mehr in einer Stufe der Prozessorpipeline vorhanden ist.

Die Anzahl der Registersätze entspricht bei dieser Technik oft der Maximalzahl der Kontrollfäden, die gleichzeitig auf dem Prozessor geladen sein können, so daß jedem geladenen Kontrollfaden ein eigener Registersatz zugeordnet ist. Bei entsprechend vielen Registern oder ganzen Registersätzen können diese als Zwischenspeicher verwendet werden. Das Laden von Registern aus einem entfernten Speicher wird durch die zwischenzeitliche Ausführung von Befehlen anderer Kontrollfäden überbrückt.

Dieses Verfahren wird als *Cycle-by-Cycle Interleaving*, *Fine-Grain Multithreading* [Agarwal et al. 90] oder auch *Finely Multithreaded Processors* [Agarwal 92] bezeichnet. Es wird beim HEP-Prozessor (Abschnitt 6.2), beim Horizon-Prozessor (Abschnitt 6.3), beim Prozessor des Tera-Rechners (Abschnitt 6.4), beim MASA-Prozessor (Abschnitt 6.5), beim SAM-Prozessor ([Maurer 88], [Lin, Maurer 93]), aber auch bei der Multithreaded-Datenflußarchitektur Monsoon (Abschnitt 4.3.7) angewandt. Beim Monsoon-Rechner wird gemäß einer festen Verschränkungszeit nach einer festen Anzahl von Taktzyklen derselbe Kontrollfaden wieder bedient. Dies ist bei den hier beschriebenen Multithreaded-von-Neumann-Architekturen nicht garantiert.

Beim zweiten Verfahren werden die Befehle eines Kontrollfadens so lange als möglich direkt hintereinander ausgeführt. Falls die Ausführung eines Befehls zum Warten des Prozessors führt (beispielsweise durch eine notwendige Prozeßsynchronisation oder einen Zugriff auf einen entfernten Speicher), wird ein Kontextwechsel durchgeführt. Dieses Verfahren wird als *Coarse-Grain Multithreading* [Agarwal et al. 90], als *Coarsely Multithreaded Processors* oder als *Block Multithreaded Processors* [Agarwal 92] bezeichnet. Es wird beim APRIL-Prozessor (Abschnitt 6.6) und dem Multithreaded-Prozessor des Media Research Laboratory der Matsushita Electric Industrial Co. [Hirata et al. 92] angewandt. Es ist mit dem Repeat-on-Input-Verfahren (Abschnitt 4.5.4) der Epsilon-Datenflußprozessoren (Abschnitte 4.5.2 und 4.5.3) und dem Strongly-Connected-Arcs-Model des EM-4-Datenflußrechners (Abschnitt 4.4.3) verwandt.

Beim *Coarse-Grain Multithreading* müssen bei einem Kontextwechsel der Befehlszähler und das Prozessorstatusregister gesichert, das Kontextzeigerregister inkrementiert und die Prozessorpipeline geleert und wieder gestartet werden. Ein Kontextwechsel benötigt hier deshalb mehr Taktzyklen als beim Fine-Grain Multithreading (11 Taktzyklen bei der SPARC-Implementierung des APRIL-Prozessors). Der Vorteil gegenüber dem Fine-Grain Multithreading ist die höhere Leistung bei Ausführung einzelner Kontrollfäden und bei geringer Prozessorlast, da die Befehle eines Kontrollfadens direkt aufeinanderfolgend ausgeführt werden.

Vorteile des Fine-Grain Multithreading gegenüber dem Coarse-Grain Multithreading sind der sehr schnelle Kontextwechsel (bei jedem Taktzyklus), der es erlaubt, auch eine Prozessorpipeline mit hoher Stufenzahl effizient zu nutzen, da ein Leeren der Pipeline beim Kontextwechsel entfällt, und das Vermeiden von Pipelineblasen, die durch Abhängigkeiten zwischen den Pipelinestufen oder durch Wartezeiten bei Speicherzugriffen entstehen.

Ein Nachteil des Fine-Grain Multithreading ist die geringe Leistung bei der Ausführung eines einzelnen Kontrollfadens und bei geringer Last, da bei einer Pipeline von $n$ Stufen nur in jedem $n$-ten Prozessortakt ein Befehl desselben Kontrollfadens zur Ausführung kommt. Eine *Explicit-Dependence Lookahead* genannte Technik erlaubt es, beim Horizon- und beim Tera-Rechner auch eine begrenzte Anzahl von Befehlen desselben Kontrollfadens überlappend auszuführen.

Eine vergleichende Untersuchung der Fine-Grain-Multithreading- und der Coarse-Grain-Multithreading-Technik wird in [Farrens, Pleskun 91] vorgestellt. Der Simulator benutzt ein modifiziertes Cray-1S-Prozessormodell, das es erlaubt, zwei Kontrollfäden überlappend auszuführen. Als Lastprogramme dienen die 14 Livermore Loops. Die Coarse-Grain-Multithreading-Technik („Blocked Policy" genannt) ergab bei zwei Kontrollfäden und geringem Kontextwechselaufwand eine Steigerung der Prozessorauslastung um 28% bis hin zu 89% gegenüber einer Hintereinanderausführung der beiden Kontrollfäden ohne Multithreading. Die Coarse-Grain-Multithreading-Technik erwies sich gegenüber der Fine-Grain-Multithreading-Technik („Every Cycle Policy" genannt) als überlegen.

Um festzustellen, wieviele Kontrollfäden bei Verwendung der Coarse-Grain-Multithreading-Technik gleichzeitig auf einem Prozessor geladen sein sollten, wurden Simulationen von [Weber, Gupta 89], [Agarwal et al. 90], [Agarwal 92] und [Hiraki et al. 92] durchgeführt. Alle Autoren zeigen gleichermaßen, daß eine erhebliche Steigerung der Prozessorauslastung bei zwei bis vier Kontrollfäden pro Prozessor erreicht wird. Eine weitere Erhöhung der Anzahl der Kontrollfäden bringt nur noch wenig Gewinn oder sogar eine Verschlechterung der Prozessorauslastung. Typische Zahlen [Weber, Gupta 89] sind eine Steigerung der Prozessorauslastung um 46% mit zwei und um 80% mit vier Kontrollfäden (jeweils gegenüber einem Kontrollfaden). Die Zahlen sind jedoch von vielen Faktoren, wie beispielsweise dem Lastprogramm, dem Kontextwechselaufwand, der Cache-Miss-Rate, der Speicherlatenz, der Netzwerkverzögerung etc. beeinflußt. Weitere Untersuchungsergebnisse finden sich am Ende des Abschnitts 6.6.

In den folgenden Abschnitten werden exemplarisch fünf Multithreaded-von-Neumann-Architekturen vorgestellt. Diese sind der HEP-Prozessor (Abschnitt 6.2), der Horizon-Prozessor (Abschnitt 6.3), der Prozessor des Tera-Rechners (Abschnitt 6.4) und der MASA-Prozessor (Abschnitt 6.5), die alle eine Fine-Grain-Multithreading-Technik anwenden. Der APRIL-Prozessor des ALEWIFE-Systems (Abschnitt 6.6) ist ein Beispiel für eine Prozessorarchitektur, die nach der Coarse-Grain-Multithreading-Technik arbeitet.

Der HEP-, der Horizon- und der Tera-Rechner sind eng miteinander verwandt. Sie stellen eine in ihrer zeitlichen Reihenfolge geordnete Entwicklungslinie dar. Der Ende der 70er Jahre entwickelte HEP-Rechner ist unter ihnen der älteste Rechner und hat insbesondere auch die im Kapitel 5 vorgestellten Datenfluß-/von-Neumann-Hybridarchitekturen stark beeinflußt. Der Horizon- und der Tera-Rechner sind Multiprozessorarchitekturen der späten 80er Jahre, die den Entwurf des zu seiner Zeit kommerziell nicht erfolgreichen HEP-Rechners wiederaufnehmen und mit heutiger Technologie fortführen. Alle drei Rechner sind als Supercomputer mit hohen Verarbeitungsgeschwindigkeiten entworfen.

Die Architektur des MASA-Prozessors beruht ebenfalls auf einer Fine-Grain-Multithreading-Technik. Insbesondere parallele LISP-Operationen, die Synchronisation mittels des Future-Konzepts und die Speicherbereinigung sollen durch die MASA-Architektur unterstützt werden. Der APRIL-Prozessor wendet eine Coarse-Grain-

Multithreading-Technik an, die auf einer Modifikation der SPARC-Prozessorarchitektur beruht.

## 6.2 HEP

Der *HEP-Rechner*[2] (Heterogeneous Element Processor) der Firma Denelcor ist ein speichergekoppeltes Multiprozessorsystem, dessen Prozessoren eine Fine-Grain-Multithreading-Technik anwenden. Der Rechner wurde Ende der 70er Jahre als Supercomputer für numerische Anwendungen entworfen.

Die *Fine-Grain-Multithreading-Technik* zeigt sich in der Art der Prozeßverwaltung: In einem HEP-Prozessor können gleichzeitig Befehle von bis zu acht Prozessen in verschiedenen Stufen der Prozessorpipeline ausgeführt und bis zu 128 aktivierte Prozesse zur Ausführung bereitgehalten werden. Im Falle eines nichtlokalen Speicherzugriffs wird die entstehende Wartezeit dadurch überbrückt, daß der betroffene Prozeß deaktiviert und durch einen anderen aktivierten Prozeß ersetzt wird.

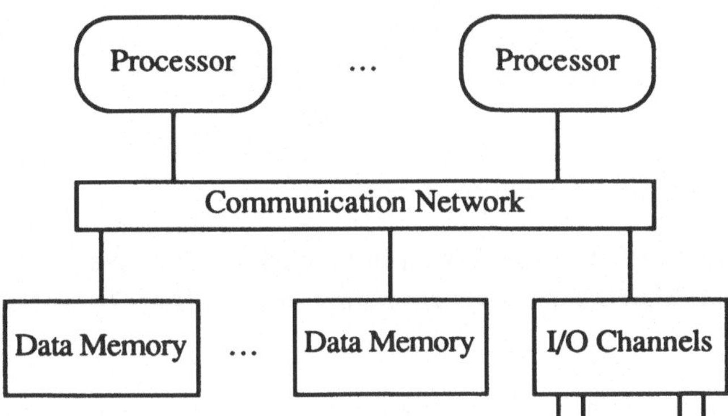


Abb. 6.2-1 Grundstruktur des HEP-Rechners

Die grundlegende Struktur des HEP-Rechners ist in Abbildung 6.2-1 dargestellt. Ein paketvermittelndes Schalternetz verbindet bis zu 16 Prozessoren mit maximal 128 Datenspeichermodulen und bis zu 4 Ein-/Ausgabe-Einheiten. Die Kommunikation

---

2 Zum HEP-Rechner siehe [Smith 78, 81 und 85], [Jordan 83 und 85] und [Hwang, Briggs 85]. Alle Arbeiten in [Kowalik 85] behandeln Hardware- oder Softwareaspekte des HEP-Rechners.

zwischen den Prozessoren geschieht über den gemeinsamen Speicher. Jedes Schalterelement sowie jedes Datenspeichermodul besitzt eine Übertragungsbandbreite von 10 Millionen 64-Bit-Worten pro Sekunde und jeder Prozessor eine Verarbeitungsgeschwindigkeit von 10 MIPS bei 10 MHz Takt. Die Übertragungsgeschwindigkeit der Schalterelemente und der Datenspeichermodule ist an die Verarbeitungsgeschwindigkeit der Prozessoren angepaßt.

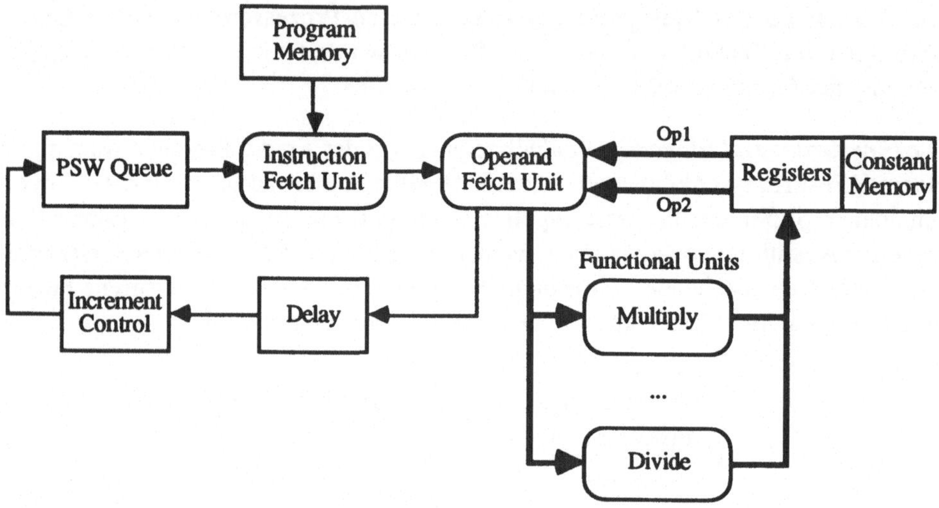


Abb. 6.2-2 Struktur eines HEP-Prozessors

Die Struktur eines HEP-Prozessors ist in vereinfachter Weise [Smith 81] in Abb. 6.2-2 dargestellt. Man erkennt zwei zirkuläre Pipelines, diese besitzen jeweils 8 Stufen:

- eine für die Programmflußsteuerung, die aus dem Prozeßstatuswort-FIFO-Speicher (PSW Queue), der Befehlsbereitstellungseinheit (Instruction Fetch Unit) mit Zugriff auf den Programmspeicher (Program Memory), einer Verzögerungseinheit (Delay) und einer Inkrementiereinheit (Increment Control) besteht, und

- eine für die Datenverarbeitung, die sich aus der Operandenbereitstellungseinheit (Operand Fetch Unit) mit Zugriff auf Register und Konstantenspeicher (Constant Memory) sowie einer Anzahl von verschiedenartigen Funktionseinheiten (Functional Units) zusammensetzt.

Der Registerspeicher besteht aus 2048 jeweils 64 Bit breiten allgemeinen Registern, die für die verschiedenen Prozesse in logisch getrennte, jedoch eventuell überlappende Bereiche eingeteilt sind. Der Konstantenspeicher besteht aus 4096 Speicherworten, die von den Benutzerprozessen nur gelesen werden können. Eine Änderung ist nur durch Supervisor-Prozesse möglich.

Ein Prozeß wird durch ein Prozeßstatuswort identifiziert. Dieses besteht aus einem 20 Bit breiten Befehlszähler, aus Adressen zugeordneter Register und aus der Adresse eines Konstantenspeicherbereichs.

Die Befehle im Programmspeicher sind im Regelfall 64 Bit breit und bestehen aus dem Opcode und 3 Adressen von Registern oder Speicherworten im Konstantenspeicher.

Das Operationsprinzip funktioniert nun folgendermaßen [Smith 81]: Die Befehlsbereitstellungseinheit entnimmt dem Prozeßstatuswort-FIFO-Speicher einen Eintrag, holt den vom Befehlszähler adressierten Befehl aus dem Programmspeicher und schickt ihn an die Operandenbereitstellungseinheit. Das Prozeßstatuswort wird nach Passieren der Operandenbereitstellungseinheit über die Verzögerungseinheit, welche die Zirkulationszeit der Programmstatusworte an diejenige der zugehörigen Datenverarbeitung anpaßt, und über die Inkrementiereinheit, die den Befehlszähler inkrementiert, wieder in den Prozeßstatuswort-FIFO-Speicher eingetragen (im Prinzip zirkuliert wohl nur eine Prozeßkennung, die ein Programmstatuswort identifiziert [Jordan 85]).

Ein Nachfolgebefehl eines Prozesses kann erst dann ausgeführt werden, wenn die Ausführung des vorherigen Befehls beendet ist. Falls acht oder mehr (nicht blockierte) Prozesse, identifiziert durch ihre Prozeßstatusworte, auf einem Prozessor geladen sind, wird mit jedem Maschinentakt ein Befehl eines anderen Prozesses ausgeführt. Eine überlappende Verarbeitung der Befehle eines einzelnen Prozesses ist im Regelfall nicht vorgesehen. Ein Instruction-Lookahead-Mechanismus kann jedoch aktiviert werden, falls nur ein einziges Prozeßstatuswort in der Programmflußpipeline vorhanden ist [Jordan 85].

Nach Erhalt eines Befehls holt die Operandenbereitstellungseinheit die benötigten Operanden aus dem Register- oder Konstantenspeicher und leitet diese mit dem Opcode an die betroffene Funktionseinheit weiter. Es gibt zwei Typen von Funktionseinheiten: synchrone und asynchrone (siehe [Hwang, Briggs 85]).

Jede der *synchronen Funktionseinheiten* bildet zusammen mit der Operandenbereitstellungseinheit eine Pipeline aus 8 Pipelinestufen mit jeweils 100 Nanosekunden Zykluszeit. Eine Operation ist somit immer nach 800 Nanosekunden beendet, was genau der Zirkulationszeit des Prozeßstatuswortes des zugehörigen Prozesses entspricht. Beispiele synchroner Funktionseinheiten sind das Gleitpunktaddierwerk, das Multiplizierwerk, die Integerfunktionseinheit (IFU), die Einheit zur Programmstatuswort-Verarbeitung (Create Function Unit CFU), die Programmspeicher-Zugriffseinheit (Hardware Access Unit HA) und eine Meß- und Monitoreinheit (System Performance Instrument SPI).

*Asynchrone Funktionseinheiten* beenden ihre Operationen nicht notwendigerweise nach 800 Nanosekunden. Derartige Funktionseinheiten sind das Dividierwerk und die im folgenden beschriebene SFU-Einheit (Storage Function Unit).

Die SFU-Einheit führt sogenannte SFU-Befehle aus, d. h., Befehle, die Operanden in einem der globalen Datenspeichermodule adressieren. Die SFU-Einheit ist für Lade- und Speicheroperationen zwischen den Registern und dem globalen Datenspeicher zuständig. Ihre Organisation erlaubt es, beliebig lange Speicherlatenzzeiten zu überbrücken, ohne daß für den Prozessor, genügend Last vorausgesetzt, ein Leerlauf entsteht.

Im Falle eines SFU-Befehls wird das Prozeßstatuswort aus der Programmflußpipeline entfernt und in einen SFU-internen FIFO-Puffer geschrieben. Die SFU-Einheit schickt eine Speicheranforderung an den globalen Speicher. Nach Erhalt des geforderten Datenelements und dessen Speicherung in einem Register oder nach Erhalt einer Zustandsinformation (siehe weiter unten) speist die SFU-Einheit das Prozeßstatuswort wieder in die Programmflußpipeline ein.

Mehrere Prozesse können bei ihrer Ausführung miteinander kooperieren. Dafür können bis zu 64 Prozesse zu einer Task zusammengefaßt werden. Eine Task wird durch ein Taskstatuswort beschrieben, das die Basis- und die Begrenzungsadressen im Programm-, Register- und Datenspeicher festlegt. Auf diese Weise lassen sich verschiedene, voneinander unabhängige Programme durch ihre Kapselung in Tasks bei der Ausführung voreinander schützen.

Pro Prozessor sind maximal 128 Prozesse (64 Benutzer- und 64 Supervisor-Prozesse) erlaubt, die sich auf maximal 16 Tasks verteilen können, d. h., maximal 128 Prozesse können nebenläufig verarbeitet werden. Diese Einschränkung ergibt sich aus der maximalen Anzahl verschiedener Prozeßstatusworte pro Prozessor.

Jeder Benutzerprozeß kann innerhalb einer Task neue Prozesse erzeugen. Tasks können jedoch nur durch Supervisor-Aufrufe erzeugt werden. Die Gesamtzahl der erzeugten Prozesse muß zur Ladezeit der Task spezifiziert werden. Ein Job kann auch aus mehreren Tasks bestehen, die dann auf mehrere Prozessoren verteilt werden und über gemeinsame Bereiche im Datenspeicher miteinander kommunizieren können.

Die Synchronisation kooperierender paralleler Prozesse geschieht über gemeinsame Registern oder über den globalen Datenspeicher. Dafür sind jedem Register und jedem Speicherplatz im globalen Speicher Zustandsbits zugeordnet. Die Speicherzellen im globalen Speicher können die Zustände 'voll' und 'leer' annehmen.

Zur Synchronisation sind spezielle Lade- und Speicherbefehle implementiert. Eine Ladeoperation kann so definiert sein, daß mit dem Zugriff gewartet wird, bis die Speicherzelle in den Zustand 'voll' übergegangen ist ('wait for full'), oder sie kann das Datum entnehmen und den Zustand auf 'leer' setzen ('read and set empty'). Entsprechend kann eine Speicheroperation auf den Zustand 'leer' der betroffenen Speicherzelle warten ('wait for empty') oder beim Abspeichern den Zustand der Zelle auf 'voll' setzen ('write and set full'). Alle diese Operationen sind als unteilbare Operationen implementiert. Das Prüfen der Zustände ist im Befehlssatz optional realisiert.

Bei den Registerspeichern kann ein Befehl den Zustand 'voll' für beide Operanden und den Zustand 'leer' für das Resultat verlangen und nach Ausführung die Zustände umkehren. Um dies zu implementieren, gibt es für die Register einen weiteren Zustand 'reserviert'. Dieser Zustand wird in das Register eingetragen, welches das Resultat aufnehmen soll. Kein anderer Befehl kann dann auf das Register zugreifen.

Ein Prozeß, der wegen der Registerzustände einen Befehl nicht ausführen kann, wird mit einem nicht inkrementierten Befehlszähler wieder in den Programmstatuswort-FIFO-Speicher eingetragen, so daß die Ausführung erneut versucht wird, sobald das Prozeßstatuswort am Kopf der Schlange erscheint. Ein Prozeß, der einen wegen der Datenspeicherzustände nicht ausführbaren Lade- oder Speicherbefehl auszuführen versucht, wird in den SFU-FIFO-Puffer eingetragen. Bei jedem Zirkulieren wird eine neue Anforderung an den globalen Datenspeicher gesandt [Smith 81].

Der HEP-Rechner wird in HEP-FORTRAN programmiert. Modifikationen von FORTRAN betreffen das Erzeugen von parallelen Prozessen und die Synchronisation beim Beenden paralleler Prozesse. Das Erzeugen eines parallelen Prozesses geschieht mittels einer *CREATE*-Anweisung, die ähnlich einer *CALL*-Anweisung arbeitet, jedoch ein Unterprogramm parallel zum erzeugenden Prozeß ausführt. Die Synchronisation geschieht durch eine *RESUME*-Anweisung, die dazu führt, daß der erzeugende Prozeß auf die Beendigung des erzeugten Prozesses wartet.

Eine zweite FORTRAN-Erweiterung betrifft die Zustände von Speicherzellen. Jede Variable kann als asynchrone Variable deklariert werden, indem ihr Name mit einem *$*-Zeichen beginnt. Dies führt beim Zugriff auf die Variable zu den oben definierten Synchronisationsoperationen. Eine *PURGE*-Anweisung wird zur Initialisierung verwendet und setzt den Zustand einer Speicherzelle auf 'leer'.

Parallelverarbeitung ist beim HEP-Rechner auf die Taskebene beschränkt. Die Synchronisation zwischen verschiedenen Prozessen geschieht über Speicherzellen oder Register. Insgesamt läßt sich beim HEP-Rechner, im Vergleich zu heutigen Multiprozessoren, die Lösung des Speicherlatenzproblems und der Prozeßsynchronisation durch den extrem schnellen Prozeßwechsel, der bei jedem Maschinentakt durchgeführt wird, positiv anmerken. Beides sind Eigenschaften, die der HEP-Rechner mit den Datenflußrechnern gemeinsam besitzt. Die bei feinkörnigen Datenflußrechnern fehlende Lokalität der Verarbeitung wird beim HEP-Rechner durch die Beschränkung der Anzahl der aktiven Prozesse und durch die Zuordnung von Registerbereichen zu Prozessen ausgenutzt.

Die folgenden Beschränkungen des HEP-Rechner können zu Ineffizienzen führen:

- Für jeden Prozeß ist höchstens ein ausstehender Speicherzugriff erlaubt.
- Die Anzahl nebenläufiger Prozesse ist durch die Hardware auf 128 beschränkt, da nur 128 Prozeßstatusworte pro Prozessor zur Verfügung stehen.
- Der Registerraum ist mit 2 KWorten klein gewählt.
- Es wird eine Form von „Busy Waiting" durchgeführt, da Prozesse, die auf ausstehende Speicherzugriffe warten, periodisch die zugehörigen Speicherbits überprüfen. Dies geschieht, wie oben beschrieben, durch das Zirkulieren der Prozeßstatusworte in dem Prozeßstatuswort-FIFO-Speicher beziehungsweise im SFU-FIFO-Puffer.

Parallelarbeit muß beim HEP-Rechner explizit in den Programmen spezifiziert werden. Dies kann als ein Nachteil gegenüber Datenflußrechnern gesehen werden. Außerdem ist die Anzahl nebenläufiger Kontrollfäden bei Datenflußrechnern unbeschränkt und nicht wie beim HEP-Rechner durch eine maximale Prozeßzahl begrenzt. Jedoch gelingt es beim feinkörnigen Datenflußprinzip nicht, die Lokalität logisch aufeinanderfolgender Befehle auszunutzen, wie es beim HEP-Rechner durch die Zuteilung fester Registerbereiche zu Prozessen möglich ist.

Bei Multithreaded-Datenflußrechnern, die das Konzept der I-Strukturen und deren Verarbeitung durch Befehle mit versetzten Phasen („Split-Phase") verwenden, können beliebig viele globale Speicherzugriffe abgeschickt werden, ohne daß auf die Beendigung eines vorherigen Speicherzugriffs gewartet werden muß. Ein Blockieren des Kontrollfadens geschieht erst dann, wenn ein gefordertes Datum als Eingangsoperand einer Aktivität benötigt wird. Dadurch werden bei Datenflußrechnern die Verarbeitungseinheiten nicht blockiert und auch nicht durch einen aktiven Abfragemechanismus wie beim HEP-Rechner belastet. Die Weiterverarbeitung des Kontrollfadens geschieht beim Konzept der I-Strukturen bei Eintreffen des Operanden automatisch durch die Vergleichsoperation des dynamischen Datenflußrechners.

## 6.3 Horizon

Der *Horizon-Supercomputer*[3] ist ein speichergekoppeltes Multiprozessorsystem, dessen Prozessoren, ähnlich wie der HEP-Rechner, ein Fine-Grain Multithreading durchführen. Der Horizon-Rechner unterscheidet sich nur wenig von seinem Nachfolger, dem Tera-Rechner, dessen Beschreibung im nächsten Abschnitt den vorliegenden ergänzt.

Der Horizon-Rechner soll eine Verarbeitungsleistung von 100 GigaFLOPS erreichen, wobei jeder der mit 4 Nanosekunden Takt arbeitenden Prozessoren 400 MFLOPS beitragen soll. Um diese hohe Verarbeitungsleistung zu erzielen, ist die Nutzung von vier Ebenen der Parallelarbeit vorgesehen [Thistle, Smith 88]: die Auslegung als Multiprozessorsystem mit einigen hundert Prozessoren, Fine-Grain Multithreading von Kontrollfäden innerhalb eines Prozessors, überlappende Ausführung der Befehle eines Kontrollfadens durch die Prozessorpipeline und Nutzung einer VLIW-Verarbeitung mit Hilfe eines langen („horizontalen") Befehlswortes.

Die im folgenden vorgestellte Horizon-Konfiguration [Kuehn, Smith 88] besteht aus 256 Prozessoren und 512 Speichereinheiten mit einem gemeinsamen Adreßraum. Das Netzwerk, das die Prozessoren mit den Speichereinheiten verbindet, ist ein in drei Dimensionen geschlossenes 16*16*6-Gitter-Netzwerk („Toroidally-Connected 3-Dimensional Mesh") und benötigt 1536 Schalterelemente [Pitelli, Smitley 88].

Pro Prozessor können bis zu 128 Kontrollfäden (hier „i-Streams" oder „Instruction Streams" genannt) geladen sein. Miteinander kooperierende Kontrollfäden, die Teil eines Programms sind, bilden zusammen eine „Task". Die Kontrollfäden einer Task arbeiten auf einem gemeinsamen Speicherbereich, können jedoch auf mehreren Prozessoren ablaufen. Auf den gemeinsamen Speicherbereich wird über das Verbindungsnetz zugegriffen. Jedem Kontrollfaden ist ein eigener Satz von 32 allgemeinen 64-Bit-Registern, vier 64 Bit breite Target-Registern, die im Falle von Verzweigun-

---

3 Das Gesamtsystem des Horizon-Rechners wird in [Kuehn, Smith 88], der Prozessor in [Thistle, Smith 88], das Verbindungsnetzwerk in [Pitelli, Smitley 88], Leistungsabschätzungen in [Glenn 88] und der Compiler in [Draper 88] beschrieben.

gen zu nutzende Befehlsadressen enthalten, und ein Instruction-Stream Status Word (ISW) zugeteilt. Das ISW enthält den Befehlszähler (eine 42 Bit breite Befehlsadresse) und weitere Statusinformationen des Kontrollfadens. Die Synchronisation von Kontrollfäden geschieht ausschließlich über den gemeinsamen Speicher.

Ein Horizon-Prozessor (siehe Abb. 6.3-1) besteht aus einer i-Stream-Auswahleinheit (i-Stream Select Unit), einer Befehlsbereitstellungseinheit (Instruction Fetch and Issue Unit) und drei Ausführungseinheiten: einer Speicherzugriffseinheit (M-Unit, Memory Unit), einer arithmetischen Einheit (A-Unit, Arithmetic Unit) und einer Steuerbefehlseinheit (C-Unit, Control Unit).

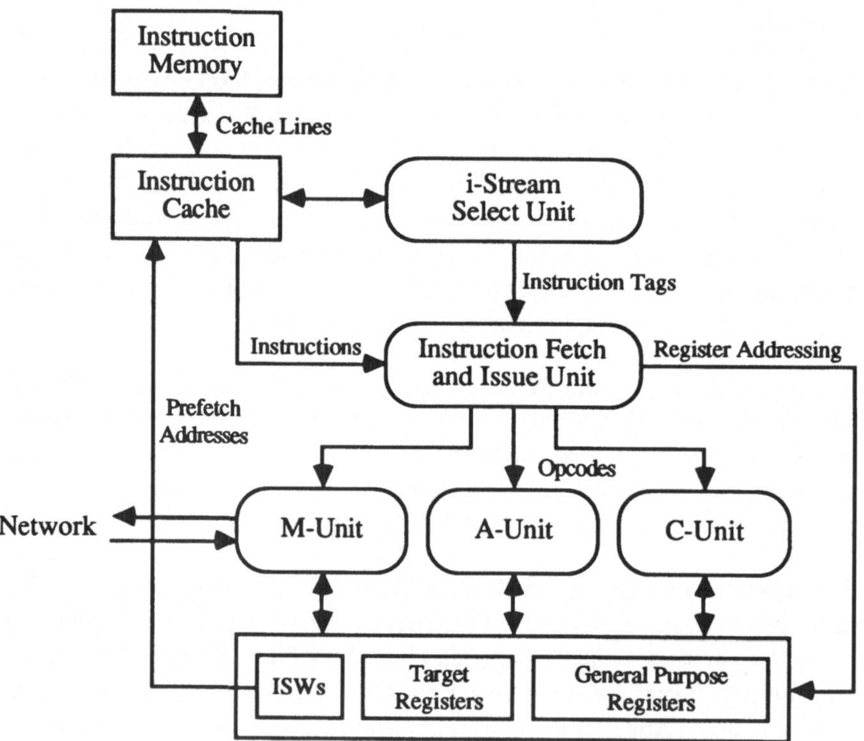


Abb. 6.3-1 Prozessor des Horizon-Rechners

Der Befehlssatz eines Horizon-Prozessors ist als Load/Store-Architektur organisiert, d. h., auf den globalen Speicher kann nur durch Lade- oder Speicherbefehle zugegriffen werden. Diese werden von der Speicherzugriffseinheit ausgeführt und können, wie beim HEP-Rechner, in ihrer Ausführung von Zustandsbits im Datenwort abhängen. Die arithmetische Einheit und die Steuerbefehlseinheit arbeiten nur auf den

Registern. Die arithmetische Einheit führt im wesentlichen skalare arithmetische und logische Operationen aus. Die Steuerbefehlseinheit verarbeitet Steuerbefehle wie beispielsweise *CALL, RESUME, RETURN, BRANCH, LOOP, EXIT, JUMP* etc. und skalare arithmetische Befehle. Eine ausführliche Beschreibung des Befehlssatzes findet sich in [Kuehn, Smith 88].

Ein 64-Bit-Befehlswort enthält für jede dieser Ausführungseinheiten einen Opcode und Registerangaben. Es spezifiziert somit drei voneinander unabhängige Operationen. Das Befehlswort enthält weiterhin ein „Lookahead-Feld", das angibt, wieviele der im Kontrollfaden direkt nachfolgenden Befehlsworte vom betrachteten Befehlswort unabhängig sind. Die Befehlsworte sind im Befehlsspeicher (Instruction Memory) separat von den Daten gespeichert.

In jedem Taktzyklus wählt die i-Stream-Auswahleinheit einen der bis zu 128 geladenen Kontrollfäden zur Ausführung aus, wobei im Prinzip ein Kontrollfaden erst dann erneut ausgewählt wird, wenn sich keiner seiner Befehle mehr in der Prozessorpipeline befindet. Die Verwendung des Lookahead-Feldes erlaubt, daß bis zu 8 Befehlsworte desselben Kontrollfadens in verschiedenen Stufen der Prozessorpipeline in Ausführung sind. Die dafür nötige „Explicit-Dependence-Lookahead"-Technik wird im nächsten Abschnitt beschrieben.

Die Befehlsbereitstellungseinheit liest das Befehlswort des ausgewählten Kontrollfadens aus dem Befehls-Cache-Speicher, sorgt dafür, daß die adressierten Registerinhalte rechtzeitig bereitgestellt werden, und übergibt die Opcodes an die Ausführungseinheiten zur Durchführung der Operationen.

Ein Speicherwort setzt sich aus 64 Datenbits und 6 Zustandsbits (Access State) zusammen. Die letzteren untergliedern sich in ein Full/Empty-Bit, ein Indirect-Bit und 4 Trap-Bits. Das Full/Empty-Bit erlaubt es, eine Synchronisation von Kontrollfäden über Speicherworte ähnlich wie beim HEP-Rechner durchzuführen. Die Funktionalität der Zustandsbits entspricht derjenigen des Tera-Rechners.

Simulationen des Horizon-Rechners zeigten, daß die Speicherlatenzzeit, also die Antwortzeit im Falle eines Zugriff auf den globalen Speicher, bei einem Horizon-System der beschriebenen Dimension etwa 50 - 80 Taktzyklen betragen würde und innerhalb von 128 Taktzyklen beinahe alle Zugriffe erfolgt seien [Thistle, Smith 88]. Somit ist anzunehmen, daß bei genügend Last durch parallele Kontrollfäden die Speicherlatenzzeit durch die Fine-Grain-Multithreading-Technik vollständig überbrückt wird und auf den Horizon-Prozessoren keine Wartezeiten entstehen. Die Erfahrungen mit Simulationen des Horizon-Entwurfs wurden für den Entwurf des Tera-Rechners genutzt.

## 6.4 Tera

Der *Tera-Rechner* ([Alverson et al. 1990], [Callahan, Smith 90]) der Firma *Tera Computer Company* ist ein Supercomputer, der als Multiprozessorsystem aus Fine-Grain Multithreaded-von-Neumann-Prozessoren mit einem gemeinsamen Adreßraum aufgebaut ist. Er stellt eine direkte Weiterentwicklung des HEP- und des Horizon-Rechners dar.

Für den Entwurf des Tera-Rechners waren drei Ziele maßgebend:

- Der Rechner soll für eine sehr hohe Verarbeitungsleistung geeignet sein. Insbesondere soll er eine Implementierung mit sehr schneller Taktfrequenz zulassen und als Multiprozessorsystem beliebig skalierbar sein.
- Er soll für ein breites Spektrum von Anwendungen geeignet sein und auch schlecht vektorisierbare Probleme effizient ausführen können. Das impliziert eine Architektur, die auch feinkörnige Parallelität nutzen kann. Weiterhin soll die Implementierung funktionaler, logischer und applikativer Programmiersprachen unterstützt werden.
- Als drittes Ziel soll der Compilerbau für den Tera-Rechner erleichtert werden. Das führt auf einen orthogonalen Maschinenbefehlssatz mit nur wenigen Adressierungsarten.

Der abstrakte Architekturaufbau des Tera-Rechners ist beliebig skalierbar. Die Maximalkonfiguration der vorgesehenen Implementierung besitzt 256 Prozessoren, 512 Speichereinheiten, 256 Ein-/Ausgabe-Cache-Speicher, 256 Ein-/Ausgabe-Prozessoren und 4096 Netzwerkverbindungsknoten. Die Taktzeit soll weniger als 3 Nanosekunden betragen.

Das Verbindungsnetzwerk des Tera-Rechners mit 256 Prozessoren ist ein in drei Dimensionen geschlossenes 16*16*16 Gitter-Netzwerk mit sehr hohem Netzwerkdurchsatz. Prozessoren und Speicher sind nicht auf verschiedenen Seiten des Netzwerkes angeordnet, sondern einheitlich über das ganze Netzwerk verteilt. Daten können somit in Speichereinheiten in der Nähe eines sie benötigenden Prozessors plaziert werden. Die 512 (Daten-)Speichereinheiten besitzen eine Speicherkapazität von je 128 MByte und sind Byte-adressierbar, aber eingeteilt in 64-Bit-Datenworte. Der Zugriff auf Sekundärspeichermedien geschieht über 256 Ein-/Ausgabe-Cache-Speicher mit je 1 GigaByte direkt adressierbarem Speicher. Die Ein-/Ausgabe-Cache-Speicher entsprechen funktionell den Daten-Speichereinheiten, besitzen jedoch eine langsamere Speicherzugriffszeit. Jeder Prozessor ist über einen speziellen Pfad mit einem Ein-

/Ausgabe-Cache-Speicher verbunden und erhält von diesem die auszuführenden Befehle.

Da bis zu 128 Kontrollfäden (Instruction Streams) pro Tera-Prozessor gleichzeitig geladen sein können, sind entsprechend viele Befehlszähler vorgesehen. Bei jedem Taktzyklus wird ein Befehl eines 'ausführbereiten' Kontrollfadens ausgewählt und in die Prozessorpipeline eingefüttert. Zu einem Zeitpunkt können sich somit in den verschiedenen Stufen der Prozessorpipeline Befehle aus verschiedenen Kontrollfäden befinden. Wenn ein Befehl eines Kontrollfadens alle Stufen der Pipeline durchlaufen hat, wird der Kontrollfaden wieder als 'ausführbereit' eingestuft. Um den maximalen Prozessordurchsatz zu erreichen, müßte somit die Speicher- und Netzwerklatenzzeit von ungefähr 70 Taktzyklen durch genauso viele parallel ausführbereite Kontrollfäden pro Prozessor überbrückt werden. Jedoch können auch mehrere Befehle *eines* Kontrollfadens parallel ausgeführt werden.

Das geschieht mittels einer Technik, die als „Explicit-Dependence-Lookahead" bezeichnet wird: Jedes Befehlswort enthält ein drei Bit breites Lookahead-Feld, das angibt, wieviele der im Kontrollfaden direkt nachfolgenden Befehlsworte vom betrachteten Befehl unabhängig sind. Da der mit drei Bit maximal mögliche Lookahead-Wert 7 ist, können potentiell bis zu 8 Befehle, also bis zu 24 Operationen pro Befehlsstrom, voneinander unabhängig ausgeführt werden. Ein Befehl eines Kontrollfaden ist 'ausführbereit', wenn die Ausführung aller Befehle mit Lookahead-Werten, die den betreffenden Befehl spezifizieren, beendet ist. Demnach würden, um 72 Takte an Latenzzeit zu überbrücken, bereits 9 Kontrollfäden ausreichen, sofern jeder Befehl eines jeden Kontrollfadens einen Lookahead-Wert von 7 besitzen würde.

Jedem geladenen Kontrollfaden ist ein Registersatz, bestehend aus einem 64 Bit breiten Stream-Statuswort (Stream Status Word SSW), 32 je 64 Bit breiten allgemeinen Registern (General Registers R0 - R31) und 8 ebenfalls 64 Bit breiten Zielregistern (Target Registers T0 - T7), zugeordnet. Die untere Hälfte eines Stream-Statuswortes enthält eine 32 Bit breite Befehlsadresse (den Befehlszähler), die obere Hälfte beschreibt verschiedene Ausführungsmodi, Masken und Bedingungsflags. Das Register R0 steht immer auf dem Wert Null, das Register T0 zeigt auf die Trap-Behandlungsroutine und die anderen Zielregister nehmen Befehlsadressen auf, die bei Programmverzweigungen genutzt werden. Da der Kontextwechsel zwischen den maximal 128 Kontrollfäden extrem schnell vor sich gehen muß, sind 128 solcher Registersätze pro Prozessor vorgesehen.

Ähnlich wie bei VLIW-Rechnern kann ein Befehlswort des Tera-Rechners mehrere Operationen spezifizieren. Typisch sind drei Operationen pro Befehl, wie beispielsweise eine Speicheroperation, eine arithmetische Operation und eine Kontrollflußoperation oder eine weitere arithmetische Operation. So kann, ähnlich wie bei superskalaren Prozessoren, bei numerischen Programmen mit vektorisierbaren Schleifen ein Gleitpunktresultat pro Tera-Prozessor und pro Taktzyklus erzielt werden.

Jeder Prozessor unterstützt 16 Zugriffsschutzbereiche (Protection Domains), die jeweils Programm- und Datenspeicherbereiche sowie die Anzahl der zugeordneten Kontrollfäden festlegen. Die Zugriffsschutzbereiche werden vom System den Prozessoren zugeordnet und können aus Benutzersicht als virtuelle Prozessoren betrachtet werden. Jeder Kontrollfaden gehört zu genau einem Zugriffsschutzbereich. Die Zugriffsschutzbereiche entsprechen funktionell den „Tasks“ beim HEP- und beim Horizon-Rechner.

Jedem Zugriffsschutzbereich sind drei *slim*, *scur* und *sres* genannte Werte zugeordnet. *scur* bezeichnet die Anzahl der zu einem Zeitpunkt aktiven Kontrollfäden des Zugriffsbereichs. *scur* darf *sres*, die Anzahl der für den Zugriffsschutzbereich reservierten Kontrollfäden, nicht überschreiten. Das Betriebssystem gibt eine durch *slim* (Stream Limit) beschriebene Maximalzahl an möglichen Reservierungen von Kontrollfäden für den Zugriffsschutzbereich vor.

Beim Erzeugen eines neuen Kontrollfadens durch eine *CREATE*-Operation wird der *scur*-Wert inkrementiert. Der *scur*-Wert darf dabei den *sres*-Wert nicht überschreiten. Eine *QUIT*-Operation terminiert einen Kontrollfaden und dekrementiert dabei den *scur*- und den *sres*-Wert. Die *QUIT_PRESERVE*-Operation terminiert den Kontrollfaden und dekrementiert nur den *scur*-Wert, hält also die Reservierung aufrecht.

Jedem Kontrollfaden ist zudem einer von vier möglichen Schutzebenen (Privilege Levels: User, Supervisor, Kernel und IPL) zugeordnet.

Jedem der 64-Bit-Datenworte sind vier zusätzliche Zustandsbits zugeteilt: Zwei voneinander unabhängige *Trap-Bits* steuern die Auslösung von Traps. Ein *Forward-Bit* kann so interpretiert werden, daß der Inhalt der Speicherzelle nicht als Ziel des Speicherzugriffs, sondern als Zeigeradresse verwendet wird. Ein *Full/Empty-Bit* kann zur Synchronisation von Kontrollfäden genutzt werden. Für Lade- und Speicheroperationen sind durch Abfrage des Full/Empty-Bits der adressierten Speicherzelle verschiedene Zugriffsmodi implementiert.

Für die Ladeoperationen sind folgende Modi möglich:

- Laden ohne Betrachten des Full/Empty-Bits,
- Warten auf Zustand 'full', nach dem Laden bleibt der Zustand 'full' erhalten,
- Warten auf Zustand 'full', nach dem Laden wird der Zustand auf 'empty' gesetzt.

Für die Speicheroperationen gelten folgende Modi:

- Laden ohne Betrachten des Full/Emtpy-Bits,
- Warten auf Zustand 'full', nach dem Laden bleibt der Zustand 'full' erhalten,
- Warten auf Zustand 'empty', nach dem Laden wird der Zustand auf 'full' gesetzt.

Das Testen auf ein gesetztes Full/Empty-Bit, also ein eventuelles Warten auf Zustand 'full', geschieht, ähnlich wie beim HEP- und beim Horizon-Rechner, durch „Busy Waiting“. Der die Speicherzelle adressierende Befehl wird von dem Prozessor so lange wiederholt ausgeführt, bis der Zustand auf 'full' steht. Jedoch kann ein im Zugriffsschutzbereich festgelegter Grenzwert („Retry Limit“) die Anzahl der erfolglos ausgeführten Zugriffe einschränken und dann eine Unterbrechung („Trap“) auslösen.

## 6.5 MASA

*MASA* (Multilisp Architecture for Symbolic Applications) ist eine Prozessorarchitektur zur Ausführung paralleler LISP-Programme auf einem aus MASA-Prozessoren aufgebauten Multiprozessorsystem. Die Architektur unterstützt *Fine-Grain Multithreading*durch Bereitstellung mehrerer Kontexte, durch eine verschränkte Ausführung der Befehle aus mehreren Befehlsfolgen und durch eine schnelle Unterbrechungsbehandlung. MASA wurde am MIT entworfen; sowohl eine Softwaresimulation als auch eine Implementierung standen zum Zeitpunkt der Veröffentlichung [Halstead, Fujita 88] noch aus.

Ziel des MASA-Entwurfs war es, eine hohe Verarbeitungsgeschwindigkeit für parallele LISP-Operationen, wie den generischen Operationen auf Daten mit Typenkennung, für die Synchronisation insbesondere in Verbindung mit dem Future-Konzept und für die Speicherbereinigung (Garbage Collection) zu erhalten. Jedes Speicherwort wurde deshalb um einige zusätzliche Bits zur Implementierung von Synchronisationsoperationen und sogenannten „Futures“ erweitert. Beim Multithreading hat jeder MASA-Prozessor die Kontexte mehrerer aktiver Tasks in verschiedenen Registersätzen geladen und wechselt nach jedem Taktzyklus von einer Task zur anderen. Multithreading wird angewandt, um auch sehr kurze Kommunikations- und Synchronisationsverzögerungen zu überbrücken.

MASA kann als eine auf Registern basierende Load/Store-Prozessorarchitektur charakterisiert werden, die um Hardwaremechanismen zur Durchführung des Multithreading, zur Synchronisation von Tasks, für die Manipulation von mit Tags versehenen Daten und zur Speicherbereinigung erweitert ist.

Ein Gesamtsystem besteht aus Dutzenden bis Hunderten von Prozessorknoten, die jeweils aus einem MASA-Prozessor mit Cache-Speicher und zusätzlichem lokalem Speicher bestehen. Die Prozessorknoten sind über ein Hochgeschwindigkeitsnetzwerk miteinander verbunden; die physikalisch verteilten Speicher bilden jedoch einen gemeinsamen Adreßraum.

Zur Datenrepräsentation werden zwei Arten von Speicherdarstellungen benutzt: Tagged Pointers und Speicherworte (siehe Abbildung 6.5-1). Tagged Pointers bestehen aus einem Datenfeld, einem „Type Tag Field" (Feld für die Typenkennung) und einem „Generation Tag Field". Ein Speicherwort besteht aus einem Datenfeld, einem Full/Empty-Bit, einem Old/New-Bit, einem „Type Tag Field" und einem „Generation Tag Field".

Die Typenkennung erlaubt es, einfache generische[4] Befehle, wie die arithmetischen Befehle, direkt in Hardware zu implementieren. Komplexere generische Befehle werden durch Trap-Behandlungsroutinen in Software ausgeführt.

MASA unterstützt eine parallele, inkrementielle Speicherbereinigung unter Verwendung der Generation-Tags und der Old/New-Bits.

Die Datenrepräsentation fördert weiterhin die Verwendung von „Futures" zur Synchronisation von Tasks. *Futures* (siehe auch Abschnitt 6.6) können als Platzhalter für Datenwerte betrachtet werden. Ein Future ist zu Beginn im Zustand 'unresolved'. Sobald der Datenwert eines Future- berechnet ist, geht das Future in den Zustand 'resolved' über. Ein Future kann kopiert werden, ohne daß darauf gewartet werden muß, bis der zugehörige Datenwert berechnet ist. Strikte Operationen wie Vergleichsoperationen und arithmetische Operationen können jedoch auf 'unresolved' Futures nicht ausgeführt werden, da sie den Datenwert benötigen. Man sagt, strikte Operationen „berühren" (touch) ihre Operanden, was dazu führt, daß die ausführende Task suspendiert wird, falls dabei 'unresolved' Futures „berührt" werden.

Die Implementierung von Futures wird durch die Full/Empty-Bits in den Speicherworten unterstützt. Ein Speicherwort im Zustand 'full' enthält einen gültigen Datenwert, auf den zugegriffen werden kann. Wird der Zustand auf 'empty' gesetzt, wird

---

4 Als *generisch* bezeichnet man einen Maschinenbefehl, dessen Opcode in Abhängigkeit von den Datentypen seiner Operanden verschiedenartige Operationen bezeichnen kann [Ungerer 89].

das Speicherwort gesperrt. Die Ausführung von Ladeoperationen auf Speicherworten im Zustand 'empty' führt zum Auslösen einer Unterbrechung (im Gegensatz zum HEP-Prozessor, der in einem solchen Falle in einen Busy-Waiting-Zustand übergeht).

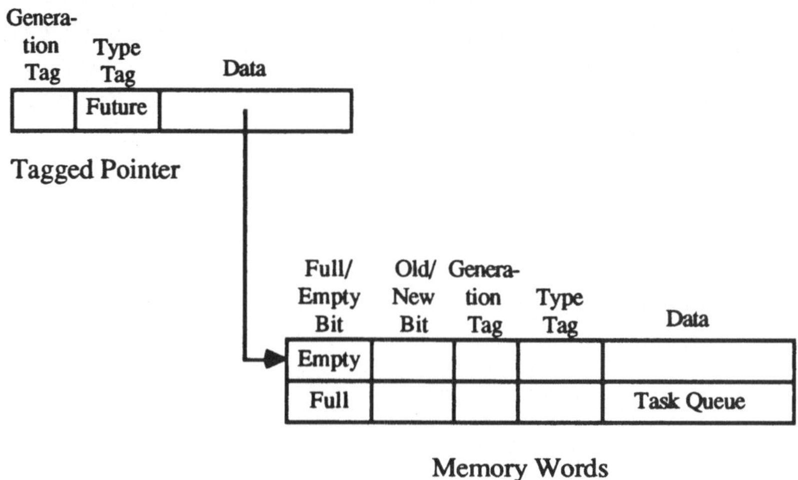


Abb. 6.5-1 Speicherrepräsentation eines Future

Ein Future wird von einem Tagged Pointer vom Typ 'future' repräsentiert, der auf ein Paar von Speicherworten zeigt (siehe Abb. 6.5-1). Das erste dieser Speicherworte enthält den Datenwert, falls dieser berechnet ist, oder ist im Zustand 'empty'. Falls eine strikte Operation mit einem Future als Operanden ausgeführt werden soll und der Zustand des ersten Speicherwortes auf 'empty' steht, wird die zugehörige Task suspendiert, bis das Future 'resolved' ist. Solange das Future im Zustand 'unresolved' ist, wird das zweite Speicherwort dazu genutzt, auf eine Liste solcher suspendierter Tasks zu zeigen.

MASA verwendet *n* Taskrahmen, in die jeweils eine Task geladen werden kann. Jedem Taskrahmen sind *r* allgemeine Register und eine Anzahl von Hilfsregister zugeordnet. Die Größen *n* und *r* sind nicht festgelegt, können aber etwa mit $n$=8 und $r$=16 angenommen werden.

Jede geladene Task, die nicht suspendiert ist, kann für die Ausführung des nächsten Befehls ausgewählt werden. Dabei werden in aufeinanderfolgenden Taktzyklen Befehle verschiedener Tasks ausgeführt. Durch diesen schnellen Kontextwechsel kann der MASA-Prozessor auch dann sinnvolle Arbeit ausführen, wenn eine Task nur für wenige Taktzyklen blockiert ist. Befehle derselben Task können erst wieder nach 4 Taktzyklen ausgewählt können.

Die Hilfsregister bestehen neben einem Befehlszählregister aus einem Parent-Task- und einem Child-Task-Register, das die Taskrahmennummer der Parent Task oder die der Child Task enthält. Register können durch Angabe der Taskrahmennummer und des Registernamens systemweit eindeutig identifiziert werden. Befehle enthalten natürlich nur relative Registeridentifikationen, die aus dem Registernamen und einer der Bezeichnungen *CURTASK*, *CHILD* (für die Child Task) oder *PARENT* (für die Parent Task) bestehen. Die zugehörige Taskrahmennummer wird zur Laufzeit bestimmt, um eine absolute Registeradresse zu berechnen.

Ein MASA-Prozessor besteht aus einer vierstufigen Pipeline, wobei jede Pipelinestufe in einem Taktzyklus ablaufen soll. Ein Blockschaltbild des MASA-Prozessors ist in Abbildung 6.5-2 dargestellt.

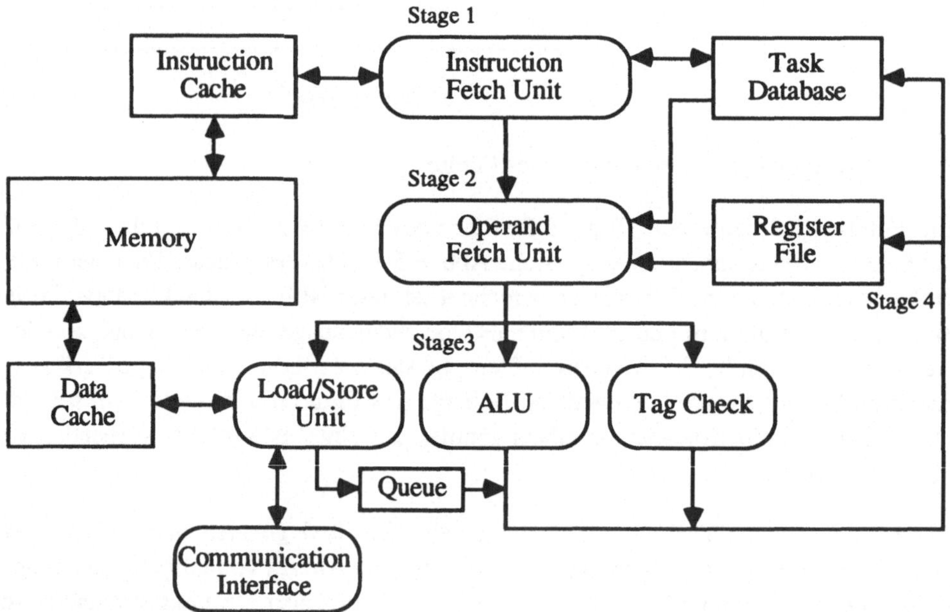


Abb. 6.5-2 MASA-Prozessorarchitektur

Die Task Database enthält die Hilfsregister aller Taskrahmen. Dazu gehören RState- und FState-Register, die zusammen den Zustand einer Task beschreiben.

Die Befehlsbereitstellungseinheit (Instruction Fetch Unit IFU) liest in jedem Taktzyklus aus der Task Database die Taskrahmennummer und den aktuellen Befehlszähler einer Task, deren RState sich im Zustand 'ready' und deren FState sich im Zustand 'enabled' befinden. Sie setzt den Rstate der Task auf 'running' und holt den zugehörigen Befehl aus dem Befehls-Cache-Speicher (Instruction Cache). Der RState der Task bleibt solange auf 'running', bis die Befehlsausführung beendet ist. Erst in der vierten Pipelinestufe wird der Zustand im Normalfall wieder auf 'ready' gesetzt. Danach kann der nächste Befehl der Task wieder zur Ausführung ausgewählt werden.

In der zweiten Stufe (Stage 2) werden bis zu zwei Operanden des Befehls aus dem Register File, der die allgemeinen Register enthält, oder aus der Task Database geholt. Die Befehlsbereitstellungseinheit übergibt der Operandenbereitstellungseinheit (Operand Fetch Unit) die Tasknummer sowie die Inhalte der Child-Task-, Parent-Task- und Trap-Information-Register. Die grundlegenden Operationen der Stufe 2 unfassen die Übersetzung der relativen Registeradressen in absolute Registeradressen, das Lesen der adressierten Register, das Selektieren der gewünschten Registerfelder oder das Holen einer direkten Konstanten aus dem Befehlswort.

In der dritten Stufe können eine Tag-Check- und eine arithmetische oder logische Operation gleichzeitig durchgeführt werden. Im Falle eines Lade/Speicher-Befehls kann in dieser Stufe eine Adreßberechnung erfolgen.

In Stufe 4 werden die Resultate von arithmetischen und logischen Operationen in die Zielregister (im Register File) geschrieben. Der Befehlszähler, der RState- und der FState-Wert (in der Task Database) werden modifiziert.

Lade/Speicher-Befehle werden von der Lade/Speicher-Einheit (Load/Store Unit) ausgeführt. In diesem Fall tritt eine Pipelineblase in der vierten Stufe der Pipeline auf. Die Lade/Speicher-Einheit bestimmt, ob eine Lade/Speicher-Operation den Daten-Cache-Speicher, den lokalen Speicher, einen Speicher eines entfernten Knotens oder eine Kombination davon betrifft und initiiert die betreffende Operation. Die Anzahl der Taktzyklen, die für einen Speicherzugriff benötigt werden, kann variieren. Sobald der Speicherzugriff abgeschlossen ist, wird ein Resultattoken erzeugt und in einen Puffer geschrieben, aus dem im Fall einer Pipelineblase ein Resultattoken ausgelesen und in die Pipeline an der Stufe 4 eingefüttert wird, so daß der Register File und die Task Database entsprechend geändert werden können. Die Lade/Speicher-Einheit erhält außerdem Lade/Speicher-Anforderungen von anderen Knoten über die Kommunikationsschnittstelle (Communication Interface).

Im Falle von Unterbrechungen (Traps), die in verschiedenen Pipelinestufen auftreten können, wird ein Trap-Token mit dem Trap-Code und Trap-Informationen anstelle der üblichen Befehlsinformation durch die Pipeline geschickt. In Stufe 4 wird in diesem Fall ein neuer Taskrahmen alloziert. Die Trap-Information wird dort abgespeichert.

Als eine wesentliche Schwäche des MASA-Entwurfs sehen [Halstead, Fujita 88] die geringe Effizienz bei der Ausführung einzelner sequentieller Befehlsfolgen, da aufeinanderfolgende Befehle einer Task nur in jedem vierten Taktzyklus ausgeführt werden können. Somit werden zumindest vier Tasks benötigt, um den Prozessor auszulasten. Eine direkt aufeinanderfolgende Ausführung der Befehle einer Task hätte jedoch den Entwurf erheblich komplexer gestaltet, da dann Pipelinekonflikte wie in konventionellen Pipelines auftreten können.

## 6.6 APRIL-Prozessor im ALEWIFE-System

*APRIL* ist ein Multithreaded-von-Neumann-Prozessor, der als Knotenprozessor im *ALEWIFE-Multiprozessorsystem* ([Agarwal et al. 90], [Agarwal 92]) am MIT entwickelt wurde.

Ziel des APRIL-Prozessorentwurfs war es, Kommunikations- und Synchronisationsverzögerungen überbrücken zu können, sowie Prozeßsynchronisation und feinkörnige Parallelität zu unterstützen. Insbesondere sollte auch für sequentielle Befehlsfolgen eine hohe Verarbeitungsgeschwindigkeit erreicht werden. Deshalb wurde eine *Coarse-Grain-Multithreading-Technik* verwendet. Im Gegensatz zu den in den vorherigen Abschnitten beschriebenen Fine-Grain-Multithreading-Techniken werden beim APRIL-Prozessor die Befehle einer sequentiellen Befehlsfolge so lange direkt aufeinanderfolgend ausgeführt, bis ein Zugriff auf einen entfernten Speicher oder ein fehlschlagener Synchronisationsversuch auftritt. Beliebig viele virtuelle Kontrollfäden sind erlaubt. Der Algorithmus für die Zuteilung der Kontrollfäden (Thread Scheduling) wird per Software ausgeführt. Weiterhin werden eine Synchronisation über Full/Empty-Bits angewandt und die Implementierung von Futures durch Tags unterstützt.

Für den APRIL-Entwurf wurden ein APRIL-Compiler, ein Laufzeitsystem und ein *ASIM* genannter APRIL-Simulator entwickelt. Die Simulation benutzt vier Kontexte, führt einen Kontextwechsel in ca. 10 Taktzyklen aus und erzielt ca. 80% Prozessorauslastung im Rahmen eines Multiprozessorsystems mit einer durchschnittlichen Netzwerkverzögerung von 55 Taktzyklen. Eine *Sparcle* genannte Implementierung der APRIL-Architektur unter Verwendung eines SPARC-Prozessors wird in Zusammenarbeit mit LSI Logic und SUN Microsystems durchgeführt. Ein Sparcle-System mit einem Knoten ist seit März 1992 lauffähig [Agarwal 92].

ALEWIFE ist ein cache-kohärentes[5] Multiprozessorsystem mit verteilten Speichern, die zusammen einen globalen Adreßraum bilden. Jeder Knotenprozessor besitzt einen lokalen Speicher, kann jedoch über das Verbindungsnetz die Speicher der anderen Knotenprozessoren adressieren. Die Speichereinheiten sind somit verteilt, Kommunikation und Synchronisation erfolgen jedoch über gemeinsame Variablen. Da der Zugriff auf einen entfernten Speicher über das Verbindungsnetz ausgeführt wird und damit sehr viel langsamer als derjenige auf den lokalen Speicher geschieht, kommt der Überbrückung der Wartezeit im Falle eines entfernten Speicherzugriffs große Bedeutung zu.

Beim ALEWIFE-Multiprozessorsystem wird eine „starke“ Cache-Kohärenz durch ein verteiltes, Directory-basierendes Cache-Kohärenz-Protokoll („LimitLESS Directory Protocol“, siehe [Chaiken et al. 91]) gewährleistet. Die Gewährleistung der Cache-Kohärenz ist natürlich aufwendig. Sie wird jedoch durch Anwendung der Multithreading-Technik erleichtert, da nach einem Cache-Miss auf einen anderen Kontext gewechselt wird, und das Cache-Kohärenz-Protokoll ablaufen kann, ohne daß der Prozessor warten muß.

Ein ALEWIFE-Knoten (siehe Abb. 6.6-1) besteht in der vorgesehenen Implementierung aus einem SPARC-Prozessor, einer Gleitpunkteinheit, einem Cache-Speicher, einem Cache/Directory-Controller, einem lokalen Speicher und einer Netzwerkschnittstelle (Network Router).

Der Cache/Directory-Controller implementiert die Sicht eines globalen Adreßraumes. Er sendet oder empfängt Nachrichten zu oder von anderen Knoten. Im Fall eines Cache-Miss oder eines fehlgeschlagenen Synchronisationsversuchs kann der Cache/Directory-Controller den Prozessor entweder unterbrechen (Trap) oder in den

---

5 Unter *Cache-Kohärenz* (Cache Coherency) versteht man bei Multiprozessorsystemen mit lokalen Cache-Speichern die Eigenschaft, daß bei jedem Zugriff eines Prozessors auf ein Datenwort immer das zuletzt an diese Adresse geschriebene Wort gelesen wird. Kopien desselben Datenwortes können sich gleichzeitig in den Cache-Speichern mehrerer Prozessoren befinden. In diesem Fall muß dafür Sorge getragen werden, daß das Datenwort nach einem Schreibzugriff eines der Prozessoren entweder in den Cachespeichern der anderen Prozessoren ebenfalls sofort geändert oder zumindest für ungültig erklärt wird [Ungerer 89].

Busy-Waiting-Zustand versetzen. Dazu ist er mit einer Trap- und einer Wait-Leitung mit dem Prozessor verbunden. Die Trap-Leitung signalisiert dem Prozessor, daß er einen Kontextwechsel durchführen soll, die Wait-Leitung setzt den Prozessor in den Busy-Waiting-Zustand. Das letztere geschieht bei kurzen Wartezeiten, insbesondere bei einem Cache-Miss, der zu einem Nachladen vom *lokalen* Speicher führt [Agarwal 92]. Prinzipiell wird ein Kontextwechsel durchgeführt, falls eine Netzwerkanforderung oder ein fehlgeschlagener Synchronisationsversuch auftritt.

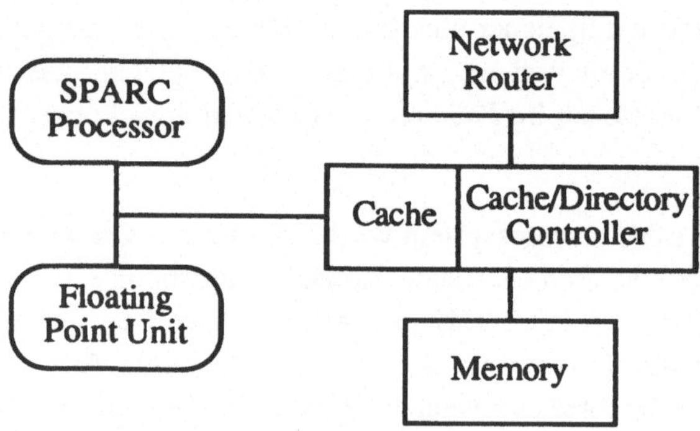


Abb. 6.6-1 ALEWIFE-Knoten

Die grundlegende Organisation des Multithreading beim APRIL-Prozessor wird in Abildung 6.6-2 dargestellt. Das Programmiermodell des Prozessors (linke Hälfte in Abb. 6.6-2) besteht aus vier Sätzen von 32 Bit breiten allgemeinen Registern, vier Sätzen von „Befehlsadreßketten" (Program Counter Chains) und Prozessorstatusregistern (Processor State Registers PSR). Eine Befehlsadreßkette besteht aus einer Befehlsadresse (Program Counter PC) und der „nächsten" Befehlsadresse (next Program Counter nPC). Die Befehlsadreßkette repräsentiert Befehlsadressen eines Kontrollfadens, und die Prozessorstatusregister beschreiben den zugehörigen Prozeßzustand. Jeder Registersatz wird zusammen mit der zugehörigen Befehlsadreßkette und den Prozessorstatusregistern als Taskrahmen bezeichnet (vergleiche Abschnitt 6.5, MASA-Prozessor).

Zu jedem Zeitpunkt ist nur eine Task aktiv; das Rahmenzeigerregister (Current Frame Pointer FP) bezeichnet den Taskrahmen der aktiven Task. Registerzugriffe erfolgen auf den Registersatz, den das Rahmenzeigerregister bezeichnet. Zusätzlich gibt es einen Satz von 8 globalen Registern, auf die unabhängig vom Rahmenzeigerregister zugegriffen werden kann.

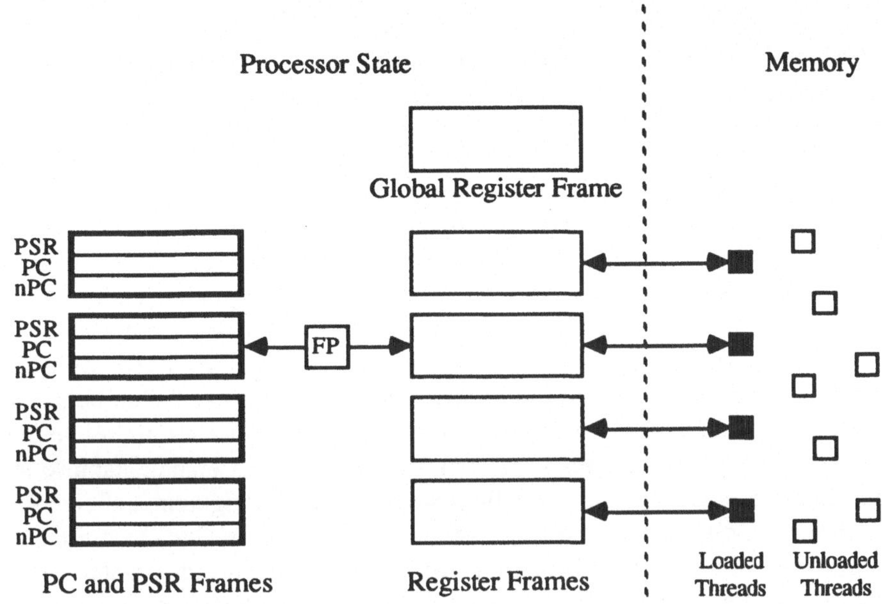


Abb. 6.6-2 Thread-Verwaltung beim APRIL-Prozessor

Durch Verwendung von vier Taskrahmen können vier Tasks auf einem MASA-Prozessor geladen sein („Loaded Threads"). Die Benutzung mehrerer Registersätze auf dem APRIL-Prozessor erlaubt die Durchführung eines schnellen Kontextwechsels. Ein Kontextwechsel geschieht durch Entleeren der Prozessorpipeline und Änderung des Rahmenzeigerregisters. Der Cache/Directory-Controller löst im Fall eines entfernten Speicherzugriffs oder einer fehlgeschlagenen Synchronisationsoperation auf den Full/Empty-Bits einen Kontextwechsel aus.

Neben den geladenen Tasks können beliebig viele virtuelle Tasks als sogenannte „Unloaded Threads" vorhanden sein (siehe Abb. 6.6-2). Diese werden von einem in Software realisierten Taskzuteilungsalgorithmus verwaltet.

Im Fall einer Unterbrechung (Trap) kann die Trap-Behandlungsroutine auf drei Arten reagieren:

- *Spinning*: Entspricht dem „Busy Waiting" - die Trap-Behandlungsroutine kehrt sofort zu der Trap-auslösenden Operation zurück.
- *Switch Spinning*: Ein Kontextwechsel wird ausgeführt, der Kontext der Trap-auslösende Task bleibt im Prozessor geladen.

- *Blocking*: Der Kontext der Trap-auslösenden Task wird aus dem Prozessor entfernt.

Bei der Kombination der Multithreading-Technik mit der Verwendung von Cache-Speichern muß auf eventuell auftretende Verklemmungen und Thrashing-Probleme geachtet werden.

Als experimentelle Programmiersprache wurde *Mul-T* [Kranz et al. 89], eine Erweiterung von *Scheme* eingesetzt. Der grundlegende Mechanismus, um nebenläufige Tasks zu erzeugen, ist das Future-Konstrukt (siehe Abschnitt 6.5). Der Ausdruck *future X*, wobei *X* ein beliebiger Ausdruck sein kann, erzeugt eine Task, die *X* berechnet, und ein Objekt, das „Future" genannt wird und den Wert von *X* aufnimmt. Zum Zeitpunkt der Erzeugung hat ein Future den Zustand 'unresolved'. Sobald der Wert von *X* berechnet ist, erhält das Future den Zustand 'resolved'. Parallelität wird dadurch ermöglicht, daß der Ausdruck *future X* das Future weitergibt, ohne dieses erst zu berechnen. Das Programm, das den Ausdruck *future X* enthält, kann so lange parallel zur Future-Berechnung ausgeführt werden, bis das Programm auf eine strikte Operation trifft, die das Future als Argument benötigt. Nichtstrikte Operationen wie die Parameterübergabe an ein Unterprogramm, die Funktionswertübergabe oder eine Wertzuweisung werden ausgeführt, ohne daß das Future berechnet sein muß. Die Ausführung strikter Operationen (beispielsweise eine Addition oder ein Vergleich) wird, falls sie ein Future in Zustand 'unresolved' betrifft, suspendiert, bis das Future den Zustand 'resolved' annimmt, und danach wiederaufgenommen.

Die Verwendung von Futures in einem parallelen Mul-T-Programm verursacht gegenüber einem sequentiellen Programm zusätzlichen Aufwand in doppelter Hinsicht: Erstens ist bei strikten Operationen eine Prüfung der Verfügbarkeit der Operanden notwendig, und zweitens werden zur Future-Berechnung neue Tasks erzeugt.

Der Test auf Verfügbarkeit der Operanden eines strikten Befehls wird durch die Typenkennung der Speicherworte und durch von der Hardware ausgelöste Unterbrechungen (Traps) unterstützt. Falls ein Operand ein Future ist, wird ein Trap signalisiert, die Pipeline geleert und die Kontrolle der Trap-Behandlungsroutine übergeben. Diese wird im selben Taskrahmen wie die auslösende Task ausgeführt und hat somit Zugriff auf die Register der auslösenden Task.

Der Aufwand für die Future-Berechnung kann durch eine verzögerte („Lazy") Taskerzeugung gemildert werden. Die Auswertung eines Future erzeugt dabei nicht automatisch eine neue Task, sondern wird wie ein lokaler Prozeduraufruf ausgeführt. Eine Task wird nur dann zur Berechnung eines Futures erzeugt, wenn nicht ausgelastete Prozessoren vorhanden sind.

Zur Synchronisation besitzen Speicherworte neben einem 32 Bit breiten Datenwert noch ein Full/Empty-Bit. Eine Ladeanforderung auf eine leere Speicherstelle oder das Speichern in eine volle Speicherzelle führt zur Auslösung eines Trap und einem automatischen Kontextwechsel. Der Unterschied zum I-Strukturkonzept besteht darin, daß die Synchronisation in Software durch Trap-Behandlungsroutinen durchgeführt wird.

APRIL besitzt einen RISC-Befehlssatz, der um spezielle Speicherbefehle für die Full/Empty-Bit-Operationen, Multithreading und Cache-Kontrolle erweitert ist. Der RISC-Befehlssatz lehnt sich an denjenigen des SPARC-Prozessors an.

Im folgenden wird die „Sparcle" genannte Implementierung der APRIL-Prozessorarchitektur durch einen SPARC-Prozessor mit SPARC-Gleitpunktprozessor vorgestellt.

Die 32-Bit-breiten allgemeinen Register des SPARC-Prozessors [Garner 88] sind mit Ausnahme von 8 „globalen" Registern auf 8 überlappende Registerfenster[6] aufgeteilt. Die Registerfenster sind zyklisch miteinander verbunden, so daß die mit „Eingabeparameter" bezeichneten 8 Register des Registerfensters 0 den mit „Ausgabeparameter" bezeichneten Registern des Registerfensters 7 entsprechen.

Ein Zeiger auf das augenblicklich verwendete Registerfenster (Current Window Pointer CWP) steht im Prozessorstatuswort (Processor State Register) und wird durch ein 32 Bit breites Fenstermaskierungsregister (Window Invalid Mask WIM) unterstützt, das für jedes gerade belegte Fenster einen 1-Bit-Eintrag enthält. Der Current Window Pointer wird durch die SPARC-Befehle *SAVE* und *RESTORE* dekre-

---

6 Der Sinn der Fenstertechnik beim SPARC-Prozessor ist, die Parameterübergabe bei einem Unterprogrammaufruf beziehungsweise bei der Rückkehr von einem Unterprogrammaufruf über Register zu lösen. Die nebeneinanderstehenden Rechtecke in Abbildung 6.6-3 bezeichnen den überlappenden Teil zweier benachbarter Registerfenster. Ein Prozeß kann zum selben Zeitpunkt nur auf ein Registerfenster aus 3 mal 8 Registern (eine Spalte in Abbildung 6.6-3) und auf die 8 als „global" bezeichneten Register zugreifen. Vor einem Unterprogrammaufruf werden die Argumente in den mit „Ausgabeparameter" bezeichneten Teil des Registerfensters geschrieben; dieser entspricht dem mit „Eingabeparameter" bezeichneten Teil des Registerfensters des aufgerufenen Unterprogramms. Bei der Rückkehr von einem Unterprogrammaufruf geht man in umgekehrter Weise vor. Diese Verfahren der Parameterübergabe, das für den SPARC-Prozessor entwickelt wurde, um Speicherzugriffe zu sparen, wird bei der APRIL-Prozessorarchitektur jedoch nicht angewandt.

mentiert bzw. inkrementiert, damit wird ein Registerfensterwechsel durchgeführt. Traps inkrementieren den CWP, die Rückkehr von Traps durch den Befehl *RETT* dekrementiert den CWP. Dieser Registerfensterwechsel geschieht in einem Taktzyklus und ist deshalb sehr gut zur Implementierung der APRIL-Prozessorarchitektur geeignet. Allerdings werden für die APRIL-Implementierung nicht die Überlappung der Registerfenster zur Parameterübergabe bei Unterprogrammaufrufen genutzt, wie eigentlich von der SPARC-Architektur vorgesehen.

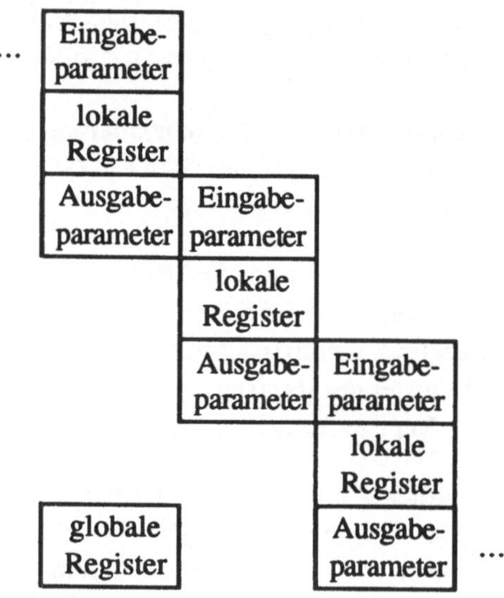


Abb. 6.6-3 Registerstruktur der Instruction Unit des SPARC-Prozessors

Um Coarse-Grain Multithreading zu implementieren, werden zwei Registerfenster pro Taskrahmen verwendet, und zwar je ein Fenster für die Taskausführung und für eine bei der Taskausführung ausgelöste Trap-Behandlungsroutine. Damit können durch die 8 Fenster des SPARC-Prozessors - im Prinzip wären auch SPARC-Implementierungen mit mehr Registerfenstern möglich - vier Hardware-Taskrahmen verwendet werden. Auch die 32 Register der SPARC-Gleitpunkteinheit werden in je vier Registersätzen organisiert. Da die SPARC-Architektur nur ein Befehlszählerregister und ein Prozessorstatusregister vorsieht, muß die Trap-Behandlungsroutine die Befehlsadreßkette und die Prozessorstatusregister in die Register des Trap-Fensters sichern und nach Beendigung wiederherstellen. Bei der vorgesehenen Implementierung geschieht ein Kontextwechsel in 11 Taktzyklen. Da der SPARC-Prozessor mindestens 5 Taktzyklen (zum Entleeren der Pipeline und für die Trapvektor-Berechnung) benötigt, sind Kontextwechsel nicht schneller durchzuführen.

Im folgenden werden die wesentlichen Ergebnisse der Software-Simulation der APRIL-Architektur und der analytischen Modellrechnungen für Multithreaded-Prozessoren beschrieben, wobei Einflüsse der Cache-Speicher, der Netzwerkauslastung, des Aufwandes in Taktzyklen für einen Kontextwechsel und Effekte der gemeinsamen Datenhaltung berücksichtigt werden (siehe [Agarwal et al. 90], [Agarwal 92]).

Multithreading beeinflußt die Auslastung der Prozessoren in mehrerer Hinsicht: Wenn die Anzahl der Kontrollfäden pro Prozessor erhöht wird, so erhöht sich auch die Cache-Miss-Rate und damit die Netzwerkauslastung. Bis zu einem gewissen Grad kann ein Teil der Wartezeit, die bei einem Cache-Miss oder einer Datenanforderung über das Netzwerk entsteht, durch einen Kontextwechsel und Ausführung eines anderen Kontrollfadens überbrückt und damit die Prozessorauslastung erhöht werden. Jedoch begrenzen die Netzwerkbandbreite und der Aufwand für einen Kontextwechsel die durch Multithreading erreichbare Leistungssteigerung.

Unter der Annahme, daß die Cache-Speicher die Anzahl der Netzwerkanforderungen klein halten, kann ein Coarse-Grain Multithreading mit Kontextwechseln etwa alle 50 - 100 Taktzyklen effizient durchgeführt werden, wobei ein Aufwand für den Kontextwechsel von 4 - 12 Taktzyklen tolerierbar erscheint.

Bei einem Kontextwechselaufwand von 10 Taktzyklen erzielt ein Multithreaded-Prozessor ca. 80% Auslastung bei drei und ca. 90% Auslastung bei vier Prozessor-residenten Threads. Cache-Speicher mit 64 KByte reichen für vier Hardware-Kontexte aus. Wesentlich mehr Hardware-Kontexte vorzusehen, erscheint ohne eine Erhöhung der Netzwerkbandbreite und der Größe der Cachespeicher nicht sinnvoll. Die Prozessorauslastung würde nicht steigen, sondern im Gegenteil durch eventuell vermehrt auftretende Cache-Misses sogar sinken. Ein Multithreaded-Prozessor benötigt somit einen größeren Cache-Speicher und eine höhere Kommunikationsbandbreite als vergleichbare konventionelle Prozessoren.

# 7 Zusammenfassung und Ausblick

Das vorliegende Buch gibt einen kritischen Überblick über die Entwicklungen bei Datenflußrechnern bis hin zum heutigen Stand der Technik. Datenflußrechner und Datenfluß-/von-Neumann-Hybridarchitekturen werden mit den oft als „konventionell“ bezeichneten, aber wesentlich erfolgreicheren von-Neumann-Prozessoren und Multiprozessorsystemen, deren Knoten von-Neumann-Prozessoren sind, verglichen.

Das Datenflußprinzip, das von Beginn an als Alternative zum von-Neumann-Prinzip gesehen wurde, hat die zumindest noch am Anfang der 80er Jahre hochgespannten Erwartungen (siehe beispielsweise [Dennis 79 und 80], [Agerwala, Arvind 82], [Ince 83]) nicht erfüllt. Diese Erwartungen waren insbesondere die effiziente Ausnutzung von Parallelität auf der Befehlsebene, ein geringer Aufwand für deren Synchronisation und eine dynamische Lastverteilung auf Tausende von Verarbeitungselementen oder Funktionseinheiten.

Man kann bei der Entwicklung der Datenflußarchitekturen deutlich vier Phasen unterscheiden, die sich zeitlich überschneiden.

*Erste Phase: Statisches Datenflußprinzip*

Die ersten konzeptionellen Entwürfe in den 70er Jahren arbeiteten nach dem statischen Datenflußprinzip, das keine Rekursivität zuläßt und, da Schleifeniterationen und Unterprogrammaufrufe nicht parallel ausgeführt werden können, nur eine sehr begrenzte Umsetzung der vorhandenen Parallelität in Parallelarbeit erlaubt. Gerade das Bewußtsein, daß Parallelität in einem Programm auf mehreren Ebenen vorkommt, die verschiedene Parallelarbeits- und Synchronisationsmechanismen erfordern, war noch nicht vorhanden. Parallelität auf Anweisungsebene wurde als die allumfassende Form von Parallelität gesehen, die das Datenflußprinzip auf theoretisch zweifellos elegante Weise nutzen kann, während dies den damaligen von-Neumann-Rechnern nicht möglich war. Mit der Entwicklung der Kombination von optimierenden Compiler- und Befehlspipelining-Techniken sowie den Superskalaren, Superpipelining- und VLIW-Prozessor-Techniken wird Parallelität auf Befehlsebene heute auch durch von-Neumann-Prozessoren genutzt.

Die ersten Entwürfe von Datenflußrechnern waren ganz auf Befehlsebenenparallelität und deren dynamische Lastverteilung ausgerichtet. Dies zeigt sich in den Entwürfen darin, daß zwei Kommunikationsnetzwerke vorgesehen waren, um eine große Anzahl parallel arbeitender Funktionseinheiten mit einer großen Anzahl parallel arbeitender Schalteinheiten zu verbinden. Durch die doppelten Kommunikationsnetze sollte ein dynamischer Lastausgleich auf der Basis einzelner Befehle bzw. Tokens erfolgen. Typische Beispiele dafür sind die in den Abschnitten 3.2.3 (Cell Block Architecture) und 3.2.5 (Form IV-Version und die Version eines numerischen Supercomputers für die Wettervorhersage) beschriebenen Varianten der MIT Static Dataflow Architecture, aber auch das LAU-System (Abschnitt 3.4), Rumbaughs Dataflow Multiprocessor (Abschnitt 3.7), der Manchester Prototype Dataflow Computer (Abschnitte 4.2.1 bis 4.2.3) und viele mehr, die hier nicht vorgestellt wurden.

Bei Simulationen und Prototypen dieser Architekturen setzte sich die Erkenntnis durch, daß der Hardwareaufwand für zwei Kommunikationsnetzwerke, eines zwischen den Schalt- und Funktionseinheiten *und* eines zwischen den Funktions- und Schalteinheiten, zu groß ist. Weiterhin zeigte sich, daß Parallelität auf Task- und Blockebene, die durch parallel ausführbare Schleifen und Unterprogrammaufrufe zum Ausdruck kommt, im allgemeinen nicht auf Befehlsebene zu transformieren ist. Das statische Datenflußprinzip ist somit nicht mächtig genug, um die im Programm vorhandene Parallelität auszunutzen. Der Hinderungsgrund liegt darin, daß beim statischen Datenflußprinzip die Kanten eines Datenflußgraphen zwar mehrfach durchlaufen werden können, doch nie mehr als ein Token tragen dürfen. Die Rückkopplungsmethode, welche dieses gewährleistet, verdoppelt außerdem die Zahl der Tokens, was zu einer zusätzlichen Belastung der Kommunikationswege zwischen den Verarbeitungseinheiten führt. Code-Copying, die zum einen angewandte Lösung (siehe Rumbaughs Dataflow Multiprocessor), zeigt sich wegen des erhöhten Speicherbedarfs für die vielfach vorhandenen Codeteile und wegen der notwendigen Kopieroperation ebenfalls als nicht praktikabel.

*Zweite Phase: Dynamisches Datenflußprinzip*

Um mehr Parallelität auch auf Block- und Taskebene zu nutzen, wurde - mit der Erweiterung der Tokens um kontextidentifizierende Tags - das dynamische Datenflußprinzip entwickelt, bei dem voneinander unabhängige Schleifeniterationen und Unterprogrammaufrufe auch wirklich parallel ausgeführt werden können. Vor Ausführung einer jeden zweistelligen Operation muß eine „Token Matching“ genannte Synchronisation durchgeführt werden, um festzustellen, ob beide Operanden verfügbar sind. Diese Vergleichsoperation erfordert einen assoziativen Speicherzugriff, da die Tags aller im Token-Speicher der Vergleichseinheit abgelegten Tokens mit dem Tag des aktuell betrachteten Token verglichen werden. Da assoziative Speicher nicht in dem geforderten Speicherausbau verfügbar sind, wird bei Datenflußrechnern dieser zweiten Phase (Ende der 70er bis in die zweite Hälfte der 80er Jahre) ein in Hardware implementiertes Hash-Verfahren vorgesehen, das sich in vieler Hinsicht als ineffizient erwiesen hat.

Ende der 70er Jahre wurden die ersten Experimente mit dem dynamischen Datenflußprinzip unternommen. Beispiele dafür sind der U-Interpreter und der Irvine Dataflow Computer der Arvind-Gruppe und der Beginn des Manchester-Prototype-Dataflow-Computer-Projekts.

Danach folgten vom Anfang bis in die zweite Hälfte der 80er Jahre Simulationen und Prototypen dynamischer Datenflußrechner, bei denen die Vergleichsoperation durch hardwaregestützte Hash-Verfahren implementiert war. Zu diesen Prototypen gehören als prominenteste Vertreter der Manchester Prototype Dataflow Computer (Abschnitt 4.2.1), die MIT Tagged-Token Dataflow Architecture (Abschnitt 4.3.3) und der SIGMA-1-Rechner (Abschnitt 4.4.2).

Die Implementierung der Vergleichseinheit stellt bei den Datenflußrechnern dieser zweiten Phase eines der Hauptprobleme dar. Hash-Techniken zeigen sich als zu langsam, um sie als eine einzelne Stufe der Verarbeitungspipeline vorzusehen. Insbesondere die Kollisionsbehandlung ist hardwaremäßig schwierig in eine Pipeline zu integrieren. Dies führt zu einer langen, komplexen Hash-Pipeline wie beispielsweise beim Manchester Prototype Dataflow Computer oder dazu, daß ein beträchtlicher Teil des Token-Speichers der Vergleichseinheit leer bleiben muß, um Kollisionen beim Hashing möglichst zu vermeiden. Das zweite gilt auch für den SIGMA-1-Rechner, bei dem der Zeitaufwand für die Vergleichsoperation immerhin auf 2 bis 3 Prozessorzyklen gesenkt werden konnte.

*Dritte Phase: Dynamische Datenflußrechner mit explizitem Token-Speicher-Prinzip*

Die dritte Phase dynamischer Datenflußrechner ab Ende der 80er Jahre zeichnet sich durch Verfahren aus, welche die Notwendigkeit eines assoziativen Zugriffs der Vergleichseinheit auf den Token-Speicher verhindern. Diese Verfahren sind das Prinzip des expliziten Token-Speichers (Abschnitt 4.3.6) beim Monsoon-Rechner (Abschnitt 4.3.7), das Direct-Matching-Verfahren beim EM-4-Rechner (Abschnitt 4.4.3) und das Direct-Match-Verfahren beim Epsilon-2-Rechner (Abschnitt 4.5.3).

Diese Verfahren allozieren bei Aktivierungen von Funktionen oder Schleifeniterationen dynamisch sogenannte „Aktivierungsrahmen" im Token-Speicher der Vergleichseinheit. Die Aktivierungsrahmen stellen Speicherstellen für die Tokens bereit, die bei zweistelligen Operationen zuerst bei der Vergleichseinheit ankommen. Die

Offset-Adressen der Speicherstellen innerhalb eines Aktivierungsrahmens werden durch den Compiler aus dem Datenflußgraphen errechnet und in die Befehlseinträge des zugehörigen Codeblocks eingetragen. Die Adressierung eines Token im Token-Speicher geschieht über die Offset-Adresse im Befehlseintrag relativ zum zugehörigen Aktivierungsrahmen. Ein assoziativer Zugriff ist nicht mehr nötig. Damit ist der Engpaß, den die Vergleichseinheit in der Verarbeitungspipeline eines Datenflußprozessors darstellt, gemildert worden.

Bei Projekten in der zweiten und dritten Phase wurden eine Reihe weiterer Probleme erkannt:

- Problem der explodierenden Parallelität: Bei unbegrenzter Entfaltung der Parallelität von Schleifeniterationen und rekursiven Funktionsaktivierungen kann es zu einem Überschwemmen der Ressourcen der Maschine durch Zwischenresultate und damit zum Verklemmen der Maschine kommen. Als Lösung wurde in die Manchester Multi-Ring Dataflow Machine (Abschnitt 4.2.4) ein dynamischer Hardware-Drosselmechanismus eingeführt, der zur Laufzeit aufgrund von Auslastungsergebnissen eine parallele Ausführung von Funktionen oder Schleifeniterationen einschränkt. Bei der MIT Tagged-Token Dataflow Architecture und dem Monsoon-Rechner wird mit dem *k*-begrenzten Schleifenschema (Abschnitt 4.3.5) ein Software-Drosselmechanismus angewendet, bei dem Schleifen so compiliert werden, daß die maximale Entfaltung paralleler Schleifeniterationen durch eine Zahl *k* begrenzt ist. Der Mechanismus schränkt natürlich nur die Entfaltung paralleler Schleifeniterationen ein, jedoch nicht die parallele Ausführung von Funktionen.

- Speicherung und Zugriff auf Datenstrukturen: Wegen des Einmalzuweisungsprinzips müssen Datenstrukturen konzeptionell in gleicher Weise wie unstrukturierte Datenwerte behandelt werden, d. h., eine Kopie der gesamten Datenstruktur wird jeweils für jeden Knoten des Datenflußgraphen, der auf die Datenstruktur zugreift, benötigt. Ein Token kann, schon wegen seiner festen Länge, in Datenflußrechnern keine ganze Datenstruktur transportieren. Datenstrukturen werden deshalb bei der MIT Static Dataflow Architecture mittels azyklischer, gerichteter Graphen repräsentiert, Unterstrukturen werden gemeinsam gehalten, und auf den Tokens zwischen den einzelnen Knoten des Datenflußgraphen werden nur Zeigeradressen transportiert (Abschnitt 3.2.5). Beim Manchester Prototype Dataflow Computer wurden Datenstrukturen zu Beginn des Projekts im Token-Speicher der Vergleichseinheit gespeichert. Später wurden, wie bei allen anderen Datenflußrechnern üblich, von den Verarbeitungselementen getrennte Strukturspeicher eingesetzt. Datenstrukturen werden in Datenflußrechnern der zweiten und dritten Phase meist als I-Strukturen (Abschnitt 4.3.4) oder nach ähnlichen Konzepten realisiert. Diese

Konzepte und ihre Implementierungen lösen das Problem der Determiniertheit beim Zugriff (Lesezugriffe, die vor Schreibzugriffen kommen, werden suspendiert), jedoch nicht das Problem eines effizienten Zugriffs auf eine gesamte Datenstruktur, da jedes Element der Datenstruktur einzeln adressiert wird. Die Verfahren der iterativen Befehle (Abschnitt 4.2.3) beim Manchester Prototype Dataflow Computer und der Structure-Flow-Operationen (Abschnitt 4.4.2) beim SIGMA-1-Rechner erlauben es, eine Datenstruktur oder Teile davon als Ganzes zu adressieren. Sie erzeugen einen Token-Strom von einem Strukturspeicher zu einem Verarbeitungselement oder in umgekehrter Richtung. Die Datenstruktur wird somit zwar als Ganzes adressiert, doch dann elementweise übertragen, wobei jedes Element der Datenstruktur mit einem eigenen Tag versehen ist. Dies belastet das Verbindungsnetz. Weiterhin führt die notwendige Zwischenspeicherung im Token-Speicher der Vergleichseinheit bei zweistelligen Strukturoperationen zu einer Belastung des Token-Speichers und pro Datenstrukturelement zu einer Blase in der Verarbeitungspipeline.

Vektorrechner übertragen bei einer Vektorladeoperation nur die reinen Datenwerte (und nicht jeden Datenwert mit seinem Tag) vom Speicher zum Prozessor. Die Belastung der Kommunikationseinrichtung zwischen Speicher und Prozessor ist bei Vektorrechnern entsprechend geringer. Eine noch flexiblere Lösung bietet hier das Konzept der Datenstrukturarchitektur, das bei der STARLET- (Abschnitt 2.5.2), der LGDG- (Abschnitt 5.4.3), der ASTOR- (Abschnitt 5.4.5.3) und der Reka-Architektur (Abschnitt 5.4.6) angewandt wird. Eine gesamte Datenstruktur wird als Ganzes referiert, der Strukturspeicher oder entsprechende Adreßgeneratoren stellen die geforderten Datenwerte aus der Datenstruktur in geeigneter Weise bereit. Diese werden dann in einem Burst-Mode für die wertemanipulierenden Verarbeitungswerke bereitgestellt.

- Problem der breiten Kommunikationswege: Durch die Erweiterung der Tokens um Tags werden breite Kommunikationswege nicht nur für das Kommunikationsnetzwerk zwischen den Verarbeitungselementen und den Strukturspeichern, sondern auch für die Verarbeitungspipelines innerhalb der Verarbeitungselemente notwendig. Beim Manchester Prototype Dataflow Computer sind die Tokens 96 Bit breit, davon nur 37 Datenbits, beim Monsoon-Rechner 144 Bit, davon 64 Datenbits, und beim SIGMA-1-Rechner 89 Bit, davon 32 Datenbits. Breite Kommunikationswege, besonders in einer Verarbeitungspipeline, bedeuten einen hohen Hardwareaufwand.

- Wahl der Längen der Tagfelder: Das Tagfeld für die Iterationsnummer, die für jede Iteration erhöht wird, muß eine feste Länge besitzen. Trotzdem sollte die Anzahl der möglichen Iterationen nicht beschränkt sein. Das gleiche gilt für die Kontextnummer, die für jede Funktionsaktivierung eindeutig sein muß. Die Größe dieser Felder kann nur schwer optimiert werden. Große Felder führen zu langen Tags, wodurch Kommunikationszeit oder Hardware-Ressourcen verschwendet werden (beispielsweise breite Kommunikationswege), dagegen können kleine Feldgrößen zu einem Überlauf und damit zur Verklemmung der Maschine führen. Mit dem $k$-begrenzten Schleifenschema läßt sich zumindest die Länge des Iterationsnummernfelds begrenzen, ohne daß die Gesamtzahl der Iterationen einer Schleife beschränkt ist. Die Länge des Kontextnummernfelds könnte in Kombination mit einer Wiederverwendung der Kontextnummern bereits beendeter Funktionsaktivierungen begrenzt werden, ohne daß die Gesamtzahl der während eines Programmlaufs möglichen Funktionsaktivierungen eingeschränkt werden muß. Allerdings ist dafür eine Überwachung der Rückgabe von Kontextnummern und damit zusätzlicher Hardware- oder Softwareaufwand notwendig.

- Vielfalt von verschiedenen Speichertypen: Bei dynamischen Datenflußrechnern werden zumindest ein Token-Speicher, ein Programmspeicher und ein Token-Puffer benötigt. Diese verschiedenen Speichertypen erhöhen die Komplexität der Speicherverwaltung und verhindern die dynamische Segmentierung eines einzigen uniformen Speichers, der alle drei verschiedenen Speicher umfassen könnte.

- Ineffiziente Ausführung sequentieller Befehlsfolgen: Das Datenflußprinzip zeigt sich dem Befehlszählerprinzip moderner von-Neumann-Prozessoren für sequentielle Programmteile und bei geringer Gesamtlast als unterlegen. Der Grund dafür ist die zirkuläre Verarbeitungspipeline eines dynamischen Datenflußrechners. Bei zwei sequentiell aufeinanderfolgenden Befehlen kann der nachfolgende Befehl erst nach einem Durchlaufen aller Pipelinestufen des vorherigen Befehls ausgeführt werden. Im Fall eines zweistelligen Befehls müssen außerdem beide Eingangstokens bei der Vergleichseinheit angekommen sein, und es wird zweimal die Vergleichsoperation zum Auffinden des Partnertoken durchgeführt. Eine Verwendung von Registern als Zwischenspeicher ist beim dynamischen Datenflußprinzip deshalb nicht möglich, da die von der Verarbeitungseinheit aufeinanderfolgend ausgeführten Befehle aus verschiedenen Kontexten stammen können. Prototypen und Simulationen dynamischer Datenflußrechner zeigen deshalb eine geringe Verarbeitungseffizienz für sequentielle Befehlsfolgen. Moderne von-Neumann-Prozessoren dagegen können durch Befehlspipelining die Lokalität der Daten in einem sequentiellen Codeteil nutzen.

*Vierte Phase: Multithreaded-Datenflußrechner und Datenfluß-/von-Neumann-Hybridarchitekturen*

In Datenflußrechnern der vierten Phase werden deshalb Verfahren angewendet, die es erlauben, die Befehle einer sequentiellen Befehlsfolge direkt aufeinanderfolgend unter Verwendung von Registern auszuführen. Dazu gehören die Multithreaded-Datenflußrechner und die Datenfluß-/von-Neumann-Hybridarchitekturen.

Bei den seit Mitte der 80er Jahre entwickelten Large-Grain-Datenflußarchitekturen (Abschnitt 5.4) werden sequentielle Codeblöcke nach dem Datenflußprinzip aktiviert, die internen Befehlsfolgen dann jedoch mittels eines Befehlszähler-Mechanismus ausgeführt. Damit lassen sich zur Ausführung der sequentiellen Codeblöcke moderne von-Neumann-Prozessoren einsetzen und deren hochentwickelte Techniken - wie die Verwendung von Registern, Cache-Speichern, Befehlspipelining etc. - zur Ausnutzung der Lokalität der Daten in einer sequentiellen Befehlsfolge anwenden. Potentiell wäre hier auch die Anwendung von Techniken wie Superpipelining (Abschnitt 2.4.1), Superskalar (Abschnitt 2.4.2), VLIW (Abschnitt 2.4.2) oder Vektorpipelining (Abschnitt 2.5.1) denkbar.

Large-Grain-Datenflußarchitekturen unterscheiden sich in ihrem Hardwareaufbau stark von den dynamischen Datenflußrechnern. Oft wird innerhalb eines Verarbeitungselements eine Trennung von Ablaufsteuerung (meist eine Art von Vergleichseinheit) und Datenverarbeitung (meist ein von-Neumann-Prozessor zur Ausführung der sequentiellen Befehlsfolge) durchgeführt. Als Beispiele für Large-Grain-Datenflußarchitekturen werden der Loral Dataflo 100 (Abschnitt 5.3.2), die PODS-Architektur (Abschnitt 5.3.3), die Argument Flow Architecture (Abschnitt 5.3.4) und die Argument Fetch Dataflow Hybrid Architecture (Abschnitt 5.3.5) vorgestellt. Eng verwandt damit sind die Large-Grain-Datenflußarchitekturen mit komplexen Maschinenbefehlen Decoupled Graph/Computation Architecture (Abschnitt 5.4.2), LGDG-Architektur (Abschnitt 5.4.3) und Stollmann Data Flow Machine (Abschnitt 5.4.4) sowie die ASTOR- (Abschnitt 5.4.5.3) und die Reka-Architektur (Abschnit 5.4.6).

Aber auch bei Datenflußrechnern, die konzeptionell eher dem feinkörnigen, dynamischen Datenflußprinzip verbunden sind, werden seit Ende der 80er Jahre Verfahren angewendet, die eine Nutzung von Registern durch eine direkt aufeinanderfolgende Ausführung sequentieller Befehlsfolgen erlauben. Beispiele derartiger Verfahren sind das direkte Wiedereinspeisen von Tokens in die Verarbeitungspipeline beim Monsoon-Rechner (Abschnitt 4.3.7), das Verfahren der eng zusammenhängenden Kanten beim EM-4-Rechner (Abschnitt 4.4.3) und das Repeat-on-Input-Verfahren (Abschnitt 4.5.4) beim Epsilon-2-Rechner. Datenflußrechner, die eines dieser Verfahren anwenden, werden als „Multithreaded-Datenflußarchitekturen“ bezeichnet. Einen Überblick über die Einordnung gibt Abb. 5.1.1 in Abschnitt 5.1.

Das beim Monsoon-Rechner angewandte Verfahren, das in der Klasse der „Fine-Grain-Multithreading-Verfahren“ einzuordnen ist (siehe Abschnitte 5.1 und 6.1), sorgt dafür, daß Tokens sofort wieder in die Verarbeitungspipeline eingefüttert werden, so daß bei einer achtstufigen Pipeline nach genau 8 Taktzyklen der sequentiell nächste Befehl eines Kontrollfadens ausgeführt wird. Damit können Register als Zwischenspeicher für Operanden genutzt werden. Die beim EM-4 und dem Epsilon-2-Rechner angewandten Verfahren, die als „Coarse-Grain-Multithreading-Verfahren“ eingeordnet werden, erlauben es sogar, sequentiell geordnete Befehle in direkt aufeinanderfolgenden Prozessorzyklen auszuführen und nicht erst nach 8 Taktzyklen wie beim Monsoon-Rechner. Es genügt außerdem nur ein Registersatz, während beim Monsoon-Rechner 8 getrennte Registersätze notwendig sind, um die in sequentiellen Befehlsfolgen gegebene Lokalität der Daten auszunutzen. Die letzteren Verfahren sind deshalb dem Verfahren des Monsoon-Rechners überlegen. Die Konsequenz daraus wurde beim Monsoon-Nachfolger *T (Abschnitt 5.2.5) gezogen. Dieser verwendet ein Coarse-Grain-Multithreading-Verfahren. *T ist der letzte einer Reihe von Entwürfen von dynamischen Datenflußrechnern (Abschnitt 4.3) und von Datenfluß-/von-Neumann-Hybridarchitekturen (Abschnitt 5.2) am MIT. Der *T-Entwurf stellt allerdings einen großen Schritt weg vom Datenflußprinzip hin zu Multithreaded-von-Neumann-Architekturen dar.

Heutige Datenflußrechner sind überwiegend experimentelle Multiprozessoren vom Typ der MIMD-Rechner, bei denen Parallelarbeit durch gleichzeitige Ausführung von Befehlen aus mehreren Codeblöcken auf verschiedenen Datenflußprozessoren erreicht wird. Da Codeblöcke meist Funktionen oder Schleifeniterationen entsprechen, wird, wie auch bei den konventionellen Multiprozessoren, Parallelität auf Task- und Blockebene durch die Parallelarbeit der Verarbeitungselemente genutzt. Innerhalb eines Datenflußprozessors wird zusätzlich Parallelität auf der Befehlsebene durch die überlappende Befehlsausführung einer Verarbeitungspipeline erzielt. Bei manchen Datenflußrechnern wird Befehlsebenenparallelität auch durch Parallelarbeit mehrerer Datenflußprozessoren, allerdings immer innerhalb eines relativ eng gekoppelten Prozessor-Clusters (beim SIGMA-1-Rechner) oder Prozessor-Blocks (beim EM-4-Rechner), genutzt. Eine globale Verteilung paralleler Befehlsaktivitäten über das gesamte Verbindungsnetz geschieht nicht.

Als wesentliche Vorteile der Datenflußrechner gegenüber den konventionellen, aus von-Neumann-Prozessoren aufgebauten Multiprozessorsystemen werden heute insbesondere die Lösung der Probleme der Programmierbarkeit wie auch der Speicherlatenz und der Synchronisation gesehen (Abschnitt 2.3.5). Eine leichte Programmierbarkeit wird durch Datenflußsprachen erreicht, weil in diesen Sprachen Parallelität implizit vorhanden ist und nicht vom Programmierer ausgedrückt werden muß. Da in der Verarbeitungspipeline eines Datenflußprozessors in jeder Pipelinestufe Daten und Befehle durch einen Tag an ihre Programmumgebung gebunden sind, kann in jedem Taktzyklus ein Kontextwechsel geschehen. Dies erlaubt, beliebige Verzögerungen beim Zugriff auf entfernte Speicher zu tolerieren und die Daten in beliebiger Reihenfolge von einem entfernten Speicher anzuliefern. Die Synchronisation verschiedener Kontrollfäden wird auf Maschinenebene durch die Vergleichsoperation durchgeführt, wobei jeder Maschinenbefehl darauf wartet, daß alle seine Operanden produziert sind, bevor er ausgeführt wird.

*Mögliche zukünftige Entwicklungen:*

Durch die Ausführung sequentieller Kontrollfäden ergibt sich eine Neuinterpretierung des Datenfluß-Paradigmas hin zu Multithreaded-Architekturen (siehe Abschnitt 5.1). Jedesmal, wenn in einem Datenflußgraphen zwei Ausgangskanten einen Knoten verlassen, werden zwei Tokens erzeugt und damit ein neuer Kontrollfaden eröffnet. Bei jedem Auffinden eines Partnertoken durch die Vergleichseinheit werden zwei Kontrollfäden synchronisiert. Das Erzeugen und die Synchronisation von Tokens dient nach dem Datenflußprinzip der Datenweitergabe, bei der Interpretation als Multithreaded-Architekturprinzip jedoch dem Abspalten und der Synchronisation von Kontrollfäden. Beides geschieht durch die Hardware eines dynamischen Datenflußrechners bedeutend schneller als bei den derzeit kommerziell verwendeten von-Neumann-Prozessoren. Ein, jedoch nur leichter, Geschwindigkeitsvorteil bei der Synchronisation ist auch gegenüber den heute in der Entwicklung befindlichen Multithreaded-von-Neumann-Prozessorarchitekturen (Kapitel 6) vorhanden.

Von den Large-Grain- und den Multithreaded-Datenflußarchitekturen kann eine sequentielle Befehlsfolge mit ähnlicher Effizienz wie von von-Neumann-Prozessoren ausgeführt werden. Jedoch ermöglicht das dynamische Datenflußprinzip eine wesentlich schnellere Synchronisation der Kontrollfäden als bei konventionellen von-Neumann-Prozessoren üblich. Auch die Latenzzeit, die beim Zugriff auf globale Datenobjekte in einem Strukturspeicher entsteht, läßt sich durch die Fähigkeit dynamischer Datenflußrechner, daß aufeinanderfolgend ausgeführte Befehle aus verschiedenen Kontrollfäden stammen können, ohne Wartezeit überbrücken. Die Neuinterpretation dynamischer Datenflußrechner als Multithreaded-Architekturen dürfte die nächste, zukünftige Phase von Datenflußrechnern bestimmen. Ihnen erwächst jedoch harte Konkurrenz durch die Multithreaded-von-Neumann-Prozessoren (Kapitel 6), welche die Effizienz moderner Mikroprozessoren mit der Fähigkeit zu schnellen Kontextwechseln verbinden.

In heutigen dynamischen Datenflußrechnern ist es dem Programmierer oder dem Compiler nicht möglich, den Ablauf eines Programms auf der Maschine zu steuern. Dadurch werden Speicherverwaltungstechniken, die eine Überlaufkontrolle in Abhängigkeit vom Anwenderprogramm durchführen, erschwert. Auch die Verwendung von Betriebssystemtechniken wie kritische Bereiche, Interrupts und Ausnahmebehandlungen sind erschwert und noch wenig untersucht. Die oben erwähnten Techniken, sequentielle Kontrollfäden auch direkt aufeinanderfolgend auszuführen, zeigen auch hierfür Lösungen auf.

Das weite Spektrum der im Kapitel 5 vorgestellten Datenfluß-/von-Neumann-Hybridarchitekturen, aber auch die in Kapitel 6 vorgestellten Multithreaded-von-Neumann-Architekturen, bietet viele Möglichkeiten der Weiterentwicklung heutiger Prozessorarchitekturen, insbesondere im Hinblick auf deren Verwendung in Multiprozessorsystemen. Der extrem schnelle Kontextwechsel durch das Token-Matching-Prinzip der Datenflußarchitekturen kann zukünftige Generationen innovativer Prozessorarchitekturen beeinflussen. Es ist anzunehmen, daß die Entwicklungen bei von-Neumann- und bei Datenflußprozessoren sich in stärkerem Maße als bisher aufeinander zu entwickeln werden. Beide Entwicklungsrichtungen könnten sich bei Prozessorarchitekturen treffen, die das von-Neumann-Prinzip mit der Fähigkeit zu schnellem Kontextwechsel durch Verfahren, die dem Token Matching ähnlich sind, kombinieren.

# 8 Literaturverzeichnis

Abramson, D., Egan, G. K. 1989/91. Design Considerations for a High Performance Dataflow Multiprocessor. *Workshop on Dataflow Computing: A Status Report*, Eilat, Israel (1989). Sowie Kapitel 4 in: Gaudiot, J.-L., Bic, L. (Hrsg.): Advanced Topics in Data-Flow Computing. Prentice-Hall, Englewood Cliffs, New Jersey (1991).

Ackerman, W. B. 1982. Data Flow Languages. *IEEE Computer*, Band 15, Heft 2 (Februar), Seite 15 - 25.

Ackerman, W. B., Dennis, J. B. 1979. VAL - A Value Oriented Algorithmic Language. Preliminary Reference Manual, Laboratory for Computer Science, MIT, Technical Report (Juni).

Adams, D. A. 1968. A Computation Model with Data Flow Sequencing. Technical Report CS 117, Stanford University, Computer Science Department (Dezember).

Agarwal, A. 1992. Performance Tradeoffs in Multithreaded Processors. *IEEE Transactions on Parallel and Distributed Systems*, Band 3, Heft 5 (September), Seite 525 - 539.

Agarwal, A., Lim, B.-H., Kranz, D., Kubiatowicz, J. 1990. APRIL: A Processor Architecture for Multiprocessing. *17th Annual International Symposium on Computer Architecture*, Seattle, Seite 104 - 114.

Agerwala, T., Arvind 1982. Data Flow Systems. *IEEE Computer*, Band 15, Heft 2 (Februar).

Aiken, A., Nicolau, A. 1990. Fine-Grain Parallelization and the Wavefront Method. In: Gelernter, D., Nicolau, A., Padua, D. 1990. Languages and Compilers for Parallel Computing. The MIT Press, Cambridge, Ma.

Alverson, R., Callahan, D., Cummings, D., Koblenz, B., Porterfield, A., Smith, B. 1990. The Tera Computer System. International Conference on Supercomputing, Amsterdam (11.-15. Juni), Seite 1- 6.

Amamiya, M. 1991. An Ultra-Multiprocessing Architecture for Functional Languages. Kapitel 2 in: Gaudiot, J.-L., Bic, L. (Hrsg.): Advanced Topics in Data-Flow Computing. Prentice-Hall, Englewood Cliffs, New Jersey.

Amamiya, M., Hasegawa, R., Nakamura, O., Mikami, H. 1982. A List-Processing-Oriented Data Flow Machine Architecture. *AFIPS*, Band 51, Seite 143 - 151.

Amamiya, M., Hasegawa, R., Takesue, M., Mikami, H. 1987. A Data Flow Machine Architecture for Highly Parallel Symbol Manipulations. *Journal of Information Processing*, Band 10, Heft 4.

Amamiya, M., Takesue, M., Hasegawa, R., Mikami, H. 1986. Implementation and Evaluation of a List Processing Oriented Data Flow Machine. *Proceedings of the 13th Annual Symposium on Computer Architecture* (Juni), Seite 10 - 19.

Arlauskas, R. 1988. iPSC/2 System: A Second Generation Hypercube. *Third Conference on Hypercube Concurrent Computers and Applications*, Band 1, Pasadena (19.-20. Januar).

Arvind, Bic, L., Ungerer, T. 1991. Evolution of Dataflow Computers. Kapitel 1 in: Gaudiot, J.-L., Bic, L. (Hrsg.): Advanced Topics in Data-Flow Computing. Prentice-Hall, Englewood Cliffs, New Jersey.

Arvind, Culler, D. E., Ekanadham, K. 1988. The Price of Asynchronous Parallelism: An Analysis of Dataflow Architectures. *CONPAR 1988*.

Arvind, Culler, D. E. 1986. Managing Resources in a Parallel Machine. In: Woods, J.V. (Hrsg.): Fifth Generation Computer Architectures, Elsevier Science Publishers, 1986, Seite 103 - 121.

Arvind, Culler, D. E. 1986. Dataflow Architectures. Annual Reviews in Computer Science, Band 1, Seite 225 - 253.

Arvind, Culler, D. E., Maa, G. K. 1988. Assessing the Benefits of Fine-Grain Parallelism in Dataflow Programs. *Supercomputing 88*, Orlando. Sowie in: *The International Journal of Supercomputer Applications*, Band 2, Heft 3, November 1988.

Arvind, Ekanadham, K. 1988. Future Scientific Programming on Parallel Machines. *Journal of Parallel and Distributed Computing*, Band 5, Seite 460 - 493.

Arvind, Gostelow, K. P. 1977. A Computer Capable of Exchanging Processors for Time. In: Gilchrist, B. (Hrsg.): *Information Processing 77*, North-Holland, New York, Seite 849 - 853.

Arvind, Gostelow, K. P. 1982. The U-Interpreter. *IEEE Computer* (Februar), Seite 42 - 49.

Arvind, Gostelow, K. P., Plouffe, W. 1978 und 1979. An Asynchronous Programming Language and Computing Machine. Technical Report 114a, Information and Computer Science Department, University of California, Irvine (Dezember 1978), sowie: Technical Report TR-218, MIT (Juni 1979).

Arvind, Iannucci, R. A. 1983. A Critique of Multiprocessing von Neumann Style. *SIGARCH Newsletter*, Band 11, Heft 3.

Arvind, Iannucci, R. A. 1987. Two Fundamental Issues in Multiprocessing. *Proceedings, DFVLR Conference 1987 on Parallel Processing in Science and Engineering*, Bonn-Bad Godesberg, W. Germany, Springer-Verlag, Lecture Notes in Computer Science, Band 295, Seite 61 - 88.

Arvind, Kathail, V. 1981. A Multiple Processor Dataflow Machine That Supports Generalised Procedures. *Proceedings of the 8th Annual Symposium on Computer Architecture* (Mai), Seite 291 - 302.

Arvind, Nikhil, R. S. 1987 und 1990. Executing a Program on the MIT Tagged-Token Dataflow Architecture. *IEEE Transactions on Computers*, Band 39, Heft 3 (März 1990), Seite 300 - 318. Eine frühere Version erschien in: de Bakker, J. W. et al. *PARLE, Proceedings*, Eindhoven (Juni 1987), Lecture Notes in Computer Science, Springer-Verlag, Seite 1 - 29.

Arvind, Nikhil, R. S., Pingali, K. K. 1987. Id Noveau Reference Manual Part II: Operational Semantics. Technical Report, Computational Structures Group, Laboratory for Computer Science, MIT, Cambridge, Ma. (24. April).

Arvind, Nikhil, R. S., Pingali, K. K. 1989. I-Structures: Data Structures for Parallel Computing. Computational Structures Group Memo 269, Laboratory for Computer Science, MIT, Cambridge, Ma., überarbeitete Version (März).

Arvind, Thomas, R. E. 1980. I-Structures: An Efficient Data Type for Functional Languages. TM-178, Laboratory for Computer Science, MIT, Cambridge, Ma.

Ashcroft, E. A., Faustini, A. A., Jagannathan, R. 1991. An Intensional Language for Parallel Applications Programming. In: Szymanski, B. K. (Hrsg.) 1991. Parallel Functional Languages and Compilers. Addison-Wesley Publishing Company, ACM Press, New York, Seite 1 - 49.

Ashcroft, E. A., Jagannathan, R., Faustini, A. A., Huey, B. 1985. Eazyflow Engines for Lucid - A Family of Supercomputer Architectures Based upon Demand-Driven and Data-Driven Computation. In: Kartashew S. P. und I. S. (Hrsg.) 1985. Supercomputer Systems, *Proceeding of the First International Conference St. Petersburg*, Florida (16.-20. Dezember).

Ashcroft, E. A., Wadge, W. W. 1977. Lucid, a Non-Procedural Language with Iterations. *Communications of the ACM*, Band 20, Heft 7 (Juli), Seite 519 - 526.

Babb II, R. G. 1984. Parallel Processing with Large-Grain Data Flow Techniques. *IEEE Computer* (Mai).

Babb II, R. G., DiNucci, D. C. 1987. Design and Implementation of Parallel Programs with Large-Grain Data Flow. In: Jamieson, L. H. (Ed.): The Characteristics of Parallel Algorithms. The MIT Press.

Babb II, R. G. 1988. Programming Parallel Processors. Addison-Wesley Publishing Company.

Backus, J. 1978. Can Programming Be Liberated from the von Neumann Style? A Functional Style and Its Algebra of Programs. *Communications of the ACM*, Band 21, Nr. 8 (August).

Bal, H. E., Steiner, J. G., Tanenbaum, A. S. 1989. Programming Languages for Distributed Computing Systems. *ACM Computing Surveys*, Band 21, Heft 3 (September), Seite 261 - 322.

Barahona, P., Gurd, J. R. 1986. Simulated Performance of the Manchester Multi-Ring Dataflow Machine. In: Feilmeier, M., Joubert, G., Schendel, U. (Hrsg.): *International Conference 'Parallel Computing 85'*, North Holland, Seite 419 - 424.

Barkhordarian, S. 1987. RAMPS: A Realtime Structured Small-Scale Data Flow System for Parallel Processing. *Proceedings of the 1987 International Conference on Parallel Processing*, St. Charles, Ill., Seite 610 - 613.

Barth, P.S., Nikhil, R.S., Arvind 1991. M-Structures: Extending a Parallel, Non-Strict, Functional Language with State. In: Hughes, J. (Hrsg.): *Functional Pro-*

*gramming Languages and Computer Architecture. 5th ACM Conference*, Cambridge, Ma. (August), Springer-Verlag, Lecture Notes in Computer Science, Band 523, Seite 538 - 568.

Bauch, A., Braam, R., Maehle, E. 1991. DAMP - A Dynamic Reconfigurable Multiprocessor System With a Distributed Switching Network. In: Bode, A. (Hrsg.): *Distributed Memory Computing, 2nd European Conference*, München (April), Springer-Verlag, Lecture Notes in Computer Science, Band 487, Seite 495 - 504.

Beck, M., Ungerer, T. Zehendner, E. 1993. Performance Evaluation of Hybrid Dataflow Techniques Using Matrix Multiplication. PARS-Workshop, Dresden.

Bergman, S., Tal, D. 1986. Dedicated Systolic Arrays as Nodes in a Data Flow Machine. In: Moore, W., et al. (Hrsg.): Systolic Arrays. Adam Hilger, Bristol.

Bic, L. 1987/1990. A Process-Oriented Model for Efficient Execution of Dataflow Programs. *Proceedings of the 7th International Conference on Distributed Computing Systems*, Berlin (21.- 25. September 1987). Sowie als erweiterte Version in: *Journal of Parallel and Distributed Computing* Band 8, Heft 1, Seite 42 - 51 (Januar 1990).

Bic, L. 1992. Programming the EM-4 Using Implicit Parallelism. Technical Report, Department of Information and Computer Science, University of California, Irvine.

Bic, L., Nagel, M., Roy, J. 1989. Automatic Data/Program Partitioning Using the Single Assignment Principle. *Supercomputing 89*, Reno, Seite 551 - 556.

Bic, L., Nagel, M., Roy, J. 1989/1991. On Array Partitioning in PODS. *Workshop on Dataflow Computing: A Status Report*, Eilat, Israel (1989). Sowie als Kapitel 11 in: Gaudiot, J.-L., Bic, L. (Hrsg.): Advanced Topics in Data-Flow Computing. Prentice-Hall, Englewood Cliffs, New Jersey (1991).

Bic, L., Nagel, M., Roy, J. 1991. Exploiting Iteration-Level Parallelism in Dataflow Programs. Technical Report 91-57, Information and Computer Science Department, University of California, Irvine.

Bohlender, G., et al. 1986. Pascal-SC. Mannheim, Wien, Zürich, Bibliographisches Institut.

Böhm, A. P. W., Gurd, J. R. 1990. Iterative Instructions in the Manchester Dataflow Computer. *IEEE Transaction Parallel and Distributed Systems*, Band 1, Heft 2 (April), Seite 129 - 139.

Böhm , A. P. W., Gurd, J. R., Teo, Y. M. 1989. The Effect of Iterative Instructions in Dataflow Computers. *Proceedings of the 1989 International Conference on Parallel Processing*, Seite I-201 - 208.

Böhm, A. P. W., Sargent, J. 1986. Efficient Dataflow Code Generation for SISAL. In: Feilmeier, M., Joubert, G., Schendel, U. (Hrsg.): *International Conference 'Parallel Computing 85'*, North Holland, Seite 339 - 344.

Böhm , A. P. W., Teo, Y. M. 1988. Resource Management in a Multi-Ring Dataflow Machine. *CONPAR 1988.*

Bonchev, B., Iliev, M. 1992. A Hybrid Dataflow Architecture with Multiple Tokens. *Proceedings of the "CONPAR 92 / VAPP V"*, Lyon (1. - 4. September), Seite 737 - 742.

Borgman, C. R., Pierce, P. E. 1983. A Hardware/Software System for Advanced Development Guidance and Control Experiments. *Proceedings AIAA Computers in Aerospace Conference* (Oktober), Seite 337 - 384.

Bräunl, T. 1990. Massiv parallele Programmierung mit dem Parallaxis-Modell. Springer-Verlag, Informatik Fachberichte, Band 246.

Brinch Hansen, P. 1972. Structured Multiprogramming. *Communications of the ACM*, Band 15, Heft 7 (Juli), Seite 574 - 578.

Brobst, S. A. 1987. Organization of an Instruction Scheduling and Token Storage Unit in a Tagged Token Dataflow Machine. *Proceedings of the 1987 International Conference on Parallel Processing*, Seite 40 - 45.

Burkowski, F. G. 1981. A Multi-User Dataflow Architecture. *Proceedings of the 8th Annual Symposium on Computer Architecture*, Minneapolis (Mai), Seite 327-340.

Buehrer, R., Ekanadham, K. 1987. Incorporating Dataflow Ideas into von Neumann Processors for Parallel Execution. *IEEE Transactions* C-36, 12 (Dezember), Seite 1515 - 1522.

Callahan, D., Smith, B. 1990. A Future-Based Parallel Language for a General-Purpose Highly-Parallel Computer. In: Gelernter, D., Nicolau, A., Padua, D. 1990. Languages and Compilers for Parallel Computing. The MIT Press, Cambridge, Ma.

Caluwaerts, L. J., Debacker, J., Peperstraete, J. A. 1982. A Data Flow Architecture with a Paged Memory System. *Proceedings of the 9th Annual International Symposium on Computer Architecture*, Seite 120 - 127.

Chaiken, D., Kubiatowicz, J., Agarwal, A. 1991. LimitLESS directories: A Scalable Cache Coherence Scheme. *Proceedings Fourth International Conference on Architectural Support for Programming Languages and Operating Systems (ASPLOS IV)*, Santa Clara (8. - 11. April), Seite 224 - 234.

Close, P. 1988. The iPSC/2 Node Architecture. *Third Conference on Hypercube Concurrent Computers and Applications*, Band 1, Pasadena (19.-20. Januar).

Colwell, R. P., et al. 88. A VLIW Architecture for a Trace Scheduling Compiler. *IEEE Transactions on Computers*, Band 37, Heft 8, August 1988, Seite 967 - 979.

Comte, D., Durrieu, G., Gelly, O., Plas, A., Syre, J. C. 1978. Parallelism, Control and Synchronization Expressions in a Single Assignment Language. *SIGPLAN Notices*, Band 13, Heft 1, Seite 519 - 526.

Comte, D., Hifdi, N. 1979. LAU Multiprocessor: Microfunctional Description and Technological Choices. *Proceedings of the First European Conference on Parallel & Distributed Processing*. Toulouse (Februar), Seite 8 - 15.

Comte, D., Hifdi, N., Syre, J. C. 1980. The Data Driven LAU Multiprocessor System: Results and Perspectives. In: Lavington, S. (Hrsg.). *Proceedings of the IFIP Congress 80*, Tokyo, Melbourne (Oktober), North-Holland, Amsterdam, Seite 19 - 25.

Corbin, J. R. 1991. The Art of Distributed Applications. Springer-Verlag.

Culler, D. E., Arvind 1987/1988. Resource Requirements of Dataflow Programs. Computational Structure Group Memo 280, Laboratory for Computer Science, MIT, Cambridge, Ma. (Dezember 1987); *Proceedings 15th Annual International Symposium on Computer Architecture*, Honolulu (1988), Seite 141 - 150.

Culler, D. E. 1989. Managing Parallelism and Resources in Scientific Dataflow Programs. PhD Thesis, MIT (Juni).

Culler, D. E., Papadopoulos, G. M. 1990. The Explicit Token Store. *Journal of Parallel and Distributed Computing*, Band 10 (Dezember), Seite 289 - 308.

Culler, D. E., Sah, A., Schauser, K. E., von Eicken, T., Wawrzynek, J. 1991. Fine-Grain Parallelism with Minimal Hardware Support: A Compiler-Controlled Threaded Abstract Machine. *ASPLOS-IV Proceedings, 4th International Conference on Architectural Support of Programming Languages and Operating Systems*, Santa Clara (April), Seite 164 - 175.

da Silva, J. G. D., Watson, I. 1983. Pseudo-Associative Store With Hardware Hashing. *IEEE Proceedings Pt.E.* No. 1 (Januar).

Dai, K. 1988. Large-Grain Dataflow Computation and Its Architectural Support. Dissertation, Technische Universität Berlin.

Dai, K. 1990. Code Parallelization for the LGDG Large-Grain Dataflow Computation. In: Burkhart, H. (Hrsg.): *Proceedings CONPAR 90 - VAPP IV, Joint International Conference on Vector and Parallel Processing*, Zürich, September 1990, Springer-Verlag, Lecture Notes in Computer Science, Band 457, Seite 242 - 252.

Dai, K., Giloi, W. K. 1989. A Two-Level Model of Large-Grain Dataflow Computation. In: *Proceedings of CD-DSP '89 International Symposium on Computer Architecture and Digital Signal Processing*, Hong Kong (11. - 14. Oktober).

Dai, K., Giloi, W. K. 1990. A Basic Architecture Supporting LGDG Computation. *1990 International Conference on Supercomputing*, Amsterdam (11.-15. Juni), Seite 23 - 33.

Dai, K., Giloi, W. K. 1990. A Non-Branch RISC Kernel for Large-Grain Dataflow Computation. *Proceedings of Parcella 90*, Berlin (17.-21. September), Seite 183 - 188.

Dai, K., Giloi, W. K. 1991. Language Styles for Programming Multiprocessing - Imperative, Functional or Beyond? *Proceeding of the Fourth ISMM/IASTED International Conference: Parallel and Distributed Computing and Systems*, Washington (Oktober), Seite 427 - 432.

Dally, W. J. et al. 1987. Architecture of a Message-Driven Processor. *14th Annual International Symposium on Computer Architecture*, Pittsburgh (Juni), Seite 189 - 196.

Dally, W. J. et al. 1989. The J-Machine: A Fine-Grain Concurrent Computer. In: Ritter, G. X. (Hrsg.) 1989. *Information Processing 89*. Elsevier Science Publishers B.V., North-Holland.

Davidson, G. S., Pierce, P.E. 1988. A Multiprocessor Data Flow Accelerator Module. *Military Computing Conference.*

Davis, A. L. 1978. The Architecture and System Method of DDM1: A Recursively Structured Data Driven Machine. *Proceedings of the 5th Annual Symposium on Computer Architecture*, New York, Seite 210 - 215.

Davis, A. L. 1979. A Data Flow Evaluation System Based on the Concept of Recursive Locality. *Proceedings of the National Computer Conference. AFIPS*, Band 48, Seite 1079 - 1086.

Davis, A. L., Keller, R. E. 1982. Data Flow Program Graphs. *IEEE Computer*, Band 15 (Februar), Seite 26 - 41.

Dehnert, J. C., Hsu, P. Y.-T., Bratt, J. P. 1989. Overlapped Loop Support in the Cydra 5. *3rd International Conference on Architectural Support for Programming Languages and Systems* (April), Seite 26 - 38.

Dennis, J. B. 1969. Programming Generality, Parallelism and Computer Architecture. *Information Processing 68*, North-Holland.

Dennis, J. B. 1974. First Version of a Dataflow Procedure Language. In: Robinet, E. (Hrsg.): *Proceedings, Programming Symposium*, Paris (April), Springer-Verlag, Lecture Notes in Computer Science, Seite 362 - 376.

Dennis, J. B. 1975. Packet Communication Architecture. *1975 Sagamore Computer Conference on Parallel Processing*, Seite 217 - 219.

Dennis, J. B. 1979. The Varieties of Data Flow Computers. *Proceedings of IEEE.*

Dennis, J. B. 1980. Data Flow Supercomputers. *IEEE Computer* (November), Seite 48 - 56.

Dennis, J. B. 1991. The Evolution of Static Data-Flow Architectures. Kapitel 2 in: Gaudiot, J.-L., Bic, L. (Hrsg.): Advanced Topics in Data-Flow Computing. Prentice-Hall, Englewood Cliffs, New Jersey.

Dennis, J. B., Boughton, G. A., Leung, C. K. C. 1980. Building Blocks for Data Flow Prototypes. *Proceedings of the 7h Annual Symposium on Computer Architecture*, La Baule (6. - 8. Mai), Seite 1 - 8.

Dennis, J. B., Gao, G. R., Todd, K. W. 1984. Modeling the Weather with a Data Flow Supercomputer. *IEEE Transactions on Computers* (Juli), Seite 592 - 603.

Dennis, J. B., Gao, G. R. 1988. An Efficient Pipelined Dataflow Processor Architecture. In: *Supercomputing '88*, Orlando, Florida (14.-18. November).

Dennis, J. B., Lim, W. Y.-P., Ackerman, W. B. 1983. The MIT Dataflow Engineering Model. *Proceedings of the IFIP 9th World Computer Conference*, Paris (19. - 23. September), *Information Processing 83*, North-Holland, Seite 553 - 560.

Dennis, J. B., Misunas, R. P. 1975. A Preliminary Architecture for a Basic Dataflow Processor. *Proceedings of the 2nd Annual Symposium on Computer Architecture*, Houston, Texas (20. - 22. Januar). *Computer Architecture News*, Band 3, Heft 4, Seite 126 - 132.

Department of Defense, United States 1981. ADA Reference Manual, Springer-Verlag.

DiNucci, D. C., Babb II; R. G. 1990. Development of Portable Parallel Programs With Large-Grain Data Flow 2. In: Burkhart, H. (Hrsg.): *Proceedings CONPAR 90 - VAPP IV, Joint International Conference on Vector and Parallel Processing*, Zürich (September), Springer-Verlag, Lecture Notes in Computer Science, Band 457, Seite 253 - 264.

Draper, J. M. 1988. Compiling on Horizon. *Supercomputing*, Orlando, Seite 51 - 52.

Durrieu, G. 1979. Extensions of the LAU System: Global Specifications of Synchronisations in a Data-Driven Language. *Proceedings of the First European Conference on Parallel & Distributed Processing*, Toulouse (Februar), Seite 149 - 155.

Durrieu, G. 1986. LAURA: A Parallel Non Vectorial Data Driven Processor for Aeronautic Workstations. *Proceedings of the Nineteenth Annual Hawaii International Conference on System Science 1986*.

Egan, G. K., Webb, N. J., Böhm, W. 1989. Numerical Examples on the RMIT/CSIRO Dataflow Machine. *Workshop on Dataflow Computing: A Status Report*, Eilat, Israel.

Egan, G.K., Webb, N.J., Böhm, W. 1991. Some Architectural Features of the CSIRAC II. Kapitel 5 in: Gaudiot, J.-L., Bic, L. (Hrsg.): Advanced Topics in Data-Flow Computing. Prentice-Hall, Englewood Cliffs, New Jersey.

Eichholz, S. 1987. Parallel Programming with PARMOD. *Proceedings of the 1987 International Conference on Parallel Processing*, Seite 377 - 380.

Ekanadham, K. 1991. A Perspective on Id. In: Szymanski, B. K. (Hrsg.) 1991. Parallel Functional Languages and Compilers. Addison-Wesley Publishing Company, ACM Press, New York, Seite 197 - 253.

Exum, M. R., Gaudiot, J.-L. 1990. Network Design and Allocation Considerations in the Hughes Data-Flow Machine. *Parallel Computing*, Band 13, Seite 17 - 34.

Evripidou, P., Gaudiot, J.-L. 1990. A Decoupled Data-Driven Architecture with Vectors and Macro Actors. In: Burkhart, H. (Hrsg.): *Proceedings CONPAR 90 - VAPP IV, Joint International Conference on Vector and Parallel Processing*, Zürich, September 1990, Springer-Verlag, Lecture Notes in Computer Science, Band 457, Seite 39-50.

Evripidou, P., Gaudiot, J.-L. 1991. The USC Decoupled Multi-Level Data-Flow Execution Model. Kapitel 13 in: Gaudiot, J.-L., Bic, L. (Hrsg.): Advanced Topics in Data-Flow Computing. Prentice-Hall, Englewood Cliffs, New Jersey, Seite 347 - 379.

Evripidou, P., Najjar, W., Gaudiot, J.-L. 1989. A Single-Assignment Language in a Distributed Memory Multiprocessor. In: Odijk, E., Rem, M., Syre, J.-C. (Hrsg.): *PARLE '89, Parallel Architectures and Languages Europe*, Eindhoven (Juni). Springer-Verlag, Lecture Notes in Computer Science, Band 366.

Farrens, M. K., Pleszkun, A. R. 1991. Strategies for Achieving Improved Processor Throughput. *Proceedings of the 18th International Symposium on Computer Architecture*, Toronto, Seite 362 - 369.

Feo, J. T., Cann, D. C., Oldehoeft, R. R. 1990. A Report on the Sisal Language Project. *Journal of Parallel and Distributed Computing*, Band 10 (Dezember), Seite 349 - 366.

Finn, D. J. 1985. Simulation of the Hughes Data Flow Multiprocessor Architecture. Kartashew, S. P. und I. S. (Hrsg.): *Supercomputer Systems, Proceedings of the First International Conference St. Petersburg*, Florida (16.-20. Dezember).

Gänsheimer, W., Reisch, J. 1991. Mehr MIPS mit Mips. *c't*, Heft 9, Seite 228 - 243.

Gao, G. R. 1990. Exploiting Fine-Grain Parallelism on Dataflow Architectures. *Parallel Computing*, Band 13, Heft 3 (März), Seite 309 - 320.

Gao, G. R. 1989/1991. A Flexible Architecture Model for Hybrid Data-Flow and Control-Flow Evaluation. *Workshop on Dataflow Computing: A Status Report*, Eilat, Israel (1989). Sowie als Kapitel 12 in: Gaudiot, J.-L., Bic, L. (Hrsg.): Advanced Topics in Data-Flow Computing. Prentice-Hall, Englewood Cliffs, New Jersey (1991).

Gao, G. R., Hum, H. H. J., Wong, Y.-B. 1990. Towards Efficient Fine-Grain Software Pipelining. *1990 International Conference on Supercomputing*, Amsterdam (11.-15. Juni), *Computer Architecture News*, Band 18, Heft 3 (September).

Gao, G. R., Hum, H. H. J., Wong, Y.-B. 1990. An Efficient Scheme for Fine-Grain Software Pipelining. In: Burkhart, H. (Hrsg.): *Conpar 90 - VAPP IV*, Seite 709 - 720.

Gao, G. R., Hum, H. H. J., Monti, J.-M. 1991. Towards an Efficient Hybrid Dataflow Architecture Model. In: Aarts, E. H. L., van Leeuwen, J., Rem, M. (Hrsg.). *Proceedings of PARLE '91*, Volume 1, Springer-Verlag, Lecture Notes in Computer Science 505, Seite 355 - 371.

Garner, R. B. 1988. SPARC Scalable Processor Architecture. *Sun Technology* (Summer), Seite 42 - 55.

Garsden, H., Wendelborn, A. L. 1990. A Comparison of Microtasking Implementations of the Applicative Language SISAL. In: Burkhart, H. (Hrsg.). *Conpar 90 - VAPP IV*, Seite 697 - 708.

Gaudiot, J.-L. 1985. Methods for Handling Structures in Dataflow Systems. *12th Annual International Symposium on Computer Architecture*, Boston (17. - 19. Juni). *SIGARCH Newsletter* Band 13, Heft 3 (Juni), Seite 352 - 368.

Gaudiot, J.-L. 1986. Structure Handling in Dataflow Systems. *IEEE Transactions on Computers*, Band C-35, Heft 6 (Juni), Seite 489 - 501.

Gaudiot, J.-L., Bic, L. (Hrsg.) 1991. Advanced Topics in Data-Flow Computing. Prentice-Hall, Englewood Cliffs, New Jersey.

Gaudiot, J.-L., Evripidou P. 1989. Multilevel Data-Flow Execution Model. *Workshop on Dataflow Computing: A Status Report*, Eilat, Israel.

Ghosal, D., Bhuyan, L. N. 1990. Performance Evaluation of a Dataflow Architecture. *IEEE Transactions on Computers*, Band 39, Heft 5 (Mai), Seite 615 - 627.

Giloi, W. K. 1979. The DRAMA Principle and Data Type Architectures. In: Niedereichholz, J. (Hrsg.). Datenbanktechnologie, Teubner, Stuttgart , Seite 81 - 100.

Giloi, W. K. 1981. Rechnerarchitektur. Springer-Verlag.

Giloi, W. K. 1988. The Suprenum Architecture. *Proceedings CONPAR 88*, Cambridge University Press.

Giloi, W. K., Berg, H. K. 1977. Introducing the Concept of Data Structure Architectures. *Proceedings 1977 International Conference on Parallel Processing*, Seite 44 - 51.

Giloi, W. K., Berg, H. K. 1978. Data Structure Architectures - A Major Operational Principle. *Proceedings 5th International Symposium on Computer Architecture*, Seite 175 -181.

Giloi, W. K., Behr, P. 1983. Hierarchical Function Distribution - A Design Principle For Advanced Multicomputer Architectures. *Proceedings 10th International Symposium on Computer Architecture* , Seite 318 - 325.

Giloi, W. K., Gueth, R. 1982. Das Prinzip der Datenstruktur-Architekturen und seine Realisierung im STARLET. *Informatik-Spektrum*, Heft 5, Seite 21 - 37.

Giloi, W. K., Gueth, R. 1982. Concepts and Realization of a High-Performance Data Type Architecture. *International Journal of Computer and Information Sciences 11*, Nr. 1, Seite 25 - 54.

Glenn, R. R. 1988. Performance Prediction for the Horizon Super Computer. *Supercomputing*, Orlando, Seite 48-50.

Glück-Hiltrop, E. 1988. The Stollmann Data Flow Machine. *CONPAR 88*, Cambridge University Press.

Glück-Hiltrop, E., Jöhnk, M., Kalmer, P., Ramlow, M., Schürfeld, U., Rolf, F. 1988. ESPRIT Project 415, Deliverable 5: Expansion Considerations. Stollmann GmbH, Hamburg.

Glück-Hiltrop, E., Ramlow, M., Schürfeld, U. 1989. The Stollmann Data Flow Machine. In: Odijk, E., Rem, M., Syre, J.-C. (Hrsg.): *PARLE `89, Parallel Architec-*

*tures and Languages Europe*, Eindhoven (Juni 1989). Springer-Verlag, Lecture Notes in Computer Science, Band 365, Seite 433-457.

Glück-Hiltrop, E., Schürfeld, U. 1988. ESPRIT Project 415, Deliverable 6: Evaluations by Simulations. Stollmann GmbH, Hamburg.

Gostelow, K. P., Thomas, R. E. 1979. A View of Dataflow. *National Computer Conference 1979.*

Gostelow, K. P., Thomas, R. E. 1980. Performance of a Simulated Dataflow Computer. *IEEE Trans. Computers*, Band C-29, Heft 10 (Oktober), Seite 905 - 919.

Grafe, V. G., Davidson, G. S., Hoch, J. E., Holmes, V. P. 1989. The Epsilon Dataflow Processor. *16th Annual International Symposium on Computer Architecture*, Jerusalem (24. Mai - 1. Juni). *Computer Architecture News*, Band 17, Nr. 3 (Juni), Seite 36-45.

Grafe, V. G., Hoch, J. E. 1990. The Epsilon-2 Hybrid Dataflow Architecture. *Proceedings of Compcon90* (März), Seite 88 - 93.

Grafe, V. G., Hoch, J. E. 1990. The Epsilon-2 Multiprocessor System. *Journal of Parallel and Distributed Computing*, Band 10 (Dezember), Seite 309 - 318.

Grafe, V. G., Hoch, J. E., Davidson, G. S., Holmes, V. P., Davenport, D. M., Steele, K.M. 1989/1991. The Epsilon Project. *Workshop on Dataflow Computing: A Status Report, Eilat*, Israel (1989). Sowie als Kapitel 6 in: Gaudiot, J.-L., Bic, L. (Hrsg.): Advanced Topics in Data-Flow Computing. Prentice-Hall, Englewood Cliffs, New Jersey (1991).

Grimm, J. D., Eggert, J. A., Karcher, G. W. 1984. Distributed Signal Processing Using Data Flow Techniques. *Proceedings 17th Annual Hawaii International Conference on System Sciences, Honolulu* (Januar), Seite 29 - 38.

Grit, D. H. 1990. Sisal on a Message Passing Architecture. In: Burkhart, H. (Hrsg.). *Conpar 90 - VAPP IV*, Seite 721 - 731.

Grünewald, W. 1993. Entwurf einer Datenflußarchitektur mit komplexen Maschinenbefehlen. Diplomarbeit, Mathematisch-Naturwissenschaftliche Fakultät, Universität Augsburg.

Gunzinger, A. 1990. Synchroner Datenflußrechner zur Echtzeitverarbeitung. Zürich.

Gunzinger, A., Mathis, S., Guggenbühl, W. 1989. The SYnchronous DAtaflow MAchine: Architecture and Performance. In: Odijk, E., Rem, M., Syre, J.-C. (Hrsg.): *PARLE '89, Parallel Architectures and Languages Europe*, Eindhoven (Juni). Springer-Verlag, Lecture Notes in Computer Science, Band 365.

Gurd, J. 1991. Foreword in: Gaudiot, J.-L., Bic, L. (Hrsg.): Advanced Topics in Data-Flow Computing. Prentice-Hall, Englewood Cliffs, New Jersey.

Gurd, J. R., Barahona, P. M. C. C., Böhm, A. P. W., Kirkham, C. C:, Parker, A. J., Sargeant, J., Watson, I. 1986. Fine-Grain Parallel Computing: The Dataflow Approach. In: Treleaven, Vaneshi (Hrsg.): *Future Parallel Computers*, Springer-Verlag, Lecture Notes in Computer Science, Band 272, Seite 82 - 152.

Gurd, J. R., Kirkham, C. C., Watson, I. 1985. The Manchester Prototype Dataflow Computer. *Communications of the ACM*, Band 28, Nr. 1 (Januar).

Gurd, J. R., Watson, I. 1980. Data Driven Systems for High-Speed Parallel Computing - Part 1: Structuring Software for Parallel Execution. *Computer Design* (Juni), Seite 97 - 106.

Gurd, J. R., Watson, I. 1980. Data Driven Systems for High-Speed Parallel Computing - Part 2: Hardware Design. *Computer Design* (Juli), Seite 97 - 106.

Gurd, J., Watson, I. 1983. Preliminary Evaluation of a Prototype Dataflow Computer. *Information Processing*.

Händler, W., Herzog, U., Hofmann, F., Schneider, H.-J. 1978. Multiprozessoren für breite Anwendungsbereiche - Erlanger General Purpose Array. *8. GI-NTG Fachtagung Architektur und Betrieb von Rechensystemen*, Springer-Verlag, Informatik Fachberichte, Band 78.

Händler, W., Mähle, E., Wirl, K. 1985. The DIRMU Testbed for High-Performance Multiprocessor Configurations. In: Kartashev, S. P. und Kartashev, I. S. (Hrsg.) 1985. *Supercomputer Systems. Proceedings of the First International Conference*, St Petersburg, Florida (16.-20. Dezember).

Hahn, W. 1986. Event-Flow as Key to Fast Digital Design Simulation. *Microprocessing and Microprogramming*, Band 18, Seite 27 - 38.

Hahn, W. 1988. Perspectives of Data-Flow Architectures. *Annals of Operations Research*, Band 16, Seite 281 - 298.

Hahn, W. 1989. MuSIC, A Simulation Engine Based on Event-Flow. *Proceedings of the 1989 European Simulation Multiconference*, Rom (7. - 9. Juni), Seite 346 - 351.

Hahn, W., Fischer, K. 1985. An Event-Flow Computer for Fast Simulation of Digital Systems. *22nd Design Automation Conference*, Las Vegas, Nevada (23. - 26. Juni), Seite 338 - 344.

Halstead, R. H., Fujita, T. 1988. MASA: A Multithreaded Processor Architecture for Parallel Symbolic Computing. *Proceedings of the 15th Annual International Symposium on Computer Architecture*, New York (Juni), Seite 443 - 451.

Hankin, C. L., Glaser, H. W. 1981. The Dataflow Language CAJOLE - An Informal Introduction. *ACM SIGPLAN Notices*, Band 16, Heft 7 (Juli) Seite 35 - 44.

Hartimo, I., Kronlöf, K., Simula, O., Skyttä, J. 1986. DFSP: A Data Flow Signal Processor. *IEEE Transactions on Computers*, Band C-35, Nr. 1 (Januar).

Hennessy, J. L., Jouppi, N. P. 1991. Computer Technology and Architecture: An Evolving Interaction. *IEEE Computer* (September), Seite 18 - 29.

Hiraki, K., Nishida, K., Sekiguchi, S., Shimada, T. 1986. Maintenance Architecture and its LSI Implementation of a Dataflow Computer with a Large Number of Processors. *Proceedings International Conference on Parallel Processing*, Seite 584 - 591.

Hiraki, K., Nishida, K., Sekiguchi, S., Shimada, T., Yuba, T. 1987. The SIGMA-1 Dataflow Supercomputer: A Challenge for New Generation Supercomputing Systems. *Journal Information Processing*, IPS Japan, Band 10, Heft 4, Seite 219 - 226.

Hiraki, K., Sekiguchi, S., Shimada, T. 1988. Efficient Vector Processing on a Dataflow Supercomputer SIGMA-1. In: *Proceedings Supercomputing '88*, Orlando, Florida (14.-18. November).

Hiraki, K., Sekiguchi, S., Shimada, T. 1989/1991. Status Report of SIGMA-1: A Data-Flow Supercomputer. *Workshop on Dataflow Computing: A Status Report*, Eilat, Israel (1989) Sowie als Kapitel 7 in: Gaudiot, J.-L., Bic, L. (Hrsg.): Advanced Topics in Data-Flow Computing. Prentice-Hall, Englewood Cliffs, New Jersey (1991).

Hiraki, K., Shimada, T., Nishida, K. 1984. A Hardware Design of the SIGMA-1 - A Dataflow Computer for Scientific Computations. *Proceedings International Conference on Parallel Processing*, Seite 524 - 531.

Hirata, H., Kimura, S., Nagamine, S., Mochizuki, Y., Nishimura, A., Nakase, Y., Nishizawa, T. 1992. An Elementary Processor Architecture with Simultaneous Instruction Issuing from Multiple Threads. *19th Annual International Symposium on Computer Architecture*, Seite 136 - 145.

Hirata, H., Mochizuki, Y., Nishimura, A., Nakase, Y., Nishizawa, T. 1992. A Multithreaded Processor Architecture with Simultaneous Instruction Issuing. *Supercomputer* (Mai), Seite 23 - 39.

Hoare, C. A. R. 1985. Communicating Sequential Processes. Englewood Cliffs, N. J., Prentice-Hall.

Hoshino, T., Sekiguchi, S., Yuba, T. 1989. Parallel Scientific Computer Researches in Japan. *Informationstechnik it*, Band 31, Heft 1.

Hudak, P. 1989. Conception, Evaluation and Application of Functional Programming Languages. *ACM Computing Surveys*, Band 21, Heft 3 (September), Seite 359 - 411.

Hum, H. H. J., Gao, G. R. 1991. A Novel High-Speed Memory Organization for Fine-Grain Multi-Thread Computing. In: Aarts, E. H. L., van Leeuwen, J., Rem, M. (Hrsg.): *Proceedings of PARLE '91*, Volume 1, Springer-Verlag, Lecture Notes in Computer Science, Band 505, Seite 34 - 51.

Hum, H. H. J., Gao, G. R. 1992. A High-Speed Memory Organization for Hybrid Dataflow/von Neumann Computing. *Future Generation Computer Systems*, Heft 8, Seite 287 - 301.

Hutner, F., Holzner, R. 1989. Architektur, Programmierung und Leistungsbewertung des MIT-Datenflußrechners. *Informatik-Spektrum*, Band 12, Heft 3 (Juni), Seite 147 - 157.

Hurson, A. R., Lee, B. 1989. Hybrid Structure: A Scheme for Handling Data Structures in a Data Flow Environment. In: Odijk, E., Rem, M., Syre, J.-C. (Hrsg.): *PARLE 89, Parallel Architectures and Languages Europe*, Eindhoven (Juni), Springer-Verlag, Lecture Notes in Computer Science, Band 365.

Hwang, K., Briggs, F. A. 1985. Computer Architecture and Parallel Processing. McGraw-Hill Book Company, New-York.

Iannucci, R. A. 1987. Towards a Dataflow/von Neumann Hybrid Architecture. Computational Structures Group Memo 275. Laboratory for Computer Science, MIT, Cambridge, Ma.

Iannucci, R. A. 1988. Towards a Dataflow/von Neumann Hybrid Architecture. *Proceedings 15th International Symposium on Computer Architecture*, Honolulu, *Computer Architecture News*, Band 16, Heft 2, Seite 131 - 140.

Inagami, Y., Foley, J. F. 1989. The Specification of a New Manchester Dataflow Machine. *Proceedings of the 3rd International Conference on Supercomputing* (Juni), Seite 371 - 380.

Ince, D. 1983. Data Flow, Graphs and Japanese Computers. *The Mathematical Intelligencer,* Band 5, Heft 1,Seite 43 - 46.

Intel 1989. iPSC/2 User`s Guide. Intel Corporation, Order Number 311532-004.

Ito, N., Sato, M., Kuno, E., Rokusawa, K. 1986. The Architecture and Preliminary Evaluation Results of the Experimental Parallel Inference Machine PIM-D. *13th Annual International Symposium on Computer Architecture.*

Ito, N., Shimizu, H., Kishi, M., Kuno, E., Rokusawa, K. 1985. Data-Flow Based Execution Mechanisms of Parallel and Concurrent Prolog. *New Generation Computing*, Band 3.

Jipp, T., Friedrich, P., Oldach, H., Fuhlrott, O., Sievers, M. 1987. ESPRIT Project 415, Deliverable 4: Definition of Principles and Basic Language. Stollmann GmbH, Hamburg.

Jordan, H. F. 1983. Performance Measurements on HEP - A Pipelined MIMD Computer. *Proceedings of the 10th Annual International Symposium on Computer Architecture*, Stockholm (Juni), Seite 207 - 212.

Jordan, H. F. 1985. HEP Architecture, Programming and Performance. In: Kowalik, J. S. (Hrsg.). Parallel MIMD Computation: The HEP Supercomputer and Its Applications. The MIT Press, Cambridge, Ma.

Jouppi, N. P., Wall, D. W. 1989. Available Instruction-Level Parallelism for Superscalar and Superpipelining Machines. *3rd International Conference on Architectural*

*Support for Programming Languages and Operating Systems* (April), Seite 272 - 282.

Kane, G. 1988. mips RISC Architecture. Prentice-Hall, Englewood Cliffs, N. J.

Kaplan, I. 1987. The LDF 100: A Large Grain Dataflow Parallel Processor. *Computer Architecture News*, Band 15, Nr. 3 (Juni).

Karp, A. H. 1987. Programming for Parallelism. *IEEE Computer*, Band 20, Heft 5 (Mai), Seite 43 - 57.

Karp, A. H., Babb II, R. G. 1988. A Comparision of 12 Parallel Fortran Dialects. *IEEE Software*, Band 5 (September), Seite 52 - 67.

Karp, R. M., Miller, R. E. 1966. Properties of a Model for Parallel Computations: Determinacy, Termination and Queueing. *SIAM Journal of Applied Mathematics*, Band 14, Heft 6, Seite 1390 - 1411 (November).

Kawakami, K., Gurd, J. R. 1986. A Scalable Dataflow Structure Store. *13th Annual International Symposium on Computer Architecture.*

Kennaway, J. R., Sleep, M. R. 1984. The "Language First" Approach. In: Chambers, F. B., Duce, D. A., Jones, G. P. (Eds.): Distributed Computing. New York, Academic Press, Seite 111 - 124.

Kirkham, C. C. 1982. The Manchester Prototype Dataflow System. Basic Programming Manual (April).

Kishi, M., Yasuhara, H., Kawamura, Y. 1983. DDDP: A Distributed Data Driven Processor. *Proceedings 10th Annual International Symposium on Computer Architecture*, Seite 236 - 242.

Klappholz, D., Liao, Y., Wang, D.-J., Brodsky, A., Omondi, A. 1985. Towards a Hybrid Data-Flow/Control-Flow MIMD Architecture. *Proceedings of the 5th International Conference on Distributed Computing Systems*, Denver, Co. (13. - 17. Mai) Seite 10 - 15.

Klein, R.-D. 1988. Das Parwell-Konzept, *C't,* Heft 8 (August).

Kodama, Y., Sakai, S., Yamaguchi, Y. 1992. A Prototype of a Highly Parallel Dataflow Machine EM-4 and its Preliminary Evaluation. *Future Generation Computer Systems*, Heft 7, Seite 199 - 209.

Komori, S., Shimada, K., Miyata, S., Terada, H. 1989. The Data-Driven Microprocessor. *IEEE Micro* (Juni), Seite 45 - 59.

Komp, E., Muchnick, S. 1979. Three Extensions to LAU and its Hardware Architecture. *Proceedings of the First European Conference on Parallel & Distributed Processing*, Toulouse (Februar), Seite 109 - 124.

Kowalik, J. S. (Hrsg.) 1985. Parallel MIMD Computation: The HEP Supercomputer and Its Applications. The MIT Press, Cambridge, Ma.

Kranz, D., Halstead, R., Mohr, E. 1989. Mul-T: A High-Performance Parallel Lisp. *Proceedings of SIGPLAN 89, Symposium on Programming Languages Design and Implementation* (Juni).

Kuck, D. J., Davidson, E. S., Lawrie, D. H., Sameh, A. H. 1986. Parallel Supercomputing Today and the Cedar Approach. *Science*, Band 231, (28. Februar), Seite 967 - 974.

Kuehn, J. T., Smith, B. J. 1988. The Horizon Supercomputer System: Architecture and Software. *Supercomputing 88*, Orlando, Seite 28 - 34.

Kung, S. Y., et al. 1987. Wavefront Array Processors - Concept to Implementiation. *IEEE Computer*, Band 20, Heft 7 (Juli), Seite 18 - 33.

Kusakabe, S., Hoshide, T., Taniguchi, R., Amamiya, M. 1992. Parallelism Control Scheme in a Dataflow Architecture. *Proceedings of the "CONPAR 92 / VAPP V"*, Lyon (1. - 4. September), Seite 743 - 748.

Lakshmi Narasimhan, V. 1989. Design and Implementation of A Dynamic Dataflow Array Processor System (PATTSY). Ph.D. Thesis, University of Queensland, Brisbane, Australia.

Lam, M. 1988. Software Pipelining: An Effective Scheduling Technique for VLIW Machines. *Proc. of the SIGPLAN '88 Conference on Programming Language Design and Implementation*. Atlanta, Georgia (22.-24. Juni), Seite 318 - 328.

Lauwereins, R., Peperstraete, J. A. 1987. An Integrated Software - Hardware Multiprocessor Project. *Proceedings of the 1987 International Conference on Parallel Processing*, St. Charles, Ill.

Lee, B., Hurson, A. R., Shirazi, B. 1992. A Hybrid Scheme for Processing Data Structures in a Dataflow Environment. *IEEE Transactions on Parallel and Distributed Systems*, Band 3, Heft 1 (Januar), Seite 83 - 95.

Lee, R., Ashcroft, E. A., Jagannathan, R. 1985. Emulating the Eduction Engine. SRI Technical Report CSL-148 (April).

Levy, H.M., Tempero, E.D. 1991. Modules, Objects and Distributed Programming: Issues in RPC and Remote Object Invocation. *Software Practice and Experience*, Band 21, Heft 1 (Januar), Seite 77 - 90.

Lin, W., Maurer, P. M. 1993. SAM: A Multithreaded Pipeline Architecture for Dataflow Computing. Department of Computer Science and Engineering, University of South Florida, Tampa.

Liskov, B., et al. 1981. CLU Reference Manual. Springer-Verlag, Lecture Notes in Computer Science, Band 114.

LORAL 1988. LDF 100 Mini-Supercomputer. LORAL Instrumentation, San Diego.

Maquelin, O. C. 1990. ADAM: A Coarse-Grain Dataflow Architecture That Addresses the Load Balancing and Throttling Problems. In: Burkhart, H. (Hrsg.): *Proceedings CONPAR 90 - VAPP IV, Joint International Conference on Vector and Parallel Processing*, Zürich (September), Springer-Verlag, Lecture Notes in Computer Science, Band 457, Seite 265 - 276.

Maurer, P. M. 1988. Mapping the Dataflow Computation Model Into an Enhanced von Neumann Processor. *Proceedings of the International Conference on Parallel Processing*.

May, D. 1987. Occam2 Language Definition. INMOS Ltd., Bristol.

Mcdowell, C. E., Helmbold, D. P. 1989. Debugging Concurrent Programs. *ACM Computing Surveys*, Band 21, Heft 4 (Dezember) Seite 593 - 622.

McGraw, J. R. 1982. The VAL Language: Description and Analysis. *ACM Transactions of Programming Languages and Systems TOPLAS*, Band 4, Heft 1 (Januar), Seite 44 - 82.

McGraw, J. R. et al. 1983. SISAL: Streams and Iteration in a Single-Assignment Language. Language Reference Manual, Heft 1.1. Lawrence Livermore National Laboratory (Juli).

McGraw, J. R., et al. 1985. SISAL - Streams and Iteration in a Single Assignment Language, Reference Manual Version 1.2. Lawrence Livermore National Laboratories, California (Januar).

Metcalf, M., Reid, J. 1988. Fortran8x - Der neue Standard. München, Hanser-Verlag.

Misunas, D. P. 1975. Structure Processing in a Dataflow Computer. *1975 Sagamore Computer Conference on Parallel Processing*. Seite 230 - 234.

Moto-Oka, T. (Hrsg.) 1982. Fifth Generation Computer System, North Holland Publishing Co.

Murer, S. B. 1990. A Latency Tolerant Code Generation Algorithm for a Coarse Grain Dataflow Machine. In: Burkhart, H. (Hrsg.): *Proceedings CONPAR 90 - VAPP IV, Joint International Conference on Vector and Parallel Processing*, Zürich, September 1990, Springer-Verlag, Lecture Notes in Computer Science, Band 457, Seite 277 - 287.

Murer, S., Färber, P. 1992. A Scalable Distributed Shared Memory. *Proceedings of the "CONPAR 92 / VAPP V"*, Lyon (1. - 4. September), Seite 453 - 466.

Myers, W. 1992. Supercomputing 91 - High-Performance Computing as a Window Into the Future. *IEEE Computer*, Band 25, Heft 1 (Januar), Seite 87 - 90.

Najjar, W., Gaudiot, J.-L. 1987. Multilevel Execution in Data-Flow Architectures. In: S.K. Sahni (Hrsg.): *Proceedings of the 1987 International Conference on Parallel Processing*, St. Charles, Ill. (August), Seite 32 - 39.

NEC Electronics (Europe) GmbH, Düsseldorf 1986. Image Pipelined Processor and Memory Access and General Bus Interface Chip (Juli)

Nikhil, R. S. 1987. Id Noveau Reference Manual, Part I: Syntax. Technical Report, Computational Structure Group, Laboratory for Computer Science, MIT, Cambridge, Ma. (24. April).

Nikhil, R. S. 1987. Id World Reference Manual (for Lisp Machines). Technical Report, Computational Structure Group, Laboratory for Computer Science, MIT, Cambridge, Ma. (24. April).

Nikhil, R. S. 1988. Id Version 88.1, Reference Manual. Computational Structure Group, Memo 284, Laboratory for Computer Science, MIT, Cambridge, Ma. (August).

Nikhil, R. S. 1990. Id Language Reference Manual, Version 90.1. Computational Structure Group Memo 284-2, Laboratory for Computer Science, MIT, Cambridge, Ma. (15. Juli).

Nikhil, R. S., Arvind 1989. Can Dataflow Subsume von Neumann Computing? *16th Annual International Symposium on Computer Architecture*, Jerusalem (24. Mai - 1. Juni), *Computer Architecture News* 17, 3 (Juni), Seite 262 - 272.

Nikhil, R. S., Papadopoulos, G. M., Arvind 1992. *T: A Multithreaded Massively Parallel Architecture. *19th International Symposium on Computer Architecture*, Seite 156 - 167.

Nishikawa, H., Asada, K., Terada, H. 1982. A Decentralized Controlled Multiprocessor System Based on the Data-Driven Scheme. *Proceeding of the 3rd International Conference on Distributed Computing Systems*, Seite 639 - 644.

Nishikawa, H. et al. 1989. Execution Control of VLSI-Oriented Data-Driven Processor. In: *Workshop on Dataflow Computing: A Status Report*, Eilat, Israel.

Nishikawa, H. et al. 1991. Architecture of a VLSI-Oriented Data-Driven Processor: the Q-v1. Kapitel 9 in: Gaudiot, J.-L., Bic, L. (Hrsg.): Advanced Topics in Data-Flow Computing. Prentice-Hall, Englewood Cliffs, New Jersey.

Nitezki, P. 1989/1991. Streams and Data Structures as Efficient Sources of Parallelism on Dataflow Systems. In: *Workshop on Dataflow Computing: A Status Report*, Eilat, Israel (1989), sowie als Kapitel 20 in: Gaudiot, J.-L., Bic, L. (Hrsg.): Advanced Topics in Data-Flow Computing. Prentice-Hall, Englewood Cliffs, New Jersey (1991).

Nitzberg, B., Lo, V. 1991. Distributed Shared Memory: A Survey of Issues and Algorithms. *IEEE Computer* (August), Seite 52 - 60.

Nugent, S. F. 1988. The iPSC/2 Direct-Connect Communication Technology. *Third Conference on Hypercube Concurrent Computers and Applications*, Band 1, Pasadena (19.-20. Januar).

Osterhaug, A. (Hrsg.) 1989. Guide to Parallel Programming on Sequent Computer Systems. Englewood Cliffs, New Jersey, Prentice Hall.

Padua, D. A., Wolfe, M. J. 1986. Advanced Compiler Optimizations for Supercomputers. *Communications of the ACM*, Band 29, Heft 12 (Dezember), Seite 1184 - 1201.

Papadopoulos, G. M. 1991. Implementation of a General-Purpose Dataflow Multiprocessor. The MIT Press, Cambridge, Ma.

Papadopoulos, G. M., Culler, D. E. 1990. Monsoon: an Explicit Token Store Dataflow Architecture. *Proceedings of the 17th Annual International Symposium on Computer Architecture*, Seattle (28.-31. Mai), *Computer Architecture News*, Band 18, Heft 2 (Juni), Seite 82 - 91.

Papadopoulos, G. M., Traub, K. R. 1991. Multithreading: A Revisionist View of Dataflow Architectures. *Proceedings of the 18th Annual International Symposium on Computer Architecture*, Toronto (27.-30. Mai), *Computer Architecture News*, Band 19, Heft 3 (Mai), Seite 342 - 351.

Patnaik, L. M., Govindarajan, R., Ramadoss, N. S. 1986. Design and Performance Evaluation of EXMAN: An EXtended MANchester Data Flow Computer. *IEEE Transactions on Computers*, Band C-35, Heft 3, Seite 229 - 244.

Pierce, P. 1988. The NX/2 Operating System. *Third Conference on Hypercube Concurrent Computers and Applications*, Band 1, Pasadena (19.-20. Januar).

Pitelli, F., Smitley, D. 1988. Analysis of a 3D Toroidal Network for a Shared Memory Architecture. *Supercomputing*, Orlande, Seite 42 - 47.

Preiss, B. R., Hamacher, V. C. 1985. Dataflow on a Queue Machine. *12th Annual International Symposium on Computer Architecture* (17. - 19. Juni), Boston. *SIGARCH Newsletter*, Band 13, Heft 3 (Juni), Seite 342 - 351.

Procter, B. J., Skelton, C. J. 1988. Flagship is Nearing Port. *CONPAR 88*.

Rau, B. R. 1988. Cydra5 Directed Dataflow Architecture. *Proceedings of the IEEE Computer Society International Conference COMPCON Spring*, Seite 106 - 113, bzw. Intellectual Leverage: Digest of Papers, Washington D.C.

Requa, J. E. 1983. The Piecewise Data Flow Architecture, Control Flow and Register Management. *Proceedings of the 10th Annual International Symposium on Computer Architecture*, Stockholm (Juni), Seite 84 - 89.

Requa, J. E., McGraw, J. R. 1983. The Piecewise Data Flow Architecture: Architectural Concepts. *IEEE Transactions on Computer*, C-32, Heft 5, Seite 425 - 438.

Rieken, R. 1990. Zur Realisierung von Systemen für die Echtzeitverarbeitung von Bildsignalen. Dissertation B, Technische Universität Chemnitz.

Rodriguez, J. E. 1969. A Graph Model for Parallel Computation. Ph.D. Thesis, Technical Report 64, Project MAC, Massachusetts Institute of Technology, Cambridge, Mass.

Ruggiero, C. A., Sargeant, J. 1987. Control of Parallelism in the Manchester Dataflow Machine. In: Kahn, G. (Hrsg.) 1987. *Functional Programming Language and Computer Architecture*, Portland (14. - 16. September), Springer-Verlag, Lecture Notes in Computer Science, Band 274, Seite 1 - 15.

Rumbaugh, J. 1975. A Dataflow Multiprocessor. *Proceedings of the 1975 Sagamore Computer Conference on Parallel Processing*, Sagamore, N.Y., Seite 220 - 223.

Rumbaugh, J. 1975. Dataflow Languages. *Proceedings of the 1975 Sagamore Computer Conference on Parallel Processing*, Sagamore, N.Y., Seite 217 - 219.

Rumbaugh, J.E. 1977. A Data Flow Multiprocessor. *IEEE Transactions on Computers*, Band C-26, Heft 2 (Februar), Seite 138 - 146.

Sakai, S. 1992. Granularity Optimization in EM-4 and EM-5. Seite 10 des Beitrags von: Michael, G., Chien, A.: Future Multicomputers: Beyond Minimalist Multiprocessors? *Computer Architecture News*, Band 20, Heft 5 (Dezember), Seite 10.

Sakai, S., Hiraki, K., Yamaguchi, Y., Kodama, Y., Yuba, T. 1989/1991. Pipeline Optimization of a Data-Flow Machine. *Workshop on Dataflow Computing: A Status Report*, Eilat, Israel (1989). Sowie als Kapitel 8 in: Gaudiot, J.-L., Bic, L. (Hrsg.): Advanced Topics in Data-Flow Computing. Prentice-Hall, Englewood Cliffs, New Jersey (1991).

Sakai, S., Yamaguchi, Y., Hiraki, K., Kodama, Y., Yuba, T. 1989. An Architecture of a Dataflow Single Chip Processor. *16th Annual International Symposium on Computer Architecture*, Jerusalem (24. Mai - 1. Juni), *Computer Architecture News* 17, 3 (Juni), Seite 46 - 53.

Sakamura, K., Sekino, A., Kodaka, T., Uehora, T., Aiso, H. 1982. VLSI and System Architecture - The New Development of System 5 G. In: T. Moto-Oka (Hrsg.). *Fifth Generation Computer System*, North-Holland Publishing Company. JIPDEC.

Sargeant, J., Kirkham, C.C. 1986. Stored Data Structures on the Manchester Dataflow Machine. *13th Annual International Symposium on Computer Architecture*, Seite 235 - 242.

Sato, M., Kodama, Y., Sakai, S., Yamaguchi, Y., Koumura, Y. 1992. Thread-based Programming for the EM-4 Hybrid Dataflow Machine. *19th Annual International Symposium on Computer Architecture*, Seite 146 - 155.

Schauser, K. E., Culler, D. E., von Eicken, T. 1991. Compiler-Controlled Multithreading for Lenient Parallel Languages. In: Hughes, J. (Hrsg.): *Functional Programming Languages and Computer Architecture. 5th ACM Conference* (August), Cambridge, Ma., Springer-Verlag, Lecture Notes in Computer Science, Band 523, Seite 50 - 72.

Schreiner, W. 1991. ADAM - An Abstract Dataflow Machine and Its Transputer Implementation. *Proceedings of the EDMCC2*, München (April), Springer-Verlag, Lecture Notes in Computer Science, Band 487, Seite 392 - 401.

Schröder, W. 1988. The PEACE Operating System and Its Suitability for MIMD Message Passing Systems. *CONPAR 88*, Cambridge University Press, Seite 27 - 34.

Seebauer, H., Siemers, J. 1993. Synchronization and Parallelism Control in the BARDE Dataflow Processor. *Proceedings of the IFIP TC/WG 10.3 Working Conference on Architectures and Compilation Techniques for Fine and Medium Grain Parallelism*, Orlando, Florida (20.-22. Januar).

Seitz, C. L. 1985. The Cosmic Cube. *CACM*, Band 28, Heft 1.

Sequent Europe Ltd. 1988. Profile: SEQUENT. *NEXUS, The Magazine of Lancaster University.*

Shapiro, E. 1989. The Family of Concurrent Logic Programming Languages. *ACM Computing Surveys*, Band 21, Heft 3 (September), Seite 413 - 510.

Sharp, J.A. 1985. Data Flow Computing. John Wiley, New York.

Shimada, T., Hiraki, K., Sekiguchi, S. 1992. SIGMA-1: a Dataflow Supercomputer for Scientific Computations. In: Mendez, R. (Hrsg.): High Performance Computing - Research and Practice in Japan. John Wiley, Chichester.

Shimada, T., Hiraki, K., Sekiguchi, S., Nishida, K. 1986. Evaluation of a Single Processor of a Prototype Data Flow Computer SIGMA-1 for Scientific Computations. *Proceedings 13th Annual International Symposium on Computer Architecture*, Seite 226 - 234.

Siemers, J. 1992. BARDE - Bewertung und Perspektiven. Lehrstuhl für Meßtechnik, RWTH Aachen (August).

Silc, J., Robic, B. 1989. Synchronous Dataflow-Based Architecture. *Microprocessing and Microprogramming*, Band 27, 1-5., Seite 315 - 322.

Silc, J., Robic, B., Patnaik, L. M. 1990. Performance Evaluation of an Extended Static Dataflow Architecture. *Computers&Artificial Intelligence*, Band 9, Heft 1, Seite 43 - 60.

Skedzielewski, S.K. 1991. Sisal. In: Szymanski, B.K. (Hrsg.) 1991. Parallel Functional Languages and Compilers. Addison-Wesley Publishing Company, ACM Press, New York, Seite 105 - 157.

Skillicorn, D. B. 1989. Techniques for Compiling and Executing Dataflow Graphs. In: Ritter, G.X. (Hrsg.): *Information Processing 89*, Elsevier Science Publishers (North Holland), IFIP 1989, Seite 27-32.

Skillicorn, D. B. 1989/1991. Stream Languages and Dataflow. *Workshop on Dataflow Computing: A Status Report*, Eilat, Israel (1989). Sowie als Kapitel 16 in: Gaudiot, J.-L., Bic, L. (Hrsg.): Advanced Topics in Data-Flow Computing. Prentice-Hall, Englewood Cliffs, New Jersey (1991).

Smith, B. J. 1978. A Pipelined, Shared Resource MIMD Computer. *Proceedings of the 1978 International Conference on Parallel Processing*, Bellaire, MI, Seite 6 - 8.

Smith, B. J. 1981. Architecture and Applications of the HEP Multiprocessor Computer System. *Real Time Signal Processing IV, Proceedings of SPIE*, SPIE Band 298, Seite 241 - 248.

Smith, B. J. 1985. The Architecture of HEP. In: Kowalik, J. S. (Hrsg.) 1985. Parallel MIMD Computation: The HEP Supercomputer and Its Applications. The MIT Press, Cambridge, Ma.

Srini, V. 1985. A Fault-Tolerant Dataflow System. *IEEE Computer*, Band 18, Heft 3, Seite 54 - 68.

Srini, V. P. 1986. An Architectural Comparison of Dataflow Systems. *IEEE Computer* (März).

Sutherland, W. R. 1965. On-Line Graphical Specification of Computer Procedures. Ph. D. Thesis, MIT (Dezember).

Syre, J. C. 1976. Parallelism, Control and Synchronization Expressions in a Single Assignment Language. *4th ACM Computer Science Conference*, Anaheim (Januar).

Szymanski, B. K. (Hrsg.) 1991. Parallel Functional Languages and Compilers. Addison-Wesley Publishing Company, ACM Press, New York, Chapter 9: Conclusions, Seite 393 - 409.

Takahashi, N., Amamiya, M. 1983. A Data Flow Processor Array System: Design and Analysis. *Proceedings of the 10th Annual International Symposium on Computer Architecture*, Stockholm (13. - 17. Juni), Seite 243 - 250.

Teo, Y. M., Boehm, A. P. W. 1989/1991. Resource Management in Dataflow Computers with Iterative Instructions. *Workshop on Dataflow Computing: A Status Report*, Eilat, Israel (1989). Sowie als Kapitel 18 in: Gaudiot, J.-L., Bic, L. (Hrsg.): Advanced Topics in Data-Flow Computing. Prentice-Hall, Englewood Cliffs, New Jersey (1991).

Terada, H., Nishikawa, H., Asada, K., Matsumoto, S., Miyata, S., Komori, S., Shima, K. 1987. VLSI Design of a One-Chip Data-Driven Processor: Q-v1. *Proceedings Fall Joint Computer Conference, IEEE/ACM*, Seite 594 - 601.

Tesler, L. G., Enea, H. J. 1968. A Language Design for Concurrent Processes. *AFIPS Conference Proceedings*, Band 32, Seite 403 - 408.

Test, J. A., Myszewski, M., Swift, R. C. 1986. The Alliant FX/Series A Language Driven Architecture for Parallel Processing of Dusty Deck Fortran. In: de Bakker, J. W., Nijman, A. J., Treleaven, P. C. (Hrsg.): *Proceedings PARLE*. Eindhoven (Juni), Band 1, Springer-Verlag, Lecture Notes in Computer Science, Band 258.

Thistle, M. R., Smith, B. J. 1988. A Processor Architecture for Horizon. *Supercomputing 88*, Orlando, Seite 35 - 41.

Thompson, J. R. 1986. The Cray-1, the Cray X-MP, the Cray-2 and Beyond: The Supercomputers of Cray Research. In: Fernbach, S. (Hrsg.): Supercomputers. North-Holland.

Toda, K., Yamaguchi, Y., Uchibori, Y, Yuba, T. 1986. Preliminary Measurements of the ETL LISP-Based Data-Driven Machine. In: Woods, J. V. (Hrsg.): *Fifth Generation Computer Architectures*, Elsevier Science Publishers, Seite 235 - 253.

Tolksdorf, R. 1990. Hybrid-Architekturen für Datenfluß-Rechner. Forschungsbericht 1990/16 des Fachbereichs Informatik, FB 20, Technische Universität Berlin.

Töpfer, H.-J., Ungerer, T., Zehendner, E. 1985. Entwurf einer strukturorientierten Rechnerarchitektur. Preprint Nr. 84, Institut für Mathematik, Universität Augsburg.

Töpfer, H.-J., Ungerer, T., Zehendner, E. 1988. Computer Architectures: A Case For Top-Down Design. *Proceedings of the IEEE Workshop on Future Trends of Distributed Computing Systems in the '90s*, Hong Kong (14. - 16. September).

Traub, K. R. 1991. Multi-Thread Code Generation for Dataflow Architectures from Non-Strict Programs. In: Hughes, J. (Hrsg.): *Functional Programming Languages and Computer Architecture. 5th ACM Conference* (August), Cambridge, Ma., Springer-Verlag, Lecture Notes in Computer Science 523, Seite 73 - 101.

Traub, K. R. 1991. Implementation of Non-Strict Functional Programming Languages. The MIT Press, Cambridge, Ma.

Trealeven, P. C., Brownbridge, D. R., Hopkins, R. P. 1982. Data-Driven and Demand-Driven Computer Architecture. *ACM Computing Surveys*, Band 14, Heft 1.

Treleaven, P. C., Refenes, A. N., Lees, K. J., McCabe, S. C. 1986. Computer Architectures for Artificial Intelligence. In: Treleaven, P. C., Vanneschi, M. (Hrsg.) 1986. *Future Parallel Computers, Proceedings Pisa* (Juni), Lecture Notes in Computer Science Band 271, Springer-Verlag.

Ungerer T. 1986. Die Programmflußsteuerung der Augsburger strukturorientierten Rechnerarchitektur ASTOR. Dissertation, Universität Augsburg.

Ungerer, T. 1988. Die Augsburger strukturorientierten Rechnerarchitektur ASTOR. In: *Sprachen, Algorithmen und Architekturen für Parallelrechner, Gemeinsamer Workshop der Gi- Fachgruppen 2.1.4 und 3.1.2 PARS*, Bad Honnef (16.-18. Mai).

Ungerer, T. 1989. Innovative Rechnerarchitekturen. Bestandsaufnahme, Trends, Möglichkeiten. Reihe McGraw-Hill Texte, McGraw-Hill Book Company Gmbh, Hamburg.

Ungerer, T. 1990. Entwicklungstendenzen bei Datenflußrechnern. Report Nr. 205 des Instituts für Mathematik, Universität Augsburg.

Ungerer, T. 1992. Datenflußarchitekturen. Habilitationsschrift. Universität Augsburg.

Ungerer, T., Grünewald, W. 1992. Entwurf einer Datenflußarchitektur mit komplexen Maschinenoperationen. *Workshop Parallelrechner und Programiersprachen*, GI-Fachgruppen 3.1.2 (PARS) und 2.1.4 (Alternative Konzepte für Sprachen und Rechner), Schloß Dagstuhl (26. - 28. Februar).

Ungerer T., Zehendner, E. 1988. A Parallel Computer Architecture Directed Towards Modular Concurrent Programming. *Proceedings of the Eighth SCCC International Conference on Computer Science*, Santiago de Chile (4. - 8. Juli), Part VIII-C-40, Seite 81 - 88.

Ungerer, T., Zehendner, E. 1988. Language Abstractions for Concurrency Control. *Proceedings of the International Computer Science Conference '88*, Hong Kong (19. - 21. Dezember), Seite 146 - 151.

Ungerer, T., Zehendner, E. 1989. A Parallel Programming Language Directed Towards Top-Down Software Development. Proceedings of the "*International Conference on Parallel Processing*", St. Charles, Illinois (8. - 12. August), Teil II, Seite 122 - 125.

Ungerer, T., Zehendner, E. 1990. Das ASTOR-Projekt. Report Nr. 218, Institut für Mathematik, Universität Augsburg, 62 Seiten.

Ungerer, T., Zehendner, E. 1991. A Multi-Level Parallelism Architecture. *ACM Computer Architecture News*, Band 19, Heft 4, Seite 86 - 93.

Ungerer, T., Zehendner, E. 1992 (a). Das ASTOR-Projekt - integrierter Entwurf einer parallelen Sprache und einer parallelen Rechnerarchitektur. *Informatik - Forschung und Entwicklung*, Band 7, Heft 1, Seite 14 - 29.

Ungerer, T., Zehendner, E. 1992 (b). Threads and Subinstruction Level Parallelism in a Data Flow Architecture. *Proceedings of the "CONPAR 92 / VAPP V"*, Lyon (1. - 4. September), Seite 731 - 736.

Vedder, R., Finn, D. 1985. The Hughes Data Flow Multiprocessor: Architecture for Efficient Signal and Data Processing. *12th Annual International Symposium on*

*Computer Architecture,* Boston (17.-19. Juni). *SIGARCH Newsletter*, Band 13, Heft 3 (Juni).

Veen, A. H. 1986. Dataflow Machine Architecture. *ACM Computing Surveys*, Band 18, Heft 4 (Dezember).

Veen, A. H., van den Born, R. 1990. The RC Compiler for the DTN Dataflow Computer. *Journal of Parallel and Distributed Computing*, Band 10 (Dezember), Seite 319-332.

Veen, A., van den Born, R. 1989/1991. Compiling C for the DTN Data-Flow Computer. *Workshop on Dataflow Computing: A Status Report*, Eilat, Israel (1989). Sowie als Kapitel 10 in: Gaudiot, J.-L., Bic, L. (Hrsg.): Advanced Topics in Data-Flow Computing. Prentice-Hall, Englewood Cliffs, New Jersey (1991).

Vegdahl, S. R. 1984. A Survey of Proposed Architectures for the Execution of Functional Languages. *IEEE Transactions on Computers*, Band 33, Nr. 12 (Dezember).

Wadge, W. W., Ashcroft, E. A. 1985. Lucid, The Dataflow Programming Language. APIC Studies in Data Processing No. 22. London, Academic Press.

Watson, I., Gurd, J. 1982. A Practical Data Flow Computer. *IEEE Computer*, Band 15 (Februar), Seite 51 - 57.

Watson, I., Sargeant, J., Watson, P., Woods, V. 1988. The Flagship Parallel Machine, *CONPAR 88* (Juni).

Watson, I., Watson, P., Woods, V. 1986. Parallel Data-Driven Graph Reduction. In: Woods, J. V. (Hrsg.) 1986. *Fifth Generation Computer Architectures*. Elsevier Science Publishers B.V., North Holland.

Watson, P., Watson, I. 1987. Evaluating Functional Programs on the FLAGSHIP Machine. In: Kahn, G. (Hrsg.): *Functional Programming Languages and Computer Architecture*. Portland, (14.-16. September), Springer-Verlag, Lecture Notes in Computer Science, Band 274.

Watson, I., Woods, P., Watson, P., Banach, R. 1988. Flagship: A Parallel Architecture for Declarative Programming. *Proceedings of the 15th International Symposium on Computer Architecture*, Honolulu.

Weber, W.-D., Gupta, A. 1989. Exploring the Benefits of Multiple Hardware Contexts in a Multiprocessor Architecture: Preliminary Results. *Proceedings of the 16th International Symposium on Computer Architecture*, Jerusalem, Seite 273 - 280.

Yamaguchi, Y., Sakai, S., Hiraki, K., Kodama, Y., Yuba, T. 1989. An Architectural Design of a Highly Parallel Dataflow Machine. In: Ritter, G. X. (Hrsg.): *Information Processing 89*, Elsevier Science Publishers, North-Holland.

Yonezawa, A., Tokoro, M. 1987. Object-Oriented Concurrent Programming. Cambridge Ma., London, The MIT Press.

Yuba, T. 1986. Research and Development Efforts on Dataflow Computer Architecture in Japan. *Journal of Information Processing*, Band 9, Heft 2, IPS Japan, Seite 51 - 60.

Yuba, T., Shimada, T., Yamaguchi, Y., Hiraki, K., Sakai, S. 1990. Dataflow Computer Development in Japan. *1990 International Conference on Supercomputing*, Amsterdam (11.-15. Juni), *Computer Architecture News*, Band 18, Heft 3 (September).

Yuba, T., Shimada, T., Hiraki, K., Kashiwagi, H. 1984. SIGMA-1: A Dataflow Computer for Scientific Computations. In: Duff, I.S., Reid J. K. (Hrsg.) 1984. Vector and Parallel Processors in Computational Science. *Proceedings of the Second Internationel Conference on Vector and Parallel Processor in Computatinal Science*, Oxford (28. - 31. August).

Zehendner, E. 1990. Structure-Oriented Computer Architectures. *Proceedings of "The 10th International Conference on Distributed Computing Systems"*, Paris (28. Mai - 1. Juni), Seite 344 - 351.

Zehendner, E., Ungerer, T. 1987. The ASTOR Architecture. *Proceedings of the 7th International Conference on Distributed Computing Systems*, Berlin, (21.- 25. September), Seite 424 - 430.

Zehendner, E., Ungerer, T. 1988. Problem-Adequate Notations for Expressing Parallelism in Imperative Programming Languages. *Proceedings of the International Computer Symposium ICS'88*, Taipei, Taiwan (15. - 17. Dezember), Seite 146 - 151.

Zehendner, E., Ungerer, T. 1989. A Module-Based Language For Parallel Programming. *Proceedings of the Tenth Tunisian French Seminar of Computer Science*, Tunis (23.-25. Mai), Seite 77 - 89.

Zehendner, E., Ungerer, T. 1989. Eine parallele Programmiersprache mit Modulkonzept. *Proceedings des GI-PARS-Workshops 'Konfiguration, Benutzung und Programmierung von Parallelrechnern'*, München (10.-12. April), Seite 37 - 46.

Zehendner, E., Ungerer, T. 1992. A Large-Grain Data Flow Architecture Utilizing Multiple Levels of Parallelism. *Proceedings of the "6th Annual European Computer Conference COMPEURO 92"*, The Hague, Niederlande (4. - 8. Mai), Seite 23- 28.

Zima, H., Chapman, B. 1990. Supercompilers for Parallel and Vector Computers. Addison-Wesley.

# 9 Sachwortregister

# Leitfäden und Monographien der Informatik

B. G. Teubner Stuttgart

# Leitfäden und Monographien der Informatik

Mehlhorn: **Datenstrukturen und effiziente Algorithmen**
Band 1: Sortieren und Suchen
2. Aufl. 317 Seiten. Geb. DM 49,80

Messerschmidt: **Linguistische Datenverarbeitung mit Comskee**
207 Seiten. Kart. DM 36,–

Niemann/Bunke: **Künstliche Intelligenz in Bild- und Sprachanalyse**
256 Seiten. Kart. DM 38,–

Pflug: **Stochastische Modelle in der Informatik**
272 Seiten. Kart. DM 39,80

Post: **Entwurf und Technologie hochintegrierter Schaltungen**
247 Seiten. Kart. DM 38,–

Rammig: **Systematischer Entwurf digitaler Systeme**
353 Seiten. Kart. DM 46,–

Reischuck: **Einführung in die Komplexitätstheorie**
XVII, 413 Seiten. Kart. DM 52,–

Richter: **Betriebssysteme**
2. Aufl. 303 Seiten. Kart. DM 39,80

Richter: **Prinzipien der Künstlichen Intelligenz**
2. Aufl. 382 Seiten. Kart. DM 48,–

Simon: **Effiziente Algorithmen für perfekte Graphen**
VIII, 286 Seiten. Kart. DM 42,–

Starke: **Analyse von Petri-Netz-Modellen**
253 Seiten. Kart. DM 42,–

Ungerer: **Datenflußrechner**
396 Seiten. Kart. DM 56,–

Weck: **Prinzipien und Realisierung von Betriebssystemen**
3. Aufl. 306 Seiten. Kart. DM 42,–

Wegener: **Effiziente Algorithmen für grundlegende Funktionen**
270 Seiten. Kart. DM 39,80

Wegener: **Theoretische Informatik**
Eine algorithmenorientierte Einführung
IX, 235 Seiten. DM 34,–

Wirth: **Algorithmen und Datenstrukturen**
Pascal-Version
3. Aufl. 320 Seiten. Kart. DM 42,–

Wirth: **Algorithmen und Datenstrukturen mit Modula-2**
4. Aufl. 299 Seiten. Kart. DM 42,–

Wojtkowiak: **Test und Testbarkeit digitaler Schaltungen**
226 Seiten. Kart. DM 36,–

Preisänderungen vorbehalten

B. G. Teubner Stuttgart

Erhard

# Parallelrechner-strukturen

**Synthese von Architektur, Kommunikation und Algorithmus**

In den letzten Jahren sind unterschiedlichste Parallelrechnerstrukturen entworfen worden, die für rechenintensive Aufgaben in den Natur- und Ingenieurwissenschaften inzwischen unentbehrlich geworden sind. Erst durch diese neuen Strukturen können Probleme in Angriff genommen werden, deren Lösung vor einigen Jahren noch unmöglich erschien.
Das Buch soll sowohl Studenten als auch Praktikern eine Einführung in die Problematik paralleler Strukturen geben, wobei insbesonders die starke gegenseitige Beeinflussung von Architektur, Kommunikation und gewähltem Lösungsalgorithmus dargestellt wird.

***Aus dem Inhalt:***

Parallelrechnerstrukturen – Pipelinerechner – Feldrechner – Multiprozessoren – Bussysteme – Verbindungsnetzwerke – Effiziente Algorithmen – Parallele Algorithmen – Lösung von Gleichungssystemen – Leistungsbewertung – Bitalgorithmen zur schnellen Berechnung transzendenter Funktionen

Von Dr.
**Werner Erhard,**
Universität Erlangen-Nürnberg

1990. X, 251 Seiten
mit 66 Bildern.
16,2 x 22,9 cm.
Kart. DM 39,80.
ISBN 3-519-02243-5

(Leitfäden und Monographien der Informatik)

Preisänderungen vorbehalten.

B. G. Teubner Stuttgart